華章圖書

一本打开的书，一扇开启的门，

通向科学殿堂的阶梯，托起一流人才的基石。

智能科学与技术丛书

Machine Learning

An Algorithmic Perspective, Second Edition

机器学习

算法视角（原书第2版）

[新西兰] 史蒂芬·马斯兰（Stephen Marsland） 著
惠灵顿维多利亚大学

高阳 商琳 等译
南京大学

机械工业出版社
China Machine Press

图书在版编目（CIP）数据

机器学习：算法视角（原书第 2 版）/（新西兰）史蒂芬·马斯兰（Stephen Marsland）著；高阳等译. —北京：机械工业出版社，2019.3（2019.11 重印）
（智能科学与技术丛书）
书名原文：Machine Learning：An Algorithmic Perspective, Second Edition

ISBN 978-7-111-62226-0

I. 机… II. ①史… ②高… III. 机器学习 – 算法 IV. TP181

中国版本图书馆 CIP 数据核字（2019）第 046575 号

本书版权登记号：图字 01-2016-4749

Machine Learning: An Algorithmic Perspective, Second Edition by Stephen Marsland (ISBN 9781466583283).

Copyright © 2015 by Taylor & Francis Group, LLC.

Authorized translation from the English language edition published by CRC Press, part of Taylor & Francis Group LLC. All rights reserved.

China Machine Press is authorized to publish and distribute exclusively the Chinese (Simplified Characters) language edition. This edition is authorized for sale in the People's Republic of China only (excluding Hong Kong, Macao SAR and Taiwan). No part of this publication may be reproduced or distributed in any form or by any means, or stored in a database or retrieval system, without the prior written permission of the publisher.

Copies of this book sold without a Taylor & Francis sticker on the cover are unauthorized and illegal.

本书原版由 Taylor & Francis 出版集团旗下 CRC 出版公司出版，并经授权翻译出版。版权所有，侵权必究。

本书中文简体字翻译版授权由机械工业出版社独家出版并仅限在中华人民共和国境内（不包括香港、澳门特别行政区及台湾地区）销售。未经出版者书面许可，不得以任何方式复制或抄袭本书的任何内容。

本书封面贴有 Taylor & Francis 公司防伪标签，无标签者不得销售。

本书的核心视角是机器学习中的算法，旨在帮助读者掌握算法思想，熟悉相关的数学与统计学知识，并掌握必要的编程技巧和实验方法。书中首先介绍基础概念，然后从相对简单的监督学习方法开始讲解，同时讨论了优化和搜索问题，之后分析无监督学习算法，最后探讨更现代的基于统计的机器学习方法。本书的代码示例采用 Python 语言编写，所有代码均可免费下载。

本书适合作为高等院校人工智能、数据科学、机器人工程和计算机等专业的课程教材，也适合该领域的技术人员阅读参考。

出版发行：机械工业出版社（北京市西城区百万庄大街 22 号 邮政编码：100037）

责任编辑：曲 熠	责任校对：李秋荣
印 刷：三河市宏图印务有限公司	版 次：2019 年 11 月第 1 版第 3 次印刷
开 本：185mm × 260mm 1/16	印 张：19.5
书 号：ISBN 978-7-111-62226-0	定 价：99.00 元

凡购本书，如有缺页、倒页、脱页，由本社发行部调换

客服热线：（010）88378991 88379833　　投稿热线：（010）88379604

购书热线：（010）68326294　　读者信箱：hzjsj@hzbook.com

版权所有 · 侵权必究

封底无防伪标均为盗版

本书法律顾问：北京大成律师事务所 韩光 / 邹晓东

第 2 版前言

自从本书第 1 版出版以来，在过去的几年里，机器学习领域有了一些有意义的发展。一个是深度置信网络的崛起，这是一个真正激起了强烈研究兴趣的领域(同时也蕴含着巨大的商业利益，因为大型互联网公司都希望抢购涉足这一领域的每家小公司)；而另一个则是长期持续进行的关于机器学习统计解释的研究。后者作为一个研究领域是非常不错的，但对于计算机科学专业的学生而言，由于欠缺统计学基础知识，起步阶段是很困难的，然而，他们又非常有必要学习和关注这个领域的知识。本书专注于机器学习中的算法，希望能帮助学生掌握算法思想，并熟悉相关的数学与统计学知识，以及必要的编程技巧和实验方法。

此外，可用的 Python 库一直在不断更新，现在有更多的工具可供程序员使用。借助这些便利条件，本书提供了用于实验的支持向量机的简单实现，其他几个地方的代码也做了精简。所有示例代码都可以从 http://stephenmonika.net/下载(在"Book"标签下)，在学习机器学习的过程中，强烈鼓励大家根据需要随时使用这些代码进行实验。

本书第 2 版的主要修改包括：

- 补充了关于两个新领域的新章节：深度置信网络(第 17 章)和高斯过程(第 18 章)。
- 重新对章节进行了排序，并且增加了一些材料，使得全书更加自然、流畅。
- 重新撰写了关于支持向量机的内容，以包含运行代码和实验建议。
- 增加了随机森林(13.3 节)、感知器收敛定理(3.4.1 节)、适当考虑精度的方法(2.2.4 节)、MLP 的共轭梯度优化(9.3.2 节)以及在第 16 章添加的卡尔曼滤波和粒子滤波。
- 改进了代码，包括更好地使用 Python 的命名约定。
- 贯穿全书的文字修改，使解释更清晰，细节更精准。

在此，我要感谢为本书出谋划策的所有人，他们阅读了不同章节，对于内容的取舍与讲解的方式提出了很多建议。还要感谢新西兰梅西大学的学生，他们与我一起研究了这些材料，无论是作为课程作业的一部分，还是作为研究工作的第一步，无论是理论研究还是机器学习应用。感谢那些为第 2 版做出特别贡献的人，包括：Nirosha Priyadarshani，James Curtis，Andy Gilman，Örjan Ekeberg，以及 Osnabrück Knowledge-Based Systems Research 小组，特别是 Joachim Hertzberg、Sven Albrecht 和 Thomas Wieman。

Stephen Marsland

于新西兰阿什赫斯特

第1版前言

在传统的科学研究中，学科与学科之间的融合与交流并不多，而有一门学科则做到了融合计算机科学、统计学、数学、工程学这些学科，甚至将其应用范围扩展至经济、生物、医药、物理、化学等领域中，这就是机器学习。在过去的十年中，机器学习的这种多学科魅力逐渐被人们所理解并推崇。但是，撰写一部系统介绍机器学习的著作是非常困难的，因为这本书要满足不同科学领域的研究者想要了解机器学习的需求。

作为人工智能领域的重要分支，机器学习通常在大学中作为计算机科学类课程开设，但是想要真正了解机器学习算法背后的工作原理，统计学和数学基础是必不可少的。在大学任教期间，我发现其中许多内容对数学基础的要求已经超过了计算机专业学生的所学范围，于是我重新整理了课堂讲稿与笔记，形成了本书的第1版。本书的重点在于介绍机器学习中的各类算法并探究其工作原理，同时附有大量习题。此外，本书的相关网站http://stephenmonika.net/MLbook.html 提供书中的示例代码，供读者下载学习。

对于这类实用算法，用实际语言写的例子总是好于某种形式的伪代码。因为这可以让读者马上运行程序并在数据上做实验，而不用操心所选用特定语言的某些无关实现细节。任何计算机编程语言都能用来实现机器学习算法，并且全世界有各种语言的机器学习资源。在本书中我选择的是Python，因为Python语言简单易用、支持多平台，在科学计算中Python几乎已经成为首选语言。对于有编程基础的读者，Python是极易上手的；对于没有编程基础的初学者，Python也是非常友好的，附录A中介绍了如何使用Python进行基础的数值计算。

目前市面上已有许多关于机器学习的优秀著作，而对于本书，我希望它能为想深入学习这门学科的读者提供一个切入点。除此之外，网络上关于机器学习的各种学习资源也颇为丰富，开源软件网站 http://mloss.org/software/提供了许多可供下载的机器学习软件。

此外，UCI机器学习库(http://archive.ics.uci.edu/ml/)提供了大量数据集，这些数据集可以用来实现并测试不同的机器学习算法，本书中用到的许多实验数据也来源于此。需要注意的是，在实际问题中，如何获取合适的数据并对其进行预处理以供机器学习算法学习其实是一个不小的问题。

在此，我要对在本书编写过程中给予帮助和提供建议的朋友表示衷心的感谢。尤其感谢 Zbigniew Nowicki、Joseph Marsland、Bob Hodgson、Patrick Rynhart、Gary Allen、Linda Chua、Mark Bebbington、JP Lewis、Tom Duckett 以及 Monika Nowicki 对本书第1版的贡献。特别感谢 Jonathan Shapiro 在机器学习研究过程中对我的帮助。

Stephen Marsland
于新西兰阿什赫斯特

绪　论

假设你经营着一家网站，出售自己编写的软件。现在想让网站为用户提供更加个性化的服务，所以你开始收集访问者的数据，比如他们的电脑型号、操作系统、浏览器、居住的国家，以及在一天中访问该网站的时间。这些数据可以从任何访问者那里得到，并且对于那些真正想要购买的用户来说，你能够了解到他们购买的东西，以及付款的方式(如PayPal、信用卡)。因此，对于每一个在网站消费的用户，你可以得到像(电脑型号，浏览器，国家，时间，购买的软件，付款方式)这样的数据清单。比如，你收集到的前三条数据可能是这样的：

- Macintosh OS X，Safari，UK，morning，SuperGame1，credit card
- Windows XP，Internet Explorer，USA，afternoon，SuperGame1，PayPal
- Windows Vista，Firefox，NZ，evening，SuperGame2，PayPal

以这些数据为基础，你希望在网站里添加一个"你可能感兴趣的商品"的栏目，从而展示出可能与每一个访问者的需求有关的软件，这基于的是网页载入时你可以访问的数据，即电脑型号、操作系统、国家以及时间。你希望随着更多的人访问网站而收集更多的数据，从而发现一些趋势。比如来自于新西兰的Mac用户青睐第一款游戏，或者那些对电脑更加精通的Firefox用户需要自动下载应用程序等。

当收集了大量这样的数据之后，你开始观察它们，思考能够用这些数据做些什么。你面对的是一种**预测**(prediction)问题：根据所拥有的数据，预测下一个用户将要购买什么商品。并且你认为这种预测能够奏效的原因在于，看上去相似的人，他们的行为常常也具有相似性。那么应该怎样着手解决这个问题呢？这是本书尝试解决的基本问题之一。这也是所谓的**监督学习**(supervised learning)的一个例子，因为我们知道了对应于一些样本的正确结果(实际购买的软件)，所以可以把这些已知正确结果的样本提供给学习器。我们将在1.3节中更多地讨论监督学习。

1.1　如果数据有质量，地球将成为黑洞

在世界的各个角落，计算机每天都在采集和存储着数以TB级的数据。即使不考虑你收藏的MP3和节假日的照片，还有属于商店、银行、医院、科学实验室以及其他更多地方的正在不停存储数据的计算机。举例来说，银行建立关于人们如何花钱的记录，医院记录下对不同疾病的患者所采取的医疗措施，汽车中的引擎监控系统会记录下引擎的状况以便检测出何时会发生故障。这里的挑战在于如何对数据进行有用的处理：如果银行的计算机能够学习到消费的模式，它们能否快速检测出信用卡欺诈？如果医院之间共享数据，那么那些效果没有达到预期的治疗措施能否快速被发现？一辆智能汽车能否在早期就给出引擎隐患的警报，以至于你不会在最糟糕的地方抛锚？这些都是能够用机器学习的方法解决的问题。

科学研究中也同样使用计算机来存储大量的数据。首先是在生物学中，测量DNA微

阵列中的基因表达将产生大量的数据集，同时还有蛋白质转录数据以及可用来描述各物种之间进化关系的系统进化树。其他学科也紧随其后，天文学现在使用数码望远镜，每天晚上世界各地的天文台会存储有关夜空的难以置信的高分辨率图像，大约每晚有 1TB。欧洲核子研究中心的大型强子对撞机每年产生大约 25PB 的数据。同样，在医学里，大到核磁共振成像，小到血液测试，这些医疗测试的结果也都被存储起来。数据爆炸已经广为人知，如何应用这些数据去做一些有用的事情对我们来说不失为一个挑战。

这些数据集的大小和复杂度意味着人类无法从中获取有用的信息。甚至连数据的存储方式也对我们不利。面对一个满是数字的文件，我们通常都不愿意长时间阅读。然而，若取出相同数据中的一部分，并且在图中标记出来，我们就能有所作为。比较一下图 1-1 中的表格和图像：显然图像更容易观察和处理。不幸的是，我们生活的三维世界不容许我们对更高维度的数据进行处理。就连我们已经收集的简简单单的网页数据也包含了四个不同的特征，因此如果每一个特征用一个维度表示的话，我们将需要四个维度！面对这种情况，有两种处理方法：降低维度（直到我们“简单”的大脑能够处理这个问题），或是使用计算机（它并不觉得高维的问题困难，并且不会对查看大量由数字组成的数据文件感到厌烦）。图 1-2 中的两幅图表明了降低维度（更严格地说，**映射到更低的维度**）带来的一个问题，即这样做会掩盖某些有用的信息，并且使图像看上去很奇怪。上面讨论的问题正是机器学习变得如此流行的原因之一——有了电脑的帮助，很多超出人类极限的问题都能够得到解决。此外，如果维度不是远大于三的话，可以使用其他的**符号**（glyph）表示，如数据点的大小或是颜色来描述其他维度的信息，但是如果数据集有 100 个维度的话，这种方法也无能为力了。

x_1	x_2	分类
0.1	1	1
0.15	0.2	2
0.48	0.6	3
0.1	0.6	1
0.2	0.15	2
0.5	0.55	3
0.2	1	1
0.3	0.25	2
0.52	0.6	3
0.3	0.6	1
0.4	0.2	2
0.52	0.5	3

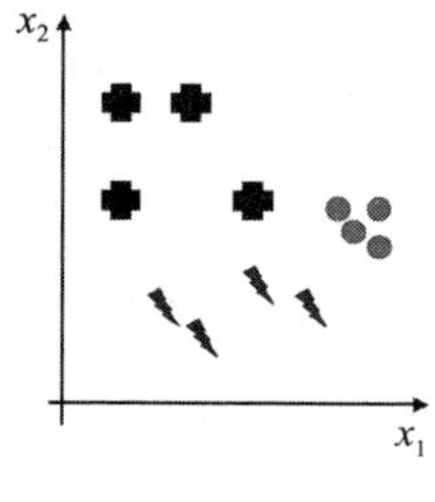

图 1-1　一组数据点作为表格数值和图表上的点。相比于表格数据，我们更容易观察可视化数据。但如果数据有三个以上的维度，我们就无法一次查看所有数据

图 1-2　相同的两个风力涡轮机（位于新西兰阿什赫斯特的 Te Apiti 风力发电场），相差约 30°拍摄的两幅视图。三维物体的二维投影会隐藏信息

事实上，很有可能在某个时候你已经接触到了机器学习的算法。它们在我们使用的很多软件程序中都有所应用，例如微软 Office 中臭名昭著的 paperclip 工具（也许不是什么正面的例子）、垃圾邮件过滤器、声音识别软件以及大量的电脑游戏。它们也是加油站安全监控摄像头以及收费公路上使用的自动车牌识别系统的一部分，并且在防滑刹车以及车辆稳定性系统中也有应用，甚至还是银行决定是否给你提供贷款的一套算法中的一部分。

这一节的这个吸引人的标题只有在数据量非常巨大的时候才是正确的。我们很难计算出世界上所有的计算机中一共有多少数据，但是据某报告估计，2006 年有大约 160EB

(160×10^{18}字节)的数据被制造和存储，2012年增长到2.8ZB(2.8×10^{21}字节)，到2020年，这个数字将会增长到40ZB。然而，要制造一个地球大小的黑洞，其质量需要达到约40×10^{35}克。这意味着，数据如此沉重，你甚至连钢笔大小的数据都提不动，更不必说一台计算机了。然而对于机器学习，事情变得更加有趣，预测2012年数据量将达到2.8ZB的同一份报告(Big Data，Bigger Digital Shadows，and Biggest Growth in the Far East by John Gantz and David Reinsel，EMC Corporation)中还指出，这些数据仅有25%具有有效信息，只有大约3%的数据被标记，而实际用于分析的数据不到0.5%！

1.2　学习

在我们深入研究这个话题之前，不妨先后退一步，思考一下究竟什么是学习。对于机器来说，我们需要考虑的关键性概念是**从数据中学习**，因为数据正是我们所拥有的，某些情况甚至是数以TB级的。不过，把它用人类行为的术语来翻译也不是很难，那就是**从经验中学习**。我们都认同人类以及其他的动物通过从经验中学习，能够展现出我们称之为智能的行为。学习给我们提供了生活中的灵活性。事实上，无论我们的年龄有多大，都能够调整和适应新的环境，学习新的技艺。本书中，动物学习的关键部分是**记忆**(remembering)、**适应**(adapting)和**泛化**(generalizing)：识别出上一次遇到的这种情况(看到这个数据)，我们试验了某个特定的动作(给出了这个输出)，并且起到了作用(是正确的)，因此我们将再一次尝试这个动作，或者若没有起作用，我们将尝试一些不同的东西。最后一个词——泛化，它的含义是识别出不同情况之间的相似之处，使得应用在一个地方的东西在别处也能有所应用。这使学习变得有用，因为我们可以把知识应用在不同的地方。

当然，对于智能来说，还有很多其他的内容，比如**推理**(reasoning)和**逻辑演绎**(logical deduction)，但这里我们不会过多地关注那些。我们感兴趣的是智能最基础的部分——学习和适应，以及如何在计算机中来模拟。在应用计算机推理和演绎方面人们也有过很多的兴趣。这是最早期的**人工智能**(Artificial Intelligence)的基础，并且常常被称为**符号处理**(symbolic processing)，因为这种情况下计算机操作的是能反映环境的符号。与此相反，机器学习的方法有时被称为是**亚符号**(subsymbolic)的，因为它不包含符号或是符号的操作。

1.2.1　机器学习

机器学习，其含义是使计算机**改进**(modify)或是**适应**(adapt)它们的行为(不管这些行为是做出预测还是控制机器人)，从而使这些行为变得更加准确，这里的准确性是通过测量这些行为在多大程度上反映了正确的行为而得到的。想象一下，你正在和一台计算机玩Scrabble游戏(或是某些其他的游戏)。也许在开始的时候，你每次都能打败它，但是在许多局过后，它开始打败你，直到最后你再也不能获胜。这可能部分归因于你的水平在变差，另一部分是因为计算机在学习如何在Scrabble游戏中获胜。当学会如何打败你之后，它可以继续在其他的玩家身上使用同样的策略，这样就不用在与每一个新玩家进行游戏的时候都从零开始学习。这就是泛化的一种形式。

直到大概十年前，机器学习内在的多学科性才得到了认可。它融合了神经科学、生物学、统计学、数学以及物理学的观点，使得计算机能够学习。关于学习的可行性有一个极好的证据，那就是在你的两只耳朵之间的由水和电(以及一些微量化学元素)组成的袋状物。在3.1节，我们将简要地研究一下它的内部构造，并且看看有没有什么东西能够借鉴到机器学习算法中来。结果当然是有的，并且**神经网络**(neural network)正是从此发展而来，尽管现在连它们的发明者都不再予以承认，但经过发展，神经网络已经被重新解释为统计性的学习器。另一个驱动机器学习研究方向改变的是**数据挖掘**(data mining)，它研究的是从大规模的数据集中提取出有用的信息(这里的挖掘是由使用计算机的人，而不是拿着镐戴着安全帽的人来进行的)，它需要的是高效的算法，这又把更多的重心放回到了计算机科学上。

机器学习方法的**计算复杂度**(computational complexity)将同样是我们感兴趣的，因为我们制造出来的是**算法**(algorithm)。这非常重要，因为我们可能想把某些方法应用在很大的数据集上，那些与数据集的大小成高阶多项式时间复杂度(甚至更糟)的算法将会是一个问题。这里所说的复杂度通常分为两个部分：训练的复杂度，以及应用训练好的算法的复杂度。训练并不是经常发生，所以通常对时间的要求不是很苛刻，时间长一些也可以接受。然而，我们在测试一个数据点时，通常需要能够快速给出结论，而且当一个算法投入使用之后，这样的测试点可能会有很多，因此较低的计算成本是必不可少的。

1.3 机器学习的类别

在本章开始的网站例子中，我们的目标是根据收集的信息，对网站的访客可能购买哪种软件做出预测。这里有几件有趣的事情。首先是数据，知道访客之前购买过的软件以及访客的年龄可能会有用。然而，这些信息不可能从他们的浏览器中得到(即使是cookie，也不能告诉你某个人的年龄)，因此无法使用这些信息。挑选你想要使用的变量(专业术语称为**特征**(feature))对于找到问题合适的解来说，是很重要的一部分，这一点将在本书的几个地方都有所讨论。同样，选择如何处理数据也是很重要的。这在例子中时间的获取上有所体现。你的计算机可以记录精确到毫秒的时间，但这样做毫无意义，因为你想要做的是发现用户之间相似的模式。基于这个原因，在前面的这个例子中，我选择把时间**量化**为四个范围——上午、下午、晚上、夜间，显然我需要确保这些时间对于其所在时区来讲是正确的。

我们把学习不精确地定义为**通过训练从而在某项工作上做得更好**。这导致了几个很重要的问题：计算机如何知道它是否表现得更好，抑或是更差，以及它如何知道怎样才能有所提高？对于这些问题，有几个不同的但都是合理的答案，而且基于此产生了不同类型的机器学习。我们可以把某个问题的正确答案提供给算法，这样下一次算法遇到同样问题的时候就可以得到正确的结果(这就是在网站例子中发生的，因为我们知道这位用户已经购买了什么软件)。但是，我们希望只提供给算法部分正确的答案，然后它能够自动地发现问题所有的正确答案(**泛化**)。或者，我们所能做的是告知算法某一个答案是否正确，但并不告知如何去寻找正确的答案，这样它必须对正确的答案进行**搜索**(search)。这里的一个变化是我们根据某个答案的正确程度给它一个得分，而不是只响应一个“正确或是错误”。最后一种情况，我们可能根本没有正确的答案，只能设法让算法去寻找具有相似性的输入。

上面针对这个问题的不同回答，给我们将要讨论的机器学习类别提供了一个好的分类方法：

- **监督学习**(supervised learning)：提供了一个由包含正确回答(**目标**(target))的样本组成的**训练集**(training set)，并且以这个训练集为基础，算法进行**泛化**，直到对所有可能的输入都给出正确的回答。这也称为从**范例**(exemplar)中学习。

- **无监督学习**(unsupervised learning)：没有提供正确的回答，取而代之的是算法试图鉴别出输入之间的相似之处，从而使有着共同点的输入被**归类为**(categorized)同一类。非监督学习的统计学方法称为**密度估计**(density estimation)。
- **强化学习**(reinforcement learning)：强化学习介于监督学习和非监督学习之间。当答案不正确时，算法会被告知，但如何去改正则不得而知。它需要去探索，试验不同的可能情况，直到得到正确的答案。强化学习有时被称为伴随**评论家**(critic)的学习，因为它只对答案评分，而不提出改进的建议。
- **进化学习**(evolutionary learning)：可以将生物学的进化看成一个学习的过程，即生物有机体改变自身，以提高在所处环境下的存活率和拥有后代的概率。我们将研究如何在计算机中对这一过程建模。在此使用**适应度**(fitness)的概念，相当于是对当前解答方案好坏程度的评分。

最常见的一类学习是监督学习，并且这将是下面几章的中心。因此，在开始之前，先来看一下什么是监督学习，以及它能够解决什么样的问题。

1.4　监督学习

正如上文提到过的，网站例子就是监督学习的一个典型问题。有一组数据(**训练数据**)，它包含**输入**数据和**目标**数据，目标数据代表的是算法应该得到的正确答案。这通常被写作数据($\mathbf{x}_i$，$\mathbf{t}_i$)的集合，其中输入是 $\mathbf{x}_i$，目标是 $\mathbf{t}_i$，下标 i 表明我们有大量这样的数据，它们的索引 i 的取值从 1 到某个上限 N。注意，输入和目标都以粗体书写，表明这是向量，因为每一个数据对不同的特征都有取值。在 2.1 节，我们将对本书中的记号进行更多细节性的描述。如果我们对每一个可能的数据都有样本，那么可以把它们放进一个大的查阅表中，这样就根本没有机器学习的必要了。而机器学习的优越之处在于**泛化**：算法对于未曾碰到过的输入也应该给出合理的输出。这也导致了这样的结果，即算法需要能够处理**噪声**(noise)，就是数据中小的不精确性，这是现实生活中的任何测量所固有的。我们很难精确地对泛化的含义予以具体说明，但是下面这个例子也许会有助于理解泛化的含义。

1.4.1　回归

假设给出如下的数据点，现在要求你告诉我当 $x=0.44$ 时输出的值(我们称之为 y，因为它不是一个目标数据点)，这里 x、t、y 没有用粗体表示，因为它们是**标量**(scalar)，而不是向量。

x	t
0	0
0.5236	1.5
1.0472	−2.5981
1.5708	3.0
2.0944	−2.5981
2.6180	1.5
3.1416	0

由于 $x=0.44$ 没有出现在样例之中，我们需要找出一些方法来**预测**它的值。你可以假设这些值取自于某类函数，这样我们要做的就是尝试找出这个函数。这在统计学里被称为

回归(regression)问题：拟合出描绘一条曲线的数学函数，使得曲线尽可能贴近所有的数据点。这通常是一个**函数估计**(function approximation)和**插值**(interpolation)的问题，我们的工作就是计算出介于已知值之间的值。

现在的问题在于怎样寻找合适的函数。看一下图1-3，左上角的图显示的是上表中x，y的值对应的7个点，而其他三幅图则是用一条曲线去拟合数据点的不同尝试。左下图显示的是用直线连接所有点的两种可能的方案，以及如果我们尝试用三次函数(可以写成$ax^3+bx^2+cx+d=0$)得到的结果。右上角的图给出的是当我们尝试用一个不同的多项式函数所得到的结果，这一次采用$ax^{10}+bx^9+\cdots+jx+k=0$这样的形式。最后，右下角显示的是函数$y=3\sin(5x)$的图像。在这些函数中，你会选择哪一个呢？

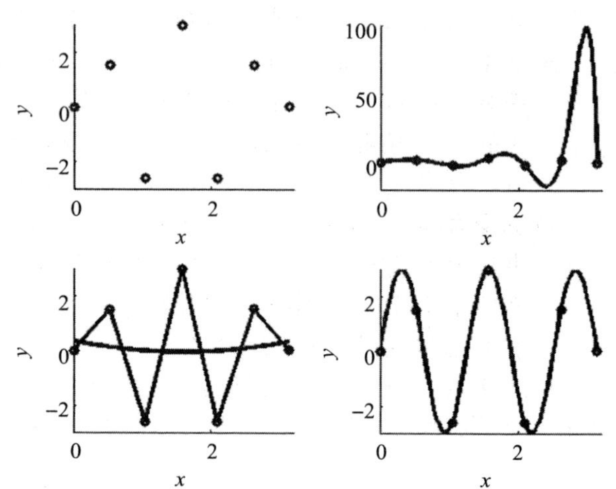

图1-3　左上：样本中的数据点。左下：两种可能的通过已知数据预测值的方法，用直线连接点，或使用三次方近似(这种方法会错过所有点)。右上和右下：两个更复杂的通过数据点进行近似的方法(参见下文说明)，右下比右上更好

直线近似的那一种应该不是我们想要的，因为它没有告诉我们关于数据的很多信息。并且，在同一个坐标轴上的三次函数的图也是很糟糕的：它在任何一处都没有接近数据点。那么右上角的图怎么样呢？看上去它精确地经过了所有数据点，但是它摆动得很厉害(观察y轴上的值，它到达了100，而不像其他的图在3左右)。事实上，这个数据来自于右下角的正弦函数，因此它就是这个例子的正确结果。但问题在于算法并不知道这些，对它来说，右边的两个解看上去同样好。决定哪一个解更好的唯一方法就是看它们的泛化情况。我们挑选一个在已有数据点之间的数值，利用所得的曲线去预测它的值，然后判断哪一个更好。结果将告诉我们在这个例子中右下角的曲线更好。

因此，我们的机器学习算法能够做的一件事是在数据点间插值。看上去这也许不像一种智能行为，然而，这在二维空间里已经很不容易，在更高维度的空间里，它只会变得更加困难。对于机器学习的其他任务，比如下面将要讨论的**分类**(classification)——把样本归为不同的类别来说，这也是正确的。此外，算法是通过我们的定义“做出改变，从而使性能有所提高”来学习的，并且你会惊讶地发现，我们所要解决的实际问题，绝大多数情况下都能被归结为分类或是回归问题。

1.4.2　分类

分类问题基于每一个类别的范例进行训练，对于给定的输入向量，决定它属于N个类别中的哪一个。分类问题最重要的一点在于它是离散的——每一个样本明确属于某一类，并且类别的集合覆盖了整个可能输出的空间。这两个约束条件并不总是成立，有的时候样本可能部分地属于两个类别。解决这一问题可以使用**模糊**(fuzzy)分类器，但我们不准备在本书中展开讨论。此外，也有很多情况，我们可能无法对每个可能输入都给出分类。比如，考虑自动售货机，我们使用一个神经网络来学习识别出所有不同的硬币。我们训练

分类器使它能够识别所有的新西兰硬币，但是如果投进的是一枚英国硬币呢？在那种情况下，分类器将把它鉴别为在外表上最为接近的一种新西兰硬币。但实际上，这并不是我们想要的，分类器应该辨别出这不是它所训练过的任意一种硬币。这称为**异常检测**(novelty detection)。现在假设我们不会接收到不能对之正确分类的输入。

让我们考虑一下如何建立硬币分类器。当硬币被放入自动售货机时，机器将对它进行几个方面的测量，包括半径、重量，可能还有形状，这些是将生成输入向量的**特征**。在这种情况下，我们的输入向量将含有三个元素，每个元素对应于相应特征的测量值(选择表示形状的一个数字，将包含一个**编码**(encoding)的过程，例如用 1 表示圆形、2 表示六边形等)。当然，还有很多我们能够测量的其他特征。如果自动售货机包含原子吸收分光镜，那么我们可以估计出材料的密度以及成分，或者如果有照相机的话，我们可以拍一张硬币的照片并把它提供给分类器。关于选择哪些特征，这并不总是一个简单的问题。我们既不希望使用太多的输入，因为那样会使训练时间变长(而且，随着输入维度的增长，所需数据点的数量将会急剧增长，这被称为**维度灾难**(curse of dimensionality)，将在 4.3 节予以讨论)，但是我们又需要确保根据已有的特征，能够把类别可靠地划分开来。举例来说，如果我们试图仅仅根据颜色来区分硬币，那么不会有很大进展，因为 20 分和 50 分的硬币都是银色的，1 元和 2 元的硬币都是青铜色的。然而，如果使用颜色和半径，我们就能够出色地完成对新西兰硬币的分类。有一些特征是完全无用的。比如，知道一枚硬币是圆形的对于新西兰硬币来说，提供不了任何有价值的信息，因为所有的新西兰硬币都是圆的(见图 1-4)。然而，在其他国家，这可能就是有用的。

图 1-4　新西兰硬币

我们将在本书中见到的分类方法，对正确解的学习方式有很大的不同。本质上，它们致力于同样的事情：找到能够用来划分不同类别的**决策边界**。给定用作分类器输入的特征，我们要做的就是根据这些特征的值，决定当前的输入属于哪一个类别。图 1-5 给出了有三个不同类别的 2D 输入集，以及两个不同的决策边界。左边的都是直线，较为简单，但是不如右边非线性曲线的分类效果好。

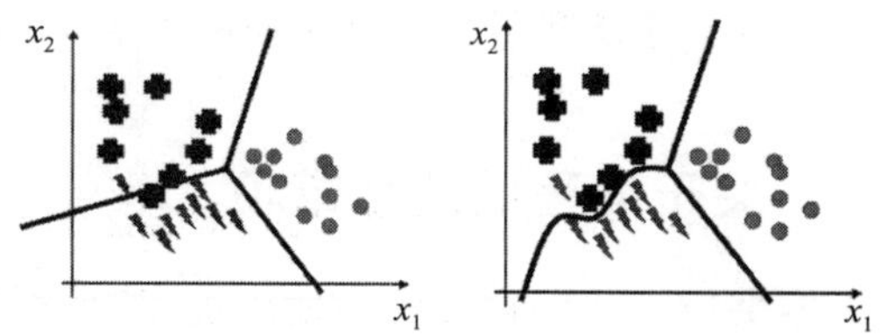

图 1-5　左：分类问题的一组直线决策边界。右：另一组能更好地分开加号与闪电符号的决策边界，但需要一条曲线

既然我们已经了解了这两类问题，现在让我们从实践者的角度去了解机器学习的整个过程。

1.5　机器学习过程

本节假设你对使用机器学习感兴趣，并且也对这一过程有一些疑问，例如之前描述的硬币分类。以下简要阐释机器学习算法选择、应用、评估问题的过程。

- **数据收集和准备**：本书配有可以随时下载和使用的数据集来测试算法。当然，在少数情况下，面对新的问题，我们需要从头开始收集数据，或者至少需要重组和准备数据。事实上，如果问题是全新的，那么可以选择适当的数据，这个过程应该与下一步特征选择合并，这样可以仅收集需要的数据。这通常可以通过组合一个相当小的数据集来完成，该数据集需要包含你认为可能有用的所有特征，并在选择最佳特征、收集和分析完整数据集之前进行试验。

通常，困难在于存在大量可能相关的数据，但很难收集这些数据，因为需要进行多次测量，或者因为它们处于各种位置并包含各种格式，不仅如此，我们很难恰当地融合它们，而且还要确保它们是**干净的**(clean)，也就是说，没有重大错误或缺少数据等问题。

对于监督学习，还需要目标数据，这可能需要相关领域的专家参与和大量时间投入。

最后，需要考虑数据量。机器学习算法需要大量数据，最好没有太多噪声。但是随着数据集规模的增加，计算成本也在增加。对于大量数据，没有额外计算的“最优平衡点”通常很难预测。

- **特征选择**：1.4.2 节中给出了研究可能对硬币识别有用的特征这一过程的一个例子。它通过实验鉴别了对于问题最有用的特征。这就要求对于问题和数据的先验知识，对于上面的硬币示例，常识可帮助我们识别一些可能有用的特征并排除其他特征。

  除了识别对学习器有用的特征之外，还必须要求数据收集不必花费大量费用或时间，并且对收集过程中可能出现的噪声和其他数据损坏具有**鲁棒性**(robust)。
- **算法选择**：本书为你准备了对于给定数据集的算法(或算法群)选择方法，为此还包括了每个算法的基本原理知识及其使用示例。
- **参数和模型选择**：对于许多算法，必须手动设置参数，或者需要实验来识别适当的值。本书也会在合适的章节讨论这个问题。
- **训练**：给定数据集、算法和参数，训练应当只是使用计算资源来构建数据模型，以便预测关于新数据的输出。
- **评估**：在系统投入应用之前，需要对其进行测试并评估其在未经训练数据上的准确性。这通常包括与该领域的人类专家进行比较，以及为此选择适当的度量指标。

1.6 关于编程的注意事项

本书旨在帮助你理解和使用机器学习算法，这意味着你需要编写计算机程序。本书既包含算法的伪代码，也包含基于 NumPy 的 Python 程序片段(附录 A 为初学者提供了 Python 和 NumPy 的介绍)，配套网站为所有算法提供了完整的工作代码。

在理论上理解如何使用机器学习算法是很好的，但是如果不在数据上进行程序测试，并且看到参数的作用，你将无法熟悉机器学习的完整流程。通常，自己编写代码始终是理解算法以及发现未知细节的最佳方法。

不幸的是，调试机器学习代码比一般调试更难——使程序编译和运行起来非常容易，但它有时似乎并没有在真正地学习。在这种情况下，你需要仔细开始测试程序。但是，你很快就会对这样的事实感到沮丧，因为很多算法都是随机的，结果无论如何都不可能重复。可以通过设置随机数种子来暂时避免这个问题，使随机数生成器每次都遵循相同的模式生成随机数，如下面的 Python 命令行中的代码示例所示(标记为>>>)，在种子设置之后出现的 10 个数字在两种情况下都是相同的，并且将永远是相同的(更多关于计算机生成**伪随机数**(pseudo-random number)的讨论见 15.1.1 节)。

```
>>> import numpy as np
>>> np.random.seed(4)
>>> np.random.rand(10)
array([ 0.96702984,  0.54723225,  0.97268436,  0.71481599,  0.69772882,
        0.2160895 ,  0.97627445,  0.00623026,  0.25298236,  0.43479153])
>>> np.random.rand(10)
array([ 0.77938292,  0.19768507,  0.86299324,  0.98340068,  0.16384224,
        0.59733394,  0.0089861 ,  0.38657128,  0.04416006,  0.95665297])
>>> np.random.seed(4)
>>> np.random.rand(10)
array([ 0.96702984,  0.54723225,  0.97268436,  0.71481599,  0.69772882,
        0.2160895 ,  0.97627445,  0.00623026,  0.25298236,  0.43479153])
```

这样，在每次运行时将避免随机性，并且参数将全部相同。

另一个有用的方法是使用 2D toy 数据集，可以对其进行绘制，因此可以观察是否会有意外事件发生。此外，这些数据集可以非常简单，例如可以用直线分开(我们将在第 3 章中看到更多内容)，这样你就可以看到算法是否可以处理简单的情况。

暂时“作弊”的另一种方法是将目标作为输入之一，这样算法就没有理由得到错误的答案。

最后，一个有效而且可以作比较的参考程序会很有用，我希望本书网站上的代码可以帮助人们摆脱意外的陷阱和奇怪的错误。

1.7 本书的学习路线

本书尽可能地从一般到具体，简单到复杂，同时把关联的概念设计在邻近章节。鉴于我们更加关注算法而且鼓励使用实验而非从基础统计概念切入，本书从一些较老的而且相对简单的监督学习算法开始。

第 2 章衔接了本章介绍的许多概念，以突出机器学习的一些总体思想和数据需求，并提供了某些读者可能不需要但关乎知识完备性的基本的概率和统计知识。

第 3 章、第 4 章和第 5 章的主要内容遵循使用神经网络进行监督学习的主要历史轨迹，同时介绍了插值等概念。接下来是关于维度约简的章节(第 6 章)，以及如 EM 算法和最近邻法这样的概率方法(第 7 章)。第 8 章介绍了最优决策边界和核方法的思想，重点是支持向量机和相关算法。

优化作为许多上述算法的基本方法之一，在第 9 章中进行了简要阐释，我们需要回看第 4 章，从优化的角度考察多层感知器。第 9 章的后续部分将搜索视为一种离散的优化方法。这样就自然地过渡到进化学习，包括遗传算法(第 10 章)、强化学习(第 11 章)和基于树的学习器(第 12 章)，这些都是基于搜索的方法。第 13 章介绍了将多个学习器(通常是树)的预测组合起来的方法。

第 14 章考虑了无监督学习的重要课题，重点是自组织特征图；许多无监督学习算法也在第 6 章中介绍。

其余四章主要描述更现代、基于统计的机器学习方法，虽然不是所有的算法都是全新的。在第 15 章介绍马尔可夫链蒙特卡罗技术后，讨论了图模型，其中包括比较古老的算法，如隐马尔可夫模型、卡尔曼滤波器以及粒子滤波器和贝叶斯网络。第 17 章从 Hopfield 网络的对称网络的历史思想开始，讲解深度置信网络背后的思想。第 18 章给出了高斯过程的介绍。

最后，附录 A 介绍了 Python 和 NumPy，使得具有一定编程语言经验的读者能够遵循书中提供的代码描述并使用书籍网站上提供的代码。

第 2 章到第 4 章包含足够的介绍性材料，这对于任何希望了解机器学习理论的人来说必不可少。对于一学期的机器学习入门课程，我将紧接着讲第 6～8 章，然后使用第 9 章的后半部分来引入第 10 章和第 11 章，然后是第 14 章。

更高级的课程肯定要包括第 13 章和第 15～18 章以及第 9 章中的优化材料。

我试图使所有材料合理地自成一体，相关的数学思想要么包含在书中的适当位置，要么在参考文献的覆盖范围里。这意味着具有一些先验知识的读者可以大胆地略过某些部分而不会有损失。

拓展阅读

若需要更偏向统计学或包含更多例子，可以参考以下机器学习书籍：

- Chapter 1 of T. Hastie，R. Tibshirani，and J. Friedman. *The Elements of Statistical Learning*，2nd edition，Springer，Berlin，Germany，2008.

其他可选的类似材料：

- Chapter 1 of R. O. Duda，P. E. Hart，and D. G. Stork. *Pattern Classification*，2nd edition，Wiley-Interscience，New York，USA，2001.
- Chapter 1 of S. Haykin. *Neural Networks：A Comprehensive Foundation*，2nd edition，Prentice-Hall，New Jersey，USA，1999.

第2章

Machine Learning: An Algorithmic Perspective, Second Edition

预备知识

本章有两个目的：介绍机器学习的一些重要概念，以及了解机器学习中数据处理和统计的一些基本思想是如何涌现出来的。打破学习效果最有用的方法之一，就是2.5节中给出的偏置和方差的统计概念，接下来是为初学者准备的相关概念。

2.1 专业术语

首先考虑一下将在整本书中使用的一些术语，在绪论中我们已经看到了一些内容。我们将讨论用于学习算法的**输入**和**输入向量**。同样，我们也讨论算法的**输出**。输入是算法执行的数据。通常，机器学习算法的执行流程是：获取一组输入值，为该输入向量生成输出(答案)，然后处理下一个输入。输入向量通常是几个实数，这就是它被描述为向量的原因：输入被写成一系列数字，例如(0.2，0.45，0.75，−0.3)。该向量的大小，即向量中的元素个数，被称为输入的**维度**(dimensionality)。这是因为如果我们将向量绘制成一个点，将需要一个空间维度用于向量的每个不同元素，因此上面的例子有4个维度。我们将在2.1.1节中详细讨论这个问题。

我们经常用向量和矩阵表示法撰写公式，小写粗体字母用于向量，大写粗体字母用于矩阵。向量$\boldsymbol{x}$具有元素(x_1，x_2，…，x_m)。我们将在书中使用以下符号：

- 输入：输入向量是作为算法的输入给出的数据。写成$\boldsymbol{x}$，带有元素x_i，其中i从1到输入维度m。
- 权重：w_{ij}是节点i和j之间的**加权连接**。对于神经网络，这些权重类似于大脑中的突触。它们排列成矩阵$\boldsymbol{W}$。
- 输出：输出向量是$\boldsymbol{y}$，带有元素y_j，其中j从1到输出维度n。我们写成$\boldsymbol{y}(\boldsymbol{x}, \boldsymbol{W})$来提醒自己输出取决于算法的输入和网络的当前权重集。
- 目标：目标向量是$\boldsymbol{t}$，带有元素t_j，其中j从1到输出维度n。它是监督学习所需的额外数据，因为它提供了算法正在学习的“正确”答案。
- 激活函数：对于神经网络，$g(\cdot)$是一种数学函数，描述神经元的激发作为对加权输入的响应，例如3.1.2节中描述的阈值函数。
- 误差：E是一种根据输出$\boldsymbol{y}$和目标$\boldsymbol{t}$计算网络不准确性的函数。

2.1.1 权重空间

在处理数据时，能够绘制并查看数据通常很有用。如果我们的数据只有两个或三个输入维度，那么很简单：使用x轴表示特征1，使用y轴表示特征2，使用z轴表示特征3。然后，我们在这些轴上绘制输入向量的位置。同样的事情可以扩展到多维度，实际上我们并不想在3D世界中看到它。即使我们有200个输入维度(即每个输入向量中有200个元素)，也可以尝试通过使用200个**相互正交**的轴(即彼此成直角)来设想它。计算机的一个好处就是它们不像我们一样被约束——要求计算机保持200维阵列并且它做到了。如果你得到了正确的算法(总是困难的!),那么计算机不知道 200 维对于我们人类而言比 2 更难。

我们可以通过绘制三个特征来查看数据到 3D 世界的投影,但这通常相当令人困惑:在你选择的三个轴上,事物看起来非常接近,但在全部集合中可能相距很远。你已经在 3D 世界的 2D 视图中体验过这一点,图 1-2 显示了一些风力涡轮机的两种不同视图。两个涡轮机从一个角度看起来非常接近,但显然是彼此分开的。

除了绘制数据点之外,我们还可以绘制其他任何我们想要的内容。特别是,我们可以绘制机器学习算法的某些参数。这对于神经网络(我们将在下一章中开始介绍)特别有用,因为神经网络的参数是将神经元连接到输入的一组权重的值。图 2-1 左侧是一个神经网络示意图,显示左侧的输入和右侧的神经元。如果将神经元的权重视为一组坐标,即所谓的**权重空间**(weight space),那么我们就可以绘制它们。我们考虑连接到特定神经元的权重,并对进入神经元的每个权重使用一个轴来绘制权重的强度,并绘制神经元的位置,使用 w_1 的值作为第 1 轴上的位置,第 2 轴上为 w_2 值,以此类推,如图 2-1 右侧所示。

现在有一个空间,我们可以在其中讨论神经元和输入的紧密程度,因为我们可以想象,通过将每个神经元的位置绘制为其权重所对应的位置,来将神经元和输入定位在同一空间中。这两个空间将具有相同的维度(假设我们不使用偏置节点(参见 3.3.2 节),否则权重空间将有一个额外的维度),因此我们可以绘制输入空间中神经元的位置。这为我们提供了一种不同的学习方式,因为通过改变权重,我们正在改变这个权重空间中神经元的位置。我们可以通过计算欧氏距离来测量输入和神经元之间的距离,在两个维度上可以写成:

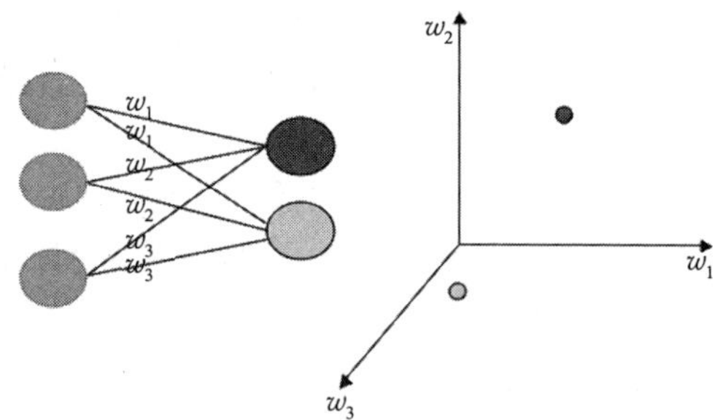

图 2-1　权重空间中两个神经元的位置。网络上的标记是绘制权重的维度,而不是其值

$$d = \sqrt{(x_1 - x_2)^2 + (y_1 - y_2)^2} \tag{2.1}$$

因此,我们可以使用神经元和输入“紧密在一起”的想法来决定神经元应该何时激活以及何时不激活。如果神经元在这个意义上接近输入,那么它应该激活;如果不接近,那么它不应该激活。这个权重空间图片有助于理解机器学习中的另一个重要概念,即输入维度的数量可以产生什么影响。输入向量告诉我们关于该示例的所有知识,通常我们对数据知之甚少,不知道什么是有用的,什么是无用的(回想 1.4.2 节中的硬币分类示例),所以它包括我们可以获得的所有信息似乎是明智的,并让算法自己解决它需要的东西。不幸的是,我们即将看到这样做会带来巨大的成本。

2.1.2　维度灾难

维度灾难是一个非常强大的名称,所以你可能会猜到它有点问题。灾难的本质是认识到随着维度的增加,**单位超球面**(unit hypersphere)的体积不随之增加。如果我们从原点(坐标系的中心)开始并绘制距离原点为 1 的所有点,则单位超球面是我们得到的区域。在 2D 中,我们得到围绕(0, 0)半径为 1 的圆(如图 2-2 所示),在 3D 中我们得到一个围绕(0, 0, 0)的球(图 2-3)。在更高的维度上,球体变成了一个超球面。下表显示了前几个维度的单位超球面的大小,图 2-4 中的图表显示了相同的情况,但也清楚地表明,由于维度的数量趋于无穷大，因此超球面的体积趋于零。

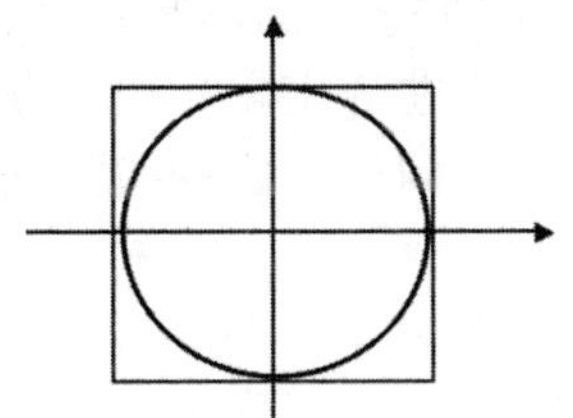

图 2-2　2D 单位圆及其边界框

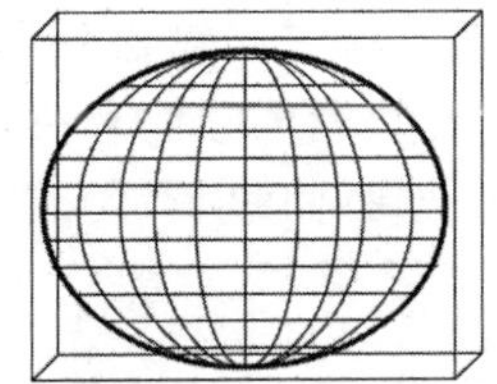

图 2-3　3D 单位球体及其边界立方体。球体不会像圆圈一样到达角落，随着维度的增加，这会变得更加明显

维度	体积
1	2.0000
2	3.1416
3	4.1888
4	4.9348
5	5.2636
6	5.1677
7	4.7248
8	4.0587
9	3.2985
10	2.5502

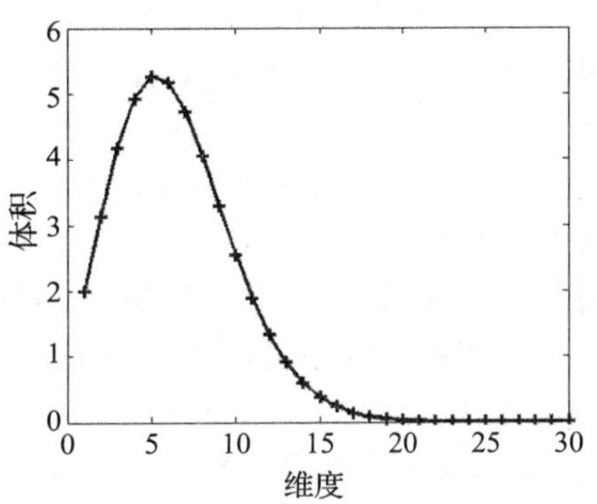

图 2-4　不同维度的单位超球面的体积

乍一看，这似乎完全违反直觉。但是，考虑将超球面封装在宽度为 2 的盒子中(沿着每个轴在 −1 和 1 之间)，这样盒子就会触及超球体的两侧。对于圆形，框内的几乎所有区域都包含在圆圈中，除了每个角落的一点点(见图 2-2)，3D 中也是如此(图 2-3)。但如果我们考虑 100D 超球面(不一定是你想要想象的东西)，并沿着从原点出来的对角线到框的一个角，然后当所有坐标都是 0.1 时，我们与超球面的边界相交。盒子内剩余的 90%的线在超球面之外，因此随着维度的增加，超球面的体积明显缩小。图 2-4 中显示当维度超过 20 时，体积实际上为零。这是使用维度 n 的超球面体积的公式计算的，即 $v_n=(2\pi/n)v_{n-2}$。因此，一旦 $n>2\pi$，体积就开始缩小。

维度灾难将适用于我们的机器学习算法，因为随着输入维度的增加，我们将需要更多数据来使算法充分推广。我们的算法尝试根据特征将数据分类，因此，随着特征数量的增加，需要的数据量也会增加。出于这个原因，我们经常需要注意为算法提供的信息，这意味着需要事先了解有关数据的信息。

无论有多少输入维度，机器学习的重点是对数据输入进行预测。在下一节中，我们将考虑如何评估算法实际实现的效果。

2.2　知你所知：测试机器学习算法

学习的目的是更好地预测输出，无论是类标记还是连续回归值。了解算法学习成功程度的唯一真正的方法是将预测与已知目标标记进行比较，这就是监督学习进行训练的方式。这表明你可以做的一件事就是查看算法在训练集上产生的错误。

但是，我们希望将算法推广到训练集中没有看到的示例，我们显然无法使用训练集来测试它。因此，我们需要一些不同的数据——**测试集**，以便对其进行测试。我们使用(输入，目标)对的测试集，将它们输送到网络中并将预测输出与目标进行比较，但不修改它们的权重或其他参数：我们用它们来决定算法学习的程度。唯一的问题是它减少了可用于训练的数据量，但这是我们必须忍受的。

2.2.1 过拟合

不幸的是，事情比这更复杂，因为我们可能还想知道算法在学习时的泛化情况：我们需要确保做了足够的训练，以及算法能很好地泛化。事实上，过度训练的危险性至少与训练不足一样高。大多数机器学习算法中可变度的数量是巨大的，对于神经网络，有很多权重，并且每个权重都可以变化。这无疑比我们学习的功能有更多的变化，所以需要小心：如果训练时间过长，那么我们将过拟合数据，这意味着我们同时学习了数据中的噪声和不准确性。因此，我们学到的模型会过于复杂，无法泛化。

图2-5通过绘制学习过程中两个不同点的某些算法的预测(作为曲线)来说明这一点。在图的左侧，曲线很好地拟合了数据的整体趋势(已经推广到一般函数)，但是训练误差仍然不会接近于零，因为这条曲线只是接近但不是恰好压在所有训练数据上。随着网络的不断学习，最终会产生一个更复杂的模型，它具有较低的训练误差(接近于零)，这意味着它已经记住了训练样例，包括其中的任何噪声成分，因此它已经过拟合了训练数据。

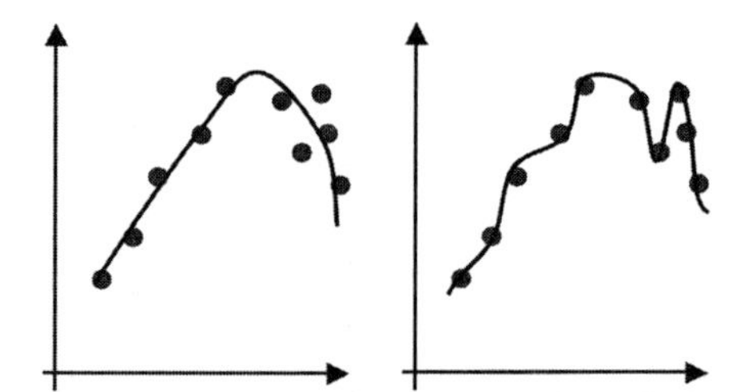

图2-5　过拟合的效果，不是找到生成函数(如左图所示)，而是神经网络完美匹配输入，包括噪声(右图)。这降低了网络的泛化能力

我们希望在算法过拟合之前停止学习过程，这意味着需要知道它在每个时间步长的泛化程度。我们不能使用训练数据，因为它不会检测过拟合，同时，我们也不能使用测试数据，因为我们将其保存为最终测试。因此，我们需要第三组数据用于此目的，这称为**验证集**(validation set)，因为我们目前正在使用它来验证学习。这称为统计中的**交叉验证**(cross-validation)。它是**模型选择**(model selection)的一部分：为模型选择正确的参数，以便尽可能地泛化。

2.2.2 训练集、测试集和验证集

我们现在需要三组数据集：实际训练算法的**训练集**、用于跟踪其学习效果的**验证集**，以及用于产生最终结果的**测试集**。这在数据上变得越来越昂贵，特别是对于监督学习，必须附加目标值(甚至对于无监督学习，验证和测试集也需要目标，以便有比较的对象)，并且并不总是容易获得准确的标记(这可能是你想要了解数据的原因)。**半监督学习**领域试图满足对大量标记数据的这种需求，有关参考资料请见本章中的拓展阅读小节。

显然，每个算法都需要一些合理的数据量来学习(精确需求变化，但算法训练到的数据越多，就越有可能看到每种可能输入类型的例子，尽管更多数据会增加学习的计算时间)。但是，相同的理论也用来证明验证和测试集合应该合理地增大。一般来说，训练集、测试集、验证集数据的确切比例取决于你自己，但如果有足够的数据，则通常会执行50∶25∶25这样的操作，否则执行60∶20∶20。数据如何进行划分也很重要。许多数据集的

第一组数据在第 1 类，第二组在第 2 类，依此类推。如果你选择前几个点作为训练集，下面的作为测试集等，则结果将非常糟糕，因为训练没有看到所有类。这可以通过随机重新排序数据，或通过将每个数据随机分配给其中一个集来处理，如图 2-6 所示。

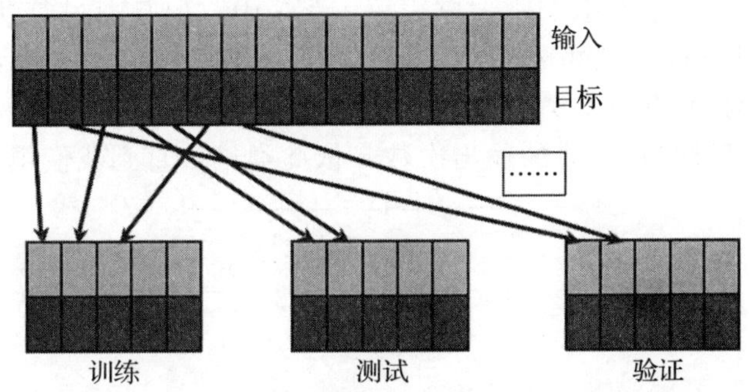

图 2-6 数据集划分为不同的集合，一些用于训练，一些用于验证，一些用于测试

如果真的缺少训练数据，那么如果你有一个单独的验证集，就会担心算法没有受到足够的训练，则可以执行**留出法**(leave-some-out)、**多折交叉验证**(multi-fold cross-validation)等评估方法。这个思想如图 2-7 所示。数据集随机分为 K 个子集，一个子集用作验证集，而算法则在所有其他子集上进行训练。然后选出不同的子集并且在该子集上训练新模型，对所有不同子集重复相同的过程。最后，测试并使用产生最低验证误差的模型。我们已经平衡了数据和计算时间，因为必须训练 K 个不同的模型而不是一个。在最极端的情况下，可采用**留一法**(leave-one-out)交叉验证，算法仅在一些数据上进行验证，对剩余所有数据进行训练。

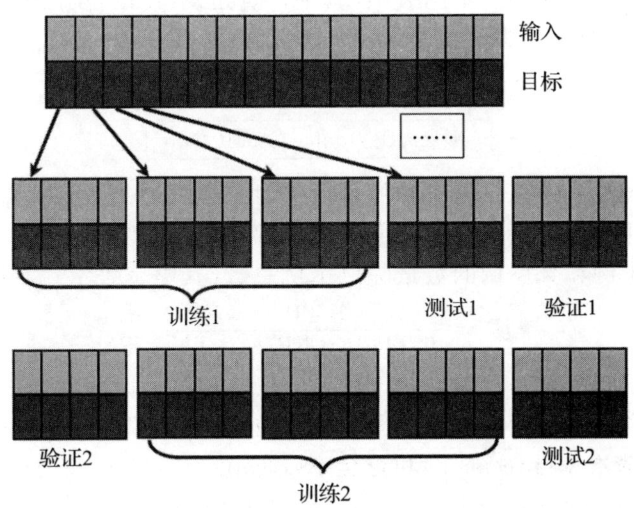

图 2-7 在训练许多模型时，留出法、多折交叉验证可以解决数据短缺的问题。它的工作原理是将数据分成几组，在大多数集合上训练模型，并保留一个用于验证(另一个用于测试)。训练不同的模型时保持不同的组合

2.2.3 混淆矩阵

无论使用多少数据来测试已训练的算法，我们仍然需要确定结果是否良好。我们将在这里介绍一个适用于分类问题的方法，称为**混淆矩阵**(confusion matrix)。对于回归问题，事情更复杂，因为结果是连续的，因此最常用的是将在后面的章节中用来推动训练的平方

和误差。在示例中，我们将看到这些方法的使用。

混淆矩阵是一个很好的简单方法：制作一个方阵，其中包含水平和垂直方向上的所有可能的类，并将表格顶部的类列为预测输出，然后沿左侧列为目标。例如，在(i，j)处的矩阵元素告诉我们在目标中有多少输入模式放入类 i 中，但是通过算法归入到类 j 中。在**主对角线**(leading diagonal)(从矩阵的左上角开始向下到右下角的对角线)上的任何东西都是正确的答案。假设我们有三个类：C_1，C_2，C_3。现在我们计算当目标为 C_1 时输出为 C_1 类的次数，然后计算目标为 C_2 时的输出次数，依此类推，直到我们填满表格为止：

	输出		
	C_1	C_2	C_3
C_1	5	1	0
C_2	1	4	1
C_3	2	0	4

这张表告诉我们，对于这三个类，大多数示例都被正确分类，但是 C_3 类的两个示例被错误分类为 C_1，依此类推。对于少数类，这是查看输出的好方法。如果你只想要一个数字，则可以将主对角线上的元素之和除以矩阵中所有元素的总和，从而得到正确分类的百分比。这被称为**精度**(accuracy)，我们将要看到它不是评估机器学习算法结果的唯一标准。

2.2.4　精度指标

我们可以用更多的标准来分析结果，而不仅仅是测量精度。如果考虑类的可能输出，那么它们可以被安排在这样的简单图表中(其中，**真正例**(true positive)是被正确放入类 1，**假正例**(false positive)是被错误放入类 1，而反例(包括真和假)是被放入类 2)：

真正例(TP)	假正例(FP)
假反例(FN)	真反例(TN)

此图表中主对角线上的条目是正确的，而主对角线之外的条目是错误的，就和混淆矩阵一样。但是，请注意，此图表和假正例等概念都是基于二分类的。

精度定义为真正例和真反例的数量除以示例总数(其中＃表示“数量”)：

$$\text{精度} = \frac{\#TP + \#FP}{\#TP + \#FP + \#TN + FN} \tag{2.2}$$

精度的问题在于它没有告诉我们关于结果的所有信息，因为它将四个数字变成一个数字。有两对互补的度量可以帮助我们理解分类器的性能，即**敏感率**(sensitivity)和**特异率**(specificity)，以及**查准率**(precision)和**查全率**(recall)。

$$\text{敏感率} = \frac{\#TP}{\#TP + \#FN} \tag{2.3}$$

$$\text{特异率} = \frac{\#TN}{\#TN + \#FP} \tag{2.4}$$

$$\text{查准率} = \frac{\#TP}{\#TP + \#FP} \tag{2.5}$$

$$\text{查全率} = \frac{\#TP}{\#TP + \#FN} \tag{2.6}$$

敏感率(也称为**真正例率**(true positive rate))是正确的正例数量与被分类为正例的数

量的比率，而特异率是对于反例而言相同的比率。查准率是正确的正例与实际正例的数量之比，而查全率是正确的正例的数量与被归类为正例的数量的比率，与敏感率相同。如果再次查看图表，你可以看到敏感率和特异率对分母的列进行求和，而查准率和查全率则对第一列和第一行求和，因此错过了一些关于学习器对反例做得如何的信息。

总之，这些度量中的任何一对都提供了比精度更多的信息。如果考虑查准率和查全率，那么你可以看到它们在某种程度上是反向相关的，因为如果假正例数量增加(意味着算法使用的是该类的更广泛的定义)，那么假反例的数量经常会减少，反之亦然。它们可以结合起来给出一个单一的度量——F_1 度量，表示为：

$$F_1 = 2\frac{\text{查准率}\times\text{查全率}}{\text{查准率}+\text{查全率}} \tag{2.7}$$

并且就假正例的数量而言(从中可以看出，它计算了反例的平均值)：

$$F_1 = \frac{\#TP}{\#TP+(\#FN+\#FP)/2} \tag{2.8}$$

2.2.5 受试者工作特征曲线

由于我们可以使用这些度量来评估特定的分类器，因此还可以比较分类器——具有不同学习参数的相同分类器或完全不同的分类器。在这种情况下，**受试者工作特征**(Receiver Operator Characteristic)曲线(几乎总是称为 **ROC 曲线**)是有用的。ROC 曲线的 y 轴是真正例率，x 轴是假正例率，如图 2-8 所示。单次运行的分类器在 ROC 图上产生单个点，而完美的分类器将是(0，1)处的点(100%真正例，0%假正例)，而**反分类器**(anti-classifier)获得的错误将在(1，0)处，因此，分类器的结果越靠近左上角，分类器性能越好。位于从(0，0)到(1，1)的对角线上的任何分类器都恰好处于随机猜测级别(假设正负类个数一样)，则可能会浪费大量学习时间，因为公平的硬币也会做得很好。

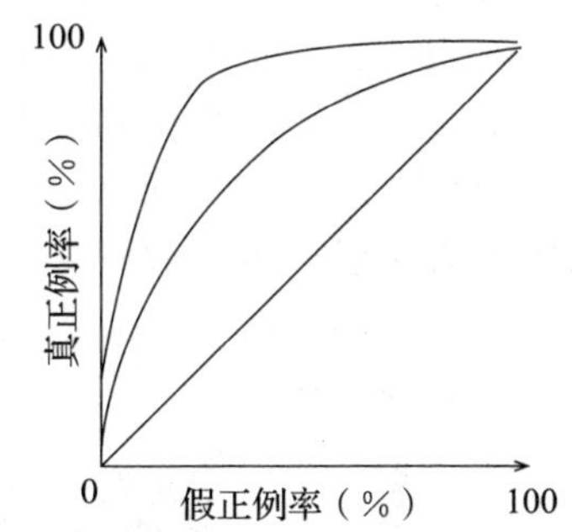

图 2-8 ROC 曲线的一个例子。对角线代表随机猜测，所以线上方的任何东西都比随机性好，离线越远越好。在所示的两条曲线中，远离对角线的曲线将代表更精确的方法

为了比较分类器或同一分类器的参数设置选择，你可以计算离对角线“随机猜测”线最远的点。但是，计算**曲线下面积**(Area Under the Curve，AUC)是正常的。如果每个分类器只有一个点，则曲线是从(0，0)一直到该点，然后从那里到(1，1)的梯形。如果有更多的点(基于分类器的更多运行，例如在不同数据集上训练和测试)，则它们是沿对角线顺序包括在内的部分。

获得曲线而不是 ROC 曲线上的点的关键是使用交叉验证。如果使用 10 折交叉验证，那么就有 10 个分类器，10 个不同的测试集，还有“真值”标记。真实标记可用于生成不同交叉验证训练结果的排序列表，还可用于指定 ROC 曲线上与该分类器结果相对应的 10 个数据点的曲线。通过为每个分类器生成 ROC 曲线，可以比较它们的结果。

2.2.6 不平衡数据集

请注意，对于精度，我们隐含地假设数据集中存在相同数量的正、负示例(称为平衡数据集)。然而，这通常是不正确的(这可能会给学习器带来问题，我们将在本书后面介绍)。在不是这样的情况下，我们可以将平衡精度计算为敏感率和特异率之和除以 2。但是，更正

确的度量是 **Matthew 相关系数**(Matthew's Correlation Coefficient)，计算公式如下：

$$\mathrm{MCC}=\frac{\#\mathrm{TP}\times\#\mathrm{TN}-\#\mathrm{FP}\times\#\mathrm{FN}}{\sqrt{(\#\mathrm{TP}+\#\mathrm{FP})(\#\mathrm{TP}+\#\mathrm{FN})(\#\mathrm{TN}+\#\mathrm{FP})(\#\mathrm{TN}+\#\mathrm{FN})}} \tag{2.9}$$

如果分母中的任何括号为 0，则整个分母设置为 1。这提供了平衡的精度计算。

作为这些评估方法的最后一点，如果有两个以上的类并且区分不同类型的误差是有用的，那么计算会变得更复杂，因为不是一组假正例和一组假反例，而是每个类都有一些。在这种情况下，特异率和查全率是不一样的。但是，可以创建一组结果，其中使用一个类作为正例，其他剩余的作为反例，并对每个不同的类重复此操作。

2.2.7　度量精度

有一种不同的方法可以评估学习系统的精度，遗憾的是，这种方法虽然具有不同的含义，但也使用了词语**精度**(precision)。这里的概念是将机器学习算法视为度量系统。我们提供输入并查看得到的输出。甚至在将它们与目标值进行比较之前，我们可以度量一些关于算法的内容：如果输入一组类似的输入，那么希望得到类似的输出。这种算法可变性的度量也称为精度，它告诉我们算法所做的预测是多么可重复。将精度视为概率分布的方差可能是有用的：它指出在平均值上下浮动多少。

关键在于，算法是精确的并不意味着它是准确的——如果总是给出错误的预测，则可能是完全错误的。算法预测与现实匹配程度的一个衡量标准称为**真实度**(trueness)，它可以被定义为正确输出和预测之间的平均距离。除非某些类的某些概念彼此相似，否则真实度通常对分类问题没有多大意义。图 2-9 以传统方式说明了真实度和精度的概念：作为飞镖游戏，有四个例子，玩家投掷的三个飞镖具有不同的真实度和精度。

图 2-9　假设玩家的目标是飞镖得分最高的 20 分翻倍(每个得分的数字都是它们标记的数字，外侧的窄带得分翻两倍，内侧的窄带得分翻三倍；位于"靶心"的外侧和内侧分别得 25 分和 50 分)，这四张照片分别显示了不同的结果。左上角：非常准确：高精度和真实度。右上角：低精度，但良好的真实度。左下角：高精度，但低真实度。右下角：合理的真实度和精度，但实际输出不是很好(感谢 Stefan Nowicki 提供用于拍摄这些照片的飞镖)

本节考虑了机器学习的终点，查看输出，并考虑了在输入数据方面需要做多少数据集等。在下一节中，我们将回到起点，考虑如何通过处理概率来分析数据集。

2.3 数据与概率的转换

图 2-10 显示了某些特征 x 对两个类 C_1 和 C_2 的度量值。类 C_2 中具有的特征 x 值比类 C_1 更大，但是这两个类之间也存在一些重叠。在范围的极端情况下，正确的类很容易预测，但对于中间范围的预测还不清楚。假设我们试图根据字母的高度对字母“a”和“b”进行分类(如图 2-11 所示)。大多数人写的“a”比“b”小，但不是每个人。然而在这个例子中，我们有一个秘密武器。我们知道在英文文本中字母“a”比字母“b”更常见(回想之前介绍的不平衡数据集)。如果我们在正常写作中看到一个像“a”或“b”的字母，那么它有 75%的可能性是“a”。我们使用先验知识来估计这个字母是“a”的概率：在这个例子中，$P(C_1)=0.75$，$P(C_2)=0.25$。如果我们根本无法看到这个字母，只是必须对其进行分类，那么如果我们每次都选择“a”，则有 75%的概率是正确的。

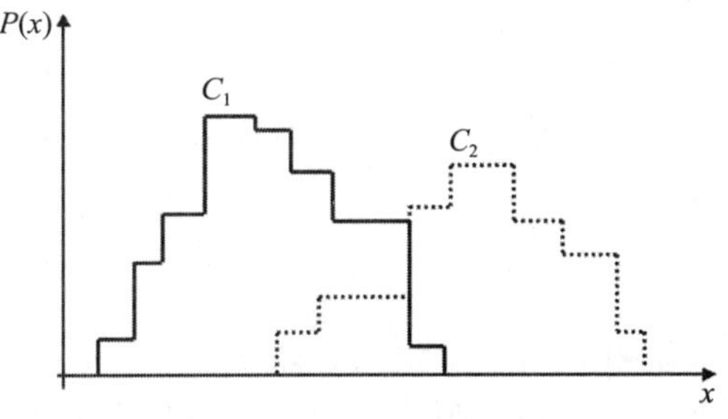

图 2-10 二分类中特征值(x)与其概率的直方图

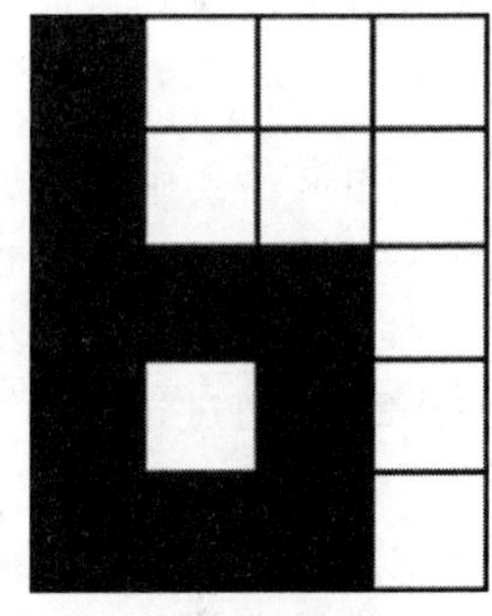
图 2-11 以像素形式出现的字母“a”和“b”

然而，若要求进行分类，我们也会得到特征 x 的值。如果 x 的值是有用的，那么只使用 $P(C_1)$的值而忽略 x 的值将是非常愚蠢的！实际上，我们给出了一组 x 值的训练集和每个样本所属的类。这让我们可以计算出 $P(C_1)$的值(我们只计算在所有类中 C_1 的个数并除以样本的总数)，还有另一个有用的度量：给定 x 的值 X 下 C_1 的**条件概率**(conditional probability)：$P(C_1 \mid X)$。条件概率告诉我们如果 x 的值是 X，则该类是 C_1 的可能性。因此在图 2-10 中，对于小的 X 值，$P(C_1 \mid X)$的值将大于对于大的 X 值的概率值。显然，这正是我们想要计算以进行分类的内容。问题是如何获得这个条件概率，因为我们不能直接从直方图中读取它。

我们需要做的第一件事就是**量化**特征 x，这意味着将它放入一组离散的值$\{X\}$中，例如直方图中的方框。这正是图 2-10 中绘制的内容。现在，如果我们有两个类的大量样例，以及它们度量结果所属的直方图，则可以计算 $P(C_i, X_j)$，这是**联合概率**(joint probability)，并告诉我们度量值 C_i 和直方图中 X_j 同时出现的概率。我们通过查看直方图中的 X_j，计算其中属于 C_i 类的样例数量，并除以样例的总数(任何类的)来完成此操作。

我们也可以定义 $P(X_j \mid C_i)$，这是一个不同的条件概率，并且告诉我们(在训练集中)样例是 C_i 类的成员的情况下，度量值是 X_j 出现的次数。同样，我们可以通过计算直方图箱 X_j 中的类 C_i 的样例数量并且除以该类的样例数量(在任何箱中)来获得该信息。希望你曾在某阶段的统计学课程中学过这些知识；如果没有，并且你没有读懂上述内容，那就抓住任何介绍概率的书进行学习。

因此，我们现在从训练数据中得出两个结果：联合概率 $P(C_i, X_j)$ 和条件概率 $P(X_j|C_i)$。由于我们实际上想要计算的是 $P(C_i|X_j)$，因此需要知道如何将这些事物联系在一起。正如你们中的一些人可能已经知道的那样，答案是**贝叶斯法则**(Bayes'rule)，这就是我们现在需要的法则。联合概率和条件概率之间存在联系：

$$P(C_i, X_j) = P(X_j|C_i)P(C_i) \tag{2.10}$$

或者等价于：

$$P(C_i, X_j) = P(C_i|X_j)P(X_j) \tag{2.11}$$

显然，这两个方程的右边必须相等，因为它们都等于 $P(C_i, X_j)$，所以我们可以写一个除式：

$$P(C_i|X_j) = \frac{P(X_j|C_i)P(C_i)}{P(X_j)} \tag{2.12}$$

这就是贝叶斯法则。如果你还不知道它，请学习并了解——它是机器学习中最重要的等式。它将后验概率 $P(C_i|X_j)$ 与先验概率 $P(C_i)$ 和**类条件**概率 $P(X_j|C_i)$ 联系起来。其中，分母用于形式化所有事物，因此概率总和为1。你可能不清楚如何计算该项。但是，如果我们注意到任何对象 X_k 必须属于某个类 C_i，那么我们可以在所有类上间隔化来计算：

$$P(X_k) = \sum_i P(X_k|C_i)P(C_i) \tag{2.13}$$

贝叶斯法则如此重要的原因在于，它让我们通过计算更容易计算的事物来获得后验概率——这实际是我们想要的。我们可以通过查看每个类在训练集中出现的频率来估计先验概率，并且可以从训练集的特征值的直方图中获得类条件概率。我们可以使用后验概率(图2-12)通过选择类 C_i 将每个新对象分配给其中一个类：

$$P(C_i|\boldsymbol{x}) > P(C_j|\boldsymbol{x}) \quad \forall i \neq j \tag{2.14}$$

其中 $\boldsymbol{x}$ 是一个特征值向量而不是一个特征。这被称为**最大后验**(maximum a posteriori)或 MAP 假设，它为我们提供了一种选择哪一类作为输出的方法。问题是这是否是正确的做法。在统计学和机器学习文献中已经有大量研究在讨论数据正确分类的问题，因此我们将略过它。

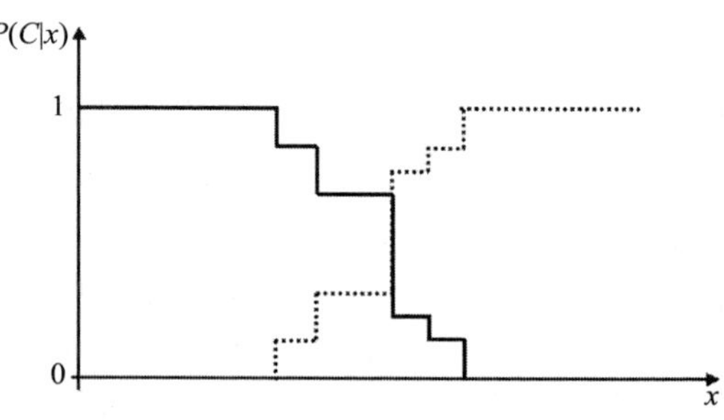

图2-12　特征 x 的两个类 C_1 和 C_2 的后验概率

MAP 问题是**给出训练数据中最可能的类是什么**？假设存在三种可能的输出类，并且对于特定输入，类的后验概率是 $P(C_1|\boldsymbol{x})=0.35$，$P(C_2|\boldsymbol{x})=0.45$，$P(C_3|\boldsymbol{x})=0.2$。因此，MAP 假设告诉我们这个输入是在类 C_2 中，因为它是具有最高后验概率的类。现在假设，基于数据所在的类，我们想要做一些事情。如果类是 C_1 或 C_3，那么采取动作1，如果是 C_2，那么采取动作2。例如，输入是血液检验的结果，三个类是不同的可能疾病，并且输出是否用特定抗生素治疗。MAP 方法告诉我们输出是 C_2，所以我们不会治疗这种疾病。它不属于类 C_2 的概率是多少时，才应该用抗生素治疗？应该是 $1-P(C_2)=0.55$。所以 MAP 预测似乎是错误的：我们应该用抗生素治疗，因为总体来说它更有可能。我们将所有类的最终结果考虑在内的这种方法称为**贝叶斯最优分类**(Bayes' Optimal Classification)。它最大限度地减少了错误分类的可能性，而不是最大化后验概率。

2.3.1　最小化风险

在医学示例中，我们刚刚看到基于最小化误分类概率进行分类是有意义的。我们还可以考虑误分类中涉及的风险。将健康的某人误认为不健康的风险通常比其他方式小，但不一定总是：很多治疗方法都有令人讨厌的副作用，如果你没有这种病，则不会遭受这份痛苦。在这种情况下，我们可以创建一个**损失矩阵**，该矩阵指定类 C_i 的示例被分为类 C_j 所涉及的风险。这看起来像我们在 2.2 节中看到的混淆矩阵，除了损失矩阵在主对角线上总是包含零，因为分类正确永远不会有损失的！一旦有了损失矩阵，我们只需通过将每个案例乘以相关的损失数来使分类器最小化风险。

2.3.2 朴素贝叶斯分类

我们现在返回到执行分类而不担心结果，以便计算 MAP 的结果，见公式(2.14)。我们可以完全按照上面的描述进行计算，它会正常工作。然而，假设特征值的向量有许多元素，有许多不同的特征需要被度量。这会如何影响分类器？我们试着通过查看所有训练数据的直方图来估计 $P(\boldsymbol{X}_j|C_i)=P(X_j^1, X_j^2, \cdots, X_j^n|C_i)$（上标索引是向量的元素）。随着 $\boldsymbol{X}$ 的维度增加（随着 n 变大），直方图的每个区间中的数据量缩小。这是维度灾难(2.1.2 节)，意味着随着维度的增加我们需要更多的数据。

我们可以做出一个简单的假设。在给定分类的情况下，假设特征向量的元素在条件上彼此独立。因此，给定类 C_i，不同特征的值不会相互影响。这是分类器名称中的朴素性，因为它通常没有多大意义——它告诉我们这些特征是相互独立的。如果我们试图对硬币进行分类，则它告诉我们硬币的重量和直径是相互独立的，这显然是错误的。但是，它确实意味着获取特征值字符串的概率 $P(X_j^1=a_1, X_j^2=a_2, \cdots, X_j^n=a_n|C_i)$ 恰好等于将所有元素概率相乘的乘积：

$$P(X_j^1 = a_1|C_i) \times P(X_j^2 = a_2|C_i) \times \cdots \times P(X_j^n = a_n|C_i) = \prod_k P(X_j^k = a_k|C_i) \tag{2.15}$$

这更容易计算，并降低了维度灾难的严重性。因此，朴素贝叶斯分类器的分类器规则是选择使以下式子得到最大值的类 C_i：

$$P(C_i)\prod_k P(X_j^k = a_k|C_i) \tag{2.16}$$

这显然是对评估全概率的很大的简化，因此出乎意料的是，朴素贝叶斯分类器已被证明与某些领域中的其他分类方法具有可比较的结果。在简化为真的情况下，使得特征在条件上彼此独立，朴素贝叶斯分类器恰好产生 MAP 分类。

在关于树学习的第 12 章中，特别是 12.4 节，有一个例子是关于你在晚上做什么的，这取决于你是否面临着任务截止日期以及正在发生的事情。如下所示，数据包括过去几天的一组先前示例。

Deadline?	Is there a party?	Lazy?	Activity
Urgent	Yes	Yes	Party
Urgent	No	Yes	Study
Near	Yes	Yes	Party
None	Yes	No	Party
None	No	Yes	Pub
None	Yes	No	Party
Near	No	No	Study
Near	No	Yes	TV
Near	Yes	Yes	Party
Urgent	No	No	Study

在第12章中，我们将看到决策树学习这些数据的结果，但在这里我们将使用朴素贝叶斯分类器。我们输入特征变量的当前值(deadline，is there a party，等)，并要求分类器根据训练数据集中的数据计算你在晚上可能执行的四种可能事项中每一项的概率。然后我们选择最有可能的类。请注意，概率会非常小。这是贝叶斯分类器的一个缺点：由于我们将大量概率相乘，这些概率都小于1，因此数字会变得非常小。

假设你有即将到达的最后期限，但没有一个是特别紧急的，没有派对，而且你现在很慵懒。然后分类器需要评估：

- $P(\text{Party})\times P(\text{Near}\mid\text{Party})\times P(\text{NoParty}\mid\text{Party})\times P(\text{Lazy}\mid\text{Party})$
- $P(\text{Study})\times P(\text{Near}\mid\text{Study})\times P(\text{NoParty}\mid\text{Study})\times P(\text{Lazy}\mid\text{Study})$
- $P(\text{Pub})\times P(\text{Near}\mid\text{Pub})\times P(\text{NoParty}\mid\text{Pub})\times P(\text{Lazy}\mid\text{Pub})$
- $P(\text{TV})\times P(\text{Near}\mid\text{TV})\times P(\text{NoParty}\mid\text{TV})\times P(\text{Lazy}\mid\text{TV})$

使用上面的数据评估：

$$P(\text{Party}\mid\text{near(not urgent)deadline,no party,lazy})=\frac{5}{10}\times\frac{2}{5}\times\frac{0}{5}\times\frac{3}{5}=0 \tag{2.17}$$

$$P(\text{Study}\mid\text{near(not urgent)deadline,no party,lazy})=\frac{3}{10}\times\frac{1}{3}\times\frac{3}{3}\times\frac{1}{3}=\frac{1}{30} \tag{2.18}$$

$$P(\text{Pub}\mid\text{near(not urgent)deadline,no party,lazy})=\frac{1}{10}\times\frac{0}{1}\times\frac{1}{1}\times\frac{1}{1}=0 \tag{2.19}$$

$$P(\text{TV}\mid\text{near(not urgent)deadline,no party,lazy})=\frac{1}{10}\times\frac{1}{1}\times\frac{1}{1}\times\frac{1}{1}=\frac{1}{10} \tag{2.20}$$

基于此，你今晚将看电视。

2.4　基本统计概念

本节将简要介绍一些重要的统计概念。你可能已经知道这些知识，但我们将重复介绍，以突出显示其对机器学习的重要性。任何基本的统计书都会提供更详细的信息。

2.4.1　平均值

我们将从最基本的开始，即可用于表征数据集的两个数字：均值和方差。均值很容易得到，它是一组数据中最常用的**平均值**(average)，是通过将数据集中的所有数据点相加并除以数据点总数得到的值。还有两个其他平均值：**中位数**(median)和**众数**(mode)。中位数是中间值，因此找到它最常见的方法是根据大小对数据集进行排序，然后找到中间的点(当然，如果有偶数个数据点，那么就没有确切的中间数据点，所以人们通常将两个点之间的值取为最接近中间的点)。在大多数算法教科书中描述的**随机算法**(randomised algorithm)，是一种用于计算中位数的较快的算法。众数是最常见的值，只需要计算每个元素出现的次数并选择次数最多的元素。接下来，我们还需要了解方差和概率分布的概念。

2.4.2　方差与协方差

如果给出一组随机数，那么我们就已经知道如何计算集合的均值以及中位数。但是，还有其他有用的统计数据可以计算，其中一个是**期望**(expectation)。期望这个名称显示了大多数概率论的赌博根源，因为它描述了你可以期望赢得的金额。计算过程为将每种可能性的收益与该可能性发生的概率相乘，然后将它们全部加在一起。因此，如果在街上你碰到有人以 1 美元的价格出售抽奖券，并且告诉你奖金为 10 万美元，而且他们正在销售 20 万张抽奖券，那么可以计算出你的抽奖券的预期价值：

$$E = -1 \times \frac{199\,999}{200\,000} + 99\,999 \times \frac{1}{200\,000} = -0.5 \tag{2.21}$$

其中，-1 是抽奖券的价格，在 200 000 中有 199 999 次没有赢得奖金，且 99 999 是奖金减去抽奖券的费用。请注意，预期值不是一个真正的值：无论发生什么，你都不会真正得到 50 美分。如果我们只是计算一组数字的期望值，那么最终将得到平均值。

数据集的方差是度量数据分布的，通过集合中每个元素与集合的期望值(平均值，$\boldsymbol{\mu}$)之间的平方距离总和来计算：

$$\mathrm{var}(\{\boldsymbol{x}_i\}) = \sigma^2(\{\boldsymbol{x}_i\}) = E((\{\boldsymbol{x}_i\} - \boldsymbol{\mu})^2) = \sum_{i=1}^{N}(\boldsymbol{x}_i - \boldsymbol{\mu})^2 \tag{2.22}$$

方差的平方根 σ 被称为**标准差**(standard deviation)。方差是观察变量相对于其平均值的变化。我们可以推广这一点来看两个变量如何变化，这被称为**协方差**(covariance)，度量两个变量的依赖程度(在统计意义上)。它的计算方法是：

$$\mathrm{cov}(\{\boldsymbol{x}_i\},\{\boldsymbol{y}_i\}) = E(\{\boldsymbol{x}_i\} - \boldsymbol{\mu})E(\{\boldsymbol{y}_i\} - \boldsymbol{v}) \tag{2.23}$$

其中 $\boldsymbol{v}$ 是集合$\{\boldsymbol{y}_i\}$的均值。如果两个变量是独立的，那么协方差是 0(被称为两个变量不相关)；而如果它们同时增加和减少，那么协方差是正的；如果一个上升而另一个下降，则协方差是负的。

协方差可用于查看一组数据中所有变量对之间的相关性。我们需要计算每对的协方差，然后将这些协方差组合成一个**协方差矩阵**(covariance matrix)，写成：

$$\boldsymbol{\Sigma} = \begin{bmatrix} E[(\boldsymbol{x}_1 - \boldsymbol{\mu}_1)(\boldsymbol{x}_1 - \boldsymbol{\mu}_1)] & E[(\boldsymbol{x}_1 - \boldsymbol{\mu}_1)(\boldsymbol{x}_2 - \boldsymbol{\mu}_2)] & \cdots & E[(\boldsymbol{x}_1 - \boldsymbol{\mu}_1)(\boldsymbol{x}_n - \boldsymbol{\mu}_n)] \\ E[(\boldsymbol{x}_2 - \boldsymbol{\mu}_2)(\boldsymbol{x}_1 - \boldsymbol{\mu}_1)] & E[(\boldsymbol{x}_2 - \boldsymbol{\mu}_2)(\boldsymbol{x}_2 - \boldsymbol{\mu}_2)] & \cdots & E[(\boldsymbol{x}_2 - \boldsymbol{\mu}_2)(\boldsymbol{x}_n - \boldsymbol{\mu}_n)] \\ \vdots & \vdots & & \vdots \\ E[(\boldsymbol{x}_n - \boldsymbol{\mu}_n)(\boldsymbol{x}_1 - \boldsymbol{\mu}_1)] & E[(\boldsymbol{x}_n - \boldsymbol{\mu}_n)(\boldsymbol{x}_2 - \boldsymbol{\mu}_2)] & \cdots & E[(\boldsymbol{x}_n - \boldsymbol{\mu}_n)(\boldsymbol{x}_n - \boldsymbol{\mu}_n)] \end{bmatrix} \tag{2.24}$$

其中 $\boldsymbol{x}_i$ 是描述第 i 个变量元素的列向量，$\boldsymbol{\mu}_i$ 是它们的均值。注意，矩阵是方阵，矩阵主对角线上的元素等于方差，并且是对称的，因为 $\mathrm{cov}(\boldsymbol{x}_i, \boldsymbol{x}_j) = \mathrm{cov}(\boldsymbol{x}_j, \boldsymbol{x}_i)$。等式(2.24)也可以写成矩阵的形式 $\boldsymbol{\Sigma} = E[(\boldsymbol{X} - E[\boldsymbol{X}])(\boldsymbol{X} - E[\boldsymbol{X}])^{\mathrm{T}}]$，变量 $\boldsymbol{X}$ 的均值是 $E(\boldsymbol{X})$。

我们将在第 6 章中看到协方差矩阵还有其他用途，但是现在我们只考虑它告诉我们的关于数据集的内容。从本质上讲，它说明了数据在每个数据维度上的变化情况。如果我们想再次考虑距离，这是很有用的。假设给出图 2-13 所示的两个数据集和测试点(图中用大“X”标记)，并询问“X”是否是数据的一部分。对于左边的图，你可能会说是，而对于右图，你会说不是，即使这两个点距离数据中心的距离相同。出现这种情况的原因是，除了查看均值之外，你还查看了测试点与实际数据点扩散程度的相关位置。如果数据非常紧密，那么测试点必须接近平均值，而如果数据非常分散，则测试点与平均值的距离无关紧要。我们可以考虑使用它来构建一个距离度量。这种度量方法在 1936 年被提出来，并称为**马氏距离**(Mahalanobis distance)，公式如下：

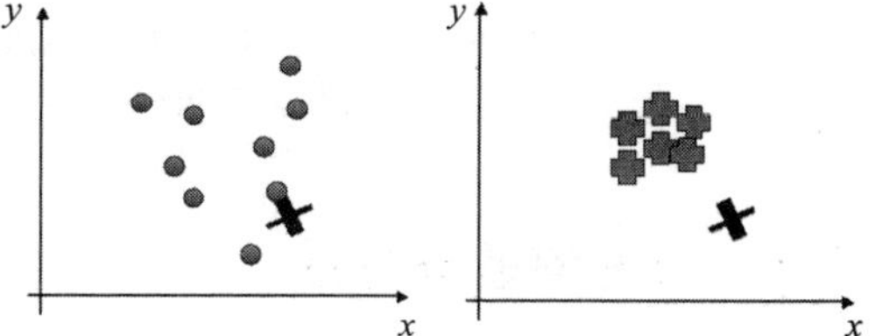

图 2-13　两个不同的数据集和一个测试点

$$D_M(\boldsymbol{x}) = \sqrt{(\boldsymbol{x} - \boldsymbol{\mu})^{\mathrm{T}} \boldsymbol{\Sigma}^{-1} (\boldsymbol{x} - \boldsymbol{\mu})} \tag{2.25}$$

其中 $\boldsymbol{x}$ 是数据的列向量，$\boldsymbol{\mu}$ 是均值的列向量，$\boldsymbol{\Sigma}^{-1}$ 是协方差矩阵的逆。如果我们将协方差矩阵设置为单位矩阵，则马氏距离退化为欧式距离。

计算马氏距离需要一些相当高配置的计算机来计算协方差矩阵和它的逆。幸运的是，这些在 NumPy 中很容易做到。有一个函数可以估计数据集的协方差矩阵(对于数据矩阵 $\boldsymbol{x}$，调用函数 `np.cov(x)`)，且其逆是 `np.linalg.inv(x)`。当然，逆不一定都存在。

我们现在将考虑**概率分布**，它描述的是在可能的特征值范围内发生某事物的概率。有很多概率分布通常足以拥有名称，但有一个比其他任何名称更为人所知，因为它经常发生；因此，这是我们唯一关注的概率分布。

2.4.3 高斯分布

最有名的概率分布(实际上，许多人知道甚至需要知道的唯一一个)是**高斯**(Gaussian)**分布**或**正态分布**(normal distribution)。在一维空间中，它具有图 2-14 所示的熟悉的“钟形”曲线，其一维方程为：

$$p(x)=\frac{1}{\sqrt{2\pi}\sigma}\exp\left(\frac{-(x-\mu)^2}{2\sigma^2}\right) \tag{2.26}$$

其中 μ 是均值，σ 是标准差。由于中心极限定理，高斯分布出现了许多问题，中心极限定理表明许多小的随机数加起来为高斯。在高维空间它看起来像：

$$p(\boldsymbol{x})=\frac{1}{(2\pi)^{\frac{d}{2}}\ |\boldsymbol{\Sigma}|^{\frac{1}{2}}}\exp\left(-\frac{1}{2}(\boldsymbol{x}-\boldsymbol{\mu})^{\mathrm{T}}\boldsymbol{\Sigma}^{-1}(\boldsymbol{x}-\boldsymbol{\mu})\right) \tag{2.27}$$

其中 $\boldsymbol{\Sigma}$ 是 $n\times n$ 的协方差矩阵($|\boldsymbol{\Sigma}|$ 是它的行列式，$\boldsymbol{\Sigma}^{-1}$ 是它的逆)。图 2-15 显示了二维空间下三种不同情况：当协方差矩阵是单位方阵时；当只有矩阵的主对角线有数字时；一般情况。第一种情况称为球面协方差矩阵，只有 1 个参数。第二种和第三种情况在二维中为椭圆，或者与轴(具有 n 个参数)对齐，或者更一般地，与 n^2 个参数对齐。

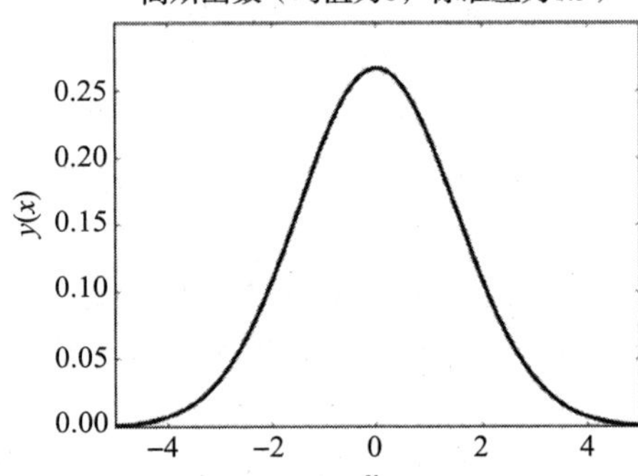

图 2-14　一维高斯曲线

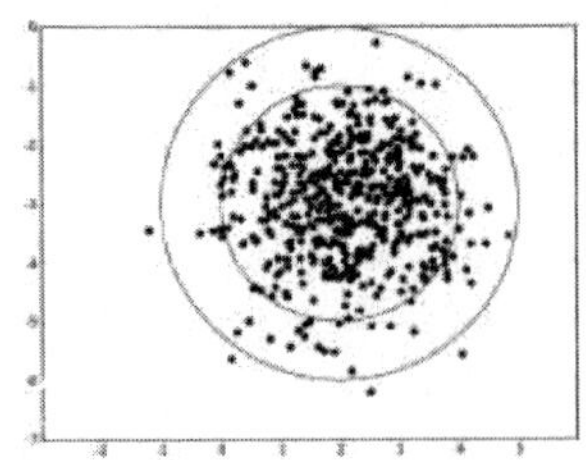
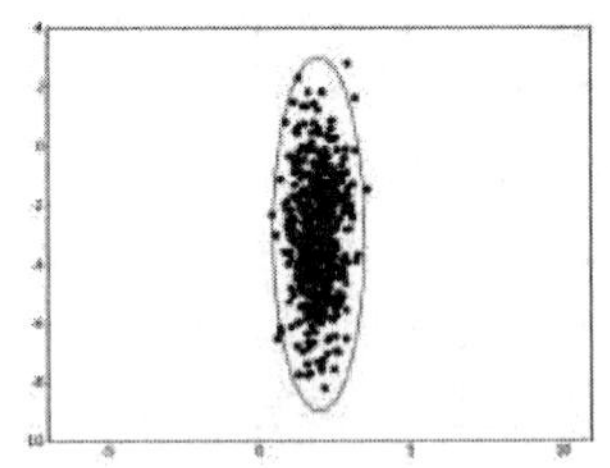
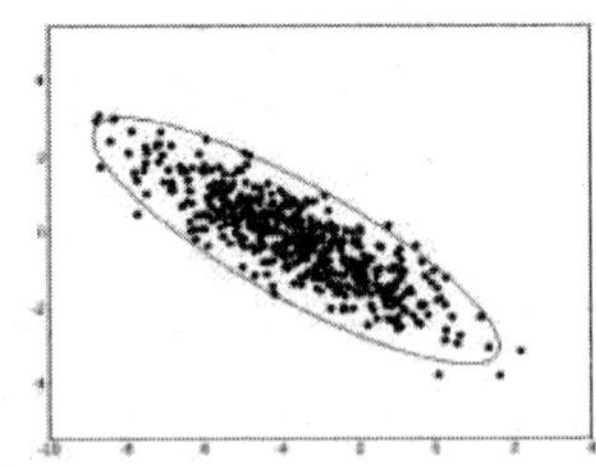
图 2-15　二维高斯分布(左)协方差矩阵是单位矩阵，(中心)协方差矩阵只有主对角线上具有元素，(右)一般情况

2.5 权衡偏差与方差

为了完善本章，我们使用上一节的统计思想再次审视如何从理论角度评估学习量。

每次训练任何类型的机器学习算法时，我们都会对要使用的模型做出一些选择，并拟合该模型的参数。算法具有的自由度越大，拟合模型就越复杂。我们已经看到，更复杂的模型存在固有的危险，例如过拟合，这时就需要更多的训练数据，通过验证数据来确保模型不会过拟合。还有另一种方法可以理解这种观点，即更复杂的模型不一定能产生更好的结果。有些人称之为**偏差-方差困境**(bias-variance dilemma)而不是折中，但这似乎过于戏剧化了。

事实上，这是一个非常简单的思路。模型很糟糕可能由于两个原因。要么因不准确而与数据不匹配；要么不是很精确，结果有很多不稳定性。第一个被称为**偏差**，而第二个是统计**方差**。更复杂的分类器倾向于改善偏差，但是这样的成本是增大了方差，而通过减少方差使模型更具体则将增加了偏差。就像量子物理学中的**海森堡不确定性原理**(Heisenberg Uncertainty Principle)一样，有一条基本定律，即我们不能同时拥有所有东西。例如，考虑直线拟合某些数据与高次多项式之间的差异，多项式可以精确地通过数据点。直线没有方差，但是偏差很大，因为它通常不适合拟合数据。样条曲线可以以任意精度拟合训练数据，但方差会增加。请注意，方差会增加相当于偏差减少，因为我们期望样条给出更好的拟合。有些模型肯定比其他模型更好，但选择模型的复杂性对于获得良好的结果非常重要。

计算目标和预测输出之间误差的最常用方法是计算两者之间差异的平方和(如果我们不这样做，而只是将差异加起来，考虑这样的例子，其中一个目标比预测大 5，同时另一个目标比预测小 5，那么它们的总和将为零，这正是我们求平方的原因)。在查看这个**平方和误差函数**(sum-of-squares error function)时，我们可以将它划分成代表偏差和方差的单独部分。假设我们试图逼近的函数是 $y=f(\boldsymbol{x})+\varepsilon$，其中 ε 是噪声，被假设为均值为 0、方差为 σ^2 的高斯分布。我们使用机器学习算法来拟合数据的假设 $h(\boldsymbol{x})=\boldsymbol{w}^{\mathrm{T}}\boldsymbol{x}+b$(其中 $\boldsymbol{w}$ 是 2.1 节中提到的权重向量)，目的是最小化平方和误差 $\sum_i (y_i-h(\boldsymbol{x}_i))^2$ 。

为了确定我们的方法是否有效，需要在独立数据上验证它，所以我们输入一个新的随机变量 $\boldsymbol{x}^*$ 并计算它的平方和误差的期望值。其中 $E[x]=\overline{x}$ 是均值。我们现在要做一些代数操作，主要是基于这样的事实(其中 Z 只是某个随机变量)：

$$\begin{aligned}E[(Z-\overline{Z})^2]&=E[Z^2-2Z\overline{Z}+\overline{Z}^2]\\&=E[Z^2]-2E[Z\overline{Z}]+\overline{Z}^2\\&=E[Z^2]-2\overline{Z}\overline{Z}+\overline{Z}^2\\&=E[Z^2]-\overline{Z}^2\end{aligned}\tag{2.28}$$

使用如下公式，我们可以计算新的数据点的平方和误差的期望：

$$\begin{aligned}E[(y^*-h(\boldsymbol{x}^*))^2]&=E[y^{*2}-2y^*h(\boldsymbol{x}^*)+h(\boldsymbol{x}^*)^2]\\&=E[y^{*2}]-2E[y^*h(\boldsymbol{x}^*)]+E[h(\boldsymbol{x}^*)^2]\\&=E[(y^{*2}-f(\boldsymbol{x}^*))^2]+f(\boldsymbol{x}^*)^2+E[h(\boldsymbol{x}^*-\overline{h}(\boldsymbol{x}^*))^2]\\&\quad+\overline{h}(\boldsymbol{x}^*)^2-2f(\boldsymbol{x}^*)\overline{h}(\boldsymbol{x}^*)\\&=E[(y^{*2}-f(\boldsymbol{x}^*))^2]+E[(h(\boldsymbol{x}^*)-\overline{h}(\boldsymbol{x}^*))^2]\\&\quad+(f(\boldsymbol{x}^*)+\overline{h}(\boldsymbol{x}^*))^2\\&=\text{噪声}^2+\text{方差}+\text{偏差}^2\end{aligned}\tag{2.29}$$

等式右边三项中的第一个是我们无法控制的。它是**不可约的误差**(irreducible error)，是测试数据的方差。第二项是方差，第三项是偏差的平方。方差告诉我们所使用的特定训练集 $\boldsymbol{x}^*$ 的变化程度，而偏差告诉我们 $h(\boldsymbol{x}^*)$的平均误差。你可以改变偏差和方差，这样你就可以得到一个具有低偏差的模型(意味着平均输出是当前的)，但是高方差(意味着答案在各处浮动)，反之亦然。注意，你不能使它们都为零——对于每个模型，偏差和方差之间存在权衡。但是，对于任何特定的模型和数据集，都有一些合理的参数集可以为偏差和方差提供最佳结果，而模型拟合的部分挑战就是找到这一点。

这种权衡是一种有用的方式，可以看到机器学习一般在做什么，而且现在是时候去看看我们可以用一些真正的机器学习算法实际做些什么，下面的章节首先介绍神经网络。

拓展阅读

任何标准统计教科书都提供了有关此处介绍的基本概率和统计数据的更多详细信息，但从机器学习的角度来看，请参阅：

- Sections 1.2 and 1.4 of C. M. Bishop. *Pattern Recognition and Machine Learning*. Springer, Berlin, Germany, 2006.

有关偏差-方差权衡的更多信息，请参阅：

- Sections 7.2 and 7.3 of T. Hastie, R. Tibshirani, and J. Friedman. *The Elements of Statistical Learning*, 2nd edition, Springer, Berlin, Germany, 2008.

有两本关于半监督学习的书籍可提供一个新视角：

- O. Chapelle, B. Schölkopf, and A. Zien. *Semi-supervised learning*. MIT Press, Cambridge, MA, USA, 2006.
- X. Zhu and A. B. Goldberg. *Introduction to Semi-Supervised Learning*. Synthesis Lectures on Artificial Intelligence and Machine Learning, 2009.

习题

2.1 使用贝叶斯法则来解决以下问题：在聚会上，你遇到一个声称和你一起去过同一所学校的人。你模糊地认出他们，但记不清楚，所以决定弄清楚有多大可能性。给出如下信息：

- 你认识的人中依稀有 1/2 和你一起上学。
- 派对上 1/10 的人和你一起上学。
- 你模糊地认识聚会中 1/5 的人。

2.2 考虑如何使用 2.3.1 节中的风险估计来改变朴素贝叶斯分类器。

神经元、神经网络和线性判别

我们花了足够的时间研究机器学习的概念，现在是时候在实践中看到它了。这个过程将从学习的可能性说起，典型例子就是我们的大脑。

3.1 大脑和神经元

对于动物来说，学习是在大脑中发生的。如果我们理解了大脑是如何工作的，那么可能就会有一些可以借鉴到机器学习系统中的东西。尽管我们的大脑是一个令人叹为观止、强大且复杂的系统，但是组成它的基本结构是非常简单和易于理解的。很快我们将会对其进行研究，但是值得注意的是，在计算层面上，大脑做的正是我们想要其完成的工作。它处理噪声，甚至是矛盾的数据，并且能够以很快的速度从非常高维的数据(比如图像)中得到通常都是正确的解。对于一个重约 1.5 千克，每时每刻都在失去自身的一部分(随着年龄的增长，神经元以一种令人印象深刻同时令人沮丧的速率死亡)，但是表现没有明显下降的东西来说，这是多么的神奇(用术语描述，这就意味着它具有**鲁棒性**(robust))!

那么它究竟是怎样工作的呢？在大部分层面上，我们不是很确定，但本书仅仅关注最基本的层次，即大脑的处理单元。它们是被称为**神经元**(neuron)的神经细胞，其数量巨大(通常给出的数据是10^{14}个)，并且种类繁多，这取决于特定的任务。然而，对于所有种类的神经元来说，它们的基本操作都是相似的：通过大脑流质里面的化学递质来升高或降低神经元内部的电位。如果这一**跨膜电位**(membrane potential)达到某个阈值，神经元就会**放电**(spike)或者**激活**(fire)，并且一个固定强度和持续时间的脉冲会向下传递到**轴突**(axon)。轴突分散形成树枝状，与许多其他神经元相连，其中的每一个连接都是在一个**突触**(synapse)中。每个神经元一般都会与数千个其他神经元相连，因此据估计大脑中共有约 10^{14}个突触。在激活之后，神经元在下一次激活之前需要一段时间来恢复能量(**不应期**(refractory period))。

每个神经元都可以被看作一个独立的处理器，它执行非常简单的运算：决定是否激活。这使大脑成为一个由 10^{11}个处理单元组成的巨大的并行计算机。如果那就是对于大脑来说所有的内容，那么我们就能够在计算机中进行模拟，从而在计算机中实现动物或是人类的智能。这是**强 AI**(strong AI)的观点。本书的目标并不在于建立一些宏伟的东西，而只是想要编写出能够学习的程序。那么大脑中学习是如何进行的呢？这里最重要的概念是**可塑性**(plasticity)：改变神经元间突触连接的**强度**(strength)，或是建立新的连接。我们对于突触改变的机制还不是完全了解，在 1949 年，Donald Hebb 首先提出了一个假说，这也是我们将要讨论的内容。

3.1.1 Hebb 法则

Hebb 法则认为突触连接强度的变化与两个相连神经元激活的相关性成比例。如果两个神经元始终同时激活，那么它们之间连接的强度会变大。反之，如果两个神经元从来不同时激活，那么它们之间的连接会消失。这里的思想在于如果两个神经元都会对某件事做出反应，那么它们应该相连。我们来看一个生活中常见的例子：假设你有一个能够辨认出你的祖母的神经元(它很可能从大量的视觉处理神经元处得到输入，但不必关注于此)。现在假如你的祖母每次来拜访的时候都会带给你一块巧克力，那么某些由于你喜爱巧克力的味道而开心的神经元同样会处于兴奋状态。既然这些神经元同时激发，它们之间就会相连，并且随着时间的推移，连接会变得越来越强。最终，当你见到祖母，即使是在照片中，也足够使你想到巧克力。是不是听上去很熟悉？巴普洛夫(Pavlov)使用这个被称为**经典条件反射**(classical conditioning)的思想来训练小狗。每次给狗提供食物的时候，同时会有铃声响起，这样分泌唾液的神经元和听到铃声的神经元就会同时激活，因此它们之间的连接会变得很强。随着时间的流逝，对铃声做出反应的神经元以及那些引起反射性分泌唾液的神经元之间的突触强度会变得足够强，以至于只要听到铃声，就会激活分泌唾液的神经元。

这种当神经元同时激活，它们之间会形成突触连接并且能变得更强，从而形成神经元集合的思想还有别的名称。比如它也被称为**长时程增强效应**(long-term potentiation)和**神经可塑性**(neural plasticity)，并且这似乎与实际的大脑也有联系。

3.1.2 McCulloch 和 Pitts 神经元

研究神经元并不是那么容易。你需要从大脑中提取出神经元，保持它一直存活，这样才能够观察神经元在受控的环境下如何做出反应。进行这个工作需要十分细心。其中的一个问题在于神经元通常非常小(必须如此，因为你的大脑中有 10^{11} 个这样的神经元)，所以很难得到突触中的电极。尽管如此，这项工作已经有人进行过，他们使用的神经元来自于巨乌贼，它含有一些大到可以观察的神经元。Hodgkin 和 Huxley 在 1952 年完成了这项工作，他们通过测量给出了基于不同化学物质浓度的计算跨膜电位的微分方程，因此获得了诺贝尔奖。我们不会对此进行讨论，而是准备去研究一个在 1943 年被提出的神经元的数学模型。这个数学模型的用途在于它提取出了能够用来精确表现被研究实体的最本质的东西，而忽略了所有无关紧要的细节。McCulloch 和 Pitts 给出了一个理想的范例，他们对一个神经元这样建模：

- **一组输入加权** w_i 相当于突触。
- **一个加法器**把输入信号相加(与收集电荷的细胞膜等价)。
- **一个激活函数**(最初是一个阈值函数)决定细胞对于当前的输入是否激活(“放电”)。

他们的模型在图 3-1 中给出，我们将应用这幅图来给出一个数学性的描述。图的左边是一组输入节点(标记为 x_1，x_2，…，x_m)。这些节点会被赋予具体的值，这里作为一个例子，我们假设有三个输入，分别是 $x_1=1$，$x_2=0$，$x_3=0.5$。在实际的神经元中，这些输入来自于其他神经元的输出。0 代表神经元没有激活，1 代表激活，而 0.5 则没有生物学上的解释，但是不必在意(事实上，这样说不是很公平，但是这是一个很长的故事，并且与我们的主题不是很相关)。所有其他神经元的激活状态都通过一个突触传递到神经元，并且这些突触都是有强度的，称为**权重**(weight)。突触的强度会影响信号的强弱，因此我们把输入与突触的权重相乘(得到 $x_1 \times w_1$，$x_2 \times w_2$ 等)。当所有信号到达神经元时，把它们相加起来看强度是否大到可以激活。我们将把这个写为：

$$h = \sum_{i=1}^{m} w_i x_i \tag{3.1}$$

这表示把输入与突触权重相乘，然后把所有得到的值相加。假设有 m 个输入，例子中的 $m=3$。如果突触权重是 $w_1=1$，$w_2=-0.5$，$w_3=-1$，那么对于这个神经元有 $h=1\times1+0\times(-0.5)+0.5\times(-1)=1+0+(-0.5)=0.5$。现在神经元需要决定是否激活。对于一个真实的神经元来说，这由它的跨膜电位是否大于某个阈值来决定。我们将挑选一个阈值（以 θ 标记），比如 $\theta=0$。现在，神经元会激活吗？在例子中 $h=0.5$，$0.5>0$，所以神经元会激活，并且给出输出值 1。如果神经元不激活，输出则为 0。

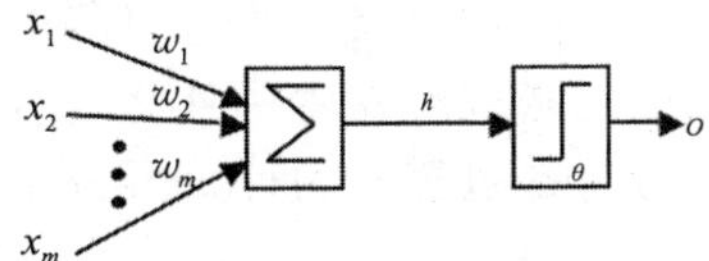

图 3-1 McCulloch 和 Pitts 的神经元数学模型。输入 x_i 乘以权重 w_i，而神经元对它们的值求和。如果该总和大于阈值 θ 则神经元会输出，否则不输出

McCulloch 和 Pitts 的神经元使用的是二元的阈值函数。它把所有输入（与突触强度或者说是权重相乘）相加，并且根据输入是否超过某个阈值来判定激活（给出输出 1）或是不激活（给出输出 0）。我们可以把神经元工作原理的第二部分，即决定是否激活（称为**激活函数**(activation function)），写成如下形式：

$$o=g(h)=\begin{cases}1, & h>0\\0, & h\leqslant 0\end{cases} \tag{3.2}$$

这是一个非常简单的模型，但是我们会把这些神经元，或是使用略作变化的激活函数（即将把阈值函数替换为其他形式）的神经元运用到大部分神经网络研究中。事实上，也许这些神经元看上去简单，但是就如我们将要看到的，只要选择了正确的权重 w_i，那么由这样的神经元组成的网络就能够完成一台普通计算机所能进行的任意运算。因此我们将要在下面几章中讨论的主要内容之一就是如何设置权重。

3.1.3 McCulloch 和 Pitts 神经元模型的局限性

一个值得考虑的问题就是，这样一个神经元模型在多大程度上与现实情况是相符的呢？答案是：与现实不太相符。现实生活中的神经元比这个要复杂得多。它们的输入不一定是线性相加的，可能存在非线性的相加形式。然而，最显著的不同点在于现实中的神经元不会给出单一的输出响应，而是给出一个**电位序列**(spike train)，即一个脉冲序列，并且正是这个电位序列对信息进行编码。这意味着神经元事实上并不像阈值装置那样做出响应，而是以一种连续的方式给出分等级的输出。激活与不激活的过渡依然存在，但是激活的阈值会随时间改变。这是因为神经元是生物装置，它的神经递质的量（影响放电所需的电荷的量）会随着当前机体状态的变化而发生改变。此外，神经元不会根据电脑的时钟脉冲去顺序地更新，而是随机地（**异步**(asynchronously)）更新，然而在我们的许多模型中，都是根据时钟脉冲来更新神经元。当然也存在着异步的神经网络模型，但是对实际应用来说，我们将坚持使用根据时钟脉冲更新的算法。

注意到权重 w_i 可以是正的，也可以是负的。这等价于**兴奋性**(excitatory)的连接和**抑制性**(inhibitory)的连接，它们分别使得神经元更可能激活和更不可能激活。这两种类型的突触都存在于大脑之中，但是对于 McCulloch 和 Pitts 的神经元来说，权重可以由正转为负，或是由负转为正，这从生物学角度来说是不可能的——突触连接要么是兴奋性的，要么是抑制性的，不存在从一种到另一种的转换。此外，现实中的神经元在反馈环中存在一

个连接到其自身的突触，但是这在我们的神经网络模型中通常不会出现。同样，这里也存在例外，但我们不会去讨论它。

我们可以改进模型以包含上述特征，但是现有的模型已经足够复杂了，并且 McCulloch 和 Pitts 的神经元已经提供了类似于大脑活动的许多吸引人的行为，比如由 McCulloch 和 Pitts 神经元组成的网络能够记忆图像，以及学会表示函数和分类数据，这些我们将在下面几章中看到。在最后一章中，我们将看到一个神经元的简单模型，它模拟了神经元最重要的功能——决定是否激活——并忽略了令人讨厌的生物学问题，如化学浓度、不应期等。模型只有在学习时才能用它来理解发生了什么，或者使用模型来解决某种问题时才有用。虽然我们试图理解的学习将是**机器学习**(machine learning)而不是动物学习，但我们将在本章中同时尝试两者。

3.2　神经网络

有一点可能很明显，单一的神经元不会引起我们的兴趣。它所能做的很有限，无非是在提供输入后，激活或者是不激活而已。事实上，单一的神经元甚至不能学习。如果我们重复不断地提供给一个神经元相同的输入集合，它的输出从不改变——激活或者是不激活。因此，为了让神经元模型更加具有吸引力，我们需要解决如何使它学习的问题，这就需要我们把一系列的神经元放置在一起，形成**神经网络**(neural network)，这样才能做一些有用的事情。

首先，我们要思考的问题是，如何使神经元能够学习。在下面几章中，我们将要研究**监督学习**(supervised learning)，意思是算法将通过样例来学习：在学习的数据集中，每一个数据点都有一个正确的输出值与之相对应。乍一看，这似乎毫无意义，既然你已经知道了正确的答案，为什么还要去学习呢？这里的关键在于 1.2 节提到的**泛化**(generalisation)的概念。假设数据中存在某一种模式，通过给神经网络一些已知的样例，我们希望它能够发现这种模式，并且正确地预测其他样例。这有时被称为**模式识别**(pattern recognition)。

在我们过多担心这些之前，首先来思考一下，什么是学习？前一章中，我们认为学习意味着你在某一件事情上做得更好。所以如果你在第一个学期不会编程，在第二个学期会编程了，那么可以说，你学会了编程。这一过程是由于某些物质发生了变化(或者说适应)，很可能是在你的大脑中，从而使得你能够完成一些原本不会的工作。我们再来看一下 McCulloch 和 Pitts 的神经元(如图 3-1)，并且尝试去发现，在那样一个模型中，什么是可以变化的。这个神经元只是由这样一些东西组成——输入、权重以及阈值，并且一个神经元可以有多个输入，但只有一个阈值。输入无法改变，因为它们是外在的，所以我们只能改变权重和阈值。这很有趣，因为它告诉我们大部分的学习过程与权重有关，但权重根本就不能算作神经元的一部分，它只不过是突触的模型。如果我们过多地关注神经元本身，则会忽视一些重要的东西，那就是学习是发生在神经元与神经元之间的，这需要它们相互连接起来。

因此，为了让我们的模型能够学习，需要问这样一个问题：

我们应该如何改变神经元的权重和阈值，使网络能够更频繁地得到正确的结果？

既然我们知道了要问的正确的问题，下面来看看历史上第一个神经网络——**感知器**(perceptron)。这听起来仿佛来自于太空时代，后面我们将研究如何使用它来解决问题(事实上，它于 1958 年被提出，那确实是一个太空时代)。当我们了解了感知器的算法，以及明白了它是如何工作的之后，我们将考虑哪些事情是感知器能够做的，哪些事情是它做不了的，然后再研究如何应用统计学的知识加深对学习的理解。

3.3 感知器

感知器无非是一个由 McCulloch 和 Pitts 的神经元组成的集合，它包含一组输入和一些把输入和神经元连接在一起的权重。网络可以在图 3-2 中见到，左边以浅灰色阴影表示的是**输入节点**。这些不是神经元，而是一个示意图，形象地表示了输入是如何提供给网络的，以及输入值的个数(这等于输入向量的维度(元素的数量))。这些几乎总是画成圆形，就像神经元一样，很容易引起混淆，所以我加上了不同深度的阴影。在图中，右边的为神经元，并且可以看到加法的部分(以圆形表示)和阈值的部分。实际上，没有人会把阈值部分分开来画，你只需要记住它是神经元的一部分。

请注意，在感知器中，神经元彼此之间是完全独立的。对任一个神经元来说，别的神经元在做什么与它无关，它所做的只是把输入的每一个元素与相应的权重相乘，然后把所有的乘积相加，再把所得的结果与阈值相比较，以判断是否激活，而无须考虑其他神经元在做什么。甚至连每一个神经元的权重也是彼此独立的，所以它们之间唯一共享的就是输入，每一个神经元都会见到提供给网络的所有的输入。

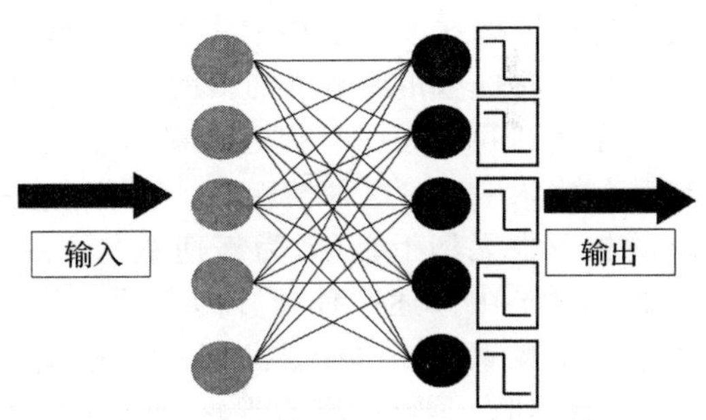

图 3-2 感知器网络，包括输入节点集(左)，它们与 McCulloch 和 Pitts 的神经元通过权重连接

在图 3-2 中，输入的个数与神经元的个数相同，但实际情况并不一定是这样，一般地，有 m 个输入和 n 个神经元。输入的个数是通过数据决定的，与之类似的还有输出的数量。由于进行的是监督学习，所以我们想要感知器学会复制一个特定的目标，即对于一个给定的输入，得到一个包含激活和不激活的神经元的模式。

在之前研究 McCulloch 和 Pitts 的神经元时，权重被标记为 w_i，i 的取值范围是从 1 到输入的数量。这里，我们还要弄清楚权重是提供给哪个神经元的，所以我们把权重标记为 w_{ij}，j 的取值范围是从 1 到神经元的数量。所以，w_{32} 就是连接输入节点 3 和神经元 2 的权重。当我们具体实现神经网络的时候，可以使用二维数组来保存这些权重。

现在，计算神经元是否激活就简单了。我们设置输入节点的值为输入向量的每一个元素，然后对每一个神经元使用方程(3.1)和方程(3.2)。我们可以对每个神经元都进行这样的处理，所得的结果就是一个神经元激活与不激活的模式，看上去就像一个由 0 和 1 组成的向量。因此如果有 5 个神经元，就像图 3-2 中那样，那么一个典型的输出模式可能是(0，1，0，0，1)，这表示第 2 个神经元和第 5 个神经元激活了，而其他的都没有。我们把这个模式与目标模式，即已知的由该输入得出的正确结果进行比较，可以鉴别出哪些神经元得到了正确的结果，哪些没有。

对于一个得到正确结果的神经元，我们感到满意，但是任何一个本不应该激活而激活，或是应该激活而没有激活的神经元，则需要进行权重的调整。但困难在于我们并不清楚权重本来应该是什么样的，归根结底，这也是神经网络的重点所在，所以我们想要调整权重使得神经元在下一次能够得到正确的结果。在第 3 章中，关于这一点我们将讨论更多的细节，现在我们将做一件很简单的事情来证明找到一个这样的解是可能的。

假设我们把一个输入向量提供给网络，其中的一个神经元得到了错误的结果(它的输出与目标不相符)。与那个神经元相连的有 m 个权重，每一个权重对应一个输入节点。如果我们把结果错误的那个神经元标记为 k，那么我们感兴趣的权重就是 w_{ik}，i 的取值从 1 到 m。这样我们就知道了哪些权重是需要调整的，但我们仍然需要弄清楚如何调整这些权重。我们首先需要了解的是，每一个权重是偏大还是偏小。这似乎是显而易见的，如果神经元本不应该激活而激活了，那么某些权重是偏大的，反之如果神经元应该激活而没有激活，则某些权重是偏小的。所以我们计算 y_k-t_k，t_k 是这个神经元的目标，表示它应该得到的结果，而 y_k 是神经元的输出，表示它已经得到的结果，该表达式是一个可行的**误差函数**(error function)。如果结果为正，那么该神经元本应该激活但没有激活，所以我们就把权重调大一些，反之也成立。等一下，这里输入向量的元素可能为负，这会改变整个值的符号，所以如果我们想让神经元激活，就需要让权重也为负。为了顺利应付这种情况，我们将通过把这两个值相乘来看应该如何调整权重：$\Delta w_{ik}=-(y_k-t_k)\times x_i$，并且把所得的值与旧的权重相加来得到新的权重。

注意到我们还没有提过改变神经元的阈值的事。为了说明它的重要性，假设有一个特殊的输入 0。在这种情况下，如果某一个神经元的结果是错误的，那么即使改变了相应的权重也无济于事(因为任何数与 0 相乘还是 0)，因此，需要改变它的阈值。我们将在 3.3.2 节中讲述一种巧妙的方法。然而，在那之前，先要完成学习规则，即我们需要决定每个权重改变多少。这可以通过把上面的值与一个称为**学习速率**(learning rate)的参数相乘得到，学习速率通常标记为 η。学习速率的值决定了网络学习的快慢。它非常重要，因此需要用一个独立的小节来讲解(下一节)，但首先让我们给出权重更新的最终规则：

$$w_{ij}\leftarrow w_{ij}-\eta(y_j-t_j)\cdot x_i \tag{3.3}$$

另一件我们现在需要意识到的事情是，每一个训练样本都要多次提供给网络。第一次的时候可能会得到一些正确的结果和一些错误的结果，下一次的时候希望能有所进步，直到最终，停止进步。计算出整个网络训练的时间可不是一件容易的事情，我们将会在 4.3.3 节中看到更多的方法，但是现在，我们将预定义最大的循环次数为 T。当然，如果网络能够计算到所有正确的输入，那么也会是结束的好时机。

3.3.1　学习速率 η

上面的式(3.3)告诉我们如何调整权重，其中的参数 η 控制着权重调整的幅度。我们可以把它设为 1，从而忽略掉它。如果那样做的话，每当出现一个错误的结果，权重将会进行大幅度的调整，这会导致网络**不稳定**(unstable)，从而使权重的改变永远都不能停止。如果把学习速率设置得较小，那么在权重发生较大变化之前，需要更多次地提供输入，从而使网络要花费更多时间去学习。然而，这样将会更加稳定，而且对数据中的**噪声**(noise，即错误)和不精确的成分具有更好的抵抗力。因此，我们选用一个适中的学习速率，一般为 $0.1<\eta<0.4$，这取决于我们预计输入中会有多少错误。

3.3.2　输入偏置

当我们讨论 McCulloch 和 Pitts 的神经元时，我们给每个神经元一个激活阈值 θ，以确定如果它激活，它的值至少为多少。这个阈值应当是可调整的，这样我们才可以改变神经元激活所需要的值。假设一个神经元的所有输入都是 0，那么它的权重将变得无关紧要(因为 0 与任何数相乘都是 0)，我们唯一能控制该神经元激活与否的方法就是调整它的阈值。如果这个值是不可调整的，那么在所有的输入都是 0 的时候，若我们想要其中的一个神经元激活，而另一个神经元不激活，就会出现问题。无论我们把权重设为多少，这两个神经元都会做同样的动作，因为它们有相同的阈值，并且输入都是 0。

现在的困难在于改变阈值，这意味着需要为一个额外的参数编写代码，并且我们还不是很清楚如何按照先前得出的改变权重的方法来相应地调整阈值。幸运的是，有一个巧妙的方法可解决这个问题。假设我们把神经元的阈值固定为 0。现在，我们给神经元增加一个额外的输入权重，并且使得对应于该权重的输入为一定值(这个值实际上可以是正数或者为负，本书使用了 −1,)。在更新算法中也包含这个权重(与其他所有的权重一样)，这样的话，已有的算法也不需要别的改进。因此，当输入全部为 0 的时候，由于加在额外权重上的输入永远为 −1，我们就可以根据需要调整这个权重，使得神经元激活或者不激活。这个输入通常被称作**偏置**(bias)节点，并且它的权重通常以 0 为下标，这样与第 j 个神经元相连的权重就记作 w_{0j}。

3.3.3 感知器学习算法

现在，我们已经做好了编写第一个学习算法的准备。在阅读这个算法的时候，如果能够联想到图 3-3，可能会对你的理解有所帮助，并且在此之后，我们会用一个具体的例子来演示这个算法。该算法分为两个部分：**训练**(training)阶段和**再现**(recall)阶段。再现阶段在训练完成之后，并且具有很高的速度要求，因为它比训练阶段使用的次数要多得多。你会发现在训练阶段也使用了再现阶段的方程，这是因为在计算误差和训练权重之前，我们必须计算出每个神经元的激活状态。

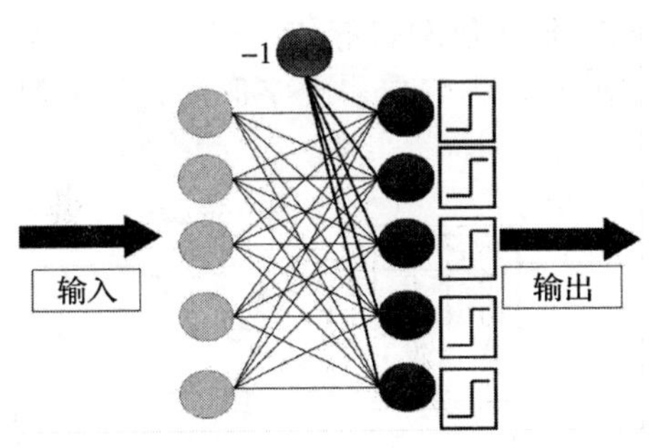

图 3-3 带偏置的感知器网络

感知器算法

- **初始化**
  - 设置所有的权重 w_{ij} 为小的随机数(正或负都可)。
- **训练**
  - 对 T 次循环
    - 对每一个输入向量：
      - 利用激活函数 g 计算每一个神经元 j 的激活状态：

$$y_j = g\left(\sum_{i=0}^{m} w_{ij} x_i\right) = f(x) = \begin{cases} 1, & \sum_{i=0}^{m} w_{ij} x_i > 0 \\ 0, & \sum_{i=0}^{m} w_{ij} x_i \leqslant 0 \end{cases} \tag{3.4}$$

      - 利用下式更新每一个权重：

$$w_{ij} \leftarrow w_{ij} - \eta(y_j - t_j) \cdot x_i \tag{3.5}$$

- **再现**
  - 利用下式计算每一个神经元 j 的激活状态：

$$y_j = g\left(\sum_{i=0}^{m} w_{ij}x_i\right) = f(x) = \begin{cases} 1, & w_{ij}x_i > 0 \\ 0, & w_{ij}x_i \leqslant 0 \end{cases} \tag{3.6}$$

注意网站上的感知器代码会有些不同，这将在 3.3.5 节讨论。

计算该算法的计算复杂度非常容易。再现阶段循环了所有的神经元，并且对于每一个神经元，都要在所有输入上循环，因此它的复杂度为 $O(mn)$。训练部分做了同样的工作，但是循环了 T 次，因此复杂度为 $O(Tmn)$。

这也许是你第一次看到如此书写的算法，并且可能难以看出如何才能把它转换成代码的形式。同样，如此简单的算法竟然能够学习，可能也让人难以置信。想要确定这些事情，唯一的方法就是自己动手，用一两个例子去实现它，并且试着写出具体的代码，看看能否实现预期的功能。下面我们将做这两件事情，首先我们自己动手来计算一个简单的例子。

3.3.4 感知器学习示例

我们将要使用的这个例子很简单，而且你已经有所了解，它是逻辑 OR。很显然，这不是一个真正需要用神经网络去学习的东西，但是在这里它却是一个很好的例子。那么我们的神经网络看上去会是什么样的呢？它有两个输入节点（加上输入偏置）和一个输出节点。输入值和目标值在图 3-4 左边的表格中给出，右边显示了函数的图像，圆形代表值为**真**（true）的输出，十字形代表值为**假**（false）的输出。图 3-5 给出了相应的神经网络。

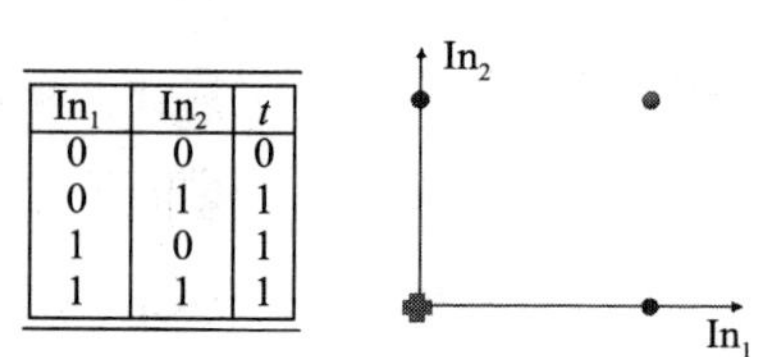

In_1	In_2	t
0	0	0
0	1	1
1	0	1
1	1	1

图 3-4　OR 逻辑数据表和四点数据图

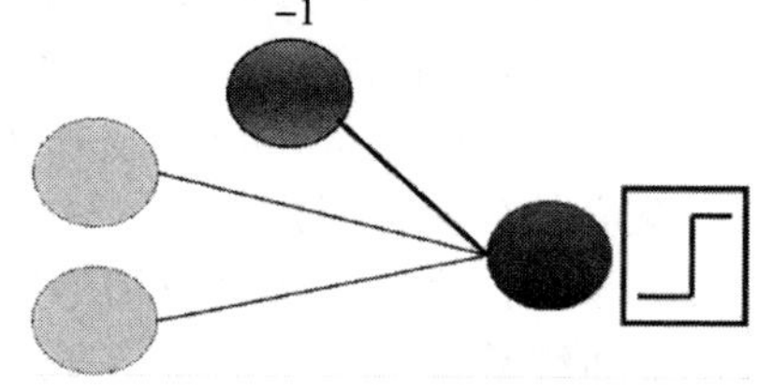

图 3-5　3.3.4 节所描述的感知器网络

如同在图 3-5 中看到的，有三个权重。根据算法，应该用小的随机数来初始化这些权重，所以我们设 $w_0=-0.05$，$w_1=-0.02$，$w_2=0.02$。现在我们提供第一个输入，它的两个元素都是 0：(0，0)。回想一下，对应于偏置权重的输入永远为 -1，因此该神经元得到的值为 $(-0.05)\times(-1)+(-0.02)\times0+(-0.02)\times0=0.05$。这个值大于 0，所以神经元激活，输出为 1，这与目标不相符。根据权重更新的法则，我们需要将式(3.3)运用在每一个权重上（对于这个例子，我们设 $\eta=0.25$）：

$$w_0: -0.05-0.25\times(1-0)\times(-1)=0.2 \tag{3.7}$$

$$w_1: -0.02-0.25\times(1-0)\times0=-0.02 \tag{3.8}$$

$$w_2: 0.02-0.25\times(1-0)\times0=0.02 \tag{3.9}$$

现在提供下一个输入(0，1)，根据计算得到的输出，该神经元将不会激活，但该神经元应该激活，我们再一次使用学习法则：

$$w_0: 0.2-0.25\times(0-1)\times(-1)=-0.05 \tag{3.10}$$

$$w_1: -0.02-0.25\times(0-1)\times0=-0.02 \tag{3.11}$$

$$w_2: 0.02-0.25\times(0-1)\times1=0.27 \tag{3.12}$$

对输入(1，0)来说，结果已经是正确的了（你应该检验一下，确保结果与之相符），所以我们完全不必去调整权重。对输入(1，1)来说，情况也是一样。至此，我们已经对所有的输入都进行了一次处理。遗憾的是，这并不意味着工作已经完成，因为并不是所有的输入都已经得到了正确的结果。现在我们需要再一次检查所有的输入，直到权重趋于稳定，不再发生变化，这才意味着算法已经结束。对实际生活中的应用来说，权重有可能永远都不会停止变化，这就是我们预先设置好算法的循环次数 T 的原因。

现在我们继续运行该算法，可以通过手工计算或是编写代码(我们将在下文予以讨论)来检验结果，最终使权重趋于稳定，不再改变，此时感知器就正确地学习了样例。注意到我们可以给权重赋许多不同的值，并且这些值都将得到正确的输出，而该算法找到的一组值则取决于学习速率、输入以及初始设定的值。我们感兴趣的是找到一组能够起作用的值，而不必去关注真正的值是什么，只要网络能够泛化到其他的输入。

3.3.5 具体实现

把算法转换成相应的代码很容易，我们需要设计一些数据结构来保存变量，然后编写并测试程序。数据结构通常对机器学习算法来说是非常基础的，这里我们需要一个数组存放输入，一个数组存放权重，另外还有两个存放输出和目标。前面讨论提供给神经网络的数据时，我们使用了术语**输入向量**(input vector)。向量是提供给感知器的一列的值，每一个值对应着网络中的一个节点。当我们编写计算机代码的时候，把这些值存入一个数组是比较合适的。然而，我们不能只提供给神经网络一个数据点，它需要大量的数据。因此，我们通常把输入数据安排在一个二维数组里，其中的每一行代表一个数据点。在一个像 C 或 Java 的语言中，你可以通过写一个循环访问数组的每一行来提供输入，然后内部嵌套一个循环访问输入的每一个节点，计算当前输入向量的输出值。

若想用 Python 语言书写(附录 A 将对 Python 语言做简要介绍)，经过对数组 `inputs` 中的一系列数据点 `nData` 的训练之后，再现阶段的代码如下所示(本书的网站上可以找到这段代码)：

```
for data in range(nData): # loop over the input vectors
    for n in range(N): # loop over the neurons
        # Compute sum of weights times inputs for each neuron
        # Set the activation to 0 to start
        activation[data][n] = 0
        # Loop over the input nodes (+1 for the bias node)
        for m in range(M+1):
            activation[data][n] += weight[m][n] * inputs[data][m]

        # Now decide whether the neuron fires or not
        if activation[data][n] > 0:
            activation[data][n] = 1
        else
            activation[data][n] = 0
```

然而，Python 的数值计算库 **NumPy** 提供了另外一种方法，它可以方便地计算数组或是矩阵的乘积(MATLAB 和 R 也有这样的功能)。这意味着我们可以编写包含更少循环的代码，这增加了易读性，同时减少了代码量。但是在第一次使用的时候，可能会有些难以理解。为了理解它，我们需要一点数学知识，那就是**矩阵**的概念。在计算机术语中，矩阵就是二维数组。我们可以用一个矩阵来表示网络权重的集合，只需要定义一个有 $m+1$ 行(输入节点的个数加上偏置节点的个数 1)、n 列(神经元的个数)的 `np.array` 即可。现在，位于矩阵(i, j)处的元素存储的是连接输入 i 和神经元 j 的权重，这在我们上面的代码中也出现过。

以这种方式思考的好处在于矩阵或是向量的乘法是定义明确的。你很可能在高中或是其他地方已经见过矩阵乘法的定义，但以防万一，我们还是要说明一下，若要使两个矩阵能够相乘，我们需要它们的**内维**(inner dimension)相等。这表明如果我们有 $\boldsymbol{A}$ 和 $\boldsymbol{B}$ 两个矩阵，$\boldsymbol{A}$ 的大小是 $m\times n$ 的，那么 $\boldsymbol{B}$ 的大小必须是 $n\times p$，p 可以是任意自然数。n 被称作内维，因为当我们在乘法式子中写出矩阵的大小时，会得到 $(m\times n)\times(n\times p)$。

现在我们能够计算 $\boldsymbol{AB}$(但未必能够计算 $\boldsymbol{BA}$，因为如果那样的话，上面的式子将变成 $(n\times p)\times(m\times n)$，这要求 $m=p$)。乘法的计算过程是这样的，首先选出矩阵 $\boldsymbol{B}$ 的第 1 列，逆时针旋转 90°，使它从 1 列变成 1 行，然后把这一行的每个元素与矩阵 $\boldsymbol{A}$ 第一行的每一个对应的元素相乘，再把所得的积相加，得到结果矩阵的第一个元素。接下来选出矩阵 $\boldsymbol{B}$ 的第 2 列，同样逆时针旋转 90°，把每个元素与 $\boldsymbol{A}$ 第一行的对应元素相乘，然后把所得的积相加，得到结果矩阵第 1 行的第 2 个元素，以此类推即可。下面给出一个例子：

$$\begin{bmatrix}3 & 4 & 5\\2 & 3 & 4\end{bmatrix}\times\begin{bmatrix}1 & 3\\2 & 4\\3 & 5\end{bmatrix} \tag{3.13}$$

$$=\begin{bmatrix}3\times1+4\times2+5\times3 & 3\times3+4\times4+5\times5\\2\times1+3\times2+4\times3 & 2\times3+3\times4+4\times5\end{bmatrix} \tag{3.14}$$

$$=\begin{bmatrix}26 & 50\\20 & 38\end{bmatrix} \tag{3.15}$$

NumPy 可以为我们做这样的乘法，只需要使用 `np.dot()` 函数即可(从数学角度来看，这真是一个奇怪的名字，不过不必放在心上)。所以我们可以用如下的方法计算上式(这里的>>> 代表 Python 的命令行，我们在这里键入公式，答案在下方由 Python 解释器给出)：

```
>>> import numpy as np
>>> a = np.array([[3,4,5],[2,3,4]])
>>> b = np.array([[1,3],[2,4],[3,5]])
>>> np.dot(a,b)
array([[26, 50],
       [20, 38]])
```

`np.array()` 函数定义 NumPy 中的数组，这里得到的实际上是一个矩阵，数组的每一个元素本身也是数组：每一行都是一个独立的数组，就像你可以看到的方括号嵌套在方括号中一样。请注意，我们可以把二维数组写在一行代码之中，只需要把数组的每一行用逗号隔开即可，但是当 NumPy 输出一个矩阵的时候，它会把矩阵的每一行单独写在一行代码之中，这可以使我们看得更加清楚。

这些似乎距离感知器还有很长的距离，但我保证，我们马上就会到达那里。我们可以把输入向量存储在一个大小为 $N\times m$ 的二维数组中，这里 N 是输入向量的个数，m 是每个向量中输入的个数。权重数组的大小为 $m\times n$，因此它们可以相乘。如果这样做的话，输出将是一个 $N\times n$ 的矩阵，里面存储着每一个神经元对每一个输入向量计算得到的和。现在我们只需根据这些和来计算神经元的激活状态。这里，NumPy 为我们提供了另一个有用的函数 `where(condition,x,y)`(`condition` 是一个逻辑上的条件，`x` 和 `y` 是具体的数值)，它返回一个矩阵，对于矩阵中的每一个元素，当 `condition` 为真的时候，值为 `x`，当 `condition` 为假的时候，值为 `y`。对上面的矩阵 `a` 利用这个函数：

```
>>> np.where(a>3,1,0)
array([[0, 1, 1],
       [0, 0, 1]])
```

据此，我们可以得到这样的结论，感知器再现阶段函数的整个代码可以写在如下的两行之中：

```
# Compute activations
activations = np.dot(inputs,self.weights)

# Threshold the activations
return np.where(activations>0,1,0)
```

训练部分并不会更难。你应该注意到训练算法的第一部分与再现阶段的计算是一样的，因此我们可以把它们放在同一个函数之中(我把它取名为 pcnfwd，因为它包含了在网络中**前向**(forward)传播来得到输出的过程)。然后我们只需要计算权重的更新。权重存放在一个 $m\times n$ 的矩阵中，激活状态和目标都存放在 $N\times m$ 的矩阵中，输入存放在 $N\times m$ 的矩阵中。因此，为了计算矩阵的乘法 np.dot(inputs,targets-activations)，我们需要对输入矩阵进行转置，使它变成 $m\times N$。这可以通过函数 np.transpose()来实现，它交换矩阵的行和列。对上面的矩阵 a 用此函数，可以得到：

```
>>> np.transpose(a)
array([[3, 2],
       [4, 3],
       [5, 4]])
```

知道这些之后，我们可以把整个网络的权重更新写在一行中，其中 eta 代表学习速率 η：

```
self.weights -= eta*np.dot(np.transpose(inputs),self.activations-targets)
```

假设你事先就能够确定输入矩阵的大小是正确的(函数 np.shape()可以得到数组每一维的元素个数，可能会对你有所帮助)，那么你唯一需要做的就是在输入向量中为偏置节点添加额外的-1，然后决定把每一个权重的初始值设为多少。添加偏置节点这件事可以通过函数 np.concatenate()来实现，它可以定义一个一维数组，里面所有元素都为-1，然后把它添加到输入数组上。如下所示(请注意，这里的 nData 与上文中提到的 N 是等价的)：

```
inputs = np.concatenate((inputs,-np.ones((self.nData,1))),axis=1)
```

我们需要做的最后一件事就是给每个权重赋初值。我们可以把它们都设为 0，并且算法也会得到正确的结果。然而，一般我们把初值设为小的随机数，其中的原因将会在 4.2.2 节中讨论。同样，NumPy 利用内置的随机数生成器可以很好地完成这件事(nin 与 nout 分别对应 m 和 n)：

```
weights = np.random.rand(nIn+1,nOut)*0.1-0.05
```

至此，我们已经研究了所有需要的代码片段，把它们合并起来应该不是什么难事。完整的程序可以从本书的网站上得到，标题为 pcn.py。注意，这里提供的是算法的另一个版本——**批量**(batch)版本：所有输入批量进入算法，之后计算误差并更新权重。这与第一个算法所采用的**顺序**(sequential)版本的程序有所不同。

看程序如何运行是一件有趣的事情，这就是我们下面将要做的，从先前手工计算演示过的逻辑 OR 的例子开始。

得到 OR 的数据是很容易的，运行代码需要使用文件名(pcn)来导入它，再调用函数 pcntrain。下文打印的内容包含了数组定义和函数调用的语句，以及该程序某一次特定的运行里，在循环 5 次的过程中权重的输出。权重的初始值设为随机数(请注意，在下文的这次运行中，第一轮循环过后，权重就不再发生变化，不过每次运行的结果都会有所不同)。

```
>>> import numpy as np
>>> inputs = np.array([[0,0],[0,1],[1,0],[1,1]])
>>> targets = np.array([[0],[1],[1],[1]])
>>> import pcn_logic_eg
>>>
>>> p = pcn_logic_eg.pcn(inputs,targets)
>>> p.pcntrain(inputs,targets,0.25,6)
Iteration:  0
[[-0.03755646]
 [ 0.01484562]
 [ 0.21173977]]
Final outputs are:
[[0]
 [0]
 [0]
 [0]]
Iteration:  1
[[ 0.46244354]
 [ 0.51484562]
 [-0.53826023]]
Final outputs are:
[[1]
 [1]
 [1]
 [1]]
Iteration:  2
[[ 0.46244354]
 [ 0.51484562]
 [-0.28826023]]
Final outputs are:
[[1]
 [1]
 [1]
 [1]]
Iteration:  3
[[ 0.46244354]
 [ 0.51484562]
 [-0.03826023]]
Final outputs are:
[[1]
 [1]
 [1]
 [1]]
Iteration:  4
[[ 0.46244354]
 [ 0.51484562]
 [ 0.21173977]]
Final outputs are:
[[0]
 [1]
 [1]
 [1]]
Iteration:  5
[[ 0.46244354]
 [ 0.51484562]
 [ 0.21173977]]
Final outputs are:
[[0]
 [1]
 [1]
 [1]]
```

我们在四个数据点(0，0)、(1，0)、(0，1)和(1，1)上训练感知器。然而，我们也可以给出类似(0.8，0.8)这样的输入，并且预计可以从神经网络中得到输出。很显然，从逻辑函数的角度来看，这样做没有任何意义，不过至少我们使用神经网络做的大部分的事情会比这个更有吸引力。图 3-6 给出了**决策边界**(decision boundary)，它告诉我们当对输入进行分类的时候，输出的结果什么时候从圆形变成了十字形。至于这里的决策边界为什么是一条直线，我们将在 3.4 节予以说明。

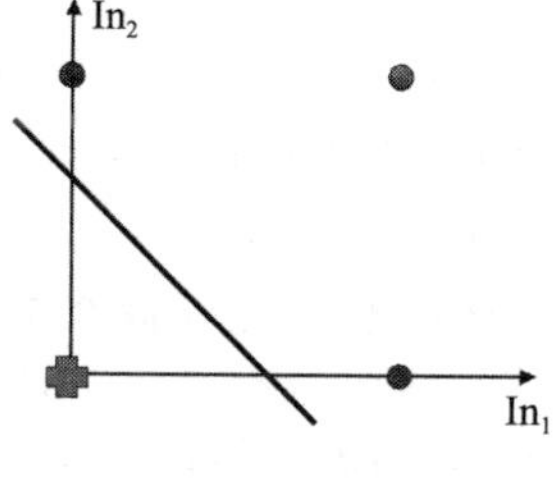

图 3-6 OR 函数感知器的决策边界

在返回权重之前，上面的感知器算法首先打印了训练输入的输出。你同样可以使用神经网络来预测其他输入值的输出，只需使用函数 pcnfwd 即可。不过，在这种情况下需手工添加−1，使用如下代码：

```
>>> # Add the inputs that match the bias node
>>> inputs_bias = np.concatenate((inputs,-np.ones((np.shape(inputs)[0],1))),
axis=1)
>>> pcn.pcnfwd(inputs_bias,weights)
```

我们可以使用 2.2 节中描述的方法对**测试数据**(test data)结果计算训练算法的准确性。

我们现在对于数据集的学习已经达到了神经网络在 1969 年达到的阶段。随后，研究员 Minsky 和 Papert 出版了一本名为《感知器》的书。该书的目的是通过讨论感知器的学习能力刺激神经网络的研究，并展示网络能够学习和不能学习的内容。不幸的是，这本书的另一个影响是：它有效地遏制了神经网络大约 20 年的研究进展。为了了解原因，我们需要了解感知器的不同学习方式。

3.4 线性可分性

感知器实际上计算的是什么？对于 OR 的例子来说，只有一个输出神经元，它尝试把神经元应该激活和不应该激活的情况区分开。观察图 3-4 右边的图形，很容易画一条直线来把十字形和圆形分开(这在图 3-6 中已经实现)。事实上，这正是感知器所做的：它尝试寻找这样一条直线(二维空间中是一条直线，三维空间中是一个**平面**(plane)，在更高维度的空间中是一个**超平面**(hyperplane))，在直线的一边神经元都激活，而在另一边神经元都不激活。这条直线被称作**决策边界**，或者是**判别函数**(discriminant function)。图 3-7 给出了这样的一个例子。

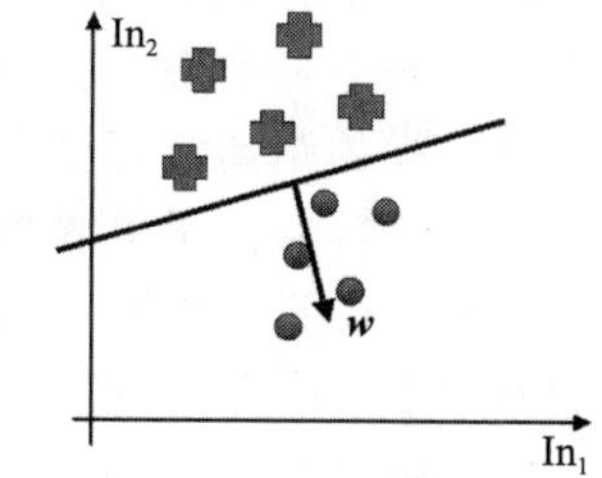

图 3-7 将数据分为两类的决策边界

为了理解这一点，回忆一下我们在实现部分使用的矩阵的表示符号，但是只考虑一个输入向量 $\boldsymbol{x}$。如果 $\boldsymbol{x}\cdot\boldsymbol{w}^{\mathrm{T}}\geqslant 0$，神经元会激活。其中的 $\boldsymbol{w}$ 是权重矩阵 $\boldsymbol{W}$ 的某一行，它是连接输入与某个特定神经元的权重，这就与 OR 的例子一样了，因为在那个例子中只有一个神经元。$\boldsymbol{w}^{\mathrm{T}}$ 代表 $\boldsymbol{w}$ 的**转置**(transpose)，用来把向量转化成列向量。$\boldsymbol{a}\cdot\boldsymbol{b}$ 描述了两个向量的**内积**(**标量积**)。它通过把第一个向量的每个元素与第二个向量中对应的元素相乘，然后把所得的乘积相加来得到计算结果。你可能记得在高中时学过，$\boldsymbol{a}\cdot\boldsymbol{b}=\|a\|\|b\|\cos\theta$，其中 θ 是 $\boldsymbol{a}$ 与 $\boldsymbol{b}$ 的夹角，$\|a\|$表示向量 $\boldsymbol{a}$ 的长度。因此内积计算的是两个向量间夹角的函数，并且所得的值根据向量的长度按比例扩大。这可以在 NumPy 中通过 np.inner()函数计算得到。

回到感知器，所谓的边界，就是我们能在上面找到一个输入向量 $\boldsymbol{x}_1$ 满足 $\boldsymbol{x}_1\cdot\boldsymbol{w}^{\mathrm{T}}=0$。现在假设我们找到另一个输入向量 $\boldsymbol{x}_2$，满足 $\boldsymbol{x}_2\cdot\boldsymbol{w}^{\mathrm{T}}=0$。把这两个式子放在一起，我们能够得到：

$$x_1 \cdot w^{\mathrm{T}} = x_2 \cdot w^{\mathrm{T}} \tag{3.16}$$

$$\Rightarrow (x_1 - x_2) \cdot w^{\mathrm{T}} = 0 \tag{3.17}$$

最后一个式子的含义是什么？为了使内积为0，$\|a\|$、$\|b\|$或者$\cos\theta$需要为0。$\|a\|$或$\|b\|$显然不可能为0，所以$\cos\theta=0$。这意味着$\theta=\pi/2$（或$-\pi/2$），即两个向量间的夹角为直角。现在x_1-x_2代表的是穿过位于决策边界上的两点的一条直线，并且权重向量w^{T}与这条线垂直，就像在图3-7中看到的那样。

所以，当给定一些数据，以及与之对应的目标输出的时候，感知器只是尝试寻找一条直线，使之能够把神经元激活的样例和神经元不激活的样例区分开。如果这样的直线存在，那再好不过，否则就会出现一些问题。存在这样一条直线的情况称作是**线性可分**(linearly separable)的情况。那么如果我们想要学习的类别不是线性可分的，会怎么样呢？我们发现构造这样的一个函数是很容易的，甚至存在一个符合条件的逻辑函数。在我们考虑这些之前，有一个问题值得思考：当存在多于一个输出神经元的时候，会发生什么？每个神经元的权重都定义了一条直线，所以通过把多个神经元放在一起，我们得到了多条直线，每条直线都尝试把空间划分成不同的部分。图3-8给出了一个包含四个神经元的感知器计算得出的决策边界的例子，通过把不同的决策边界结合在一起，我们可以得到一个对不同类别的良好划分。

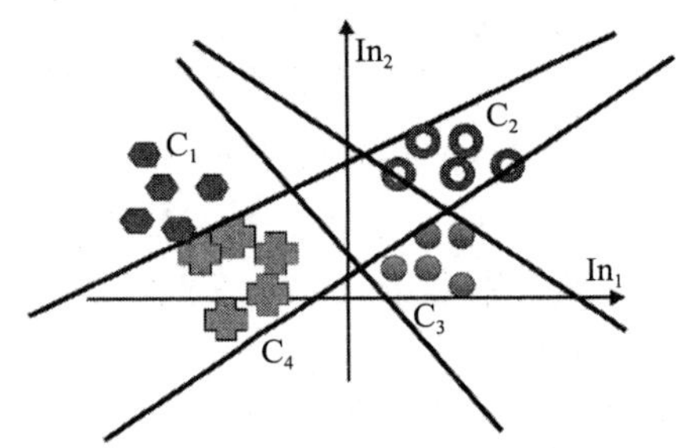

图3-8　四个神经元的感知器所划分的不同决策边界

3.4.1　感知器收敛定理

实际上，我们并不能说已经达到1969年的水平。还有一个众所周知的重要事实：Rosenblatt的1962证明，给定一个线性可分的数据集，感知器将在有限次数的迭代之后收敛于某个分类方。实际上，迭代次数以$1/\gamma^2$为界，其中γ是分离超平面与最接近的数据点之间的距离。这个定理的证明只需要一些代数知识，所以我们将在这里解决它。我们假设每个输入向量的长度$\|x\|\leqslant 1$，假定它们受某些常数R的限制，尽管不是严格必要。

首先，我们知道有一些权重向量w^*可以分隔数据，因为我们假设它是线性可分的。感知器学习算法旨在找到一些与w^*平行或尽可能接近的向量w。为了检查两个向量是否平行，我们使用内积$w^* \cdot w$。当两个向量平行时，它们之间的角度是$\theta=0$，因此$\cos\theta=1$，内积的大小是最大的。如果我们因此表明在每次权重更新时$w^* \cdot w$增加，那么我们几乎已经知道算法会收敛。但是，我们确实需要更多一点，因为$w^* \cdot w=\|w^*\|\|w\|\cos\theta$，所以还需要检查$w$的长度没有增加太多。

因此，当我们考虑权重更新时，需要进行两项检查：$w^* \cdot w$的值和w的长度。

假设在算法的第t次迭代中，网络看到一个特定的输入x应该有输出y，并且出现了输入错误，所以$yw^{(t-1)} \cdot x<0$，其中上标$(t-1)$表示第$(t-1)$步的权重。这意味着需要更新权重。这个权重更新将是$w^{(t)}=w^{(t-1)} \cdot yx$（为简单起见，我们设置$\eta=1$，因为它对感知器来说很好）。

要了解这将如何改变我们感兴趣的两个值，需要做一些计算：

$$w^* \cdot w^{(t)} = w^* \cdot (w^{(t-1)} + yx) = w^* \cdot w^{(t-1)} + yw^* \cdot x \geqslant w^* \cdot w^{(t-1)} + \gamma \tag{3.18}$$

这里的γ是w^*所定义的超平面到任意点间的最小距离。

这代表每次权重更新时，内积增加至 γ，因此在 t 次权重更新后 $\boldsymbol{w}^* \cdot \boldsymbol{w}^{(t)} \geqslant t\gamma$。利用这点使用**柯西不等式**(Cauchy-Schwartz inequality)，我们可以取得 $\|\boldsymbol{w}^{(t)}\|$ 长度的下限，也就是 $\boldsymbol{w}^* \cdot \boldsymbol{w}^{(t)} \leqslant \|\boldsymbol{w}^*\| \|\boldsymbol{w}^{(t)}\|$，即 $\boldsymbol{w}^* \cdot \boldsymbol{w}^{(t)} \geqslant t\gamma$。

t 步后的权重向量长度为：

$$\|\boldsymbol{w}^{(t)}\|^2 = \|\boldsymbol{w}^{(t-1)} + y\boldsymbol{x}\|^2 = \|\boldsymbol{w}^{(t-1)}\|^2 + y^2\|\boldsymbol{x}\|^2 + 2y\boldsymbol{w}^{(t-1)} \cdot \boldsymbol{x} \leqslant \|\boldsymbol{w}^{(t-1)}\|^2 + 1 \tag{3.19}$$

最后一行的推导是由于 $y^2 = 1$，$\|\boldsymbol{x}\| \leqslant 1$，如果 $\boldsymbol{w}^{(t-1)}$ 与 $\boldsymbol{x}$ 垂直则网络报错。这也就是说 $\|\boldsymbol{w}^{(t)}\|^2 \leqslant k$。

合并不等式得

$$t\gamma \leqslant \|\boldsymbol{w}^{(t-1)}\| \leqslant \sqrt{t} \tag{3.20}$$

因此 $t \leqslant 1/\gamma^2$。所以，在我们进行了许多更新之后，算法必须已经收敛。

我们已经证明，如果权重是线性可分的，那么算法将收敛，并且这个时间是分离超平面和最近的数据点之间的距离的函数。我们称之为**间隔**(margin)，在第 8 章中将看到一个明确使用它的算法。请注意，感知器会在获得所有训练数据后立即停止学习，因此无法保证只要有线性分隔符，它就会找到最大的间隔。此外，如果数据不是线性可分的，我们仍然不知道会发生什么。为了看到这一点，我们将继续这样一个例子。

3.4.2 XOR 函数

XOR 有着与 OR 函数相同的四个输入，但是观察图 3-9，你会发现不可能在图中画一条直线来把 true 与 false(即十字形与圆形)分开。用我们刚学的说法，XOR 函数不是线性可分的。如果上面的分析是正确的，那么感知器将无法得到正确的结果，并且运用上面的感知器代码，我们会发现：

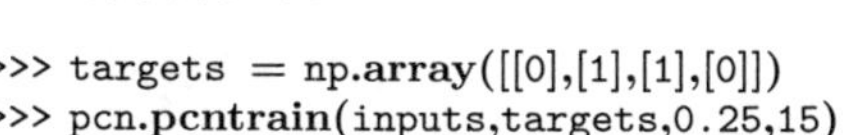

```
>>> targets = np.array([[0],[1],[1],[0]])
>>> pcn.pcntrain(inputs,targets,0.25,15)
```

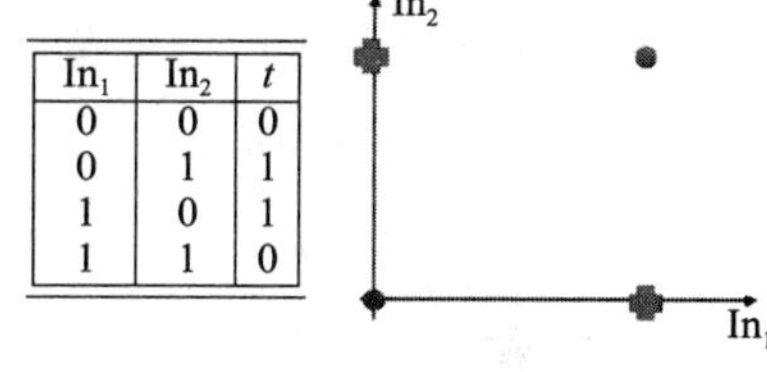

In_1	In_2	t
0	0	0
0	1	1
1	0	1
1	1	0

图 3-9　XOR 逻辑函数的数据以及四个数据点的图示

这会得到下面的结果(省略了初始的几次循环)：

```
Iteration:  11
[[ 0.45946905]
 [-0.27886266]
 [-0.25662428]]
Iteration:  12
[[-0.04053095]
 [-0.02886266]
 [-0.00662428]]
Iteration:  13
[[ 0.45946905]
 [-0.27886266]
 [-0.25662428]]
Iteration:  14
[[-0.04053095]
 [-0.02886266]
 [-0.00662428]]
Final outputs are:
[[0]
 [0]
 [0]
 [0]]
```

你会发现算法没有收敛，只是在两个错误的答案之间不断循环。就算运行更长时间，结果也不会发生改变。因此，即使对一个简单的逻辑函数，感知器也无法学到正确的结果。这正是 Minsky 和 Papert 在《感知器》一书中证明的，而且感知器甚至连这些问题都无法解决这一发现，还导致了更有趣的结果——它使得有关神经网络的研究停止了很长时间。其实，对于这个问题有一个很显然的解决方法，就是使网络变得更加复杂：增加更多的神经元，同时使它们之间的连接变得更加复杂，然后看看这样做是否能有所帮助。但是，这样做又使得网络的训练变得更加困难。实际上，如何解决这样一个问题是下一章的主题。

3.4.3 有用的领悟

通过 3.4.2 节的讨论，你也许会认为 XOR 函数是不可能利用线性函数求解的。实际上，这并不正确。如果我们不在二维空间，而在三维空间中重新表述这个问题，那么完全可以找到一个能够把两个类别分开的平面(直线的二维等价物)。图 3-10 中就有一个这样的图形。在三维空间中描述这个问题，意味着我们包含了第三个输入维度。当我们在(x，y)面中观察数据的时候，这第三个维度不会对数据造成影响，除了位于(0，0)的点沿着第三个维度移动了一段距离。位于图 3-10 左边的就是这个函数的真值表(其中增加了In_3，并且只影响到(0，0)的点)。

In_1	In_2	In_3	Output
0	0	1	1
0	1	0	0
1	0	0	0
1	1	0	1

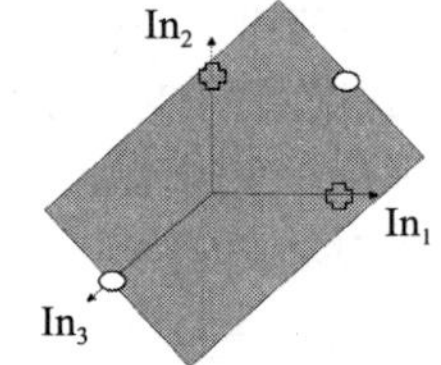

图 3-10　三维视图下解决 XOR 问题的决策边界

为了证明这一点，下面的程序使用了相同的感知器代码：

```
>>> inputs = np.array([[0,0,1],[0,1,0],[1,0,0],[1,1,0]])
>>> pcn.pcntrain(inputs,targets,0.25,15)
Iteration:  14
[[-0.27757663]
 [-0.21083089]
 [-0.23124407]
 [-0.53808657]]
Final outputs are:
[[0]
 [1]
 [1]
 [0]]
```

事实上，只要你把数据**映射**(project)到正确维度的空间中，那么总是可以用一个线性函数来把两个类别区分开。为了较有效率地解决这个问题，有一整类的方法，它们被称为**核分类器**(kernel classifier)，这是**支持向量机**(Support Vector Machine，SVM)的基础，同时也是第 8 章的主题。

至此，可以充分地指出，如果你想使用线性的感知器去处理非线性的问题，那么没有什么能阻止你使用非线性的变量。举个例子，图 3-11 给出了同一个数据集的两个版本。左图的坐标为 x_1 和 x_2，而右图的坐标为 x_1、x_2 和 $x_1 \times x_2$。现在，可以很容易地找到一个平面(直线的二维等价物)来把数据区分开。

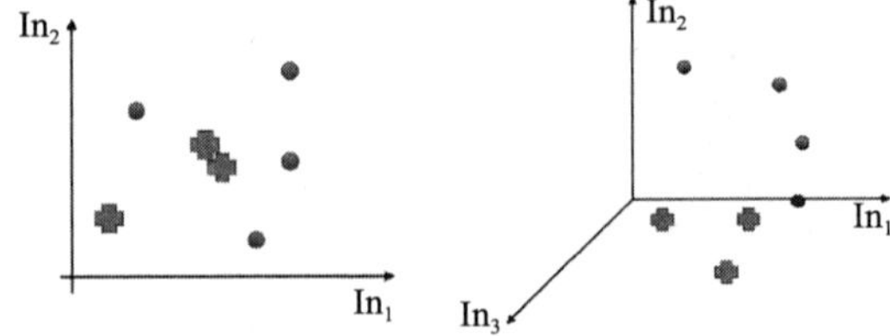

图 3-11　左图：不可分的二维数据集；右图：添加了第三个坐标 $x_1 \times x_2$ 的相同数据集，使得问题成为可分的

在我们使用计算机解决困难的运算问题之前，统计学在很长一段时间内被用来解决分类和回归的问题，并且直线的方法在统计学里活跃了很多年。它给出了一种理解学习过程的不同(且有用)的方法，并且通过使用统计学和计

算机科学的方法，我们能够对整个领域有很好的理解。我们将在 3.5 节中研究**线性回归**(linear regression)的统计学方法，但是首先我们将看另一个使用感知器的例子。这被认为是一个指导性的例子，所以我会给出部分相关的代码和结果，但是还有一些空白需要你去填补。

3.4.4 另一个示例：皮马印第安人数据集

UCI 机器学习数据库(http://archive.ics.uci.edu/ml/)拥有许多用于演示和测试机器学习算法的数据集。为了测试感知器和线性回归算法，我们将使用其中一个广为人知的数据集。它提供了一组居住在美国亚利桑那州的皮马印第安人的八个测量数据，类别是每个人是否患有糖尿病。该数据集可以从 UCI 数据库中下载得到(名为 Pima)，并且文件夹中含有一个文件，对每个不同变量的含义进行了细致的说明。

下载它之后，导入相关的模块(NumPy 是为了使用数组的方法，PyLab 是为了绘制数据曲线，并且从本书网站中导入感知器的代码)，然后把数据载入到 Python 中。需要的代码如下所示(并不是所有的 `import` 行都会立即用到，但在之后的深入学习中这些都将成为必需的)：

```
>>> import os
>>> import pylab as pl
>>> import numpy as np
>>> import pcn

>>> os.chdir('/Users/srmarsla/Book/Datasets/pima')
>>> pima = np.loadtxt('pima-indians-diabetes.data',delimiter=',')
>>> np.shape(pima)
(768, 9)
```

`os.chdir` 这一行的路径显然需要根据你存储数据集的位置做出相应改变。在 `np.loadtxt()` 命令中，`delimiter` 具体说明用于分割数据点的字符。`np.shape()` 命令显示有 768 个数据点，在文件中以行的形式排列，每一行包含 9 个数字。其中有数据的 8 个维度，以及表示数据类别的第 9 个元素(以 8 为索引，因为 Python 是从 0 开始索引的)。这种文件的每一行(或是数组的每一行)都有一个数据点的排列方式，将会贯穿于本书之中。

观察一下数据集。显然，你不可能一下子把所有的内容都在图中标记出来，因为那样需要想象 8 个维度。但是你可以标记数据的任何一个二维子集。看一些这样的例子。为了能够在图中看到数据的两个不同的类别，你需要了解如何使用 `np.where` 命令。学会了之后，你将能用不同的形状和颜色来标识它们。`pl.plot` 命令在 Matplotlib 库中，所以你需要先导入(通过 `import pylab as pl`)。假设你设计了某种方法把一种类别的索引存放在 `indices0` 中，另一种类别的索引存放在 `indices1` 中，你可以使用：

```
pl.ion()
pl.plot(pima[indices0,0],pima[indices0,1],'go')
pl.plot(pima[indices1,0],pima[indices1,1],'rx')
pl.show()
```

在图中标记数据的前两个维度，两个类别分别用圆和叉来表示，看上去类似于图 3-12。`pl.ion()` 命令确保数据真正被标记了，而 `pl.show()` 命令只有在你使用 Eclipse 的时候才需要，并且确保当程序停止运行的时候图像不会消失。显而易见，在只有这些特征的情况下，你无法找到对这两种类别的线性划分方法。然而，你应该研究一些其他特征的组合，看看能不能找到更好的方法。

下一步就是试着在整个数据集上使用感知器。你需要尝试不同的学习速率的值，以及不同的循环次数，但是你会发现正确率在50%～70%左右(结果是使用混淆矩阵的方法confmat()得到的)。这并不是太差，但也不是那么好。同时，结果相当不稳定，有时候结果只有30%的正确率，甚至低于随机水平，这令人很失望。

```
p = pcn.pcn(pima[:,:8],pima[:,8:9])
p.pcntrain(pima[:,:8],pima[:,8:9],0.25,100)
p.confmat(pima[:,:8],pima[:,8:9])
```

这显然是不公正的测试，因为我们使用了训练时所用的同样的数据来测试网络。我们已在2.2节讨论过，但是现在将使用一种快捷的方法，即使用序号为偶数的数据点来训练，使用序号为奇数的数据点来测试。这可以通过使用“:”运算符规定起始点、终点以及步长来简单地实现。NumPy将在我们留下的空白里填上合适的数组的起点或终点。

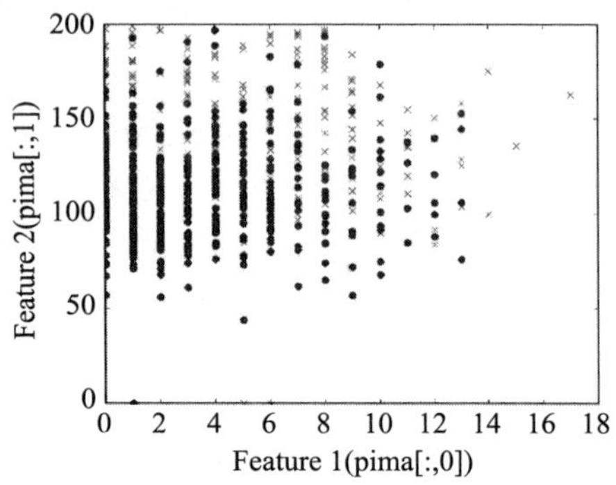

图3-12　皮马印第安人数据集的前两个维度用×和○分别指代两类

```
trainin = pima[::2,:8]
testin = pima[1::2,:8]
traintgt = pima[::2,8:9]
testtgt = pima[1::2,8:9]
```

目前，我们不想担心训练和测试数据，而是更关心如何改进结果。我们可以通过稍微准备数据或预处理数据来做得更好。

3.4.5　数据预处理

如果在训练网络之前准备好分析输入和目标，机器学习算法往往会更有效地学习。作为最基本的例子，我们使用的神经元给出0和1的输出，因此如果目标值不是0和1，那么它们应该被转换为0和1。事实上，无论使用何种激活函数输出层神经元，将目标缩放到0到1之间都是正常的。这有助于防止权重不必要地变得太大。缩放输入也有助于避免此问题。

缩放输入数据最常用的方法是独立处理每个数据维度，使每个维度具有零均值和单位方差，或者只是进行缩放以使最大值为1且最小值为−1。这两种缩放都有类似的效果，但第一种更好一点，因为它不允许异常值占主导地位。这些缩放通常被称为数据**归一化**(normalisation)，或者有时称为**标准化**(standardisation)。虽然归一化对于每个算法都不是必不可少的，但它通常是有益的，而对于我们将看到的一些其他算法，归一化将是必不可少的。

NumPy可以通过np.mean()和np.var()很简单地做数据归一化。只需要明白每一个axis所代表的含义：axis=0表示对列求和，axis=1表示对行求和。注意到这里只有输入变量进行了归一化。这样做不一定总是正确，但是这里目标变量的值已经是0和1了，这是感知器可能的输出，所以我们不想改变。

```
data = (data - data.mean(axis=0))/data.var(axis=0)
targets = (targets - targets.mean(axis=0))/targets.var(axis=0)
```

这里有一件事需要小心，如果你用这种方法对训练集和测试集分别进行了归一化，那么同一个点在两个集合中就会有所不同，因为两个集合的均值和方差很可能是不一样的。基于这个原因，最好在把数据集分为训练集和测试集之前，对数据进行归一化。

可以在不事先了解数据集的情况下完成归一化。但是，通常可以通过适当的方式来对数据进行预处理。比如说，第 0 列是每个人怀孕的次数(我提到过所有的实验对象都是女性吗?)，第 7 列是每个人的年龄。先来看怀孕的变量，只有相当少的实验对象怀孕了 8 次或是 8 次以上，所以与其写明具体的数字，我们不如用统一用 8 来代替这些数字。同样，最好把年龄也量化成一系列的范围，如 21～30、31～40 等(数据集中的最小年龄为 21)。这又可以通过使用 np.where 函数来实现，如同在以下代码段中一样。如果你对其他的值也进行这样的或是相似的处理，那么应该能让结果有大幅度的提高。

```
pima[np.where(pima[:,0]>8),0] = 8

pima[np.where(pima[:,7]<=30),7] = 1
pima[np.where((pima[:,7]>30) & (pima[:,7]<=40)),7] = 2
#You need to finish this data processing step
```

现在，我们能做的最后一件事就是进行基本的**特征选择**(feature selection)。我们每次去掉一个不同的特征，然后试着在所得的输入子集上训练分类器，看结果是否有所提高。如果去掉某一个特征能够使结果有所改进，我们就彻底去掉它，然后再尝试能否去掉其他特征。这是一个测试输出与每一个特征的**相关性**(correlation)的过于简单的方法。在 2.4.2 节讨论协方差时，有一种更好的方法。我们还可以考虑**维度约简**(dimensionality reduction)，这种方法将用更少的维度来表示数据，同时不会损失相关信息。第 6 章将对维度约简进行详细讨论。

既然我们已经理解了在一个比逻辑函数更好的例子上如何使用感知器，接下来将要研究另一种线性方法，它来源于统计学而不是神经网络。

3.5 线性回归

就像在统计学中常见的一样，我们需要把回归问题和分类问题区分开。回归问题就是用一条线去拟合数据；而分类问题是寻找一条线，使它能够划分不同的类别。然而，通常我们会把分类问题转化为回归问题。这可以用两种方法来实现，第一种方法是引入一个**指示变量**(indicator variable)，它简单地标示每一个数据点所属的类别。现在，问题变成了用数据去**预测**(predict)指示变量，这是一个回归问题。第二种方法是进行重复的回归，每一次对其中的一个类别，指示值为 1 代表样本属于该类别，0 代表属于其他类别。既然通过这些方法能够将分类问题替换为回归问题，这里我们将考虑回归问题。

感知器和更多基于统计学的方法之间唯一真正的区别在于提出问题的方式不同。对于回归问题，我们通过计算已知值 x_i 的函数，对一个未知的值 y 进行预测(如类别的指示变量，或是某些数据未来的值)。现在我们考虑的是直线，因此输出值 y 将是 x_i 的一种和的形式，每一个 x_i 乘上一个常量参数，即 $y=\sum_{i=0}^{M}\beta_i x_i$ 。β_i 定义了一条穿过数据点(或者至少是接近)的直线(三维空间中是平面，更高维度的空间中是超平面)。图 3-13 给出了在二维和三维空间中的例子。

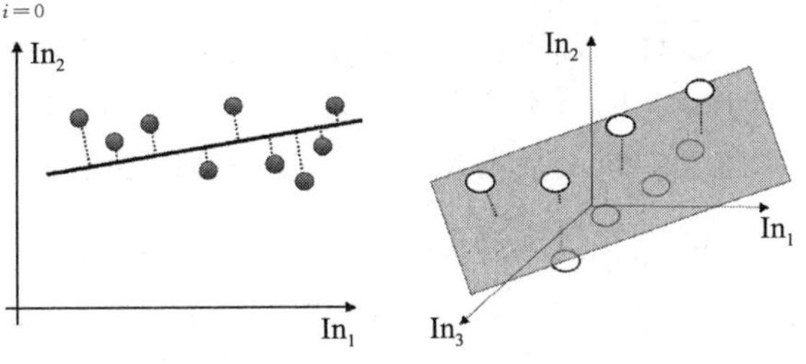

图 3-13　二维、三维空间内的线性回归

问题在于我们如何界定这条直线(更高维度的空间中为平面或超平面)，使之能够最好地**拟合**(fit)数据。最常见的解决方法是尽量使每个数据点与我们拟合的直线之

间的距离最小。我们可以测量点到一条直线的距离，只要再定义一条直线，使它能够穿过该点并且与原来的直线相交即可。学校里学过的几何知识告诉我们，当第二条直线与第一条直线相交且夹角为直角时，第二条直线是最短的，然后我们通过勾股定理来得到这个距离。现在，我们可以尽量最小化一个测量所有这些距离的和的**误差函数**。如果忽略掉平方根，仅仅最小化这些误差的平方和，将会得到一种最常见的最小化方法，称为**最小二乘优化**(least-squares optimisation)。现在我们所做的，就是选择这样的参数，使之能够最小化在所有点上预测值与实际值的差的平方和。即：

$$\sum_{j=0}^{N}\left(t_j-\sum_{i=0}^{M}\beta_i x_{ij}\right)^2 \tag{3.21}$$

这可以写成矩阵的形式：

$$(\boldsymbol{t}-\boldsymbol{X}\beta)^{\mathrm{T}}(\boldsymbol{t}-\boldsymbol{X}\beta) \tag{3.22}$$

其中，$\boldsymbol{t}$ 是目标值，$\boldsymbol{X}$ 是输入值的矩阵(包含偏置输入)，就像在感知器中一样。计算上式的最小值需要我们对它关于参数向量 β 求导，并且把导数设为 0(展开括号项，由于 $\boldsymbol{A}\boldsymbol{B}^{\mathrm{T}}=\boldsymbol{B}^{\mathrm{T}}\boldsymbol{A}$，因此 $\beta^{\mathrm{T}}\boldsymbol{X}^{t}\boldsymbol{t}=\boldsymbol{t}^{\mathrm{T}}\boldsymbol{X}\beta$)，这样有 $\boldsymbol{X}^{\mathrm{T}}(\boldsymbol{t}-\boldsymbol{X}\beta)$，得到解 $\beta=(\boldsymbol{X}^{\mathrm{T}}\boldsymbol{X})^{-1}\boldsymbol{X}^{\mathrm{T}}\boldsymbol{t}$(假设矩阵 $\boldsymbol{X}^{\mathrm{T}}\boldsymbol{X}$ 可逆)。现在，给定一个输入向量 $\boldsymbol{z}$，它的预测值就为 $\boldsymbol{z}\beta$。矩阵 $\boldsymbol{X}$ 的逆是满足 $\boldsymbol{X}\boldsymbol{X}^{-1}=\boldsymbol{I}$ 的矩阵，这里的 $\boldsymbol{I}$ 是单位矩阵，即主对角线上的元素都为 1 并且其他位置的元素都为 0 的矩阵。只有当一个矩阵是方阵(行的数量和列的数量相同)并且其行列式的值不为 0 的时候，才存在逆矩阵。

在 Python 里，计算矩阵的逆是很容易的，使用 NumPy 中的 `np.linalg.inv` 函数即可。实际上，整个函数可以写成如下形式(这里符号⤸是指换行)：

```
def linreg(inputs,targets):
        inputs = np.concatenate((inputs,-np.ones((np.shape(inputs)[0],1))),⤸
        axis=1)
        beta = np.dot(np.dot(np.linalg.inv(np.dot(np.transpose(inputs),⤸
        inputs)),np.transpose(inputs)),targets)

        outputs = np.dot(inputs,beta)
```

3.5.1　示例

在逻辑 OR 函数上使用线性回归的方法看上去是一件很奇怪的事，因为我们在用一个专门为回归问题设计的方法来解决分类问题。然而，我们可以这样做，并且会得到如下结果：

```
[[ 0.25]
 [ 0.75]
 [ 0.75]
 [ 1.25]]
```

也许不是很清楚这些数字代表的含义，但是如果我们为输出设置这样一个阈值，使得小于 0.5 的值都变为 0，大于 0.5 的值都变为 1，就能够得到正确的结果。如果用在 XOR 函数上，我们会发现这仍然是一种线性方法：

```
[[ 0.5]
 [ 0.5]
 [ 0.5]
 [ 0.5]]
```

测试线性回归的一种更好的方法就是去寻找一个真正的回归数据集。在这里，UCI 数据库同样有用。我们将要研究的是 auto- mpg 数据集，它包含关于汽车的一系列数据点(重量、马力等)，目标是预测每加仑的燃油效率，以英里为单位。这个数据集存在一个问题，里面有一些缺失的值(以问号“?”标记)。np.loadtxt()方法无法处理这些值，而且我们也不知道如何去应对。所以，下载完数据集之后，我们只能手动编辑文件，把包含有“?”的行全部删除。汽车的名字对线性回归也不会有什么帮助，但是因为它们在引号中出现，所以可以在 np.loadtxt 中把它们注明为注释，使用：

```
auto = np.loadtxt('/Users/srmarsla/Book/Datasets/auto-mpg/auto-mpg.data.txt',↲
comments='"')
```

现在你需要把数据分为训练集和测试集两个部分，然后运用训练集来求出 β，再使用它来得到测试集上的预测值。然而，混淆矩阵在这里没有多大用处，因为不存在能够让我们来对结果进行分析的类别。取而代之的是平方和误差，它计算预测值与真实值的差，对差求平方使之都为正数，然后再相加，与我们在线性回归的定义中使用过的一样。显然，如果这个值较小，说明所得的结果较好。可以使用如下方法来计算：

```
beta = linreg.linreg(trainin,traintgt)

testin = np.concatenate((testin,-np.ones((np.shape(testin)[0],1))),axis=1)
testout = np.dot(testin,beta)
error = np.sum((testout - testtgt)**2)
```

现在你可以试验对数据归一化是否有所帮助，并且进行特征选择，就像我们在感知器里做过的一样。另外还有其他更高级的线性统计学方法。其中之一是线性判别分析，将在我们有了所需的更深的理解之后，在 10.1 节中介绍。

拓展阅读

如果你对人类大脑的工作原理感兴趣，那么很多流行的科普书籍都会符合你的胃口，包括：

- Susan Greenfield. *The Human Brain: A Guided Tour*. Orion, London, UK, 2001.
- S. Aamodt and S. Wang. *Welcome to Your Brain: Why You Lose Your Car Keys but Never Forget How to Drive and Other Puzzles of Everyday Life*. Bloomsbury, London, UK, 2008.

如果你想从研究的角度更进一步了解大脑，那么以下书籍都是很好的入门读物(特别是开头的“路线图”)：

- Michael A. Arbib, editor. *The Handbook of Brain Theory and Neural Networks*, 2nd edition, MIT Press, Cambridge, MA, USA, 2002.

McCulloch 和 Pitts 的原始论文如下：

- W. S. McCulloch and W. Pitts. A logical calculus of ideas imminent in nervous activity. *Bulletin of Mathematics Biophysics*, 5: 115-133, 1943.

关于基于神经网络的学习，下面这本书起到了很大的推动作用：

- V. Braitenberg. *Vehicles: Experiments in Synthetic Psychology*. MIT Press, Cambridge, MA, USA, 1984.

如果你对该领域的历史感兴趣，那么关于感知器的原始论文，以及讲解线性可分性的条件的书(一些人认为它对阻碍该领域发展 20 年负有责任)，现在阅读起来仍然是很有趣的。另一篇可能有吸引力的论文是 Widrow 和 Lehr 写的评论文章，它总结了一些有深远影响的工作：

- F. Rosenblatt. The Perceptron: A probabilistic model for information storage and organization in the brain. *Psychological Review*, 65(6): 386-408, 1958.
- M. L. Minsky and S. A. Papert. *Perceptrons: An Introduction to Computational Geometry*. MIT Press, Cambridge MA, 1969.
- B. Widrow and M. A. Lehr. 30 years of adaptive neural networks: Perceptron, madaline, and backpropagation. *Proceedings of the IEEE*, 78(9): 1415-1442, 1990.

下面的教科书涵盖了相同的素材，尽管视角有所不同：

- Chapter 5 of R. O. Duda, P. E. Hart, and D. G. Stork. *Pattern Classification*, 2nd edition, Wiley-Interscience, New York, USA, 2001.
- Sections 3.1-3.3 of T. Hastie, R. Tibshirani, and J. Friedman. *The Elements of Statistical Learning*, 2nd edition, Springer, Berlin, Germany, 2008.

习题

3.1　考虑一个含有2个输入、1个输出以及一个阈值激活函数的神经元。如果两个权重分别为 $w_1=1$ 和 $w_2=1$，并且偏置是 $b=-1.5$，那么对于输入(0，0)，输出是多少？如果输入是(1，0)、(0，1)和(1，1)呢？

画出该函数的判别函数，再写出它的方程，是否与某个特别的逻辑门相一致？

3.2　根据相应的输入，设计出逻辑 NOT、NAND 和 NOR 的感知器。

3.3　奇偶校验问题是这样一类问题：当输入中1的个数为偶数时，返回1，否则返回0。当输入个数为3时，感知器能学习这个问题吗？设计一个网络并且进行试验。

3.4　测试本书网站上对奇偶校验问题的感知器方法和线性回归方法的代码。

3.5　本书网站上的感知器代码采用了批量更新算法，也就是将全部数据集批量输入算法来求得误差，然后更新权重，如3.3.5节所讨论的。将这段代码转换为顺序更新的版本，并对两种版本的结果进行比较。

3.6　尝试考虑一些有趣的但不能通过感知器来执行的图像处理任务。(提示：你需要考虑那些仅仅通过观察单独的像素不足以来分类的任务。)

3.7　由感知器得到的决策边界超平面有方程 $y(\boldsymbol{x})=\boldsymbol{w}^{\mathrm{T}}\boldsymbol{x}+b=0$。对一个点 $\boldsymbol{x}'$，通过最小化 $\|\boldsymbol{x}-\boldsymbol{x}'\|^2$ 来证明点到超平面的最小距离为 $|y(\boldsymbol{x}')|/\|\boldsymbol{w}\|$。

3.8　在本书的网站上，有到一个非常大的关于手写数字的数据集(MNIST 数据集)的链接。把它下载下来，并且用感知器来学习这个数据集。

3.9　对本书网站上的前列腺数据，分别用感知器方法和逻辑斯蒂回归方法来学习，并对结果进行比较。

3.10　在感知器收敛定理的证明中，我们假设 $\|\boldsymbol{x}\|\leqslant 1$。对证明进行修改，使得假设变为 $\|\boldsymbol{x}\|\leqslant R$，其中 R 为常数。

多层感知器

在上一章，我们知道线性模型很容易理解和使用，“线性”这个词表示了它固有的性质，那就是只能定义直线、平面或者超平面。但是这通常是不够的，因为大部分我们感兴趣的问题并非线性可分的。在 3.4 节我们看到，如果能找到一种合适的转换特征的方式，那么就可以使问题线性可分。我们将在第 8 章重新考虑这个想法，但是在这章我们考虑的是使用更复杂的网络。

我们已经知道在神经网络中的学习与权重有关。所以，为了进行更多的运算，就要加入更多的权重。有两件事情可以做：加入一些后向的连接，以便输出神经与输入联系起来；或者加入更多神经元。第一种方法导致了**循环网络**(recurrent network)。这已经被研究过了，但是并不经常使用。我们将考虑第二种方法。可以在输入节点和输出节点之间加入神经元，这就会使得神经网络更加复杂，如图 4-1 所示。

我们将在 4.3.2 节考虑为什么加入额外的**层**(layer)会使得神经网络更加有用，但是现在，为了说服自己这是真的，我们可以检查一个准备好的网络来解决二维的 XOR 问题，它是不能用线性模型(比如感知器)来解决的。图 4-2 展示了一个合适的网络。为了检查它是否给出了正确答案，我们需要做的就是输入每一个输入值并且通过网络来工作。把它看成两个不同的感知器，第一个在中间层计算神经元的激活(图 4-2 中由 C 和 D 标记)，然后用这些激活作为输入，输入到一个神经元作为输出。作为一个例子，我们来看看用(1，0)作为输入时发生了什么，剩下来的检查工作就由你决定了。

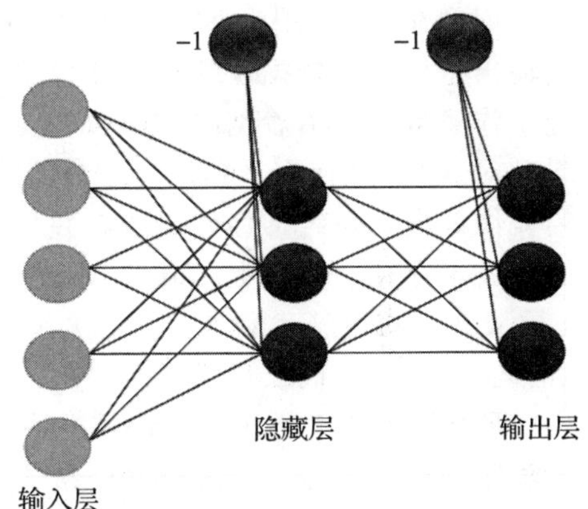

图 4-1　多层感知器网络，由相连的多层神经元组成

输入(1，0)表示节点 A 是 1，节点 B 是 0。因此对于神经元 C 的输入是 $-1\times0.5+1\times1+0\times1=-0.5+1=0.5$。这高于阈值 0，所以神经元 C 激活，给出输出 1。对于神经元 D，输入是 $-1\times1+1\times1+0\times1=-1+1=0$，所以它不激活，给出输出 0。因此对于神经元 E 的输入是 $-1\times0.5+1\times1+0\times(-1)=0.5$，所以神经元 E 激活。检查不同输入的结果可以看出，当输入 A 和 B 互不相同时神经元 E 激活，而当它们相同时不激活，这正好就是 XOR 函数(激活和不激活交换时也不影响)。

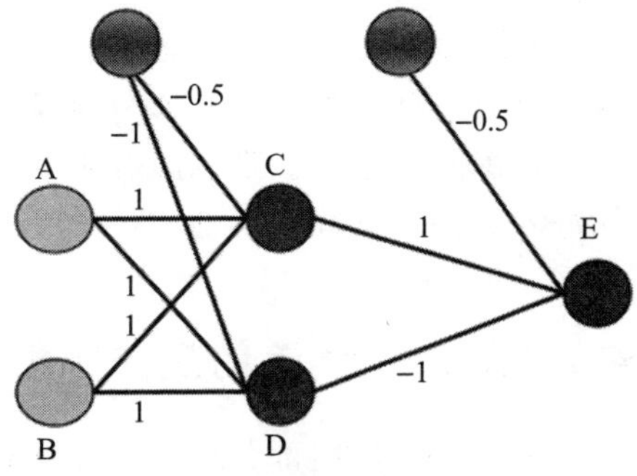

图 4-2　多层感知器网络展示了一系列用来解决 XOR 问题的权重

到目前为止，一切良好。因为这个网络可以解决感知器不能解决的问题，它似乎值得进一步考虑。然而，现在我们有非常多有趣的问题要解决，也就是说我们如何训练这个网络使得权重适合产生正确的答案(目标)？如果尝试

我们对感知器使用的方法，则需要计算输出的**误差**。这没问题，因为我们知道目标，所以可以计算目标和输出之间的差别。但是现在我们不知道哪一个权重是错的：在第一层，或者在第二层？更糟的是，我们不知道在网络的中间神经元的正确激活是什么。正是因为这个事实，我们将网络中间的神经元命名为**隐藏层**(hidden layer)，因为我们不可能去检查并且直接修正它们的值。

人们花了很长的时间研究神经网络来解决这个问题。事实上，这个问题直到1986年才由Rumelhart、Hinton和McClelland解决。然而，这个问题的一个解决方案已经由统计学家和工程师给出——他们只是不知道它是神经网络中的一个问题！在这章，我们将讨论由Rumelhart、Hinton和McClelland提出的神经网络解决方案——多层感知器(MLP)，它是机器学习方法中最常用的方法之一。MLP也是最常用的神经网络之一。它通常被视为“黑匣子”，因为人们在不了解其工作原理的情况下使用它，这通常会导致相当差的结果。为了理解它如何工作，以及我们可以用它来做什么，将需要统计学、数学和计算机科学领域的许多知识，所以我们最好从基础开始。

4.1　前向

就像在感知器中一样，训练MLP由两部分组成：对于给定的输入和当前的权重，给出输出是什么；根据**误差**来更新权重，这是一个表示输出和目标之间差别的函数。这两部分工作通常称为沿着网络**前向**(forward)和**后向**(backward)。在XOR的例子中，我们已经看到对MLP如何实现前向，这是算法的回忆阶段。它与感知器非常相似，不同的是我们需要做两次，每组神经元一次，并且需要一层一层来做，因为如果不这样的话下一层的输入值就不存在。事实上，既然MLP可以有两层节点，那么没有任何理由我们不能做3层、4层或20层节点(我们将在4.3.2节讨论是否需要这样)。这基本不会改变算法的回忆部分(前向)，因为我们仅仅沿着网络来计算每层神经元的激活并且用它们作为下一层的输入。

所以如图4-1所示，我们从左边开始，给出输入值。然后用这些输入和第一级权重来计算隐藏层的激活，再用这些隐藏层的激活和下一级权重来计算输出层的激活。现在我们得到了网络的输出，可以用它们来与目标比较并且计算误差。

4.1.1　偏置

我们需要使每一个神经元包含一个偏置输入。我们用相同的方法，就像3.3.2节感知器的情形一样，加入一个额外的输入并且永久性地设为−1，并且调整每个神经元的权重作为训练的一部分。那么，在网络中的每个神经元(无论它是隐藏层还是输出)都有一个额外输入，并且是固定的值。

4.2　后向：误差的反向传播

在算法的后向部分事情变得很棘手。计算输出的误差并不比计算感知器的难很多，但是知道用这些误差来做什么是非常困难的。我们将要看到的方法叫作**误差的反向传播**(back-propagation of error)，也就是误差通过网络后向传播。它是**梯度下降**(gradient descent)的一种形式(下面只给出简要描述，第9章将单独讨论；在9.3.2节中，我们将看到如何使用MLP的一般梯度下降算法)。

描述反向传播性质的最好方法是数学，但是一开始有一些困难并且不容易掌握。因此我尝试通过在下文中使用词语和图片来折中，所有的数学详细过程则放在4.6节。你需要参考那一节并且尝试理解它，如果你没有任何背景，也可以忽略它。虽然看起来很复杂，但实际上只有三件事情需要你知道，它们来自于不同的计算：$x^2/2$ 的求导；如果你对一个关于 x 的函数用另一个其他变量 t 求导，那么答案是0；还有链式法则，它告诉你如何对复合函数求导。

讨论感知器的时候，我们改变权重以便于当目标认为一个神经元应该激活时这个神经元能激活，而目标说它们不能激活时它们就不激活。我们做的是为每个神经元 k 选择一个**误差函数** $E_k=y_k-t_k$，并试图让它尽可能小。由于网络中只有一组权重，所以足以训练网络。

我们仍然想做一些事情——最小化误差，使得神经元只有在它们应该激活时才激活。但是，由于加入了额外层的权重，这很难安排。问题是在尝试调整多层感知器的权重时，我们要知道是哪一个权重引起的误差。这有可能是连接输入层和隐藏层的权重，或者是连接隐藏层和输出层的权重(对于更复杂的网络，在隐藏层中节点之间会有额外的权重。这不是问题——可以用相同的方法解决——但是它更难以讨论，所以在这里我只考虑一个隐藏层)。

我们对于感知器使用的误差函数是 $\sum_{k=1}^{N} E_k = \sum_{k=1}^{N} y_k - t_k$ 。这里，N 是输出节点的数量。然而，假设我们有两个误差。对于第一个，目标比输出大，而第二个则是输出比目标大。如果这两个误差的大小相同，那么把它们加起来得到的答案就是0，这意味着算法会认为没有任何误差。为了解决这个问题，我们需要让所有的误差有相同的符号。可以用几种不同的方法来实现，但是其中最有效的方法是**平方和**(sum-of-square)误差函数，它计算每个节点的 t 和 y 之间的误差，对其求平方，然后把它们加起来：

$$E(\boldsymbol{t},\boldsymbol{y}) = \frac{1}{2}\sum_{k=1}^{N}(y_k - t_k)^2 \tag{4.1}$$

你也许会注意到等式前面的1/2。这并不影响什么，但是在对函数求导时会变得简单，并且这就是重点所在：如果我们对一个函数求导，那么它将告诉我们函数的梯度，也就是它下降或减小最快的方向。所以，如果我们对误差函数求导，就得到了误差的梯度。因为学习的目的是最小化误差，所以沿着误差函数下降(换句话说，负梯度的方向)将会得到我们想要的答案。想象一个球沿着表面向下滚，如图4-3那样。重力会使球向下滚(沿着山坡的梯度)，直到到达其中一个凹陷的底部。在这里误差很小，这也正是我们想要的。这也就是为什么这个算法叫作**梯度下降法**。所以我们应该通过什么来求导？在网络中只有三件事情会改变：输入，决定是否要激活节点的激活函数，以及权重。在算法运行时，前两个不在我们的控制范围，所以只能考虑权重，它们就是要用来求导的变量。

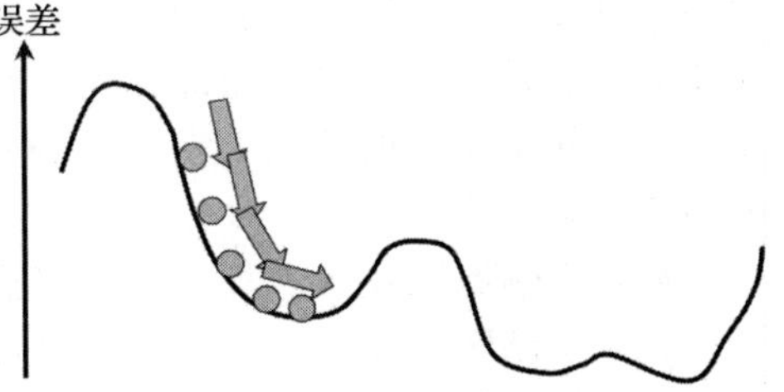

图4-3 训练网络的权重以便于误差下降，直到到达局部最小，就像球受重力下滑时那样

注意激活函数，现在是时候指出我们在神经元中使用过的阈值函数的一个小问题，那就是它是不连续的(如图4-4所示，中间有一个突然的跳跃)并且在这一点是不能求导的。

问题是我们需要在激活和不激活之间跳跃，使得它像神经元一样。如果我们能找到一个像阈值函数的激活函数，就可以解决这个问题，但是它必须可以求导以便计算梯度。看一下阈值函数的图像(比如图4-4)，它看起来像S的形状。有一种数学形式的S形函数，叫作sigmoid函数(如图4-5)。它们有另外一种非常好的性质，那就是导数也有很好的形式，就像4.6.3节将展示的。这个函数最常用的形式是(这里β是某一个正参数)：

$$a=g(h)=\frac{1}{1+\exp(-\beta h)} \tag{4.2}$$

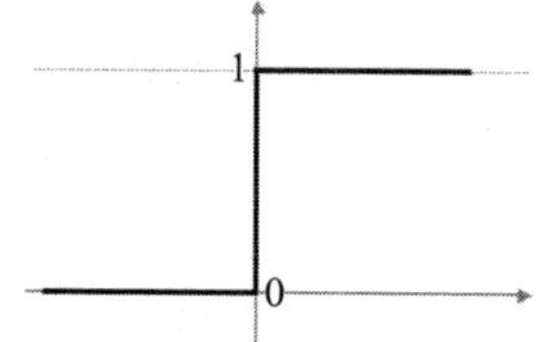

图4-4　我们对于感知器使用的阈值函数。注意在值从0变到1时是不连续的

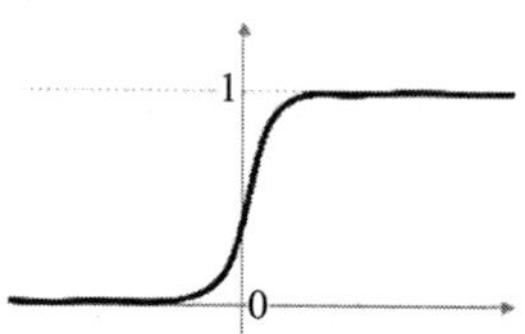

图4-5　sigmoid函数，看起来和图4-4有些像，但是变化连续并且可以求导

在一些文章中，你将会看到一个不同形式的激活函数，如下：

$$a=g(h)=\tanh(h)=\frac{\exp(h)-\exp(-h)}{\exp(h)+\exp(-h)} \tag{4.3}$$

这是双曲正切函数。它是一个不同但是相似的函数，并且也是sigmoid函数，但是它在±1而不是0和1处是**饱和**(saturate)的(达到常量值)，这有时候也是有用的。它也有一个相对简单的导数：$\frac{\mathrm{d}}{\mathrm{d}x}\tanh x=(1-\tanh^2(x))$。我们可以在这两个之间做简单的转换，因为如果饱和点是±1，那么我们可以用$0.5\times(x+1)$来转换到(0，1)。

所以现在，我们得到一个新形式的误差函数和一个新的激活函数来决定神经元是否激活。我们可以对它求导，以便改变权重时能沿着误差下降的方向，这意味我们知道自己改善了网络的误差函数。就算法而言，我们已经通过网络向前输入并且确定了哪些节点正在激活。现在，对于输出，我们已经计算了输出和目标之间的平方和误差(等式(4.1))。下面要做的就是计算这些误差的梯度，然后用它们来决定网络中每个权重更新多少。我们将先处理连接输出层的节点，它们更新完成以后，我们将沿着网络后向移动直到回到输入。有两个问题：

- 对于**输出**神经元，我们不知道输入。
- 对于**隐藏**神经元，我们不知道目标；对于额外隐藏层，我们既不知道输入也不知道目标，但是即使这样也不影响我们导出的算法。

所以我们可以计算输出的误差，但是由于我们不知道它是哪一个输入引起的，因此不能像对感知器那样更新第二层权重。如果我们用**求导的链式法则**(chain rule of differentiation)，你可能想起了高中时学的知识，那么就可以解决这个问题。这里，链式法则告诉我们，如果想要知道改变权重时误差如何改变，可以考虑改变权重的输入时误差如何改变，并且用它乘以改变权重时输入值的改变。这是有用的，因为可以计算出所有我们想要的导数：可以把输出节点的激活写成隐藏节点的激活和输出权重的形式，然后就可以传递误差计算并且沿着网络后向移动到隐藏层，从而决定对于这些神经元来说其目标输出是什么。注意到如果网络在输入和输出之间有额外隐藏层，我们也可以做相同的计算。持续记录我们应该对哪个函数求导会变得更困难，但是并不需要新的技巧。

所有相关的等式都在4.6节，你需要仔细阅读那一节，因为很难用语言描述具体发生了什么。需要理解的重要一点是，我们根据权重计算误差的梯度，以便于改变权重使其下降，从而使得误差变小。我们通过误差函数对权重求导来实现，但是不能直接这样做，所以要用链式法则并且对于我们已知的数据信息求导。这导致了两个不同的更新函数，一个对应一组权重，并且我们仅仅应用它们沿着网络后向传递，从输出开始在输入结束。

4.2.1 多层感知器算法

本节将进入基本算法的细节，然后，下一节会看一些实际的讨论，比如需要多少训练数据，需要多少训练时间，以及如何选择正确的网络大小。我们假设有 L 个输入节点及偏置，M 个隐藏节点及偏置，还有 N 个输出节点，因此输入和隐藏层之间有 $(L+1)\times M$ 个权重，隐藏层和输出之间有 $(M+1)\times N$ 个权重。我们写入的总和将从0开始，如果它们包含偏置节点，则为1，否则运行到 L、M 或 N，因此 $x_0=-1$ 是偏置输入，$a_0=-1$ 是偏置隐藏节点。所描述的算法可以具有任意数量的隐藏层，在这种情况下，可能存在 M 的若干值，以及隐藏层之间的额外权重集。我们还将使用 i、j、k 来索引总和中每层的节点，以及用于固定索引的相应希腊字母(ι，ζ，κ)。

下面是关于算法如何工作的简单总结，并且描述了使用误差的反向传播的完整MLP训练算法。

1. 输入向量被输入到输入节点。
2. 输入沿着网络前向传递(图4-6)：
   - 利用输入和第一层权重(这里标记为 v)决定隐藏节点是否激活。激活函数 $g(\cdot)$ 是等式(4.2)给出的sigmoid函数。
   - 利用这些神经元的输出和第二层权重(标记为 w)决定输出神经元是否激活。
3. 误差是网络的输出和目标之间的平方和。
4. 这个误差沿着网络后向传递，以便：
   - 首先更新第二层权重。
   - 然后后向传播更新第一层权重。

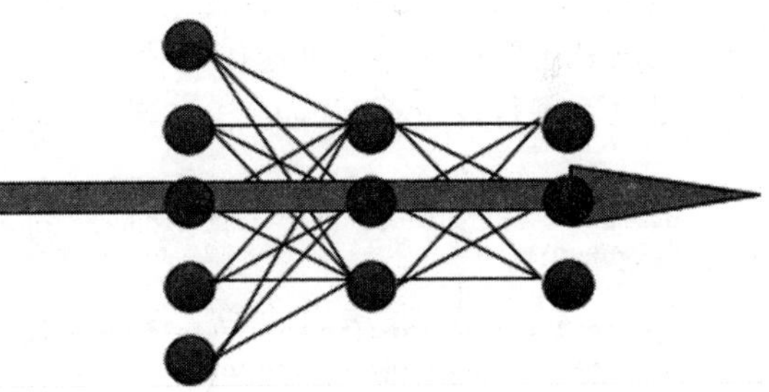

图4-6 多层感知器的前向方向

多层感知器算法

- **初始化**
  - 用很小的随机数(正数和负数)初始化所有的权重。
- **训练**
  - 重复：
    - 对每一个输入向量：

      前向阶段：

      - 计算隐藏层中每个神经元 j 的激活：

$$h_\zeta = \sum_{i=0}^{L} x_i v_{i\zeta} \tag{4.4}$$

$$a_\zeta = g(h_\zeta) = \frac{1}{1+\exp(-\beta h_\zeta)} \tag{4.5}$$

- 沿着网络直到到达输出层激活的神经元(见 4.2.3 节)：

$$h_\kappa = \sum_j a_j w_{j\kappa} \tag{4.6}$$

$$y_\kappa = g(h_\kappa) = \frac{1}{1+\exp(-\beta h_\kappa)} \tag{4.7}$$

后向阶段：

- 计算输出的误差：

$$\delta_o(\kappa) = (y_\kappa - t_\kappa) y_\kappa (1 - y_\kappa) \tag{4.8}$$

- 计算隐藏层的误差：

$$\delta_h(\zeta) = a_\zeta(1-a_\zeta)\sum_{k=1}^{N} w_\zeta \delta_o(k) \tag{4.9}$$

- 更新输出层权重：

$$w_{\zeta\kappa} \leftarrow w_{\zeta\kappa} - \eta\delta_o(\kappa) a_\zeta^{\text{hidden}} \tag{4.10}$$

- 更新隐藏层权重：

$$v_\iota \leftarrow v_\iota + \eta\delta_h(\kappa) x_\iota \tag{4.11}$$

○ (如果使用顺序更新)随机化输入向量的顺序以便每次迭代都不会用相同的顺序训练网络。

- 直到学习停止(见 4.3.3 节)。

- **回忆**
  - 使用上面训练部分的前向阶段。

这提供了对基本算法的描述。与感知器一样，NumPy 实现可以利用各种矩阵乘法，这使得代码易于阅读并且计算速度更快。网站上的实现是算法的**批量**版本，因此在呈现所有输入向量之后进行权重更新(如 4.2.4 节中所述)。算法的核心权重更新计算可以实现为：

```
deltao = (targets-self.outputs)*self.outputs*(1.0-self.outputs)
deltah = self.hidden*(1.0-self.hidden)*(np.dot(deltao,np.transpose(self.
weights2)))

updatew1 = np.zeros((np.shape(self.weights1)))
updatew2 = np.zeros((np.shape(self.weights2)))

updatew1 = eta*(np.dot(np.transpose(inputs),deltah[:,:-1]))
updatew2 = eta*(np.dot(np.transpose(self.hidden),deltao))
self.weights1 += updatew1
self.weights2 += updatew2
```

可以对算法做一些改进，还有一些重要的事情需要考虑，比如需要多少训练数据，需要用多少隐藏节点，以及网络需要多少训练。我们将首先看一看改进方法，然后在 4.3 节考虑实践。有许多细节会在这一节给出，因为它是本书中较早的一个例子，以后则将很快略过。

我们做的第一件事情是检查这个 MLP 是否可以学习逻辑函数，尤其是 XOR。我们可以用下面的代码实现(这也是网站上的 `logic` 函数)：

```
import numpy as np
import mlp

anddata = np.array([[0,0,0],[0,1,0],[1,0,0],[1,1,1]])
xordata = np.array([[0,0,0],[0,1,1],[1,0,1],[1,1,0]])
```

```
p = mlp.mlp(anddata[:,0:2],anddata[:,2:3],2)
p.mlptrain(anddata[:,0:2],anddata[:,2:3],0.25,1001)
p.confmat(anddata[:,0:2],anddata[:,2:3])

q = mlp.mlp(xordata[:,0:2],xordata[:,2:3],2)
q.mlptrain(xordata[:,0:2],xordata[:,2:3],0.25,5001)
q.confmat(xordata[:,0:2],xordata[:,2:3])
```

下面是它产生的输出：

```
Iteration:  0  Error:  0.367917569871
Iteration:  1000  Error:  0.0204860723612
Confusion matrix is:
[[ 3.  0.]
 [ 0.  1.]]
Percentage Correct:  100.0
Iteration:  0  Error:  0.515798627074
Iteration:  1000  Error:  0.499568173798
Iteration:  2000  Error:  0.498271692284
Iteration:  3000  Error:  0.480839047738
Iteration:  4000  Error:  0.382706753191
Iteration:  5000  Error:  0.0537169253359
Confusion matrix is:
[[ 2.  0.]
 [ 0.  2.]]
Percentage Correct:  100.0
```

有几点需要注意。一是它确实有用，产生了正确的答案，但同时，比起感知器，即使对于 AND 我们需要的迭代也要多很多。所以更加复杂的网络的好处在于它的计算代价，因为它使用更多的计算时间来拟合这些权重从而解决问题，即使是对于线性的例子。有时候，5000 次迭代对于 XOR 也是不够的，需要加入更多。

4.2.2 初始化权重

MLP 算法默认权重使用很小的随机数来初始化，可能是正的也可能是负的。问题是要多小才算是小，这一点关键吗？要理解它的其中一种方法就是用代码来试验，设置所有的权重是 0，然后看看网络学习得怎样，然后再设置所有的权重都是很大的数并且比较结果。然而，为了理解为什么随机数应该很小，我们可以看看 sigmoid 函数的图像。如果初始权重值靠近 1 或 -1(这里意味着值很大)，那么对于 sigmoid 函数的输入也很可能会靠近 ± 1，所以神经元的输出是 0 或 1(sigmoid 函数是**饱和的**，达到了最大值或最小值)。如果权重非常小(靠近 0)，那么输入也靠近 0，所以神经元的输出仅仅是线性的，这样我们就得到一个线性模型。这两件事情对于最终的网络都是有用的，但是如果初始值在它们之间，就可以由网络自己来决定。

选择初始值的大小需要进一步考虑。每个神经元从 n 个不同的地方得到输入(如果神经元在隐藏层中，则为输入节点；如果在输出层中，则为隐藏神经元)。如果我们把这些输入值看成都具有均匀的方差，那么对于神经元，典型的输入将是 $w\sqrt{n}$，这里 w 是权重的初始值。所以一个常用的技巧是设置权重在范围 $-1/\sqrt{n}<w<1/\sqrt{n}$ 之内，这里 n 是输入层节点数。这使得神经元的总输入具有大约为 1 的最大值。此外，如果权重很大，则神经元的激活可能已经处于或接近 0 或 1，这意味着梯度很小，因此学习速度很慢。这里会与逻辑函数中 β 的值相互作用，意味着小的 β 值(比如 $\beta=3.0$ 或更小)更有效。我们使用随机值进行初始化，以便每次运行时从不同的地方开始学习，并且保持它们都是相同的大小，因为我们想要所有的权重在同一时刻达到最后的值。这就是所谓的**平均学习**(uniform learning)，它很重要，因为如果不是这样，网络就会在某些输入处表现得更好。

4.2.3 不同的输出激活函数

在上面描述的算法中，我们在隐藏层和输出层使用 sigmoid 神经元。这对于分类问题是很好的，因为我们可以使得类为 0 和 1。然而，我们也想处理回归问题，这里的输出需要是连续的，而不是 0 和 1。输出的 sigmoid 神经元在这种情况下就不是很有用。我们可以用线性节点来代替输出神经元，也就是把输入加起来并且把它们当成激活的(所以在等式(4.2)中 $g(h)=h$)。这并不意味着改变了隐藏层神经元，它们和以前一样，并且我们只修改输出节点。这些输出节点不再是神经元的模型，因为它们不再有激活或不激活的特点。虽然如此，通过这种方式也能够解决回归问题，即得到一个实数输出，而不是仅仅由 0/1 决定。

还有第三种类型的输出神经元，那就是 **soft-max** 激活函数。这在分类问题中是最常用的，使用 **1-of-*N* 输出编码**，就像 4.4.2 节描述的。soft-max 函数通过计算输入的指数来重新安排输出，并且除以所有神经元输入的和，以便激活加起来是 1，并且所有的激活都分布于 0 到 1 之间。激活函数可以写成如下形式：

$$y_\kappa = g(h_\kappa) = \frac{\exp(h_\kappa)}{\sum_{k=1}^{N}\exp(h_k)} \tag{4.12}$$

当然，如果我们改变激活函数，那么激活函数的导数也会改变，所以学习规则将会不同。对于算法所需要做的改变见式(4.7)和式(4.8)，这将在 4.6.5 节中推导出来。对于线性激活函数，第一项被下式所代替：

$$y_\kappa = g(h_\kappa) = h_\kappa \tag{4.13}$$

而第二项被下式代替：

$$\delta_o(\kappa) = (y_\kappa - t_\kappa) \tag{4.14}$$

对于 soft-max 激活，代替式(4.8)的更新等式是

$$\delta_o(\kappa) = (y_\kappa - t_\kappa)y_\kappa(\delta_{\kappa K} - y_K) \tag{4.15}$$

其中，如果 $\kappa=K$ 则 $\delta_{\kappa K}=1$，否则为 0；更多细节可参考 4.6.5 节。但如果我们修改误差函数为**交叉熵**(cross-entropy)形式(ln 是自然对数)：

$$E_{ce} = -\sum_{k=1}^{N} t_k \ln(y_k) \tag{4.16}$$

那么 delta 项是式(4.14)，就像线性输出一样；更多详细信息请参见 4.6.6 节。计算这些更新等式需要计算被最优化的误差函数，然后对它求导。可以通过允许用户指定输出激活的类型来把这些变化加入代码中，我们已经做了两次了，一次在 mlpfwd 函数中，一次在 mlptrain 函数中。对于前者，新的代码可以写成如下形式：

```
# Different types of output neurons
if self.outtype == 'linear':
        return outputs
elif self.outtype == 'logistic':
    return 1.0/(1.0+np.exp(-self.beta*outputs))
elif self.outtype == 'softmax':
    normalisers = np.sum(np.exp(outputs),axis=1)*np.ones((1,np.shape(outputs)
    [0]))
    return np.transpose(np.transpose(np.exp(outputs))/normalisers)
else:
    print "error"
```

4.2.4 顺序和批量训练

MLP 是用于批量训练的算法。所有训练数据都提供给神经网络，计算平均的误差平方和，并且据此来更新权重。那么对每次**迭代**(epoch，即遍历所有训练数据)就只有一组权重更新。这意味着对算法的每一次迭代我们只更新权重一次，即权重沿着大多数输入想让它们移动的方向移动，而不是被每一个单独的输入推着走。批量的方法使得误差梯度的估计更精确，并且将会更快收敛到局部最小。

之前描述的算法是**顺序**(sequential)版本，即计算误差并且在每一个输入后更新权重。这在学习中并不能保证是有效的，但是使用循环会使得程序简单，因此更加常用。因为这种方法收敛得不好，所以有时会避开局部最小，从而可能得到更好的解。虽然算法的描述是顺序的，然而在本书网站中提供的 NumPy 实现是一个批量版本，因为 NumPy 的矩阵相乘方法更为简单。然而，把它修改成顺序的版本也是很简单的(建议在本章末尾作为练习)。在顺序的版本中，权重更新的顺序可能很重要，这就是算法的伪代码中建议在每次迭代时随机化输入向量顺序的原因。这可以显著提高算法学习的速度。NumPy 中有一个有用的函数可以实现它——`np.random.shuffle()`，它取一列数并对它们重新排列，用法如下：

```
np.random.shuffle(change)
inputs = inputs[change,:]
targets = targets[change,:]
```

4.2.5 局部最小

学习规则背后的推动力是通过梯度下降法来最小化网络误差(使用误差函数的导数让误差更小)。这意味着我们实现了**优化**(optimisation)：调整权重的值以便最小化误差函数。现在应该更加明确，我们的实现方法是通过估计误差的梯度并且沿着梯度下降以便到达凹陷的底部。然而，沿着凹陷下降只能保证到达**局部最小**(local minimum)，这个点只比附近的点小。想象一个球从山顶上滚下来，它将会停在山脚下。然而，这并不保证它会停在最低的点——仅仅是**局部**最低的点。有可能在下一个山丘后面有一个更低的点，但是这个球却看不到，并且没有足够的能量翻过这个山丘去找到全局最小(再看一下图 4-3)。

在二维或者更高的维度，梯度下降法原理相同，并且有相似(或者更糟)的问题。问题是在二维或更高维，有效的下降方向很难计算。在三维世界中，标准等高线图提供了很好的梯度图形，如果想象你在山地中行走并且目的是要找到最近的山谷的底部，那么可以利用相同的想法。现在假设你闭上眼睛，通过移动脚步感觉走的方向，并且检查你是在更高的地方还是在更低的地方。在当前点的陡峭下降可能并不会使你更接近谷底。这有两个原因：第一个是你找到了一个附近的局部最小，而第二个是有的时候最近的方向就是穿过山谷而不是朝着全局最小。见图 4-7。

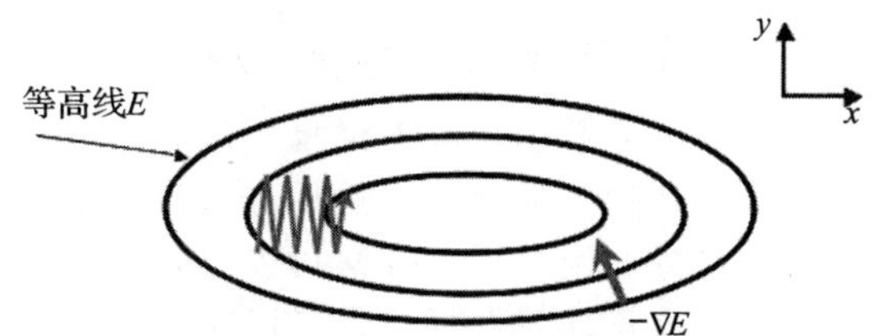

图 4-7 在二维情况下，下山法意味着在等高线上的正确角度。想象一下闭着眼睛下山，如果你发现了某个方向是平坦的，那么与之垂直的角度就有可能是上山或者下山。然而，这个垂直角度并不会直接让你确定局部最小的方向

所有这些事情对于优化问题都是存在的，包括 MLP。我们不知道全局最小在哪里，是因为我们不知道误差函数的图像是什么样的，所以只能在当前所在的地方计算局

部特征。在哪一个最小点结束取决于在哪里开始。如果我们在全局最小附近开始，那么很有可能在全局最小结束，但是如果在一个局部最小附近开始，那么就很有可能在局部最小结束。另外，到达最小值所花的时间取决于当前点函数的图像。

通过训练几个不同的网络，我们可以尝试几个不同的初始点，从而更有可能找到全局最小，这是常见的方法。然而，我们也可以尝试使得算法陷在局部最小值的可能性变小。有一个更有效的方法将在下面讨论。

4.2.6 利用冲量

让我们回到球沿着山向下滚这个例子。球停止滚动是因为它在山底用完了所有的能量。如果我们给球一些重量，那么它将产生滚动的动量，所以更有可能翻过一个山丘到达另一处局部最小，或者找到全局最小。我们可以通过改变当前点的前一个权重来加入一些贡献，进而用神经网络实现这个想法。在二维里，这意味着球会更加朝着山谷的底部移动，因为在平均意义上这是正确的方向，而不是被局部改变所控制。见图4-8。

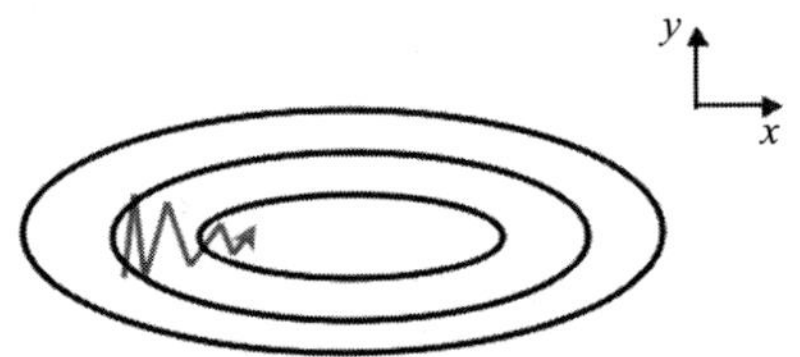

图4-8 加入冲量可以避免局部最小，也使得动态的最优化更加稳定，改善了收敛效果

冲量有另一个好处。它使得采用更小的学习速率成为可能，这意味着学习会更加稳定。我们需要对MLP算法所做的改变如式(4.10)和式(4.11)所示，这里需要对权重更新加入第二项以便有如下形式：

$$w_{\zeta\kappa}^{t} \leftarrow w_{\zeta\kappa}^{t-1} + \eta\delta_{o}(\kappa)a_{\zeta}^{\text{hidden}} + \alpha\Delta w_{\zeta\kappa}^{t-1} \quad (4.17)$$

这里t用来表示当前的更新，$t-1$是前一个更新。$\Delta w_{\zeta\kappa}^{t-1}$是我们对权重的前一个更新(所以$\Delta w_{\zeta\kappa}^{t}=\eta\delta_{o}(\kappa)a_{\zeta}^{\text{hidden}}+\alpha\Delta w_{\zeta\kappa}^{t-1}$)，$0<\alpha<1$是冲量常量。典型的值是$\alpha=0.9$。把它加入代码很简单，并且可以提升学习速度。

```
updatew1 = eta*(np.dot(np.transpose(inputs),deltah[:,:-1])) + ↲
momentum*updatew1
updatew2 = eta*(np.dot(np.transpose(hidden),deltao)) + momentum*updatew2
```

另一个可以加入的是**权重衰减**(weight decay)，即随着迭代次数的增加而减少权重的大小。这是因为小的权重会更好，因为它会导致网络更接近于线性(因为它们都接近于0，所以在sigmoid函数线性增长的区域)，并且只有与非线性学习有关的权重才应该变大。在每一次遍历所有输入模式的学习迭代后，每个权重都与一个小的常数$0<\epsilon<1$相乘。这使得网络更加简单，并且经常会产生很好的结果，但不幸的是，这样做并不是很安全，偶尔会使得学习非常糟糕，所以应该小心使用。设置值ϵ通常通过试验完成。

4.2.7 小批量和随机梯度下降

在4.2.4节中，有人说批处理算法比顺序算法更快地收敛到局部最小值，顺序算法单独计算每个输入的误差，然后进行权重更新，而且有时不太可能卡在局部最小值。这两个观察结果的原因是批量算法可以更好地估计最陡下降方向，因此它选择的方向是较好的方向，但这有可能只会导致局部最小值。

小批量(minibatch)方法的想法是通过以下方法找到两者之间一些好的中间点：将训练集分成随机批次，根据训练集的一个子集估计梯度，执行权重更新，然后使用下一个子集估计一个新梯度，并将新梯度用于权重更新，持续进行下去直到使用了所有训练集。然后将训练集随机混合到新批次中，并进行下一次迭代。如果批次很小，那么梯度估计中的误差通常是合理的，因此优化有机会避免局部最小值，尽管要以向错误方向前进为代价。

小批量思想的一个更极端的版本是仅使用一个数据来估计算法每次迭代时的梯度，并从训练集中随机均匀地挑选该数据。因此，从训练集中选择单个输入向量，计算输出并以此计算该向量的误差，然后据此估计梯度并更新权重。然后再选择新的随机输入向量(可以与前一个相同)并重复该过程。这被称为**随机梯度下降**，可用于任何梯度下降问题，而不仅仅是 MLP。它常被用于大的训练集上，因为在这种情况下使用整个数据集来估计梯度将是非常昂贵的。

4.2.8 其他改善方法

还有其他的一些可以改善反向传播算法的收敛和行为。一个就是在算法进行的过程中减小学习速率。它背后的原因是，当权重是随机值时，网络只有在起初的时候才应该有大的权重改变；如果在以后还使用大的权重改变，那么就会出错。

一种使得学习有更好表现的方法是，包括误差函数对于权重的二阶导数的信息。在反向传播算法中，我们用一阶导数来控制学习。然而，如果我们也知道二阶导数的信息，那么也可以用它来改善网络。更详细的描述见 9.1 节。

4.3 实践中的 MLP

前面的小节关注 MLP 的设计和实现。在这节，我们将更多地关注网络的选择，以便解决实际问题。然后我们使用 MLP 来找到四类问题的解决方法：回归，分类，时间序列预测，数据压缩。

4.3.1 训练数据的量

对于有一层隐藏层的 MLP，有$(L+1)\times M+(M+1)\times N$个权重，这里 L、M、N 是相应的输入层、隐藏层和输出层节点数。额外的$+1$来自于偏置节点，它也有可调的权重。这是一个非常大的数目，需要我们在训练期间调整。设定这些权重值是反向传播算法的工作，它受制于训练数据的误差。很明显，如果有更多的训练数据，学习效果就会更好，虽然算法学习所花的时间会变长。不幸的是，没有办法计算出所需数据的最小值是多少，因为这依赖于问题本身。对于大多数 MLP，有一个潜在的规则是，你所使用的训练数据的数目至少是权重数目的 10 倍。这将是一个非常大的数字，所以神经网络的训练是计算量非常大的操作，因为我们要让算法输入这些数据很多次。

4.3.2 隐藏层的数目

关于上述计算中固有的权重数量还有另外两个考虑因素，即隐藏节点数量和隐藏层数量的选择。这些选择明显是成功运用算法的基础。我们将很快看到一个图形演示，表明一般 MLP 学习最多需要两个隐藏层。事实上，这个结果可以得到加强：用数学方式显示一个包含大量隐藏节点的隐藏层就足够了。这被称为通用近似定理，详细信息请参阅“拓展阅读”部分。然而坏消息是没有理论来指导隐藏节点数量的选择。你只能用不同隐藏节点数目来训练网络并且选择给出最好结果的那一个，我们将在 4.4 节进行讨论。

对于一个有许多层的网络，我们可以用反向传播算法，虽然在任何给定时间跟踪更新哪些权重变得越来越难。幸运的是，就像上面提到的，我们从不需要超过两层(也就是，一个隐藏层和一个输出层)。这是因为我们可以用局部 sigmoid 函数的线性组合来估计任何一个光滑的函数映射。图 4-9 展示了一个粗略的说明，两个隐藏层就足够。基本的想法是通过 sigmoid 函数的结合来产生脊状函数，通过脊状函数的结合产生有特定最大值的函数。通过把它们结合起来并且用其他的神经层来转换，我们得到了局部的映射(一个跃升函数)，并且可以使用这种跃升函数的线性组合将任何函数映射近似为任意精度。图 4-10 展示了 MLP 实现方法。考虑函数估计时，我们将再次使用这个想法，比如在第 5 章使用的**径向基函数**(radial basis function)。请注意，图 4-9 显示两个隐藏层就**足够**(sufficient)了。事实上，它们并不是**必需**(necessary)的：虽然可能需要任意数量的隐藏节点，但一个隐藏层就足够了。这被称为**通用近似定理**(Universal Approximation Theorem)，并且在本章末尾的参考文献中提供了相关(数学)论文。

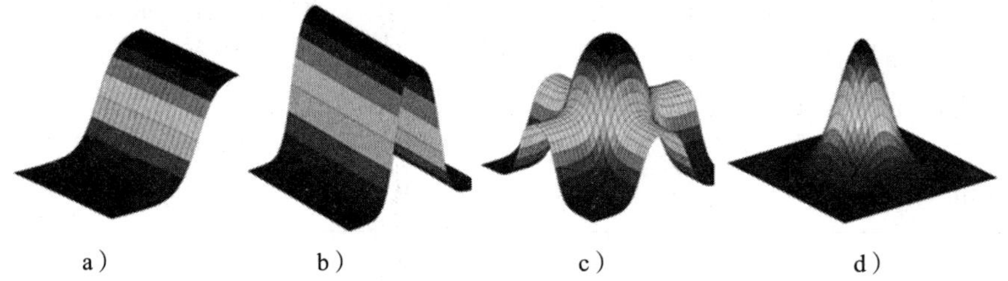

图 4-9　MLP 的学习可以被分成：a) 单个 sigmoid 神经元的输出；b) 单个输出的叠加，包括加入反向的图像得到山的形状；c) 以 90°角加入另一座山；d) 把跃升加在输出层，使图像更加尖锐。这样 MLP 就学习了一个局部的独立输入

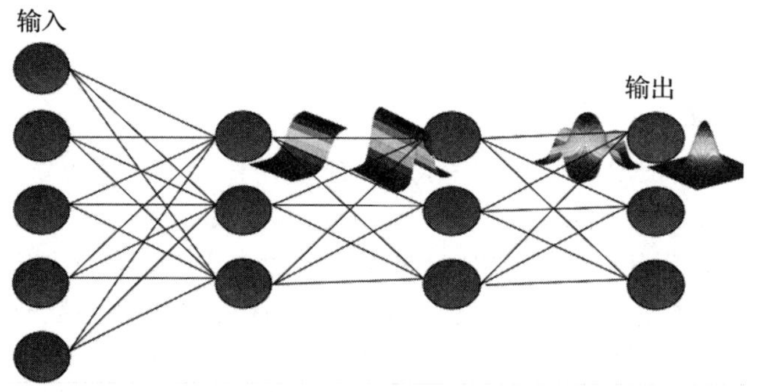

图 4-10　在 MLP 的每一个阶段有效学习形状的示意图

两个隐藏层对于不同输入足够用于计算这些跃升函数，并且如果我们想要学习(估计)的函数是连续的，网络就可以计算。因此可以估计任意一个决策边界，而不是仅仅像感知器计算的线性情形。

4.3.3　什么时候停止学习

MLP 的训练要求算法跑遍完整的数据集许多次，当网络在每一步迭代产生误差时会有权重改变。问题是如何决定什么时候停止学习，这就是我们现在准备回答的问题。不幸的是，大多数明显的选择都是不充分的：设置一些预先定义的迭代数目 N，运行算法直到面临过拟合的风险，或者还没有学习充分，仅在到达预先定义的最小误差时停止。上述选择也许会意味着算法永不停止，或者过拟合。综合考虑这些选项会有帮助，可以在误差停止下降时终止算法。

然而，我们建立的验证集提供了更有用的东西，因为我们可以用它来监视网络在当前学习阶段的泛化能力。如果我们把训练期间的平方和误差画出来，在前面几次训练迭代中，它通常会减小得很快，然后随着学习算法通过微小的改变找到准确的局部最小值，减小的速度会慢下来。我们不想停止训练，直到发现局部最小，但是，就像前面讨论的，训练太长时间会导致网络过拟合。这就是验证集的有用之处。我们以预先定义的一段时间训练网络，然后用验证集来估计网络的泛化能力。之后继续训练几次迭代，并且重复整个过程。在某一阶段，验证集的误差将会再次增长，因为网络已经停止学习生成数据的函数，并且开始学习数据本身的噪点(如图 4-11 所示)。在这个阶段我们停止训练。这种技术叫作**早期停止**(early stopping)。

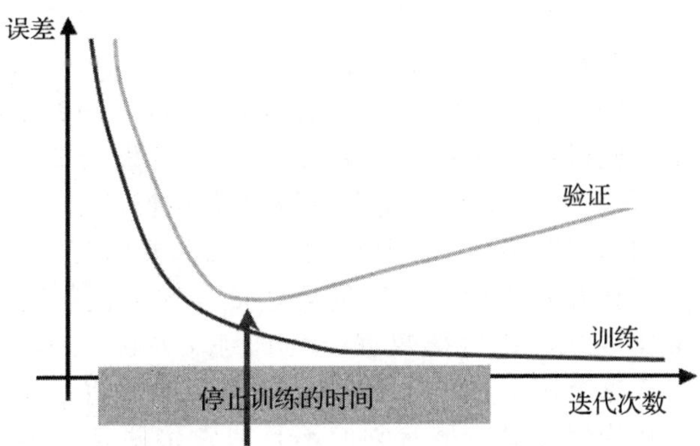

图 4-11　过拟合对训练和验证误差曲线的影响，图中标注了早期停止学习的点

4.4　MLP 应用示例

这一节的目的是练习，所以你应该在电脑上练习这个例子，并且按照自己的意愿向其中添加内容。MLP 非常复杂，以至于我们不能像对感知器那样通过权重改变来工作。

相反，我们应该看一看有关如何使网络学习数据的说明。就像上面提到的，我们应该关注四个类型的问题，它们通常是用 MLP 解决的：回归，分类，时间序列预测，数据压缩或数据降噪。

4.4.1　回归问题

我们将要看到的回归问题是非常简单的。我们将会选取一系列由一个简单的数学函数产生的样本，然后尝试学习这个**生成函数**(generating function)(它描述了数据如何产生)，以便于找到任何输入值，而不仅仅是训练数据的值。

我们使用的函数是非常简单的，仅仅是一小段正弦曲线。我们将用如下方法生成数据(首先确保你有 NumPy 输入)：

```
x = np.ones((1,40))*np.linspace(0,1,40)
t = np.sin(2*np.pi*x) + np.cos(4*np.pi*x) + np.random.randn(40)*0.2
x = x.T
t = t.T
```

我们必须使用 `reshape()`方法的原因是，对于 $N\times 1$ 的数组，NumPy 默认为列表。比较下面的 `np.shape()`调用的结果，以及转置运算符 .T 对数组的影响。

```
>>> x = np.linspace(0,1,40)
>>> np.shape(x)
(40,)
>>> np.shape(x.T)
(40,)
>>>
>>> x = np.linspace(0,1,40).reshape((1,40))
>>> np.shape(x)
(1, 40)
>>> np.shape(x.T)
(40, 1)
```

你可以把数据画出来，看看它们是什么样的(如图 4-12 所示)：

```
>>> import pylab as pl
>>> pl.plot(x,t,'.')
```

现在我们可以用数据来训练 MLP。有一个输入值 x，一个输出值 t，所以神经网络将会有一个输入和一个输出。同样，因为我们想要输出的是函数的值，而不是 0 或 1，所以我们将在输出端使用线性神经元。我们现在还不知道需要多少隐藏神经元，所以需要用实验来寻找。

在开始之前，我们需要用 3.4.5 节提供的方法来标准化数据，然后把数据分为训练集、测试集和验证集。对于这个例子，只有 40 个数据点，我们将使用一半的数据作为训练集，虽然它们不是非常多并且可能不足以让算法有效学习。我们可以通过使用数据中的奇数元素作为训练数据来把数据分为 50∶25∶25 的比率，而偶数中的数不能被 4 整除的作为测试集，剩下的是验证集：

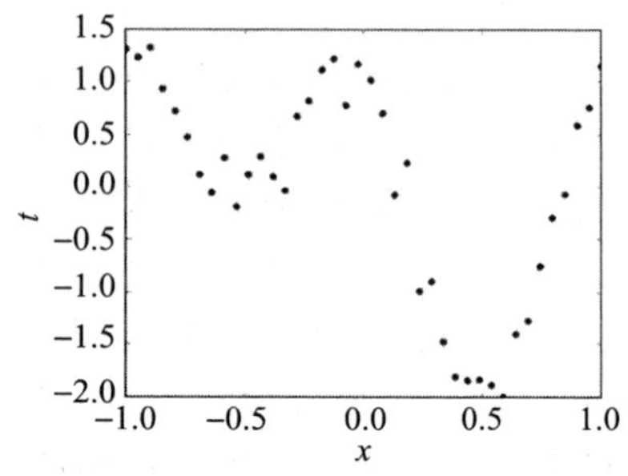

图 4-12　将使用 MLP 学习的数据是由一些从正弦曲线中采样的点和高斯噪点组成的

```
train = x[0::2,:]
test = x[1::4,:]
valid = x[3::4,:]
traintarget = t[0::2,:]
testtarget = t[1::4,:]
validtarget = t[3::4,:]
```

做好了这些，就是产生和训练 MLP 的过程。首先，我们建立一个在隐藏层有三个节点的网络，然后以学习速率 0.25 运行 101 次迭代，看看是否有用：

```
>>> import mlp
>>> net = mlp.mlp(train,traintarget,3,outtype='linear')
>>> net.mlptrain(train,traintarget,0.25,101)
```

输出是这样的：

```
Iteration:  0  Error:  12.3704163654
Iteration:  100  Error:  8.2075961385
```

可以看到网络正在学习，因为误差正在减小。现在我们需要做两件事：确定需要多少隐藏节点，并且决定训练网络多长时间。为了解决第一个问题，我们需要测试不同的网络并且看看哪一个的误差小，但是为了合理地进行训练，我们需要知道什么时候停止。所以要先解决第二个问题，也就是使用早期停止。

我们训练网络几次迭代(现在假定是 10)，然后通过前向运行网络评估验证集的误差(也就是前向阶段)。当验证误差开始升高时就停止学习。我们写一个 Python 程序来完成所有的工作。重要的是要保持记录验证误差，并且在误差开始升高时停止学习。下面的代码是本书网站上 MLP 中的一个函数。它保持跟踪了验证误差中的最后两个变化，确保学习中小波动不会把早期停止变成过早停止。

```
old_val_error1 = 100002
old_val_error2 = 100001
new_val_error = 100000

count = 0
while (((old_val_error1 - new_val_error) > 0.001) or ((old_val_error2 - ↲
old_val_error1)>0.001)):
```

```
        count+=1
        self.mlptrain(inputs,targets,0.25,100)
        old_val_error2 = old_val_error1
        old_val_error1 = new_val_error
        validout = self.mlpfwd(valid)
        new_val_error = 0.5*np.sum((validtargets-validout)**2)

    print "Stopped", new_val_error,old_val_error1, old_val_error2
```

图 4-13 给出了运行函数后输出的例子，包括训练误差和验证误差。早期停止使学习完成的点就是缺少验证数据点的点。让程序继续运行，可以看到验证误差在那之后没有改善，所以早期停止找到了正确的点。

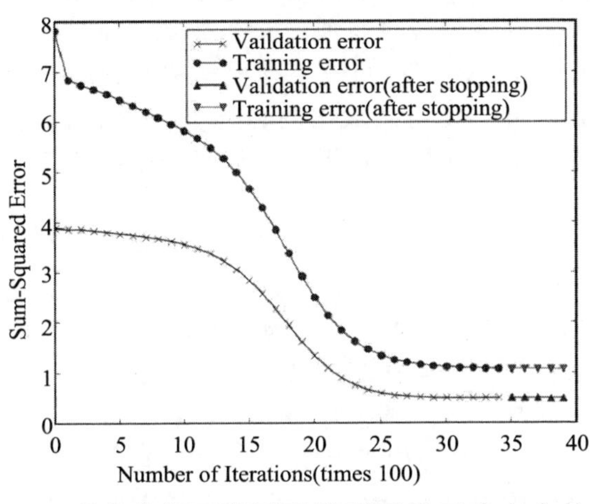

图 4-13 MLP 学习时的误差(上面的线是训练集的总误差，下面的线是验证误差。训练集误差较大的原因是数据点比较多)。早期停止在没有线的那一点停止学习，即又变成三角形的地方。继续学习说明了误差在之后变得稍微糟糕一些

现在我们可以回到找到网络正确大小的问题上。需要记住的一点是，权重是随机初始化的，所以一个特定大小的网络有一次得到了好的解决方案并不意味着它的大小是正确的，这可能是因为初始点比较好。所以每个网络大小运行 10 次，并且监视平均值。下面的表格展示了统计结果，对于几个不同大小的网络，平方和验证误差如下：

隐藏节点数量	1	2	3	5	10	25	50
均值误差	2.21	0.52	0.52	0.52	0.55	1.35	2.56
标准偏差	0.17	0.00	0.00	0.02	0.00	1.20	1.27
最大误差	2.31	0.53	0.54	0.54	0.60	3.230	3.66
最小误差	2.10	0.51	0.50	0.50	0.47	0.42	0.52

基于这些数，我们将选择隐藏节点数目较小的网络，当然是在 2 和 10 之间(通常越小越好)，因为它们的最大误差都比只有一个隐藏节点的网络要小。注意到隐藏节点太多时误差会变大，这是因为网络对于这个问题有太多的变量。你也可以对隐藏层做同样类型的试验。

4.4.2 使用 MLP 分类

对于使用 MLP 来处理的分类问题，只要解决了输出编码方式，其他方面就都没有本质上的不同了。输入很简单：仅仅是特征测量的值(合适的标准化)。对于输出有两种选择。第一个是使用单一的线性节点 y，并且对于这个节点设定激活值的阈值。比如，对一个四类问题，我们可以用：

$$\text{类}:\begin{cases} C_1, & y \leqslant 0.5 \\ C_2, & -0.5 < y \leqslant 0 \\ C_3, & 0 < y \leqslant 0.5 \\ C_4, & y > 0.5 \end{cases} \tag{4.18}$$

然而，当类的数量变多时会变得难以实施，并且边界是固定的。对于一个靠近边界的点会怎么样，比如 $y=0.5$？我们猜测它属于类 C_3，但是神经网络没有给我们任何有关于输出与边界有多近的信息，所以我们不知道，这是一个很难分类的例子。一个更加适合的输出编码是 **1-of-*N* 编码**。用一个分离的节点代表每一个可能的类，并且目标向量由在正确的类的位置上不是 0 的元素组成的，比如(0，0，0，1，0，0)意味着在 6 个类中结果属于第 4 类。因此我们使用二进制输出值(我们想要每个输出是 1 或 0)。

一旦网络被训练好，进行分类就很简单：选择输出向量的元素 y_k 是 y 中的最大元素(在数学中选择 y_k 使得 $y_k>y_j$，$\forall j\neq k$。$\forall$ 表示**对所有**(for all)，所以它说明了选择 y_k 大于其他任何可能的值 y_j)。这产生了一个明确的决策，因为两个输出神经元不太可能有相同的最大输出值。这就是 hard-max 激活函数(因为有最大激活的神经元会被激活而其他的被忽略)。另一个是 soft-max 函数，我们在 4.2.3 节见过，它的效果是根据一个神经元相对于其他神经元的大小来量化每个神经元的输出，并且使得总输出的和是 1。所以如果有一个胜利者，它将有一个靠近 1 的值；而如果几个值之间靠得很近，它们每一个的值都是 $1/p$，这里 p 是有相似值的输出神经元的数目。

分类时还有另外一件事情需要注意，也是对所有分类器都要注意的。假设我们正在分类两个类，并且 90%的数据属于类 1(这有可能发生：比如在药物数据中，通常大多数测试都是负的)。在这种情况下，算法有可能学习到总是返回负的类，因为这在 90%的时间都是对的，但却是一个完全没用的分类器！所以你应该确保在测试数据中每个类的数目大致相同。这意味着从过多的类中舍弃许多数据，并且有可能是很浪费的。还有另外一种解决方法，叫作**异常检测**(novelty detection)，它只在负的类中训练数据，并且假设任何看起来与之不同的类都是正例。在本章最后的拓展阅读中有关于新颖检测的参考文献。

4.4.3 分类示例：iris 数据集

我们来看另外一个例子，来自于 UCI 机器学习库。它是关于 iris(一种花)数据的三种类型的分类，通过萼片和花瓣的长度及宽度来进行，称为 iris 数据。它最初是由 R. A. Fisher 在 1930 年分析研究的，Fisher 是一位伟大的统计学家和生物学家。

不幸的是，我们现在还不能使用 `loadtxt()` 把它加载到 NumPy 中，因为在文本中的类(最后一列)不是一个数，并且函数名中的 txt 并不意味着它会读取文本，而只有明文格式中的数。有两个选择，一个是用搜索和替换在文本中编辑数据，另一个是使用 Python 代码，比如下面的函数：

```
def preprocessIris(infile,outfile):

    stext1 = 'Iris-setosa'
    stext2 = 'Iris-versicolor'
    stext3 = 'Iris-virginica'
    rtext1 = '0'
    rtext2 = '1'
    rtext3 = '2'

    fid = open(infile,"r")
    oid = open(outfile,"w")

    for s in fid:
        if s.find(stext1)>-1:
            oid.write(s.replace(stext1, rtext1))
        elif s.find(stext2)>-1:
            oid.write(s.replace(stext2, rtext2))
```

```
        elif s.find(stext3)>-1:
            oid.write(s.replace(stext3, rtext3))
    fid.close()
    oid.close()
```

然后可以使用 loadtxt()从新的文件中加载它。在数据集中，最后一列是类的 ID，另外的是 4 项测量。我们首先通过标准化输入来开始，就像在 3.4.5 节做的一样，使用最大值而不是方差，并且暂时忽略类的 ID：

```
iris = np.loadtxt('iris_proc.data',delimiter=',')
iris[:,:4] = iris[:,:4]-iris[:,:4].mean(axis=0)
imax = np.concatenate((iris.max(axis=0)*np.ones((1,5)),np.abs(iris.min(
axis=0))*np.ones((1,5))),axis=0).max(axis=0)
iris[:,:4] = iris[:,:4]/imax[:4]
```

前面几个数据点如下：

```
>>> print iris[0:5,:]
[[-0.36142626  0.33135215 -0.7508489  -0.76741803  0. ]
 [-0.45867099 -0.04011887 -0.7508489  -0.76741803  0. ]
 [-0.55591572  0.10846954 -0.78268251 -0.76741803  0. ]
 [-0.60453809  0.03417533 -0.71901528 -0.76741803  0. ]
 [-0.41004862  0.40564636 -0.7508489  -0.76741803  0. ]]
```

现在我们需要把目标转换为 1-of-N 编码，从它们当前的类编码 1、2 和 3 开始。如果我们创造一个新的 0 矩阵，问题就很简单，并且设置其中一个是 1：

```
# Split into training, validation, and test sets
target = np.zeros((np.shape(iris)[0],3));
indices = np.where(iris[:,4]==0)
target[indices,0] = 1
indices = np.where(iris[:,4]==1)
target[indices,1] = 1
indices = np.where(iris[:,4]==2)
target[indices,2] = 1
```

现在我们需要把数据分为训练集、测试集和验证集。在数据集中有 150 个例子，它们来自于三个类，所以三个类的大小相同，并且我们不需要担心舍弃任何一个数据点。我们将用其中的一半来训练，剩下的一半作为测试，另一半作为验证。如果查看文件，你会注意到前 50 个属于类 1，中间的 50 个属于类 2，等等。因此我们需要在把它们分离前随机化顺序，来确保在每一个集合中某一类的数目不会太多：

```
# Randomly order the data
order = range(np.shape(iris)[0])
np.random.shuffle(order)
iris = iris[order,:]
target = target[order,:]

train = iris[::2,0:4]
traint = target[::2]
valid = iris[1::4,0:4]
validt = target[1::4]
test = iris[3::4,0:4]
testt = target[3::4]
```

现在我们已经准备好建立并且训练网络。代码和前面的很相似：

```
>>> import mlp
>>> net = mlp.mlp(train,traint,5,outtype='softmax')
>>> net.earlystopping(train,traint,valid,validt,0.1)
>>> net.confmat(test,testt)
```

```
Confusion matrix is:
[[ 16.   0.   0.]
 [  0.  12.   2.]
 [  0.   1.   6.]]
Percentage Correct:  91.8918918919
```

这告诉我们算法对大多数测试数据都是对的，误分类只在类 2 中有 2 个，在类 3 中有 1 个。

4.4.4 时间序列预测

有一类常用的数据分析任务叫作**时间序列预测**(time-series prediction)，也就是有一系列展示了某些东西如何随着时间变化的数据，我们想要预测在未来数据如何变化。这是一项很难的任务，但是非常重要。它适用于随时间出现数据的任何领域，也就是几乎任何领域。非常常见的(如果通常不成功)应用是尝试预测股票市场和疾病类型。问题是即使在时间序列中存在某些规律，也可能会呈现为许多不同的规模。比如，通常会有季节性变化——如果我们把几年中的平均温度画出来，会注意到在夏天温度很高而在冬天温度很低，但是我们也许不会注意到是否有一个在夏天总体向上或向下的趋势，因为夏天温度的数据离总体很远。

另一个问题是应用。我们应该用多少数据点来做预测(也就是说，在神经网络中应该有多少输入)，还有在时间中我们应该间隔多久(也就是说，我们应该用每一秒的数据，每 10 秒的，还是所有的)？我们可以把它写成一个等式，这里使用神经网络来预测 y，记为函数 $f(\cdot)$：

$$y = x(t+\tau) = f(x(t), x(t-\tau), \cdots, x(t-k\tau)) \tag{4.19}$$

上述两个问题取决于 τ 和 k 的选择。

训练神经网络的目标数据很简单，因为它们来自于时间序列，并且训练也很简单。假设 $\tau=2$ 且 $k=3$。那么第一个输入数据是数据集中的元素 1、3、5，目标是元素 7。下一个输入向量是元素 2、4、6，目标是 8，然后是 3、5、7，目标是 9。通过遍历时间序列来训练网络(注意保存一些数据用来测试)，然后用于对未来做预测。图 4-14 展示了 $\tau=3$ 且 $k=4$ 的时间序列的例子，组成输入向量的数据点用白色的圈表示，而目标是黑色的圈。

我们将使用的数据集在本书的网站上有提供。它包含每天的在新西兰帕默斯顿北部上空臭氧层厚度的测量(也就是我住的地方)，时间范围是 1996 年到 2004 年之间。臭氧层厚度是用多布森单位来测量的，也就是在 0 摄氏度且一个大气压下 0.01 毫米的厚度。你一定知道，臭氧的减少是全球气候变暖的原因之一，并且增加了皮肤癌的概率。在新西兰，我们非常靠近南极上空的臭氧空洞。你也许不知道的是，臭氧层的厚度每一年会自然变化。这在图 4-15 中是很明显的。一个典型的时间序列问题是预测未来的臭氧层水平，并且看看你能否探测到在平均臭氧水平中的总体下降。

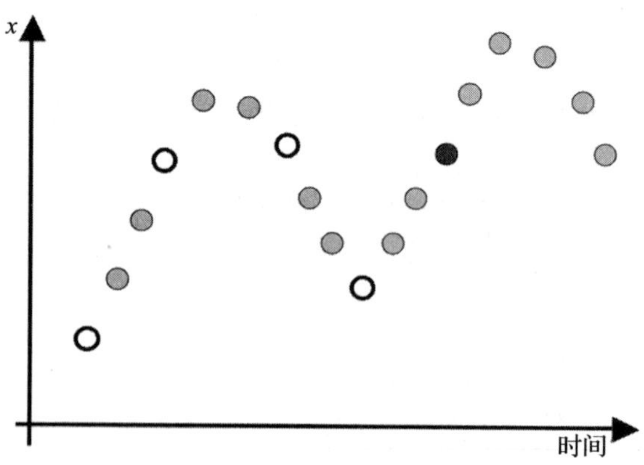

图 4-14　时间序列图的一部分，显示数据点以及 τ 和 k 的含义

你可以使用 `PNoz= loadtxt('PNOz.dat')`(如果你从网站上下载了数据)来加载数据，这会将数据转换成 PNoz 型数组。每个向量有 4 个元素：年份，每年的第几天，臭氧

层水平，二氧化硫水平。这里有 2855 个数据。画出臭氧数据以便看看它是什么样的，使用 `plot(arrange(shape(PNoz)[0]),PNoz[:,2],'.')`。

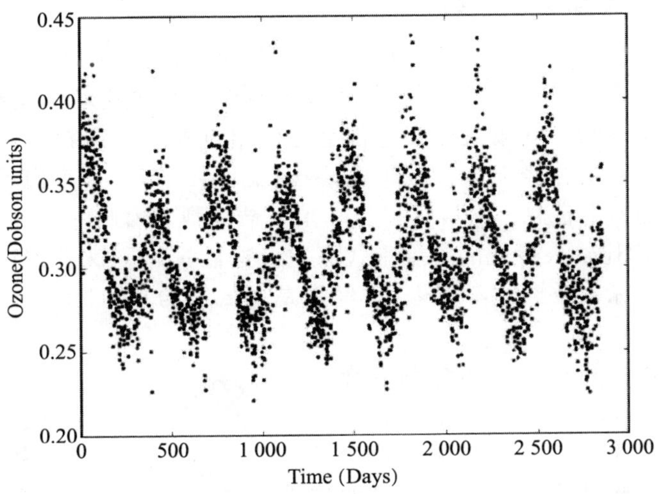

图 4-15　1996 年到 2004 年间，在新西兰帕默斯顿北部上空臭氧层厚度的测量

困难的部分是从时间序列数据中组成输入向量。第一件事情是选择 τ 和 k 的值。然后就是从空间 τ 的数组中选取 k 的值的问题，这可以很好地利用切片操作符，代码如下：

```
test = inputs[-800:,:]
testtargets = targets[-800,:]
train = inputs[:-800:2,:]
traintargets = targets[:-800:2]
valid = inputs[1:-800:2,:]
validtargets = targets[1:-800:2]
```

然后需要安排训练集、测试集和验证集。然而，这里需要注意，因为你需要确保它们没有被系统地选取到每一个组(比如，如果输入是偶数的数据点，但是一些特征只有在奇数数据点才会有，那么它将完全被忽略)。这可以通过随机化数据点的顺序来避免。然而，通常也使用靠近尾部的数据点作为测试集。图 4-16 展示了使用 MLP 的一些可能结果。

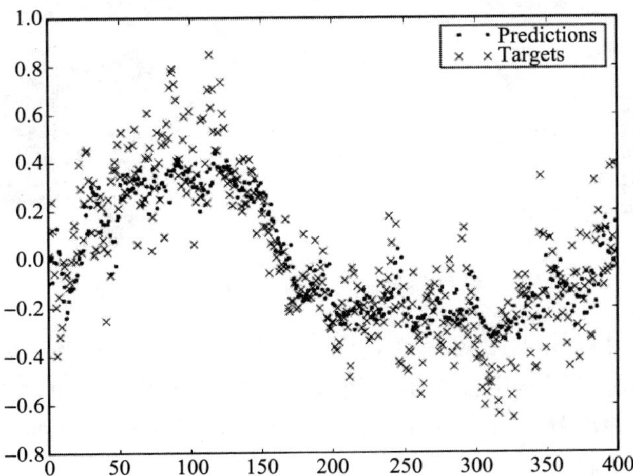

图 4-16　使用 MLP 作为时间序列预测的臭氧数据的 400 个预测值和实际输出值，这里 $k=3$，$\tau=2$

你可以把这里的时间序列看成一个回归问题：输出节点需要有线性激活，并且目标是最小化平方和误差。因为没有类，所以混淆矩阵就没有用。唯一额外的工作是除了用不同

的输入节点和隐藏节点数量测试 MLP，你还需要考虑 τ 和 k 的不同值。

4.4.5　数据压缩：自动关联网络

现在我们将要考虑一个有趣的 MLP 的变种。假设我们训练网络来在输出层复制输入数据(叫作**自动关联**(auto-associative)学习，有时这种网络也叫作**自动编码器**(autoencoder))。训练网络以实现无论在输入点输入什么它都会在输出点复制，这起初看起来没有什么用，但是假设你使用的隐藏层神经元数目较输入层少(见图 4-17)。这个**瓶颈**(bottleneck)隐藏层要代表在输入中的所有信息，所以可以在输出中被复制。因此它实际上是某种数据的**压缩**(compression)，用比输入更低的维度来代替它。这让我们了解了 MLP 的隐藏层正在做什么：它们在找一种输入数据的不同表示(经常是更低维的)并且提取数据中重要的成分，同时忽略噪点。

这个自动关联网络可以用于压缩图像和其他数据。图 4-18 展示了这样的一个示意图：通过把二维图像剪切成一条带子并且把带子变成一条长线来转化成一个一维输入向量。这个向量的值是图像的强度值(颜色)，并且这些就是输入值。网络学习在输出处生成相同的图像，并且为每个图像记录隐藏节点的激活。训练后我们可以去掉输入节点和网络的第一组权重。如果我们在隐藏节点插入一些值(见图 4-19，对于特定图像的激活)，然后把这些激活沿着第二组权重前向传递，正确的图像就会在输出端被复制。所以我们所要保存的就是第二组权重和对于每一个图像隐藏节点的激活，这也就是数据压缩。

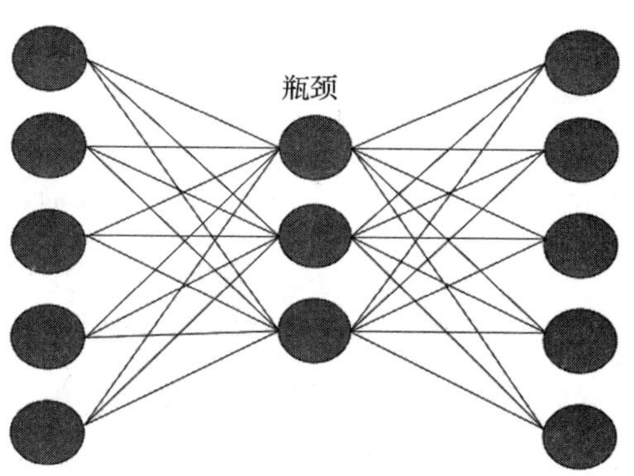

图 4-17　自动关联网络。训练网络以实现在输出层复制输入，通过瓶颈隐藏层压缩数据

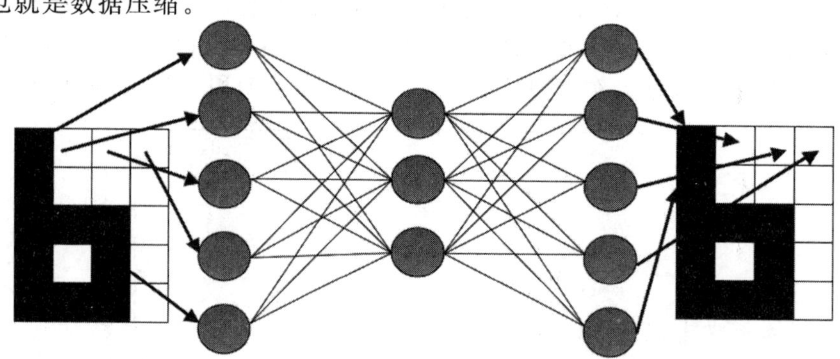

图 4-18　图像如何输入自动关联网络来进行压缩

自动关联网络也可以用于图像降噪，因为网络在训练后生成的训练图像与当前输入(噪点)匹配最好。这时我们不用丢弃第一组权重，但是如果我们使用的是有噪声的图像作为输入，那么网络在输出端产生的图像是与有噪声的版本最接近的，这也是要学习的版本，因为没有被噪声干扰。

你可能好奇隐藏节点中的这种表示是什么样的。实际上，网络学习的是计算输入数据的**主成分**(principal components)。**主成分分析**(Principal Components Analysis，PCA)是一种有用的**维度约简**(dimensionality reduction)技术，将在 6.2 节描述。

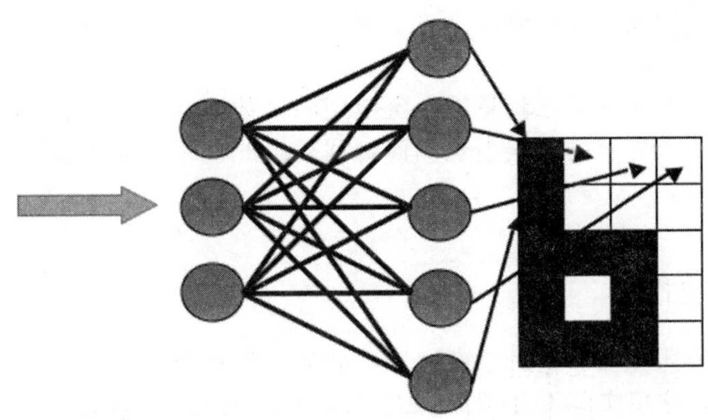

图 4-19 在网络被训练后，隐藏节点和第二层权重如何用于重新得到被压缩的图像

4.5 MLP 使用指南

在这章我们学习了很多，所以这里要给你一份“指南”，关于在使用数据集时如何使用多层感知器。这是对问题的简单化，但是它也会提醒你许多重要的特征。

针对你的问题选择输入和输出

在做任何事情之前，首先需要考虑要解决的问题，并且确保你有关于这个问题的数据，输入向量和目标输出都要有。在这个阶段，你需要选择适合问题的特征(我们将在别的章节进一步讨论)并且决定将用什么样的输出编码——标准神经元或者线性节点。这些事情经常是通过输入特征以及可用于解决问题的目标来决定的。在学习之后，也可以通过去掉一些输入特征来训练网络并重新评估选择，进而观察是否改善了结果。

标准化输入

通过从输入向量的每一个元素中抽象出平均值来重新量化数据，并且除以方差(或者要么最大值要么负的最小值，以最大的为准)。

把数据分成训练集、测试集和验证集

不能用训练数据来测试网络的学习能力，因为网络通常很适应这些数据(通常过于适应、过拟合，并且为生成函数建模的同时也为数据中的噪声建模)。我们通常把数据分成三个集合，一个用于训练，另一个用于测试，第三个用于验证(测试网络在训练期间学习得怎样)。这三个组的大小的比率依赖于有多少数据，但是经常是 50∶25∶25。如果没有足够的数据来分成三组，可以使用交叉验证技术。

选择网络结构

你已经知道需要多少输入节点和多少输出神经元。接下来需要考虑的是是否需要隐藏层，以及如果包含隐藏层将需要多少神经元。你也许需要考虑不止一个隐藏层。越复杂的网络，就需要越多的数据来训练，并且就会需要更长的时间。还需要控制过拟合。通常选择网络结构的方法是尝试几种不同的隐藏节点数目，并且看看哪个最好。

训练网络

神经网络的训练是由把多层感知器算法应用于训练数据组成的。训练通常结合早期停止来运行，在这里，在算法对所有数据完成几次迭代后，网络的泛化能力会通过验证集来测试。神经网络很有可能对于问题有非常高的自由度，所以在一定数量的学习之后会停止对数据的生成函数建模，而是开始适应在训练数据中固有的噪声和不准确性。在这个阶段验证集的误差会开始增长，并且应该停止学习。

测试网络

一旦有了训练好的网络，也就是第一次使用测试数据的时刻(也是唯一一次)。这时你将看到网络对于它从未见过的数据表现如何，并了解此网络是否可能用于其他没有目标的数据。

4.6 反向传播的推导

这节推导反向传播算法。这对于理解算法如何工作和为什么工作是很重要的。除了一些简单的代数知识，这里实际上并不需要太多的数学知识。实际上，你只需要知道三件事情。一个就是对$\frac{1}{2}x^2$求导(对x)，结果是x。另一个是链式法则，即$\frac{\mathrm{d}y}{\mathrm{d}x}=\frac{\mathrm{d}y}{\mathrm{d}t}\frac{\mathrm{d}t}{\mathrm{d}x}$。第三个也非常简单：$\frac{\mathrm{d}y}{\mathrm{d}x}=0$，如果$y$不是$x$的函数。记住了这三件事，再加上一些代数知识，你就会很好地掌握以下内容。我们将进行详细的推导。

4.6.1 网络输出

神经网络的输出(算法前向阶段的最后)是三个变量的函数：

- 当前输入($\boldsymbol{x}$)
- 网络节点的**激活函数** $g(\cdot)$
- 网络的权重(第一层是$\boldsymbol{v}$，第二层是$\boldsymbol{w}$)

我们不能改变输入，因为它们是要学习的，在算法学习时我们也不能改变激活函数。所以权重是唯一一个可以改变以改善网络表现的变量，也就是说，让它学习。然而，我们也需要考虑激活函数，因为我们对于感知器所使用的阈值函数是不能求导的(它在零点不连续)。我们将在4.6.3节考虑一个更好的方法，但是首先要考虑网络的误差。回忆一下，算法**前向**运行，以便于我们对算法做输入($\boldsymbol{x}$)，用第一层权重($\boldsymbol{v}$)来计算隐藏神经元的激活，然后用这些激活和第二层权重($\boldsymbol{w}$)来计算输出神经元的激活，也就是网络的输出($\boldsymbol{y}$)。注意，我将使用i作为输出节点的标记，j作为隐藏层神经元的标记，而k是输出神经元的标记。

4.6.2 网络误差

前一章讨论感知器学习规则时，我们通过最小化误差函数$E=\sum_{k=1}^{N}(y_k-t_k)$来控制它。然后我们发明一个学习规则使得这个误差变小。现在我们要做得更好，因为所有的事情都是根据**梯度下降**法来计算的。

首先考虑网络的误差。这明显是通过输出$\boldsymbol{y}$和目标$\boldsymbol{t}$之间的差别做一些事情，但是我把它记为$E(\boldsymbol{v},\boldsymbol{w})$来提醒自己——唯一能改变的只有权重$\boldsymbol{v}$和$\boldsymbol{w}$，并且改变权重就改变了输出，也就间接地改变了误差。

对于感知器，我们的误差计算是$E=\sum_{k=1}^{N}(y_k-t_k)$，但是有一些问题：如果$t_k>y_k$，那么误差的符号就与$y_k>t_k$时不同，所以如果很多输出节点都有误差，但是其中一些符号是正的而另一些是负的，它们也许会互相抵消。相反，我们将会选择**平方和**误差函数，它

计算每个节点 k 处 y_k 和 t_k 之间的差，然后对它们求平方并求和(这里省略了 $E(\boldsymbol{w})$中的 $\boldsymbol{v}$ 是因为我们还不需要)：

$$E(\boldsymbol{w})=\frac{1}{2}\sum_{k=1}^{N}(y_k-t_k)^2 \tag{4.20}$$

$$=\frac{1}{2}\sum_{k=1}^{N}\left[g\left(\sum_{j=0}^{M}w_{jk}a_j\right)-t_k\right]^2 \tag{4.21}$$

第二行加入了来自隐藏层神经元的输入和第二层权重以便决定输出神经元的激活。现在我们来考虑感知器，用 i 索引输入节点，用 k 索引输出节点，所以等式(4.21)将变为：

$$\frac{1}{2}\sum_{k=1}^{N}\left[g\left(\sum_{i=0}^{L}w_{ik}x_i\right)-t_k\right]^2 \tag{4.22}$$

现在我们可以对阈值函数求导，也就是对于感知器 $g(\cdot)$所使用的方法，因为它在阈值处不连续(突然跳跃)。所以我们先暂时忽略它。同样，对于感知器来说没有隐藏神经元，所以输出神经元的激活仅仅是 $y_\kappa=\sum_{i=0}^{L}w_{i\kappa}x_i$，这里 x_i 是输入节点的值，累加和遍历输入节点的数量，包括偏差节点。

针对固定值 ι 和 κ，我们将使用**梯度下降算法**在 $E(\boldsymbol{w})$的负梯度方向调节每一个权重 $w_{\iota\kappa}$。在后面，标记 ∂ 表示**偏导**(partial derivative)，使用它是因为对 E 可以通过所有不同的权重来求导。如果你不知道什么是偏导，就把它想成通常的求导，但是注意要在正确的方向求导。我们想知道的梯度是误差函数相对于不同权重的变化：

$$\frac{\partial E}{\partial w_{\iota\kappa}}=\frac{\partial}{\partial w_{\iota\kappa}}\left(\frac{1}{2}\sum_{k=1}^{N}(y_k-t_k)^2\right) \tag{4.23}$$

$$=\frac{1}{2}\sum_{k=1}^{N}2(y_k-t_k)\frac{\partial}{\partial w_{\iota\kappa}}\left(y_k-\sum_{i=0}^{L}w_{\iota\kappa}x_i\right) \tag{4.24}$$

t_k 不是任何权重 $w_{\iota\kappa}$ 的函数，因为它是给算法的一个值，所以对于所有的 k、ι、κ，$\frac{\partial t_k}{\partial w_{\iota\kappa}}=0$。并且只有部分的 $\sum_{i=0}^{L}w_{\iota\kappa}x_i$ 是 $w_{\iota\kappa}$的函数，在 $i=j$ 时，也就是 $w_{\iota\kappa}$本身，其导数为 1。因此：

$$\frac{\partial E}{\partial w_{\iota\kappa}}=\sum_{k=1}^{N}(t_k-y_k)(-x_\iota) \tag{4.25}$$

现在权重更新规则就是根据**梯度下降**法，即在 $-\frac{\partial E}{\partial w_{\iota\kappa}}$ 的方向。所以权重更新规则(包含学习速率 η 时)是：

$$w_{\iota\kappa}\leftarrow w_{\iota\kappa}+\eta(t_\kappa-y_\kappa)x_\iota \tag{4.26}$$

这看起来很熟悉(见等式(3.3))。注意我们正计算的 y_κ 的不同：对于感知器，我们使用阈值激活函数，而在上面的工作中则忽略了阈值函数。如果我们想要实现像神经元一样的单位时这就不是很有用，因为神经元要么激活要么抑制，而不是连续变化。然而，如果我们想要对输出求导以便使用梯度下降，那么就需要一个可求导的激活函数，所以这就是我们现在讨论的。

4.6.3 激活函数的要求

为了模拟神经元，我们要求激活函数有如下性质：

- 它必须能求导以便计算梯度。
- 它应该在范围的两端是饱和(变成常量)的，以便神经元要么激活要么抑制。
- 它应该在中间点的两个饱和值之间快速改变。

有一个很熟悉的函数叫作 sigmoid **函数**，因为它们是S形的(见图4-5)，它能很好地满足所有标准。通常我们使用的形式是：

$$a=g(h)=\frac{1}{1+\exp(-\beta h)} \tag{4.27}$$

这里β是某一个正常数。这个函数的一个很好的性质是它的导数有非常好的形式：

$$g'(h)=\frac{\mathrm{d}g}{\mathrm{d}h}=\frac{\mathrm{d}}{\mathrm{d}h}(1+\mathrm{e}^{-\beta h})^{-1} \tag{4.28}$$

$$=-1(1+\mathrm{e}^{-\beta h})^{-2}\frac{\mathrm{d}\mathrm{e}^{-\beta h}}{\mathrm{d}h} \tag{4.29}$$

$$=-1(1+\mathrm{e}^{-\beta h})^{-2}(-\beta\mathrm{e}^{-\beta h}) \tag{4.30}$$

$$=\frac{\beta\mathrm{e}^{-\beta h}}{(1+\mathrm{e}^{-\beta h})^2} \tag{4.31}$$

$$=\beta g(h)(1-g(h)) \tag{4.32}$$

$$=\beta a(1-a) \tag{4.33}$$

我们后面会用到它，所以现在得到一个误差函数和一个可以求导的激活函数。在4.6.5节中对于输出神经元我们会考虑其他一些可能的激活函数，在4.6.6节中还会考虑误差函数的选择。下面要做的是解决如何使用它们以调整网络中的权重。

4.6.4　误差的后向传播

现在我们需要链式法则，形式如下：

$$\frac{\partial E}{\partial w_{\zeta\kappa}}=\frac{\partial E}{\partial h_\kappa}\frac{\partial h_\kappa}{\partial w_{\zeta\kappa}} \tag{4.34}$$

这里$h_\kappa=\sum_{j=0}^{M}w_{j\kappa}a_\zeta$是输出层神经元$\kappa$的输入，也就是隐藏层神经元的激活的和乘以相应的(第二层)权重。所以等式(4.34)说明了什么？它告诉我们如果想要知道改变第二层权重时输出的误差如何改变，可以考虑改变输出神经元的输入时误差如何改变，还有考虑改变权重时这些输入值如何改变。

让我们首先考虑第二项(在第三行用到了$\frac{\partial w_{j\kappa}}{\partial w_{\zeta\kappa}}=0$(除了当$j=\zeta$时导数为1)：

$$\frac{\partial h_\kappa}{\partial w_{\zeta\kappa}}=\frac{\partial\sum_{j=0}^{M}w_{j\kappa}a_j}{\partial w_{\zeta\kappa}} \tag{4.35}$$

$$=\sum_{j=0}^{M}\frac{\partial w_{j\kappa}a_j}{\partial w_{\zeta\kappa}} \tag{4.36}$$

$$=a_\zeta \tag{4.37}$$

现在，我们可以考虑$\frac{\partial E}{\partial h_\kappa}$项。这一项非常重要，以至于有自己的名称，也就是**误差**或 **delta 项**：

$$\delta_o(\kappa)=\frac{\partial E}{\partial h_\kappa} \tag{4.38}$$

现在，让我们从为输出计算这个误差开始。实际上不能直接计算它，因为我们关于神经元的输入所知不多，而只知道它的输出。这并无大碍，因为我们可以再次使用链式法则：

$$\delta_o(\kappa)=\frac{\partial E}{\partial h_\kappa}=\frac{\partial E}{\partial y_\kappa}\frac{\partial y_\kappa}{\partial h_\kappa} \tag{4.39}$$

现在，输出层神经元 κ 的输出是

$$y_\kappa=g(h_\kappa^{\text{output}})=g\left(\sum_{j=0}^{M}w_{j\kappa}a_j^{\text{hidden}}\right) \tag{4.40}$$

这里 $g(\cdot)$是激活函数。$g(\cdot)$有不同的可能选择，包括式(4.27)中给出的 sigmoid 函数。现在我们将把它看成一个函数。我也开始标记 h 具体是指输出还是隐藏层神经元，这是为了避免任何可能的混淆。对于激活我们不需要担心它，因为对于输出神经元的激活我们使用 y，而隐藏神经元使用 a。在等式(4.43)中，我们替代了输出端的误差表达式，这在等式(4.21)中计算过了：

$$\delta_o(\kappa)=\frac{\partial E}{\partial g(h_\kappa^{\text{output}})}\frac{\partial g(h_\kappa^{\text{output}})}{\partial h_\kappa^{\text{output}}} \tag{4.41}$$

$$=\frac{\partial E}{\partial g(h_\kappa^{\text{output}})}g'(h_\kappa^{\text{output}}) \tag{4.42}$$

$$=\frac{\partial}{\partial g(h_\kappa^{\text{output}})}\left[\frac{1}{2}\sum_{k=1}^{N}(g(h_\kappa^{\text{output}})-t_k)^2\right]g'(h_\kappa^{\text{output}}) \tag{4.43}$$

$$=(g(h_\kappa^{\text{output}})-t_\kappa)g'(h_\kappa^{\text{output}}) \tag{4.44}$$

$$=(y_\kappa-t_\kappa)g'(h_\kappa^{\text{output}}) \tag{4.45}$$

这里 $g'(h_\kappa)$表示 g 对 h_κ 求导。这将根据我们用于输出神经元的激活函数而改变，所以现在我们将以略微一般的形式编写输出层权重的更新等式，并在该部分的末尾再次使用它：

$$w_{\zeta\kappa}\leftarrow w_{\zeta\kappa}-\eta\frac{\partial E}{\partial w_{\zeta\kappa}} \tag{4.46}$$

$$=w_{\zeta\kappa}-\eta\delta_o(\kappa)a_\zeta$$

这里使用减号是因为我们想要梯度下降以减少误差。

我们实际上不需要太多的工作来得到第一层 v_ι 的权重，它连接输入 ι 到隐藏节点 ζ。我们再一次需要链式法则(等式(4.34))来得到这些权重，记住我们是沿着网络后向传递以便 k 在输出节点上运行。考虑这一点是因为每个隐藏节点都有助于激活所有输出节点，因此我们需要考虑所有这些贡献(具有相关权重)。

$$\delta_h(\zeta)=\sum_{k=1}^{N}\frac{\partial E}{\partial h_k^{\text{output}}}\frac{\partial h_k^{\text{output}}}{\partial h_\zeta^{\text{hidden}}} \tag{4.47}$$

$$=\sum_{k=1}^{N}\delta_o(k)\frac{\partial h_k^{\text{output}}}{\partial h_\zeta^{\text{hidden}}} \tag{4.48}$$

我们通过使用等式(4.38)得到第二行。现在对于这一推导过程需要一个更好的表达式。我们需要记住的重要的事情是，对于输出层神经元的输入是来自于隐藏层神经元的激活乘以第二层权重：

$$h_\kappa^{\text{output}}=\sum_{j=0}^{M}w_{j\kappa}g(h_j^{\text{hidden}}) \tag{4.49}$$

这意味着：

$$\frac{\partial h_\kappa^{\text{output}}}{\partial h_\zeta^{\text{hidden}}}=\frac{\partial g\left(\sum_{j=0}^{M}w_{j\kappa}h_j^{\text{hidden}}\right)}{\partial h_j^{\text{hidden}}} \tag{4.50}$$

现在，我们可以使用以前用过的一个事实，也就是$\frac{\partial h_\zeta}{\partial h_j}=0$(除非 $j=\zeta$)。所以：

$$\frac{\partial h_\kappa^{\text{output}}}{\partial h_\zeta^{\text{hidden}}} = w_{\zeta\kappa} g'(a_\zeta) \tag{4.51}$$

隐藏层节点通常使用 sigmoid 函数以便可以使用等式(4.33)计算出导数，获得 $g'(a_\zeta)=\beta a_\zeta(1-a_\zeta)$，这允许我们计算：

$$\delta_h(\zeta) = \beta a_\zeta(1-a_\zeta)\sum_{k=1}^{N}\delta_o(k)w_\zeta \tag{4.52}$$

这意味着 v_ι 的更新规则是：

$$v_\iota \leftarrow v_\iota - \eta\frac{\partial E}{\partial v_\iota} = v_\iota - \eta a_\zeta(1-a_\zeta)\left(\sum_{k=1}^{N}\delta_o(k)w_\zeta\right)x_\iota \tag{4.53}$$

注意到如果网络在输入和输出之间有更多的隐藏层，我们可以做完全相同的计算。这会更难保持跟踪应该求导的函数，但是并不需要新的技巧。

4.6.5 输出激活函数

我们创建的 sigmoid 激活函数旨在使节点模拟神经元，无论是激活还是不激活。这在隐藏层中非常重要，但在本章的前面我们已经观察到两种不适合输出神经元的情况。一个是回归，我们希望输出是连续的；一个是多类别分类，我们只需要激活一个输出神经元。我们为这些情况确定了可能的激活函数，这里我们将得出它们的 delta 项 δ_o，提醒一下，这三个函数是：

- linear：$y_\kappa=g(h_\kappa)=h_\kappa$
- sigmoidal：$y_\kappa=g(h_\kappa)=1/(1+\exp(-\beta h_\kappa))$
- soft-max：$y_\kappa = g(h_\kappa) = \exp(h_\kappa)/\sum_{k=1}^{N}\exp(h_\kappa)$

对于这些中的每一个，我们需要关于每个输出权重的导数，所以可以使用等式(4.45)。

前两种情况很容易，并告诉我们对于线性输出 $\delta_o(\kappa)=(y_\kappa-t(\kappa))y_\kappa$，对于 sigmoidal 输出是 $\delta_o(\kappa)=\beta(y_\kappa-t(\kappa))y_\kappa(1-y_\kappa)$。

但对于 soft-max 的情况不得不做更多工作，因为我们尚未对它求微分，如果将其写成：

$$\frac{\partial}{\partial h_K}y_\kappa = \frac{\partial}{\partial h_K}\left(\exp(h_\kappa)\left(\sum_{k=1}^{N}\exp(h_k)\right)^{-1}\right) \tag{4.54}$$

那么问题更加清晰：我们有两项需要微分，并且需要考虑三个不同的指数。而且，k 索引遍历所有输出节点，其中包括 K 和 κ。这样有两种情况：要么 $K=\kappa$，要么不等于。如果它们相等，那么可以得到$\frac{\partial\exp(h_\kappa)}{\partial h_{\text{kappa}}}=\exp(h_\kappa)$(第一行的最后一项使用了链式法则)：

$$\begin{aligned}&\frac{\partial}{\partial h_\kappa}\left(\exp(h_\kappa)\left(\sum_{k=1}^{N}\exp(h_k)\right)^{-1}\right)\\ &=\exp(h_\kappa)\left(\sum_{k=1}^{N}\exp(h_k)\right)^{-1} - \exp(h_\kappa)\left(\sum_{k=1}^{N}\exp(h_k)\right)^{-2}\exp(h_\kappa) = y_\kappa(1-y_\kappa)\end{aligned} \tag{4.55}$$

对于 $K\neq\kappa$ 的情况稍微容易点，我们可以得到：

$$\frac{\partial}{\partial h_K}\exp(h_\kappa)\left(\sum_{k=1}^{N}\exp(h_k)\right)^{-1} = -\exp(h_\kappa)\exp(h_K)\left(\sum_{k=1}^{N}\exp(h_k)\right)^{-2} = -y_\kappa y_K \tag{4.56}$$

使用 Kronecker delta 函数 δ_{ij}，如果 $i=j$ 为 1，否则为 0，我们可以将这两种情况写在一个等式中来获取 delta 项：

$$\delta_o(\kappa) = (y_\kappa - t_\kappa) y_\kappa (\delta_{\kappa K} - y_K) \tag{4.57}$$

最后要考虑的是平方和误差函数是否总是最好的。

4.6.6 误差函数的另一种形式

本章中一直使用平方和误差函数，它易于计算并且总体上运行良好，在 9.2 节中我们还将看到它的另一个好处。但是，对于分类任务，假设输出代表不同的独立的类，这意味着我们可以将节点的激活视为给出每个类是正确的概率。

在对输出概率的解释中，我们可以问在给定正在使用的权重集的情况下，看到每个目标的**可能性**。这被称为可能性，目标是使其最大化，以便尽可能地预测目标。如果有一个输出节点，取值 0 或 1，则可能性为：

$$p(t|\boldsymbol{w}) = y_k^{t_k}(1 - y_K)^{1-t_k} \tag{4.58}$$

为了将其转换为最小化函数，我们在前面加上一个减号，并且获取其对数，这会产生交叉熵误差函数，这里(对于 N 个输出节点)：

$$E_{\mathrm{ce}} = -\sum_{k=1}^{N} t_k \ln(y_k) \tag{4.59}$$

其中的 ln 是自然对数。当我们使用 soft-max 函数时这个误差函数有很好的性质，很容易获得微分，因为指数和对数是反函数，因此 delta 项只是 $\delta_o(\kappa) = y_\kappa - t_\kappa$。

拓展阅读

描述后向传播算法最原始的文章如下，还有一篇熟知的对神经网络的综述：

- D. E. Rumelhart, G. E. Hinton, and R. J. Williams. Learning internal representations by back-propagating errors. *Nature*, 323(99): 533-536, 1986a.
- D. E. Rumelhart, J. L. McClelland, and the PDP Research Group, editors. *Parallel Distributed Processing*. MIT Press, Cambridge, MA, 1986b.
- R. Lippmann. An introduction to computing with neural nets. *IEEE ASSP Magazine*, pages 4-22, 1987.

通用近似定理表明一个隐藏层就足够了，关于这个定理的一些引用是(给不害怕数学的读者)：

- G. Cybenko. Approximations by superpositions of sigmoidal functions. *Mathematics of Control, Signals, and Systems*, 2(4): 303-314, 1989.
- Kurt Hornik. Approximation capabilities of multilayer feedforward networks. *Neural Networks*, 4(2): 251-257, 1991.

如果你对新颖检测感兴趣，下面是这方面的简介：

- S. Marsland. Novelty detection in learning systems. *Neural Computing Surveys*, 3: 157-195, 2003.

这章的主题在任何一本机器学习和神经网络书籍中都有。下面是几个不同的参考：

- Sections 5.1-5.3 of C. M. Bishop. *Pattern Recognition and Machine Learning*. Springer, Berlin, Germany, 2006.
- Section 5.4 of J. Hertz, A. Krogh, and R. G. Palmer. *Introduction to the Theory of*

Neural Computation. Addison-Wesley, Redwood City, CA, USA, 1991.
- Sections 4.4-4.7 of T. Mitchell. *Machine Learning*. McGraw-Hill, New York, USA, 1997.

习题

4.1 利用图 4-2 描述的 MLP 来确保它确实解决了 XOR 问题。

4.2 假设当地的电力公司想要预测未来五天的电力需求。他们有过去 5 年每天的需求数据。通常需求是 80 到 400 之间的数。

1. 描述你如何使用 MLP 进行预测。你将选择什么样的参数，并且你认为它们将对什么值敏感?
2. 如果第二天的天气预报(估计白天和晚上的温度)可以利用，如何把它加入到你的系统中?
3. 你认为这个系统会很好地预测电力消费吗? 有需求不能被预测吗?

4.3 设计一个 MLP 来正确地学习断句。你有一个展示许多正确断句的例子的词典，并且需要选择方法来编码输入和输出，以说明一个连字符号在每一对字母之间是否允许。你也要描述如何进行训练和测试。

4.4 前面的系统会比仅仅使用字典好吗?

4.5 修改本书网站上的代码以使它成为顺序的版本而不是批量的形式。用 iris 数据比较结果。

4.6 修改代码，使其执行小批量优化，然后进行随机梯度下降(均在 4.2.7 节中描述)，并使用 4.2.7 节中描述的 Pima Indian 数据集上的标准算法比较结果(使用不同的小批量数量)。

4.7 修改代码以使用另一个隐藏层。你必须计算出梯度，以便计算额外的权重层的权重更新。在 3.4.4 节中描述的 Pima Indian 数据集上测试这个新网络。

4.8 修改代码以使用 4.6.6 节中的选择错误项，并观察它在处理分类问题时的区别。

4.9 一个医院管理者想要预测老人科病房需要多少病床。他让你设计一个神经网络方法来做预测。目前有过去五年的数据：

- 每星期在老人科病房的人数。
- 天气情况(白天和晚上的平均温度)。
- 每年的季节(春，夏，秋，冬)。
- 是否有疫情(用二进制变量：是或不是)。

设计一个合适的 MLP 来解决这个问题，考虑如何选择隐藏神经元的数目、输入(包括天气，还有其他一些你需要输入的量)和预处理。你是否认为这个系统会有用?

4.10 可通过本书网站查看 MNIST 数据集。实现 MLP 以了解它们并测试不同数量的隐藏节点。

4.11 循环网络的一些输出连接到它自己的输入，以便时刻 t 的输出在时刻 $t+1$ 返回到网络。这是一种处理时间序列数据的不同方法。修改 MLP 代码以便它成为一个循环网络，并且用本书网站上的帕默斯顿北部的臭氧数据测试它。

4.12 可以在 $\tanh(h)$中使用另一种激活函数，$\tanh(h)=2g(2h)-1$，这里 g 由等式(4.2)给出。据此说明这与 MLP 使用 tanh 激活函数效果相同。修改代码来实现它。

第 5 章

Machine Learning: An Algorithmic Perspective, Second Edition

径向基函数和样条函数

在多层感知机(MLP)中，隐藏节点的活动是由输入数据和权重向量的乘积决定的，当这个乘积大于某个阈值的时候，神经元就开始响应。但是对于这种理想的可辨性，通常还是达不到的，就拿输入数据和权重向量的乘积之和这个例子来讲，如果这个加权和明显大于阈值，神经元就会被激活，如果加权和明显小于阈值，神经元不会被激活，但是对于介于这两者之间的值，神经元的表现是线性的。对于任意的输入向量，其中的几个神经元会被激活，在第二层，这些神经元的加权和再决定哪些神经元被激活。这就产生了这样的结果：隐藏层的活动分布在整个神经元上，这种活动模式作为下一层的输入。

本章我们将考虑一种不同的方法，用局部神经元的思想，每个神经元只对输入空间的某个特定部分的输入做出响应。其中的论点如下：如果输入相似，对这些输入的响应也相似，所以会引起同一个神经元响应。再扩展一点，如果一个输入介于另两个之间，那么这两个输入相应的神经元应该都有一定程度的响应。我们可以通过一个典型的分类任务来证明这一论点，如果两个输入向量相似，那么它们极有可能属于同一类。为了更好地理解这一点，我们需要两个概念，一个是机器学习中的**权重空间**(weight space)，一个是神经科学里的**感受野**(receptive field)。

5.1 感受野

在 2.1.1 节中，我们认为计算神经元激活的一种方法是使用**权重空间**的概念抽象地将它们绘制在相同的维度集中作为输入，并使“更接近”输入的神经元更容易被激活。要了解为什么这可能是一个好主意，我们需要考虑**感受野**的想法。

假设我们有一系列的“节点”(因为从某种意义上讲已经不是神经元模型了，所以这个术语变为网络中的“节点”)。像 2.1.1 节一样，假设这些节点都分布在权重空间中，我们可以通过调节权重改变位置。我们想知道一个节点和当前输入在多大程度上匹配，像 2.1.1 节中那样，假想输入空间和权重空间是一样的，并衡量输入向量的位置和每个节点的位置的距离。这些节点的激活可以通过它们与当前输入的距离来计算，具体的方式后面会介绍。

把这种当节点靠近输入数据就被激活的思想用在某种语境中，我们很快就会想到感受野的思想。想象眼睛的后部，光线通过瞳孔到达视网膜，视网膜布满了光敏感细胞。现在假设你看见夜空中的一颗闪亮的星星。你是怎么看见星星的，换句话说，视网膜上的哪些杆细胞会探测到星星的光？很明显，是你视网膜上的局部区域感受到了光，少部分离得很近的视网膜杆细胞检测到了光，其余的看不见任何东西，除了黑暗的天空。然而，如果几小时以后你再看天空，天空中星星的位置已经改变了，这时又是不同的视网膜杆细胞检测到了它(当然你的头应该是在同样的位置)。即使星星看起来还是一样的，但是因为它的位置改变了，并且地球已经旋转了，所以用来检测它的视网膜杆细胞也改变了。眼睛里视网膜杆细胞的感受野就是你的视网膜用来感知光源来源的区域。我们也可以把这个扩展到感觉神经元，特定神经元的响应依赖于刺激物的位置。

我们也许想知道这些感受野的形状，以及视网膜杆细胞(神经元)的响应如何随着刺激物方位的改变而改变。如果我们有一个装备有电极和测量设备(以及伦理学认可的动物)的神经科学实验室，就可以精确地测量这些了。我们可以在黑暗的背景上向动物显示一幅有光斑的图像，然后测量随着光斑的移动，一些特定神经元神经活动的总量。对此人们已经做了准确的实验。

现在，我们做一个**想象实验**(thought experiment)：简单并且不需要代价，不需要牺牲任何东西。如果再次看星星，我们已经知道一些视网膜杆细胞检测到光，剩余的大部分都没有检测到。如果一个视网膜杆细胞刚好在星光不允许可见的边缘，会怎么样呢？我们选择一个视网膜杆细胞，它的感受野刚好在边缘的左边，那么这个神经元就不会激活。现在把头稍微向右偏一点，使这个视网膜杆细胞刚好在边缘以内。会发生什么呢？这个神经元会发生冲动。假设神经元发生冲动的次数说明光亮的程度(可能不一定完全正确)，那么它发生冲动的频率不会很高。如果继续把头向右转，那个神经元感受的光亮会越来越强，神经元发生冲动的频率也会越来越高，当头继续向右转，越过光亮的时候，这个神经元发生冲动的频率又会越来越低，最后停止。如图5-1的左半部分所示，根据描绘的点可以画出一条光滑的曲线。

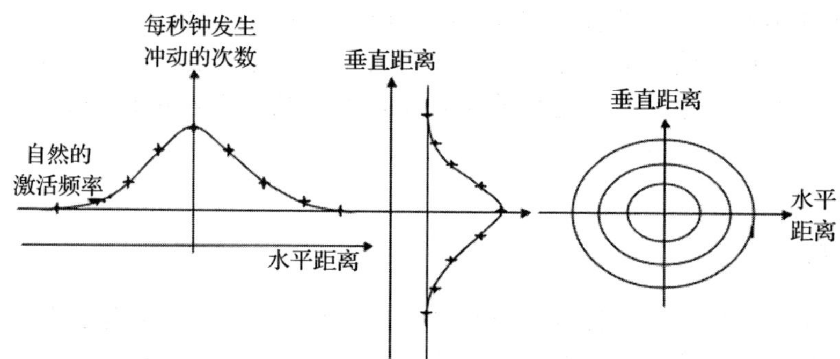

图5-1　左边：当视网膜杆细胞与光源的距离横向改变的时候，每秒钟发生冲动的次数。注意到它并不会下降到0，而是只到神经元自然激活的频率，即没有任何输入时的激活频率。中间：垂直移动的图。右边：两者的结合组成了一系列的圆圈

现在重复这个实验，但是这次开始让星星在你的视野下方，然后移动头直到你能看见它，再然后继续向下移动头。结果会发生一样的状况。如图5-1中间所示。通过这个例子，可以看出光源的位置对神经元不会产生影响，只有距离会影响它。换言之，如果我们把星星放在金属圆环上，只集中在眼睛里某个特定的视网膜杆细胞上(有一点痛，但是这是一个很好的想象实验)，然后我们沿着金属丝移动光源，视网膜杆细胞的活化性不会改变。只有圆环的半径会产生影响，这就是为什么建立这个模型的函数被称为**径向函数**(radial function)。在数学上，我们称它们只依赖于**2-归一化**$\|\boldsymbol{x}_i-\boldsymbol{x}\|_2$，即点到圆心的欧氏距离。

我们还没有确定的一个重要因素是，从最大光亮度的响应到最后没有任何响应的这种弱化过程是怎么发生的。对于真实的神经元，这种减弱是整数形式的，但是数学模型不是这样的：我们可以让它光滑下降，所以可以用很好的(即可辨的)数学函数。我们可以选择任意可微的，从最大值到0的对称(各个方向，或者是径向地)下降的函数。很明显有很多满足这种特性的函数可供选择，但是现在在统计学里最通用的是**高斯**(Gaussian)函数，前面的2.4.3节已经重点介绍过。它并没有真正下降到0，但是只要我们截掉一点点，从中

心向下移动的时候很快就会下降到 0。我们的激活函数并没有完全使用高斯函数，而是忽略了归一化，得到一个近似的形式如下：

$$g(\boldsymbol{x}, \boldsymbol{w}, \sigma) = \exp\left(\frac{-\|\boldsymbol{x}-\boldsymbol{w}\|^2}{2\sigma^2}\right) \tag{5.1}$$

等式中 σ 的选择很重要，它控制着高斯函数的宽度。如果我们让它无穷大的话，神经元对每个输入都会做出响应。如果让 σ 越来越小的话，高斯会变得越来越瘦小，这意味着感受野会变得越来越窄。最后，神经元只会对一个刺激源做出响应，如果这个输入数据被噪声破坏的话，神经元将不能识别它。这个函数有时也叫**指示**(indicator)函数或 delta 函数。对每个节点选择 σ 也是算法的一部分。

所以，我们可以用高斯函数来为神经元的感受野建立模型，如果输入数据与它很近，节点会被高度激活，越远激活程度就越低，再远的话就根本不会激活。在不同的章节我们会讲到用这些思想的几个神经网络，大部分是**无监督**学习，但是首先我们会介绍一个**监督**学习的例子——**径向基函数**(radial basis function)**网络**。图 5-2 显示了代表权重空间中径向基的一些节点，通常被称为**中心**(centre)，因为它们都各自形成了所在圆环或椭圆的中心。

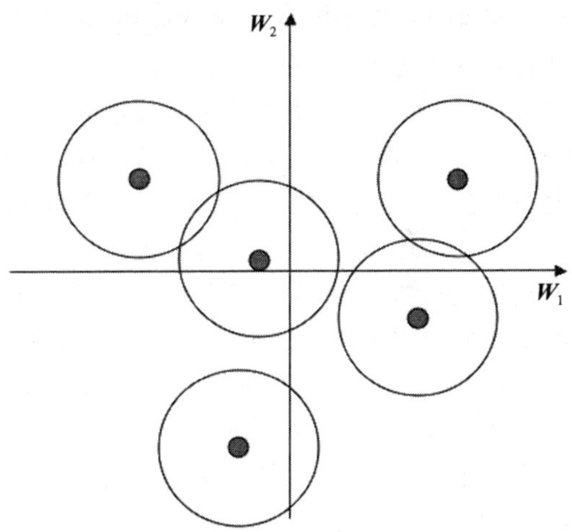

图 5-2　权重空间中径向基函数的影响。点显示了权重空间中 RBF 的位置，每个点周围的圆圈显示了节点的感受野。在更高维这些圆环将变成超球面

5.2　径向基函数网络

本章开始的论题是相近的输入应该产生相同的输出，但是相隔很远的输入不会产生相同的输出。我们看到用高斯激活函数会给出感受野，高斯函数中神经元的输出与输入数据和权重向量的距离成比例。高斯激活函数意味着正规化输入向量对径向基函数(RBF)网络至关重要。14.1.3 节会更清楚地给出原因。对于任意一个输入，这些神经元有的会被很大程度地激活，有的被激活的程度很微弱，有的根本没有被激活，这依赖于权重空间中权重向量和这个输入数据的距离。我们可以把这些节点认为是隐藏层，就像 MLP 中所讲的一样，在第二层把一些输出节点连起来。这只需要从隐藏(RBF)神经元到一系列的输出节点增加权重。这就叫 RBF 网络，如图 5-3 所示。在图中，隐藏层和输出层的节点都画得一样，但是在输出层我们还没确定用哪种节点——它们不需要高斯激活函数。最简单的解决方法是用 McCulloch 和 Pitts 神经元，在这种情形下网

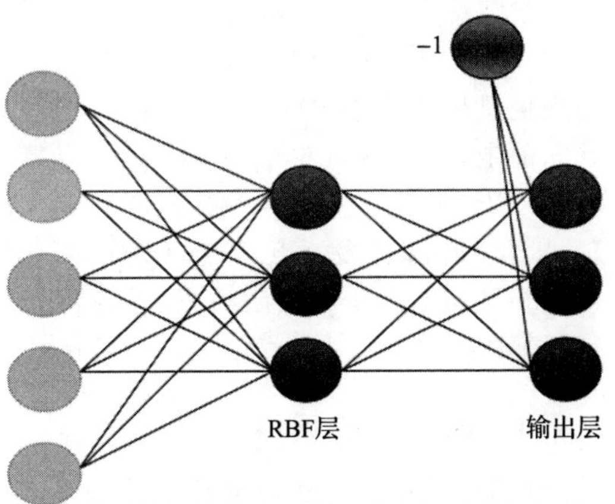

图 5-3　径向基函数网络由输入节点连向一系列的 RBF 神经元的权重组成，RBF 神经元的激活与输入数据和权重空间中的神经元的距离成比例。这些节点的活性用来作为第二层的输入，第二层由线性的节点组成。示意图看起来和 MLP 很像，除了 MLP 隐藏层缺少一个偏置节点

络的第二部分仅仅是一个感知网络。注意到输出层有一个偏置输入，它用于处理没有 RBF 神经元被激活的情形。既然我们已经知道了如何训练感知机，训练网络的第二部分也很容易。问题是这比用感知机好还是差，还有怎样训练第一层权重来确定 RBF 神经元的位置。

稍微想一下，你就能确信这种网络比感知机好，因为传递给感知机的输入是输入数据的非线性函数。事实上，RBF 网络是一个**通用近似器**(universal approximator)，就像 MLP 一样。为了弄清楚这一点，想象我们把整个空间布满 RBF 节点，均匀分布在各个方向，使它们的感受野覆盖整个区域，如图 5-4 所示。现在，不管是什么输入，都有 RBF 节点来识别它并可以近似地对它做出响应。如果我们想要让输入更加细粒度的话，只需要在相应的位置加上更多的 RBF 节点并且减小感受野的半径；如果我们不关心这一点的话，就少用一些节点并让每个节点的感受野大一点。

RBF 网络不可能有多于一层的非线性神经元，这和 MLP 相反。但是，这两种网络有很多相似之处：它们都是监督学习算法，形成了通用的近似器。事实上，这两种网络可以互相转换，因为两种神经元激活规则是相关的(RBF 基于距离，MLP 基于内积)。这种事实将在 14.1.3 节中以另一种形式出现。最重要的差别是 MLP 用隐藏节点以全局的方式分隔开超平面空间，而 RBF 用隐藏节点来局部匹配函数。

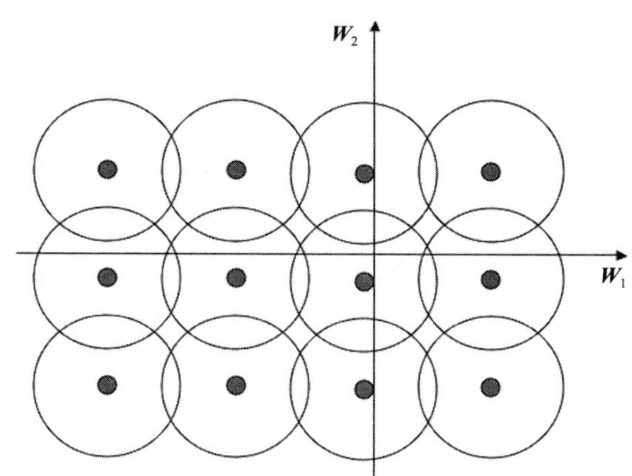

图 5-4　我们可以通过在任一点持续这种模式而让 RBF 节点遍布整个空间，这样网络就可以作为一个通用的近似器，因为对每一个可能的输入都有一个输出

在 RBF 网络中，我们看到一个输入可以让几个节点在某种程度上激活，激活的程度依赖于它们与输入的远近程度，这些激活决定了网络如何做出响应。类似地，我们再回到前面星星的问题上，如果把星星换成手电筒，有个人在为我们发出方向信号。如果手电筒高(指向 12 点)我们就向前走，低(指向 6 点)就向后走，左和右(分别指向 9 点和 3 点)就意味着向左转和向右转。RBF 网络会以这样一种方式工作：如果手电筒指向 2 点或者这附近，我们会做一点 12 点的动作和更多一点 3 点的动作，但是不会做 6 点和 9 点的动作。所以我们应该向前走一点并且向右转。根据激活程度的高低，这些不同的基函数的动作总和意味着我们的响应是局部的。

5.2.1　训练 RBF 网络

在 MLP 中我们用反向传播算法来调整第一层输出的权重和隐藏层的权重。在 RBF 网络中通过区分相关的激活函数我们也可以这样做。然而，对于 RBF 网络有更简单和更好的选择。它们不需要计算隐藏节点的梯度，所以快得多。注意到最重要的一点是这两种节点提供不同的函数，所以它们不需要一起训练。RBF 隐藏层节点的目的是找到输入的非线性表示，但是输出层的目标是找到隐藏层分类节点的线性组合。所以可以把训练过程分为两部分：确定 RBF 节点的位置，然后用这些节点的活性来训练线性输出。这样事情就变得简单了。对于线性输出，我们可以用已知的算法：感知机(3.3 节)。

但是，对于第一层的权重我们需要计算一些不同的东西，这一层控制着 RBF 节点的位置。我们可以随机选择一些数据点作为基本定位来避免全部训练的问题。假设我们的训练数据代表了全局数据，这是一种很好的解决方案。我们可以做的另一件事是试图放置节点，让它们很好地代表输入。这是很多监督学习方法里用来解决问题的方法，第 14 章会涉及几种这样的算法。在 RBF 网络中，最通用的是 14.1 节描述的 **k 均值**(k-means)算法。因此，训练 RBF 网络可以简化为机器学习里通用的另外两种其他算法，二者相继使用。这叫作**混合**(hybrid)算法，因为它结合了有监督和无监督学习。

径向基函数算法

- 以任一种方式放置 RBF 的中心：
  - 用 k 均值算法初始化 RBF 中心的位置。
  - 用随机选择的数据点作为 RBF 的中心。
- 用公式(5.1)计算 RBF 节点的行为。
- 用任一种方式训练输出的权重：
  - 用感知机。
  - 计算 RBF 中心活化的伪逆(后面会简短描述)。

为了用 Python 实现这一算法，我们可以简单引入其他算法并直接使用(如果它们在不同的目录下，你需要把它们加入到 PYTHONPATH 变量中；如何做到这一点在不同编程 IDE 中是不同的)。训练过程很简单：

```
def rbftrain(self,inputs,targets,eta=0.25,niterations=100):

    if self.usekmeans==0:
        # Version 1: set RBFs to be datapoints
        indices = range(self.ndata)
        np.random.shuffle(indices)
        for i in range(self.nRBF):
            self.weights1[:,i] = inputs[indices[i],:]
    else:
        # Version 2: use k-means
        self.weights1 = np.transpose(self.kmeansnet.kmeanstrain(inputs))

    for i in range(self.nRBF):
        self.hidden[:,i] = np.exp(-np.sum((inputs - np.ones((1,self.nin))
        *self.weights1[:,i])**2,axis=1)/(2*self.sigma**2))
    if self.normalise:
        self.hidden[:,:-1] /= np.transpose(np.ones((1,np.shape(self.
        hidden)[0]))*self.hidden[:,:-1].sum(axis=1))

    # Call Perceptron without bias node (since it adds its own)
    self.perceptron.pcntrain(self.hidden[:,:-1],targets,eta,niterations)
```

事实上，因为把两部分学习过程分开了，训练输出权重的时候会比感知机好。对于每一个输入向量，我们计算所有隐藏节点的活性，然后把它们组合成一个矩阵 $\mathbf{G}$。所以 $\mathbf{G}$ 的每个元素，我们称为 $\mathbf{G}_{ij}$，代表第 i 个输入对第 j 个隐藏节点的活性。对于权重空间 $\mathbf{W}$ 网络的输出可以用 $\mathbf{y}=\mathbf{GW}$ 来计算。只可惜我们并不知道权重空间(这是我们着手计算的东西)，可以用目标输出 $\mathbf{t}$ 来选择。

如果所有的输出都是正确的，可以写成 $\mathbf{t}=\mathbf{GW}$。现在我们只需要计算 $\mathbf{G}$ 的逆矩阵，得到 $\mathbf{W}=\mathbf{G}^{-1}\mathbf{t}$。不幸的是，这里有一点问题。只有方矩阵才存在逆矩阵，但是矩阵 $\mathbf{G}$ 不一定是方矩阵(因为没有理由让隐藏节点的个数和训练输入的个数必须一样)。事实上，我们希望它们不一样，因为这样容易产生过拟合问题。

幸好有一个定义好的**伪逆**(pseudo-inverse)矩阵 $\boldsymbol{G}^{+}$，即 $\boldsymbol{G}^{+}=(\boldsymbol{G}^{\mathrm{T}}\boldsymbol{G})^{-1}\boldsymbol{G}^{\mathrm{T}}$。矩阵 $\boldsymbol{G}$ 及其逆矩阵 $\boldsymbol{G}^{-1}$ 满足 $\boldsymbol{G}^{-1}\boldsymbol{G}=\boldsymbol{I}$，其中 $\boldsymbol{I}$ 是单位矩阵，所以伪逆矩阵是满足 $\boldsymbol{G}^{+}\boldsymbol{G}=\boldsymbol{I}$ 的矩阵。如果 $\boldsymbol{G}$ 是非奇异(行列式不为 0)方阵，那么 $\boldsymbol{G}^{+}=\boldsymbol{G}^{-1}$。在 NumPy 中伪逆矩阵是 np.linalg.pinv()。这为感知网络提供了一种更快的选择，因为训练只需要一次迭代：

```
self.weights2 = np.dot(np.linalg.pinv(self.hidden),targets)
```

还有一个问题我们没有考虑，就是节点的感受野宽度 σ。我们可以给所有节点设定同样的宽度来避免这个问题，用一个验证集来测试很多不同的宽度然后选择一个较好的值。另一种方法是，通过论证一个重要的问题——整个空间被整个基函数集合的感受野覆盖，这样高斯的宽度就可以根据隐藏节点位置的最大距离(d)和隐藏节点的个数来确定。通常把高斯的宽度设置为 $\sigma=d/\sqrt{2M}$，其中 M 是 RBF 节点的个数。

如果输入数据在所有节点的感受野之外的话，则可用另外一种方法来解决，即用**归一化高斯函数**，保证对每个输入至少有一个激活，即最靠近当前输入的那个节点，即使它离当前输入有一段长长的距离。这是对公式(5.1)的修改，看起来像 soft-max 函数：

$$g(\boldsymbol{x},\boldsymbol{w},\sigma)=\frac{\exp(-\|\boldsymbol{x}-\boldsymbol{w}\|/2\sigma^2)}{\sum_i\exp(-\|\boldsymbol{x}-\boldsymbol{w}_i\|/2\sigma^2)} \tag{5.2}$$

用 4.4.3 节用过的数据集 iris 来对 RBF 网络做实验，使用五个 RBF 中心和 MLP 的结果相似，超过了 90%的准确率。

在 MLP 中，我们没有找到如何选择隐藏节点个数的完美答案，所以用不同的节点个数来训练很多不同的网络，然后选择在验证集上效果最好的一个。RBF 网络也存在同样的问题。

在 RBF 网络中，隐藏节点的活性基于当前输入和权重向量的距离。有很多种可供选择的距离的度量，7.2.3 节会讲到，一般我们用欧氏距离。这些距离可以用在任意维度上，但是随着维度的增加，会产生一些困扰的问题，需要更多的 RBF 节点来覆盖整个空间。输入数据的维度对学习过程有很大的影响，有一个恰当的名称来形容它，我们之前提过——**维度灾难**(curse of dimensionality(见 2.1.2 节))。对于 RBF 来说，维度灾难的效果是 RBF 所覆盖的空间有一个固定的感受野会减少，所以我们需要更多的感受野来覆盖空间。

5.3　插值和基函数

第 1 章中讲到的一个问题是**函数估计**(function approximation)：给定一些数据，找到一个能够通过这些数据并且没有过拟合噪声的函数，以便已知数据点之间的那些值可以推出或者**插值**(interpolated)。RBF 网络用基函数解决了这个问题，不管输入数据是不是在感受野内，每个基函数都会对输出有一个贡献值。所以少数的 RBF 节点可能不会对每个输入做出响应。

现在我们让问题变得更简单化一点。我们不让感受野重叠，而且把它们散布开来，让它们刚好可以碰触。很显然，我们不需要高斯部分来决定每个节点有多匹配。如果数据点在这个函数的感受野内，我们就只需要监听这一函数，否则就忽略它而监听其他函数。如果每个函数只返回这一块的平均值，那么对于一维的数据，可得到一个柱状输出，如图 5-5所示。我们向前扩展一点，使线条不再是水平的，而以曲线上那一点的一阶导数代之，如图 5-6 所示。这是完全正确的，但是我们想要输出是连续的，即第一个柱子里的线刚好可以在边缘处衔接到第二个柱子的线，所以我们要加更多的限制，让线条能够很好地衔接。图 5-7 给出了相应的曲线。

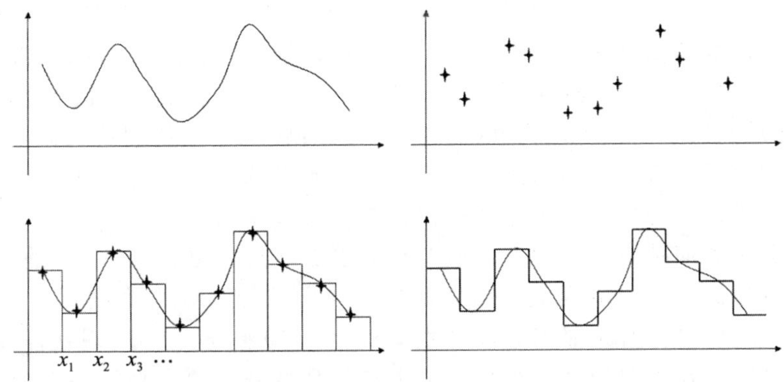

图 5-5　第一个：显示函数的曲线。第二个：曲线上的一些点。第三个：在每个点上画一段横线组成一个柱状图来描绘曲线的逼近。第四个：逼近

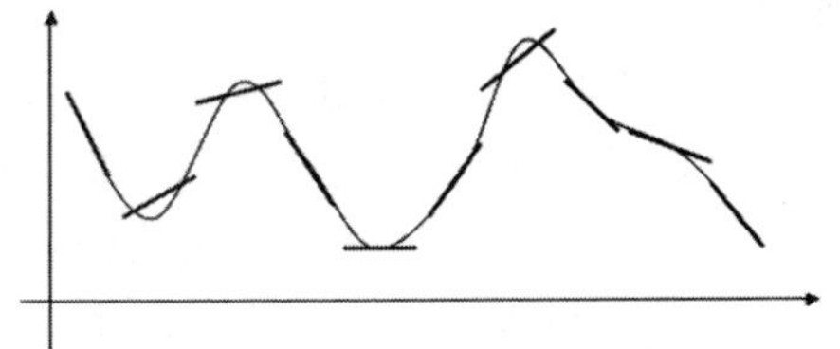

图 5-6　代替这些点的直线不一定非要是水平的（以便一阶导数来匹配这些点），也能给出更好的逼近

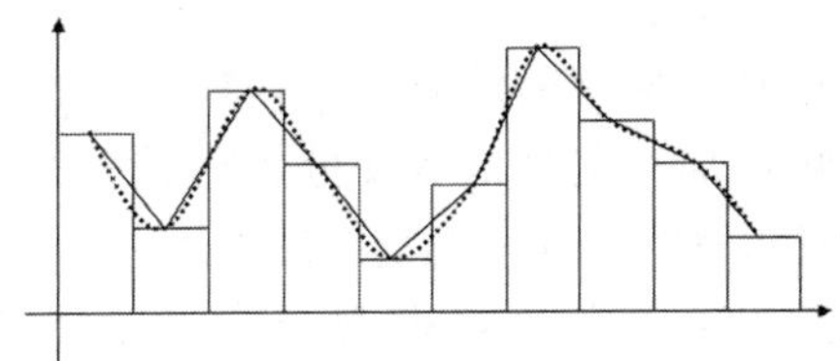

图 5-7　把这些直线衔接起来，让函数连续以便更好地逼近

当然，函数并不一定非要是线性的，如果我们用三次函数（多项式是由 x^3、x^2、x 和常数部分组成）来逼近每个数据，会得到类似于图 5-8 的结果。我们也可以让函数更为复杂，重点在于我们想要数据之间的边缘处有多大的连续性。这些函数称为**样条**（spline），最通用的是**三次样条**（cubic spline）函数。要达到能理解的高度，我们需要回顾前面的理论知识。

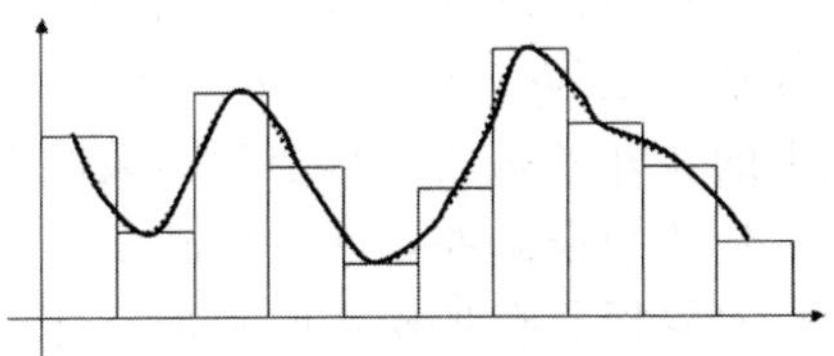

图 5-8　用三次函数把点连接起来会是更好的逼近，这个曲线在连接处也是连续的

5.3.1　基和基扩展

径向基函数和几个其他的机器学习算法可以写成以下形式：

$$f(\boldsymbol{x}) = \sum_{i=1}^{n} \alpha_i \Phi_i(\boldsymbol{x}) \tag{5.3}$$

其中 $\Phi_i(\boldsymbol{x})$是输入数据 $\boldsymbol{x}$ 的某个函数，α_i 是一个参数，我们通过选择这个参数使模型能够拟合数据。我们把输入看成一系列的阶梯值 $\boldsymbol{x}$，而不是看作向量值。$\Phi_i(x)$被称作**基函数**（basis function），是所选择的模型的参数。我们要想的第一个问题是每个 Φ_i 是在哪里定义的。从图 5-5 的第三个图我们可以看出，第一个函数只定义在 0 到 x_1 之间，下一个函数定义在 x_1 和 x_2 之间，以此类推。这些点 x_i 叫作**节点**（knotpoint），一般是均匀分布的，

但是应该选择多少个节点不是一个容易的问题。节点越多，模型越复杂，这种情况下模型容易出现过拟合，因此需要更多的数据，就像我们所了解的神经网络一样。

我们可以以任何方式来选择Φ_i。假设我们只用一个简单的**常函数**(constant function) $\Phi(x)=1$。现在这个模型在x_1左边应该有值α_1，在x_1和x_2之间有值α_2，以此类推。所以根据样条模型对数据的拟合度，模型会有不同的值，但是在每个区域都是常量。这样就足够做直线逼近了，如图5-5的最下方所示。然而，一个常数还不够，因此要用一个线性改变的函数(在区域内线性函数表示为$\Phi(x)=x$)。这种情况下，我们可以画一个图5-6那样的图，每个点用直线代替，但是这条直线不一定是水平的。这种直线能够很接近地代表那些点，但是看起来比较混乱，因为这些线段没有衔接起来。

现在的问题是如何扩展这个模型以使节点处能够匹配，也就是一个线段结束的位置就是另一个线段开始的位置。事实上，这很简单。我们选择一个恰当的α_i，使在节点x_1处的值$f(x_1)$的左函数和右函数都相等，分别写成$f(x_1^-)$和$f(x_1^+)$。现在需要计算涉及x_1的两边的α的值。现在需要计算四个量：两个是常数部分，两个是线性部分。与常量相关的很明显：α_1和α_2。现在假设线性部分为α_{11}和α_{12}(如果有10个区域和9个节点，那么$\alpha_1 \cdots \alpha_{10}$就是每个区域相应的常函数)。这种情形下，$f(x_1^-)=\alpha_1+x_1\alpha_{11}$，$f(x_1^+)=\alpha_2+x_1\alpha_{12}$。当我们计算$\alpha_i$的时候，这又是另一个约束条件。

还有更简单的编码方式，就是添加额外的基函数。除了$\Phi_1(x)=1$和$\Phi_2(x)=x$以外，我们再添加一些基函数使分界处的值恒为0，在分界x_1处$\Phi_3(x)=(x-x_1)_+$，在分界x_2处$\Phi_4(x)=(x-x_2)_+$，等等，其中，$x>0$时$(x)_+=x$，$x\leqslant 0$时$(x)_+=0$。这些函数足以满足节点值的条件，因为每个节点处都定义了一个节点。这足以让我们构建图5-7的逼近。

5.3.2 三次样条函数

我们可以继续增加x的幂，不过一般来讲三次样条函数已经足够了。这里有四个基本的基函数($\Phi_1(x)=1$，$\Phi_2(x)=x$，$\Phi_3(x)=x^2$，$\Phi_4(x)=x^3$)，然后在每个节点处添加足够多的额外基函数，每个基函数的形式是$\Phi_{4+i}(x)=(x-x_i)_+^3$。这个函数满足了每个节点处本身的约束条件，同时也满足了前两阶导数的约束条件。当函数Φ不是线性的时候，我们只需要把所有带权重的和加起来，模型就是线性的了。然后可以产生图5-8所示的曲线，这能很好地代表数据。

5.3.3 用样条拟合数据

定义好了函数，我们需要考虑如何选择α_i以使模型能够拟合数据。我们定义误差平方和来最小化误差，在统计文献里叫作**最小二乘法**(least-squares)拟合，9.2节会做详细介绍。重要的一点是基函数里面每个函数都是线性的，所以计算最小二乘法拟合是一个线性问题。在MLP中，我们要最小化的误差定义为：

$$E(y,f(x)) = \sum_{i=1}^{N}(y_i - f(x_i))^2 \tag{5.4}$$

NumPy已经定义了一种方法来计算最小化的优化问题：函数`np.linalg.lstsq()`。用一个简单的例子来说明如何使用它，我们从几个高斯函数中选了几个噪声数据，然后来拟合模型参数2.5和3.2。最后的直线给出了结果，它并没有严重偏离正确值，图5-9展示了结果。

```
import numpy as np
import pylab as pl

x = np.arange(-3,10,0.05)
y =   2.5 *   np.exp(-(x)**2/9)   +   3.2 *   np.exp(-(x-0.5)**2/4)   +
np.random.normal(
0.0, 1.0, len(x))
nParam = 2
A = np.zeros((len(x),nParam), dtype=float)
A[:,0] = np.exp(-(x)**2/9)
A[:,1] = np.exp(-(x-0.5)**2/4)
(p, residuals, rank, s) = np.linalg.lstsq(A,y)

pl.plot(x,y,'.')
pl.plot(x,p[0]*A[:,0]+p[1]*A[:,1],'x')

p

>>> array([ 2.00101406,  3.09626831])
```

5.3.4 平滑样条

5.3 节构建样条的方式要求每个样条函数经过每个节点。这是一种很好地满足约束条件的方法，但是往往不是很现实：我们所看到的数据几乎都会是噪声；经过节点的数据会产生过拟合——想象如果图 5-9 中的线条经过了每一个数据点。当我们试图让样条模型越来越精确地匹配数据时，就需要加入更多的节点，这样就导致了更严重的过拟合现象。我们可以用**正则化**(regularization)来解决这个问题。这是优化问题中一个重要的思想。实质上，通过某种方式从一系列可能的解决方案中做出选择来增加一个约束条件让问题变得更加简单化。

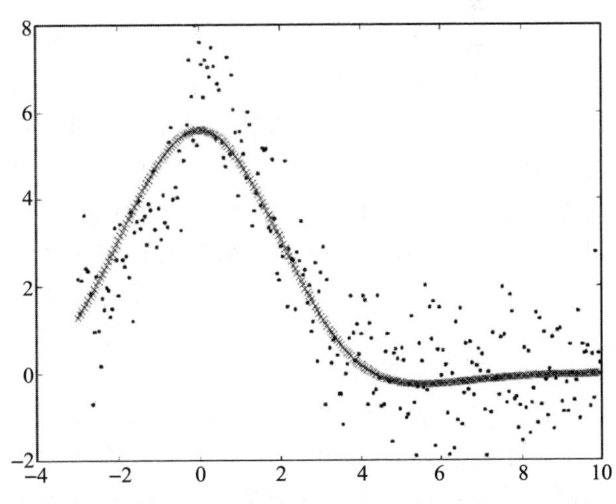

图 5-9　用线性最小二乘法来拟合两个高斯函数的参数产生的线条，噪声数据用圆圈标注

在样条函数中最通用的正则器就是让样条函数尽可能“平滑”，平滑过程是通过计算每个点的二阶导数，并求平方使这个数总是正数，再沿着曲线求它的积分。这样的话，一条直线就是一条完美的平滑线，但是不一定能很好地匹配数据，所以引进一个参数 λ 来对这两部分进行折中。我们重新回到 5.3 节的**插值样条**(interpolating spline)函数，其中 $\lambda=0$，而 $\lambda\to\infty$时得到的最小二乘是一条直线，这种类型的样条叫作**平滑样条**(smoothing spline)。我们通常都采用三次平滑样条。也有选择 λ 的自动方法，通常用交叉验证的方法选择一个合适的值。优化形式如下：

$$E(y,f(x),\lambda)=\sum_{i=1}^{N}(y_i-f(x_i))^2+\lambda\int\left(\frac{\mathrm{d}^2 f}{\mathrm{d}t^2}\right)^2\mathrm{d}t \tag{5.5}$$

在 Python 中 SciPy 已经有函数来执行这个运算了，两个不同的平滑参数的输出如图 5-10 所示。

```
import scipy.signal as sig
# Fit spline
spline = sig.cspline1d(y,100)
```

```
xbar = np.arange(-5,15,0.1)
# Evaluate spline
ybar = sig.cspline1d_eval(spline, xbar, dx=x[1]-x[0],x0=x[0])
```

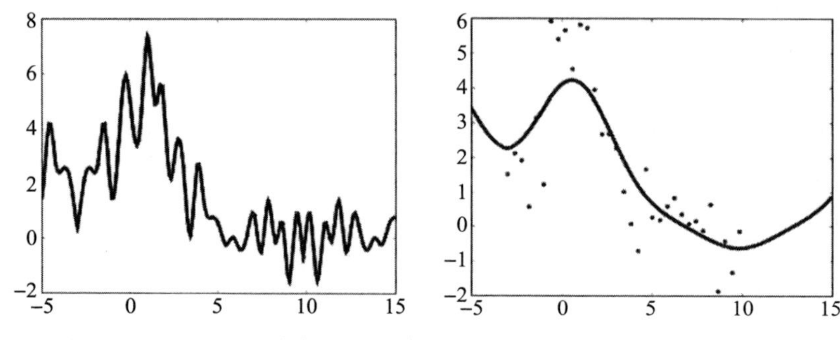

图 5-10 图 5-9 所示数据的 B 样条拟合。左边：λ=0，右边：λ=100

5.3.5 更高维度

迄今为止我们所考虑的问题都是在三维空间中，所解决的问题都是三次样条函数。然而，还不清楚更高维的数据该如何处理。最通用的方法是在每个坐标系上（三维空间中指 x、y、z）定义一系列独立的基函数，然后把它们用各种方式结合起来（$\Phi_{xi}(x)\Phi_{yj}(y)\Phi_{zk}(z)$），这叫作**张量积基**（tensor product basis），很容易造成维灾难，但在二维和三维空间中运行良好，B 样条就是用这种方式建立起来的。图 5-11 显示了一些网格节点，这些节点之间的一些点可以分别插值到 x_1 和 x_2 方向。

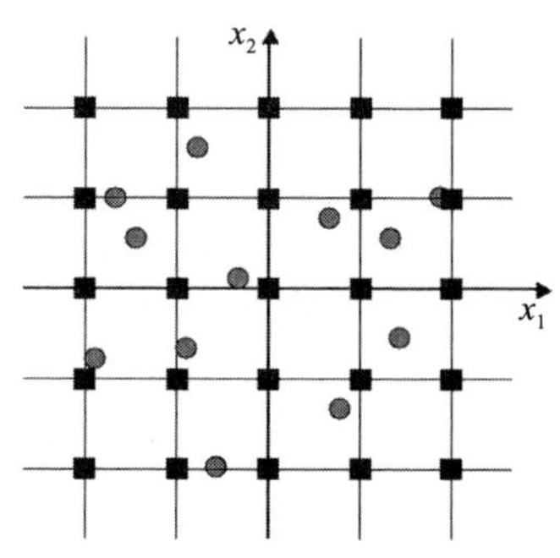

图 5-11 在二维空间中节点（黑色的方块）可以在每个维度上分别插值其他的点（灰色的圆点）

然而，平滑样条还有一个问题：在更高维空间中有没有类似于公式（5.5）的用二阶导数来计算曲率的方式？在二维空间中，可以考虑**弯曲能**（blending energy）。弯曲能是这样衡量的：在没有重力的情况下，令一个薄片弯曲以经过所有的点需要多少能量。由此产生了一个由下列因子组成的惩罚值：

$$\iint_{\mathbb{R}}^{2} \left(\frac{\partial^2 f}{\partial x_1^2}\right)^2 + 2\left(\frac{\partial^2 f}{\partial x_1 \partial x_2}\right)^2 + \left(\frac{\partial^2 f}{\partial x_2^2}\right)^2 \mathrm{d}x_1 \mathrm{d}x_2 \tag{5.6}$$

计算这个惩罚函数的最优值就引出了**薄板样条**（thin-splate spline）函数，它是形式 $f(x, y)=f(r)=r^2\log|r|$ 的径向基函数，其中 r 是 x 和 y 的径向距离，这于 1978 年首次被 Duchon 提出，然后被 Bookstein 推广，用于研究**形态计量学**（morphometrics）——研究随着动物的增长形态是如何改变的学科。拟合函数是一样的，只是基函数改变了。

5.3.6 边界之外

还有一个有趣的特征没有考虑。我们用样条函数来拟合训练数据，目的是预测未知目标值的其他数据点。假设我们的训练数据代表了整个训练集，但是这并不意味着它包含了最低可能性和最高可能性的值。我们所建立的样条模型满足以下约束条件：这一段样条在节点处能够连续匹配。但是并没有考虑在第一个节点以前和最后一个节点之后是什么样子的。对于我们这里所用的多项式会产生严重的问题，在边界之外的预测会很不准确。因为没有数据，所以没法做更多的工作，但是有一点是要确保的，就是在节点边界之外的函数是线性的，这被称为**自然**样条函数。

拓展阅读

径向基函数神经网络的原文如下：

- J. E. Moody and C. Darken. Fast learning in networks of locally-tuned processing units. *Neural Computation*, 1：281-294，1989.

关于样条函数的更多信息，不是从机器学习的角度来看的，可以看以下文章：

- C. de Boor. *A Practical Guide to Splines*. Springer，Berlin，Germany，1978.
- G. Wahba. *Spline Models for Observational Data*. SIAM，Philadelphia，USA，1990.
- F. Girosi，M. Jones，and T. Poggio. Regularization theory and neural network architectures. *Neural Computation*, 7：219-269，1995.
- Chapter 5 and Section 6.7 of T. Hastie，R. Tibshirani，and J. Friedman. *The Elements of Statistical Learning*, 2nd edition，Springer，Berlin，Germany，2008.
- Chapter 5 of S. Haykin. *Neural Networks：A Comprehensive Foundation*, 2nd edition，Prentice-Hall，New Jersey，USA，1999.

在形态计量学领域，研究随着生物的增长形态如何改变是一个非常有趣的问题。以下文章是关于这个主题的：

- F. L. Bookstein. *Morphometric Tools for Landmark Data：Geometry and Biology*. Cambridge University Press，Cambridge，UK，1991.

习题

5.1 设计一个解决 XOR 函数的 RBF 网络。

5.2 把 RBF 网络用在 Pima Indian 数据集上并对 MNIST 字母进行分类。你能识别出 RBF 和 MLP 结果的区别吗？

5.3 用混合方法能够在网页上获取 RBF 代码。你需要修改代码，让它能够采用固定的中心点或者是完全的梯度下降方法，然后做实验，看哪个效果更好。特别地，如果输入顺序没有选择好的话，你应该能找出例子说明固定中心法效果并不好。

5.4 下面的函数从正弦函数里产生了一些噪声数据：

```
def gendata(npoints):
    x = np.arange(0,4*np.pi,1./npoints)

    data = x*np.sin(x) + np.random.normal(0,2,np.size(x))
    print data
    pl.plot(x,x*np.sin(x),'k-',x,data,'k.')
    pl.show()
    return x,data
```

用样条函数来拟合这些数据，同时用插值和 B 样条的平滑方法。哪个更合理呢？用不同的平滑参数值做实验。你能否基于交叉验证集合找到一个算法？

5.5 用两个一维的三次样条函数在垂直方向上实现二维空间的 B 样条函数。你能用它来弯曲图像吗？

第 6 章

维 度 约 简

在查看数据和绘制结果时，数据永远不能超过三个维度，我们通常会发现两个维度更容易解释。另外，我们已经看到了维度灾难(2.1.2 节)意味着维度越高需要的训练数据越多。此外，维度是许多算法计算成本的显式因素。这就是**降维**之所以有用的一些原因。但是，它也可以去除噪声，显著提高学习算法的结果，使数据集更容易处理，使结果更容易理解。在极端的情况下，例如我们将在 14.3 节中看到的自组织映射，其中维度变为三维或更少，我们也可以绘制数据，这使得理解和解释变得更容易。

降维法有许多优点，所以我们需要了解它。该领域对机器学习和一些其他形式的数据分析的重要性，可以被认为是来自于 2000 年一起发表在权威期刊《Science》上的三篇有关降维的文章。在本章的最后，我们将看到其中的两个算法：**局部线性嵌入**(locally linear embedding)和**等距特征映射**(isomap)算法。

有三种算法可以达到降维的目的。第一个是**特征选择法**(feature selection)，在典型的意义上就是仔细查找可见的并且可以利用的特征而无论它们是否有用。也就是说，把它们与输出变量**关联**起来。虽然许多人使用精确的神经网络，因为他们不想“弄脏双手”并且亲自查看数据，正如我们已经看到的，如果在用神经网络或者其他学习算法之前检查一下相互间的关系和其他一些简单的东西，结果就会变得更好。第二个方法是**特征推导法**(feature derivation)，也就是说，一般通过应用数据迁移，即通过可以用矩阵来描述的平移和旋转来改变图表的坐标系，从而用旧的特征推导出新的特征。这之所以有降维的效果，是因为它允许联合特征，并且鉴定哪一个是有用的，哪一个没用。第三个方法是简单地运用**聚类法**(clustering)把相似的数据点放到一起，并且看看是否能有更少的特征。

为了说明选择正确的特征是怎样使得一个问题变得很简单，请看一下图 6-1。它展示了由坐标 x 和 y 组成的四个点。仅仅看这些数，很难联想到这些点之间的联系，即使把它们画出来，也仅仅看起来像一个旋转正方形的四个顶点。然而，图 6-1 右边的图说明它们是一个圆上的四点(实际上它们是 $\frac{\pi}{6}$，$\frac{4\pi}{6}$，$\frac{7\pi}{6}$，$\frac{11\pi}{6}$，通过这种坐标和角度的表示方法，使得理解和分析数据变得更加简单。

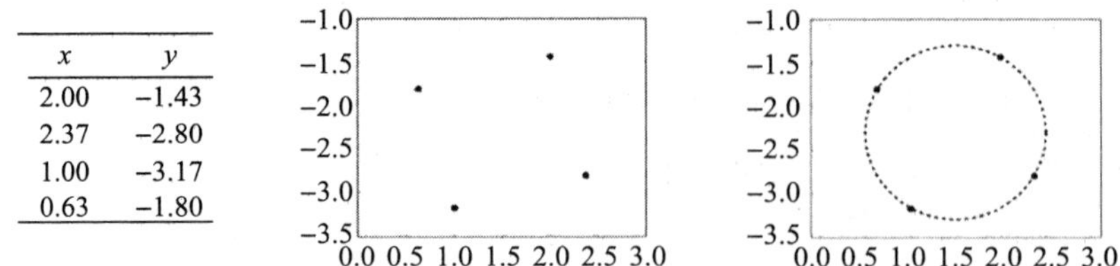

x	y
2.00	−1.43
2.37	−2.80
1.00	−3.17
0.63	−1.80

图 6-1　同样四个点的三种描述，左边：用数组，但是没有体现它们之间的联系。中间：画出的四个点。右边：一个圆上的四个点

一旦我们解决了如何描述数据的问题，就可以降低那些对算法没有用的维度。即使在使用任何形式的分析之前，我们也可以尝试使用特征选择法，即考虑要解决的问题可能的输入数据，并且决定哪些是有用的。我们在这章将看到的许多方法都把这个想法与数据迁

移相结合，以便于使用不同输入的结合，而不是输入本身。然而，即使在使用任何确定的算法之前，我们也可以忽略看起来似乎没用的输入特征。

稍后我们将看到另一种特征选择的方法，因为它内在地与决策树(第 12 章)的原理相同：在算法的每一个阶段，决定下一步加入哪一个特征。这是一个决定特征的**建设性方法**(constructive method)：从没有开始，通过迭代不断加入，测试每一个阶段中的错误以了解当某个特征加入时是否会发生变化。**破坏性方法**(destructive method)是去掉应用在决策树上的特征，去掉树枝并且检查错误是否改变。

总的来说，选择特征是一个搜索问题。我们用到目前为止最好的系统，然后搜索全部可能的特征并加入。这样的计算量将会非常大，因为对 d 个特征，就要从任何一个独立的特征到全部集合搜索 2^d-1 个可能的特征。总的来说，我们使用的是贪婪法(9.4 节)，虽然回溯法也可以用来检查搜索是否遇到困难。

我们在这章将要看到的许多算法都是**非监督的**(unsupervised)。这样的缺点是我们无法利用类别信息来减少进一步的问题。然而，我们将首先考虑一个以监督学习为目标的降维方法——**线性判别分析**(Linear Discriminant Analysis，LDA)，这个方法是 20 世纪最著名的统计学家之一 R. A. Fisher 于 1936 年提出的。

6.1 线性判别分析

图 6-2 展示了一个简单的由两个类组成的二维数据集。我们可以计算许多有关这些数据的统计数字，但是我们感兴趣两个类的中心 $\boldsymbol{\mu}_1$ 和 $\boldsymbol{\mu}_2$，整个数据集的中心 $\boldsymbol{\mu}$，以及每个类自己的协方差(参见 2.4.2 节)，即 $\sum_j (\boldsymbol{x}_j-\boldsymbol{\mu})(\boldsymbol{x}_j-\boldsymbol{\mu})^{\mathrm{T}}$。问题是有了这些数据后我们能做什么。LDA 的主要想法就是协方差矩阵可以告诉我们数据集的分布，也就是数据之间伸展的程度。发现这个分布的方法是用协方差矩阵乘以 p_c，其中 p_c 是每个类的概率(就是说，一个类中所有数据点个数除以总个数)，把所有类的这样的值加起来，我们得到了一个计算数据集**组内分布**(within-class scatter)的方法：

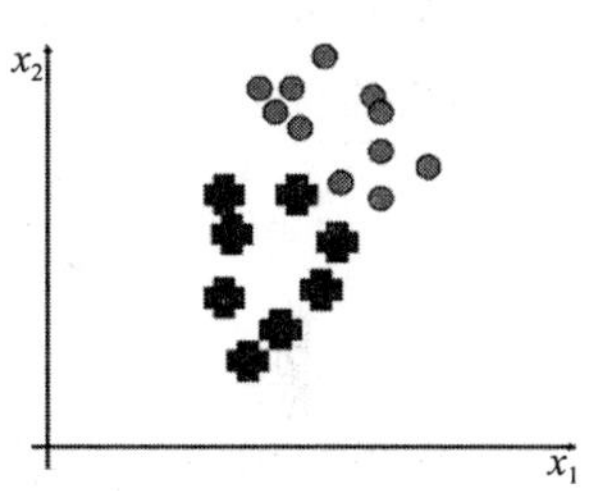

图 6-2 二维的数据点集，分为两类

$$S_W=\sum_{\text{classes } c}\sum_{j\in c} p_c(\boldsymbol{x}_j-\boldsymbol{\mu}_c)(\boldsymbol{x}_j-\boldsymbol{\mu}_c)^{\mathrm{T}} \tag{6.1}$$

如果数据集很容易分类，那么这个组内分布应该很小，因为每个类都很紧地集中在一起。然而，为了把数据分开，我们还需要类与类间的距离尽可能大。这就是**组间分布**(between-classes scatter)，它很容易计算，仅看均值间的差：

$$S_B=\sum_{\text{classes } c}(\boldsymbol{\mu}_c-\boldsymbol{\mu})(\boldsymbol{\mu}_c-\boldsymbol{\mu})^{\mathrm{T}} \tag{6.2}$$

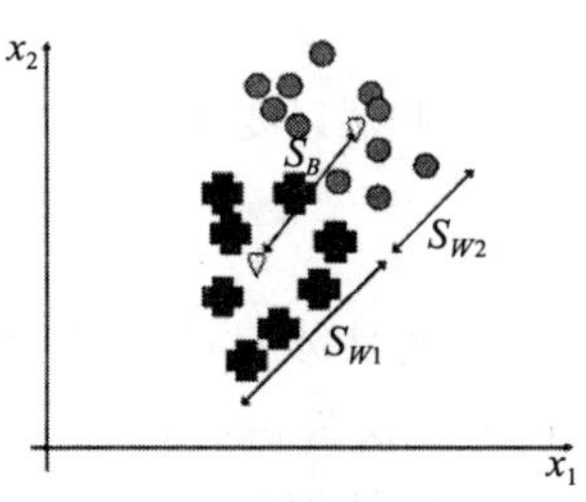

图 6-3 两个类之间的中心和类内的中心，心形标志表示两个类的中心

图 6-3 说明了这两个量的意义。有关容易分离的理论说明了容易分成不同类的数据集(即类是可分的)应该使得 S_B/S_W 尽可能大。这看起来是很自然的，但是它没有告诉我们有关降维的任何信息。然而，使得 S_B/S_W 尽可能大的规则，就是降维时我们希望对数据来说是正确的东西。图 6-4 展示了两个数据集到直线的映射。对于左边的映射，显然我们不能把两个类分开，而对于在右边的那个，我们却可以做到。所以我们仅仅需要计算一个合适的映射方法。

回忆一下第 3 章，任何直线都可以写成一个向量 $\boldsymbol{w}$(在 3.4 节用来当权重向量，它是权重矩阵 $\boldsymbol{W}$ 的一行)。对于数据点 $\boldsymbol{x}$，映射可以写成 $z=\boldsymbol{w}^{\mathrm{T}}\boldsymbol{x}$，这是我们沿着向量 $\boldsymbol{w}$ 找到 $\boldsymbol{x}$ 点投影所需的距离。为了说明这一点，回忆一下 $\boldsymbol{w}^{\mathrm{T}}\boldsymbol{x}$ 就是向量间按元素的方式相乘并求和，它等于 $\boldsymbol{w}$ 的模乘以 $\boldsymbol{x}$ 的模再乘以它们之间夹角的余弦。我们可以令 $\boldsymbol{w}$ 的模为 1，这样就不用担心它，然后剩下的就是向量 $\boldsymbol{x}$ 投影到 $\boldsymbol{w}$ 上的长度。

因此我们可以计算每一个点在 $\boldsymbol{w}$ 上的投影长度，这样就可以像图 6-4 一样把数据投影到一条直线上。由于中心也可以被看成数据点，因此我们同样可以像上面那样投影：$\mu_c'=\boldsymbol{w}^{\mathrm{T}}\boldsymbol{\mu}_c$。现在，我们仅需要计算出组内分布和组间分布发生了什么变化。

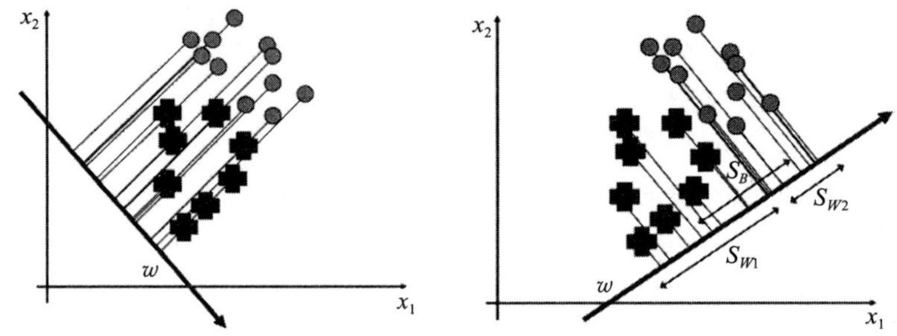

图 6-4　两个不同的映射直线，左边的不能把两个类分开

在式(6.1)和式(6.2)中用 $\boldsymbol{w}^{\mathrm{T}}\boldsymbol{x}_j$ 替换 $\boldsymbol{x}_j$，并根据一些线性代数的知识($(\boldsymbol{A}^{\mathrm{T}}\boldsymbol{B})^{\mathrm{T}}=\boldsymbol{B}^{\mathrm{T}}\boldsymbol{A}^{\mathrm{T}^{\mathrm{T}}}=\boldsymbol{B}^{\mathrm{T}}\boldsymbol{A}$)得到：

$$\sum_{\text{classes } c}\sum_{j\in c}p_c(\boldsymbol{w}^{\mathrm{T}}(\boldsymbol{x}_j-\boldsymbol{\mu}_c))(\boldsymbol{w}^{\mathrm{T}}(\boldsymbol{x}_j-\boldsymbol{\mu}_c))^{\mathrm{T}}=\boldsymbol{w}^{\mathrm{T}}S_W\boldsymbol{w} \tag{6.3}$$

$$\sum_{\text{classes } c}\boldsymbol{w}^{\mathrm{T}}(\boldsymbol{\mu}_c-\boldsymbol{\mu})(\boldsymbol{\mu}_c-\boldsymbol{\mu})^{\mathrm{T}}\boldsymbol{w}=\boldsymbol{w}^{\mathrm{T}}S_B\boldsymbol{w} \tag{6.4}$$

所以组内分布和组间分布的比例变成了 $\dfrac{\boldsymbol{w}^{\mathrm{T}}S_W\boldsymbol{w}}{\boldsymbol{w}^{\mathrm{T}}S_B\boldsymbol{w}}$。

为了找到它以 $\boldsymbol{w}$ 为参变量的最大值。我们对 $\boldsymbol{w}$ 求导，并令其导数为零，得到：

$$\frac{S_B\boldsymbol{w}(\boldsymbol{w}^{\mathrm{T}}S_W\boldsymbol{w})-S_W\boldsymbol{w}(\boldsymbol{w}^{\mathrm{T}}S_B\boldsymbol{w})}{(\boldsymbol{w}^{\mathrm{T}}S_W\boldsymbol{w})^2} \tag{6.5}$$

所以只要解决这个关于 $\boldsymbol{w}$ 的方程就可以了，首先把它稍微化简一下得到：

$$S_W\boldsymbol{w}=\frac{\boldsymbol{w}^{\mathrm{T}}S_W\boldsymbol{w}}{\boldsymbol{w}^{\mathrm{T}}S_B\boldsymbol{w}}S_B\boldsymbol{w} \tag{6.6}$$

如果数据只有两类，那么我们注意到在式(6.2)中 S_B 可以化简为：$(\boldsymbol{\mu}_1-\boldsymbol{\mu}_2)(\boldsymbol{\mu}_1-\boldsymbol{\mu}_2)^{\mathrm{T}}$，这告诉我们 $S_B\boldsymbol{w}$ 在向量 $\boldsymbol{\mu}_1-\boldsymbol{\mu}_2$ 的方向上，所以 $\boldsymbol{w}$ 在 $S_W^{-1}(\boldsymbol{\mu}_1-\boldsymbol{\mu}_2)$的方向上，通过回顾数量积与顺序无关可以看出，在用新的表达式替换 S_B 后，括号内的顺序可能会被改变(我们之所以忽略组内分布和组间分布的比例，是因为它是一个标量，不会影响向量的方向)。

不幸的是，在通常情况下这个方法不起作用。找最小值不是一件简单的事，它需要计算矩阵 $S_W^{-1}S_B$ 的**全体特征向量**，这里假设 S_W 可逆。如果你不确定什么是特征向量，我们将在下一节讨论它。

把这个方法变成算法很简单。我们仅需要计算组内分布和组间分布，并且找到 $\boldsymbol{w}$ 的值。在 NumPy 中，整个算法可以被写成如下形式(这里全体特征向量是用 SciPy 计算的而不是 NumPy，它是用 `from SciPy import linalg as la` 导入的)：

```
C = np.cov(np.transpose(data))

# Loop over classes
classes = np.unique(labels)
for i in range(len(classes)):
    # Find relevant datapoints
    indices = np.squeeze(np.where(labels==classes[i]))
    d = np.squeeze(data[indices,:])
    classcov = np.cov(np.transpose(d))
    Sw += np.float(np.shape(indices)[0])/nData * classcov

Sb = C - Sw
# Now solve for W and compute mapped data
# Compute eigenvalues, eigenvectors and sort into order
evals,evecs = la.eig(Sw,Sb)
indices = np.argsort(evals)
indices = indices[::-1]
evecs = evecs[:,indices]
evals = evals[indices]
w = evecs[:,:redDim]
newData = np.dot(data,w)
```

作为一个利用算法的例子，图 6-5 展示了一个二维的 iris 数据(三个类分别用不同记号标明)在应用 LDA 算法前后的差别，算法中的维度设为 2。当其中的一类(圆形)和其他的分开后，所有的三类就可以用 LDA 算法来区分(并且只有一维，即 y 轴，我们需要这么做)。

图 6-5　iris 数据图显示。左：LDA 应用前的三个类；右：LDA 应用后的三个类

6.2　主成分分析

下面将看到的几个方法同样属于计算数据迁移以便找到低维的坐标系。然而，与 LDA 不同，它们是用来处理无标记数据的。但这并不影响用它们来处理标记数据，因为在低维空间的学习同样可以用目标数据，虽然这样会丢失一些包含在目标中的信息。这个方法的思路就是通过寻找特殊的坐标系，我们会发现有些维度是不需要的。图 6-6 说明了这个问题，它展示了对同一组数据的不同看法。在左图中，数据分布在一个和 x 轴成 45° 角的椭圆中，而右图中的坐标系被移动，使得数据沿着 x 轴分布并集中在原点。它可以用来降维是因为维度 y 并没有说明许多变化，所以我们可以忽略它并且只用 x 轴的值而不是把学习算法的结果折中。实际上，它的结果还能更好，因为我们通常去掉的都是一些数据中的干扰。

问题是如何选择坐标轴，我们下面将看到的第一个方法是**主成分分析**(Principal Components Analysis，PCA)。主成分的概念是指数据中变化最大的方向。算法首先通过减去平均值来把数据集中，选择变化最大的方向并把它设为坐标轴，然后检查余下的变化并且找一个坐标轴使得它垂直于第一个并且覆盖尽可能多的变化。不断重复这个方法直到找到所有可能的坐标轴。这样的结果就是所有的变量都是沿着直角坐标系的轴，并且协方差矩阵是对角

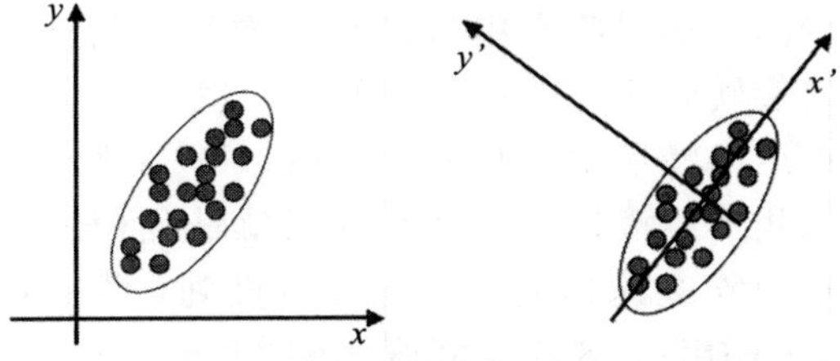

图 6-6　两个不同的直角坐标系，第二个利用主成分分析法的坐标系是由第一个的平移和旋转组成的

的——每个新变量都与其他变量无关，而只与自己有关。一些变化非常小的轴可以去掉而不影响数据的变化性。

把它运用到更正式的场合，我们用 $\boldsymbol{X}$ 表示数据矩阵并且需要旋转它以使得数据沿着最大变化的方向。这意味着我们要用一个旋转矩阵(通常写成 $\boldsymbol{P}^{\mathrm{T}}$)去乘以数据矩阵 $\boldsymbol{X}$，也就是 $\boldsymbol{Y}=\boldsymbol{P}^{\mathrm{T}}\boldsymbol{X}$，这里 $\boldsymbol{P}$ 被用来使 $\boldsymbol{Y}$ 的协方差矩阵变为对角形。即

$$\mathrm{cov}(\boldsymbol{Y})=\mathrm{cov}(\boldsymbol{P}^{\mathrm{T}}\boldsymbol{X})=\begin{bmatrix}\lambda_1 & 0 & 0 & \cdots & 0\\ 0 & \lambda_2 & 0 & \cdots & 0\\ \vdots & \vdots & \vdots & & \vdots\\ 0 & 0 & 0 & \cdots & \lambda_N\end{bmatrix} \tag{6.7}$$

通过一些线性代数的知识和协方差的定义，我们可以得到

$$\begin{aligned}\mathrm{cov}(\boldsymbol{Y}) &= E[\boldsymbol{Y}\boldsymbol{Y}^{\mathrm{T}}] && (6.8)\\ &= E[(\boldsymbol{P}^{\mathrm{T}}\boldsymbol{X})(\boldsymbol{P}^{\mathrm{T}}\boldsymbol{X})^{\mathrm{T}}] && (6.9)\\ &= E[(\boldsymbol{P}^{\mathrm{T}}\boldsymbol{X})(\boldsymbol{X}^{\mathrm{T}}\boldsymbol{P})] && (6.10)\\ &= \boldsymbol{P}^{\mathrm{T}}E(\boldsymbol{X}\boldsymbol{X}^{\mathrm{T}})\boldsymbol{P} && (6.11)\\ &= \boldsymbol{P}^{\mathrm{T}}\mathrm{cov}(\boldsymbol{X})\boldsymbol{P} && (6.12)\end{aligned}$$

这里有两个我们需要知道的公式：$\boldsymbol{P}^{\mathrm{T}}\boldsymbol{X}=\boldsymbol{X}^{\mathrm{T}}\boldsymbol{P}^{\mathrm{T}^{\mathrm{T}}}=\boldsymbol{X}^{\mathrm{T}}\boldsymbol{P}$ 和 $E[\boldsymbol{P}]=\boldsymbol{P}$(对 $\boldsymbol{P}^{\mathrm{T}}$ 也显然成立)，因为 $\boldsymbol{P}$ 是一个不依赖具体数据的矩阵。然后有：

$$\boldsymbol{P}\mathrm{cov}(\boldsymbol{Y})=\boldsymbol{P}\boldsymbol{P}^{\mathrm{T}}\mathrm{cov}(\boldsymbol{X})\boldsymbol{P}=\mathrm{cov}(\boldsymbol{X})\boldsymbol{P} \tag{6.13}$$

这用到了一个复杂的事实，即对于一个旋转矩阵有 $\boldsymbol{P}^{\mathrm{T}}=\boldsymbol{P}^{-1}$，就是说要转置一个旋转矩阵，可以通过反向旋转相同的量。

由于 $\mathrm{cov}(\boldsymbol{Y})$ 是对角的，如果我们把 $\boldsymbol{P}$ 写成列向量的形式 $\boldsymbol{P}=[\boldsymbol{p}_1,\ \boldsymbol{p}_2,\ \cdots,\ \boldsymbol{p}_N]$，那么有：

$$\boldsymbol{P}\mathrm{cov}(\boldsymbol{Y})=[\lambda_1\boldsymbol{p}_1,\lambda_2\boldsymbol{p}_2,\cdots,\lambda_N\boldsymbol{p}_N] \tag{6.14}$$

这就导出一个有趣的等式(通过把 λ 写成一个矩阵 $\boldsymbol{\lambda}=(\lambda_1,\ \lambda_2,\ \cdots,\ \lambda_N)^{\mathrm{T}}$ 并且记 $\boldsymbol{Z}=\mathrm{cov}(\boldsymbol{X})$)：

$$\boldsymbol{\lambda}_{\boldsymbol{P}_i}=\boldsymbol{Z}_{\boldsymbol{P}_i},\quad \text{对于每一个 } \boldsymbol{P}_i \tag{6.15}$$

乍一看并不是很有趣，但我们意识到一个重要的事——$\boldsymbol{\lambda}$ 是一个列向量，而 $\boldsymbol{Z}$ 是一个完整的矩阵。由于 $\boldsymbol{\lambda}$ 仅是一个列向量，它所能做的就是改变 $\boldsymbol{P}$ 的成分的比例，它并不能旋转 $\boldsymbol{P}$ 或做一些类似的复杂的事。所以这在某种意义上告诉我们，我们发现了一个矩阵 $\boldsymbol{P}$，$\boldsymbol{P}$ 由方向向量组成，而矩阵 $\boldsymbol{Z}$ 并没有改变或旋转 $\boldsymbol{P}$ 的方向向量，而仅仅是改变了它们的比例。这些方向很特殊，所以我们称之为**特征向量**(eigenvector)，并且它们改变的比例称为**特征值**(eigenvalue)。

实对称方阵 $\boldsymbol{A}$ 的所有特征向量的长为1并且彼此正交。这说明特征向量定义了一个空间。如果我们用 $\boldsymbol{A}$ 的特征向量作为列向量组成矩阵 $\boldsymbol{E}$，那么对任一个向量，$\boldsymbol{E}$ 可以把它旋转到所谓的特征空间中，又由于 $\boldsymbol{E}$ 是一个旋转矩阵，$\boldsymbol{E}^{-1}=\boldsymbol{E}^{\mathrm{T}}$，所以让旋转后的向量退出特征空间只需用它乘以 $\boldsymbol{E}^{\mathrm{T}}$。那么在把一个向量旋转到特征空间中和向量退出去之间我们应该做什么呢？答案就是我们可以沿坐标轴伸展一个向量。而用特征值组成的对角矩阵 $\boldsymbol{D}$ 乘以向量同样可以做到，所以我们可以把任一个实对称矩阵分解成如下形式：$\boldsymbol{A}=\boldsymbol{E}\boldsymbol{D}\boldsymbol{E}^{\mathrm{T}}$，这和我们刚才对协方差矩阵所做的是一样的。我们称之为**谱分解**(spectral decomposition)。

在讨论算法之前，还有一件有用的事需要注意。特征值告诉我们需要沿着相应的特征

向量所在维度伸展多少。我们需要更多有关尺度改变的信息，若沿着某一维度上的变化越大(如果数据伸展的程度相同，特征值将会接近 1)，那么这个维度会有大的特征值并且会有很大的数据变化，因此是很有用的维度。而对于那些特征值很小的维度，所有的数据点都非常紧密地集中在一起，在那个方向上没有非常大的变化。这就意味着我们可以丢掉特征值很小的维度(通常小于一些给定的参数)。

现在来看我们所需的算法。

主成分分析算法

- 写成 N 个点 $\boldsymbol{x}_i=(\boldsymbol{x}_{1i}, \boldsymbol{x}_{2i}, \cdots, \boldsymbol{x}_{Mi})$ 作为行向量。
- 把这些向量写成一个矩阵 $\boldsymbol{X}$($\boldsymbol{X}$ 将是 $N\times M$ 阶矩阵)。
- 通过减去每列的平均值来把数据中心化，并令变化好的矩阵为 $\boldsymbol{B}$。
- 计算协方差阵 $\boldsymbol{C}=\frac{1}{N}\boldsymbol{B}^{\mathrm{T}}\boldsymbol{B}$。
- 计算 $\boldsymbol{C}$ 的特征向量和特征值，即 $\boldsymbol{V}^{-1}\boldsymbol{C}\boldsymbol{V}=\boldsymbol{D}$，其中 $\boldsymbol{V}$ 由 $\boldsymbol{C}$ 的特征向量组成，$\boldsymbol{D}$ 是由特征值组成的 $M\times M$ 阶对角矩阵。
- 把 $\boldsymbol{D}$ 对角线上元素按降序排列，并对 $\boldsymbol{V}$ 的列向量做同样的排列。
- 去掉那些小于 η 的特征值，剩下 L 维的数据。

NumPy 可以计算特征向量和特征值，它们都是函数 `evals,evecs= linalg.eig(x)` 的返回值。这使得整个算法非常容易实施。

```
def pca(data,nRedDim=0,normalise=1):

    # Centre data
    m = np.mean(data,axis=0)
    data -= m

    # Covariance matrix
    C = np.cov(np.transpose(data))

    # Compute eigenvalues and sort into descending order
    evals,evecs = np.linalg.eig(C)
    indices = np.argsort(evals)
    indices = indices[::-1]
    evecs = evecs[:,indices]
    evals = evals[indices]

    if nRedDim>0:
        evecs = evecs[:,:nRedDim]

    if normalise:
        for i in range(np.shape(evecs)[1]):
            evecs[:,i] / np.linalg.norm(evecs[:,i]) * np.sqrt(evals[i])

    # Produce the new data matrix
    x = np.dot(np.transpose(evecs),np.transpose(data))
    # Compute the original data again
    y=np.transpose(np.dot(evecs,x))+m
    return x,y,evals,evecs
```

图 6-7 和图 6-8 说明了两个应用 PCA 算法的例子。前者说明了一个分布成椭圆形的二维数据被映射成一条沿椭圆主轴的直线，即第一个主成分。图 6-8 是二维的 iris 数据，说明了在使用 PCA 算法后这三类被明显分开了。

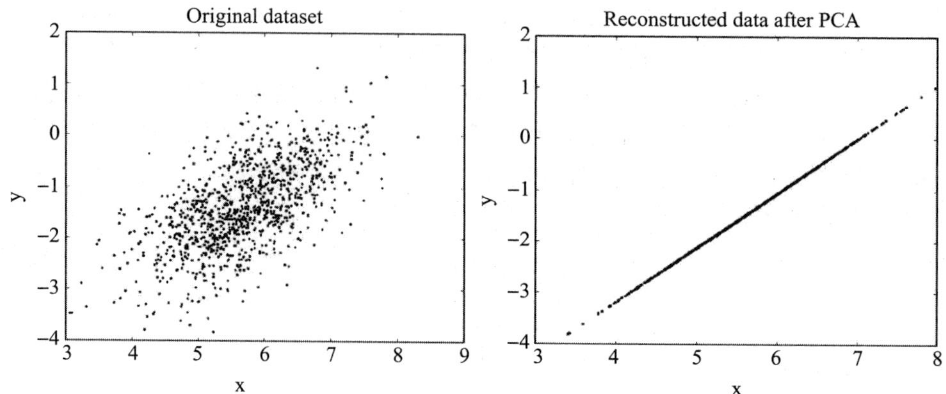

图 6-7　计算左图中 2D 数据的主成分并且用第一个轴重新组成数据，从而产生右图中的数据线，也就是数据样本中椭圆的主轴

6.2.1　PCA 算法与多层感知器的关系

我们将会看到(见 14.3.2 节)PCA 算法可以用于初始化 SOM 算法的权重，这样可以减少学习量并且对降维非常有用。然而，还有一个对神经网络感兴趣的人也对 PCA 感兴趣的原因，4.4.5 节讨论自动关联 MLP 时我们已经提到过。自动关联 MLP 在隐藏节点中计算的一些东西与数据的主成分十分相似，并且这是一个让我们了解网络如何工作的方法。当然，用神经网络计算主成分不一定是个好主意。PCA 算法是线性的(它仅仅旋转和平移了坐标系，而没有做更复杂的事)。如果我们仔细考虑一下网络就会清楚，因为计算 PCA 算法的隐藏节点实际上与感知器有点像——它们都只做线性任务。神经网络中额外的层才允许我们做更多的事。

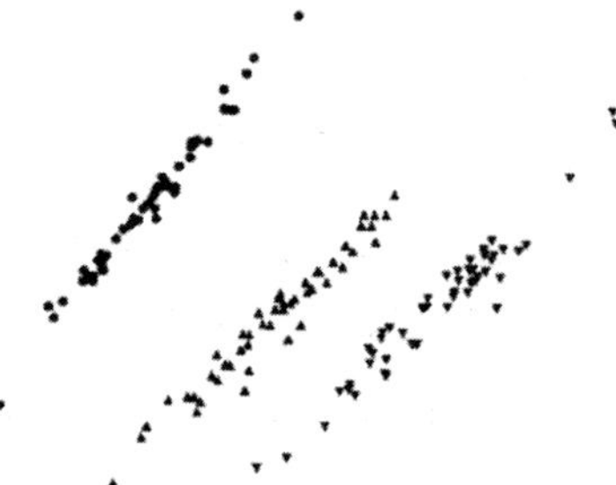

图 6-8　iris 数据的前两个主成分，三个类被清楚地区分开来

假设我们只像上面那样做并且用更加复杂的四层 MLP 网络代替两层网络。我们仍把它用作自动关联器，以便输入数据和目标相同。那么中间的隐藏层看起来会怎样呢？要完整回答是很复杂的，但是我们可以推测第一层将会计算一些非线性的数据迁移，而第二层(瓶颈)计算 PCA 算法的一些非线性函数。第三层重组数据，而第四层和第三层一样。所以网络仍然在做 PCA 算法，只是输入数据是非线性的。这个方法将会很有用，因为我们不用假设数据是线性分布的。然而，为了更好地了解它，我们将用另一个不同的观点来考虑，就是把第一层所做的当作核，这将会在 8.2 节描述。

6.2.2　核 PCA

PCA 算法的一个问题是假设所有变化的方向都是直线。这不总是对的。就像刚讨论的，我们可以用自动关联器和多个隐藏层，但是还有一个 PCA 算法的非常好的扩展可以解决这个问题，就是用核的方法(将在 8.2 节描述)，正如 SVM 法之于感知器一样。我们对每一个数据点 $\boldsymbol{x}$ 应用一个函数 $\Phi(\cdot)$(可能是非线性的)把数据迁移到核空间，然后在这个空间中应用普通的线性 PCA 算法，在核空间中的协方差矩阵被定义成下面的形式：

$$\boldsymbol{C}=\frac{1}{N}\sum_{n=1}^{N}\Phi(\boldsymbol{x}_n)\Phi(\boldsymbol{x}_n)^{\mathrm{T}} \tag{6.16}$$

它产生了特征向量方程：

$$\lambda(\Phi(x_i)\mathbf{V}) = (\Phi(\boldsymbol{x}_i)\mathbf{C}\mathbf{V}), \quad i = 1,\cdots,N \tag{6.17}$$

这里 $\mathbf{V} = \sum_{j=1}^{N} \boldsymbol{\alpha}_j \Phi(\boldsymbol{x}_j)$ 是原问题的特征向量，并且系数 $\boldsymbol{\alpha}_j$ 将会组成“核化”问题的特征向量。正是在这一点上我们可以用核方法并且产生一个 $N\times N$ 矩阵 $\boldsymbol{K}$，这里

$$\boldsymbol{K}_{(i,j)} = (\Phi(\boldsymbol{x}_i)\Phi(\boldsymbol{x}_j)) \tag{6.18}$$

综合所有这些我们得到方程 $N\lambda\boldsymbol{K\alpha}=\boldsymbol{K}^2\boldsymbol{\alpha}$。左乘一个矩阵 $\boldsymbol{K}^{-1}$ 把它化简为 $N\lambda\boldsymbol{K\alpha}=\boldsymbol{K\alpha}$，计算一个新的点 $\boldsymbol{x}$ 到 PCA 核空间的映射需要：

$$(\mathbf{V}^k \cdot \Phi(\boldsymbol{x})) = \sum_{i=1}^{N} \boldsymbol{\alpha}_i^k (\Phi(\boldsymbol{x}_i)\Phi(\boldsymbol{x}_j)) \tag{6.19}$$

这就产生了下面的算法：

基于核的 PCA 算法

- 选择核并且把它应用于距离矩阵从而得到矩阵 $\boldsymbol{K}$。
- 计算 $\boldsymbol{K}$ 的特征值和特征向量。
- 通过特征值的平方根标准化特征向量。
- 保留与最大特征值对应的特征向量。

实施算法的唯一一个难点就是对角化 $\boldsymbol{K}$，这通常需要用一些我们所熟知的线性代数的恒等式，这导出了：

```
K = kernelmatrix(data,kernel)

# Compute the transformed data
D = np.sum(K,axis=0)/nData
E = np.sum(D)/nData
J = np.ones((nData,1))*D
K = K - J - np.transpose(J) + E*np.ones((nData,nData))

# Perform the dimensionality reduction
evals,evecs = np.linalg.eig(K)
indices = np.argsort(evals)
indices = indices[::-1]
evecs = evecs[:,indices[:redDim]]
evals = evals[indices[:redDim]]

sqrtE = np.zeros((len(evals),len(evals)))
for i in range(len(evals)):
    sqrtE[i,i] = np.sqrt(evals[i])

newData = np.transpose(np.dot(sqrtE,np.transpose(evecs)))
```

这是一个计算量非常大的算法，因为需要计算核矩阵以及它的特征值和特征向量。网站上一个简单的算法实施过程的复杂度是 $O(n^3)$，但是通过仔细观察，我们可能利用不是所有特征值都是必需的这个事实来化简算法，把复杂度降到 $O(n^2)$。

图 6-9 iris 数据的前两个非线性主成分散点图，说明三个类都明显地区分开了

图 6-9 展示了对 iris 数据应用基于核的 PCA 方法的输出结果。虽然它很好地分离了数据，但并不令人惊讶，因为我们已经看到线性方法就能做到，但是这对于检查方法还是很

有用。图 6-10 说明了一个更复杂的例子。数据取自于三个同心圆。显然，线性 PCA 算法不能把数据分开，但是应用基于核的 PCA 算法只用一个主成分就把这个例子中的数据分开了。

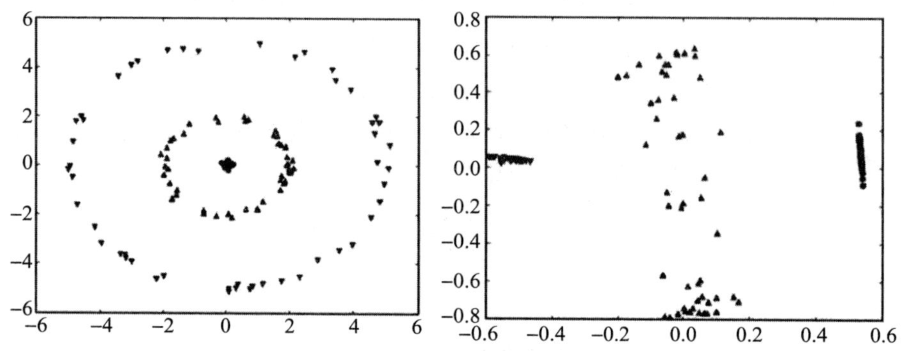

图 6-10 一个由三个同心圆组成的非常典型的数据集，并且基于核的 PCA 方法只需要一个主成分就把数据分开了

6.3 因素分析

因素分析的想法就是去问我们所观察的数据是否可以被少量不相关的因素或潜在的变量解释。其假设是数据来自于一些不能直接知道的潜在的数据源(或数据源集)。因素分析的目的就是发现这些独立的因素和测量每一个因素固有的误差。因素分析被广泛用于心理学和其他一些社会科学，并且通常被选择的因素都具有一些特殊的意义，在心理学上，它们可能和 IQ 或其他测试相关。

假设我们有一个数据集，做成 $N\times M$ 阶矩阵 $\boldsymbol{X}$，即 $\boldsymbol{X}$ 的每一行是一个 M 维数据点，并且 $\boldsymbol{X}$ 的协方差矩阵是 $\boldsymbol{\Sigma}$。像 PCA 算法一样，我们通过减去每个变量(即每一列)的平均值来集中数据：$\boldsymbol{b}_j=\boldsymbol{x}_j-\boldsymbol{\mu}_j$，$j=1,\cdots,M$，所以期望 $E[\boldsymbol{b}_i]=0$。就像以前我们对于 MLP 算法和其他许多算法所做的那样。

我们可以写出假设的模型：

$$\boldsymbol{X}=\boldsymbol{WY}+\boldsymbol{\varepsilon} \tag{6.20}$$

这里 $\boldsymbol{X}$ 是观测值，$\boldsymbol{\varepsilon}$ 是误差。由于我们想找的因素 $\boldsymbol{b}_i$ 应该是独立的，所以当 $i\neq j$ 时 $\mathrm{cov}(\boldsymbol{b}_i,\boldsymbol{b}_j)=0$。因素分析法明确注意数据的误差，并用变量 $\boldsymbol{\varepsilon}$ 表示。实际上，它假设误差变量服从期望为 0、方差为已知的 $\boldsymbol{\Psi}$ 的正态分布，每个元素的方差是 $\boldsymbol{\Psi}_i=\mathrm{var}(\boldsymbol{\varepsilon}_i)$，它还假设这些测量的误差是相互独立的，这与假设数据来源于一系列分开的(独立的)物理过程是相同的。并且这看上去是合理的，如果我们只知道这些的话。

现在我们可以把原始数据的协方差矩阵 $\boldsymbol{\Sigma}$ 分解成 $\mathrm{cov}(\boldsymbol{Wb}+\boldsymbol{\varepsilon})=\boldsymbol{WW}^{\mathrm{T}}+\boldsymbol{\Psi}$，这里 $\boldsymbol{\Psi}$ 是误差变量的协方差阵，并且我们利用了 $\mathrm{cov}(\boldsymbol{b})=\boldsymbol{I}$ 这一事实，因为因素间是不相关的。

有了上面的说明，因素分析的目的就是尝试找到一系列**因子载荷**(factor loading)$\boldsymbol{W}_{ij}$ 和误差变量的协方差 $\boldsymbol{\Psi}$ 的值。这样 $\boldsymbol{X}$ 中的数据就可以利用参数重组，以达到降维的目的。

因为我们正在研究增加额外的变量，一个自然的方法就是 EM 算法(就像 7.1.1 节所讲的)，并且它通常是一个处理极大似然法的算法。为了利用 EM 算法，我们首先定义对数似然(其中 $\boldsymbol{\theta}$ 是一个需要确定的值)如下：

$$Q(\boldsymbol{\theta}_t|\boldsymbol{\theta}_{t-1})=\int p(\boldsymbol{x}|\boldsymbol{y},\boldsymbol{\theta}_{t-1})\log(p(\boldsymbol{y}|\boldsymbol{x},\boldsymbol{\theta}_t)p(\boldsymbol{x}))\mathrm{d}\boldsymbol{x} \tag{6.21}$$

我们可以用已知的值替换一些项并且忽略所有与 $\boldsymbol{\theta}$ 无关的项。结果得到简化的 Q，这形成了 E-step 的基础：

$$Q(\boldsymbol{\theta}_t \mid \boldsymbol{\theta}_{t-1}) = \frac{1}{2}\int p(\boldsymbol{x} \mid \boldsymbol{y}, \boldsymbol{\theta}_{t-1})(\log(\det(\boldsymbol{\Psi}^{-1})) - (\boldsymbol{y} - \boldsymbol{W}\boldsymbol{x})^{\mathrm{T}}\boldsymbol{\Psi}^{-1}(\boldsymbol{y} - \boldsymbol{W}\boldsymbol{x}))\mathrm{d}\boldsymbol{x} \quad (6.22)$$

利用 EM 算法，现在以 $\boldsymbol{W}$ 和独立元素 $\boldsymbol{\Psi}$ 为变量，并利用一些线性代数知识，得到更新规则：

$$\boldsymbol{W}_{\text{new}} = (\boldsymbol{y}E(\boldsymbol{x} \mid \boldsymbol{y})^{\mathrm{T}})(E(\boldsymbol{x}\boldsymbol{x}^{\mathrm{T}} \mid \boldsymbol{y}))^{-1} \quad (6.23)$$

$$\boldsymbol{\Psi}_{\text{new}} = \frac{1}{N}\text{diagonal}(\boldsymbol{x}\boldsymbol{x}^{\mathrm{T}} - \boldsymbol{W}E(\boldsymbol{x} \mid \boldsymbol{y})\boldsymbol{y}^{\mathrm{T}}) \quad (6.24)$$

其中，diagonal()是为了确保只保留矩阵的对角线元素，并且期望如下：

$$E(\boldsymbol{x} \mid \boldsymbol{y}) = \boldsymbol{W}^{\mathrm{T}}(\boldsymbol{W}\boldsymbol{W}^{\mathrm{T}} + \boldsymbol{\Psi})^{-1}\boldsymbol{b} \quad (6.25)$$

$$E(\boldsymbol{x}\boldsymbol{x}^{\mathrm{T}} \mid \boldsymbol{x}) - E(\boldsymbol{x} \mid \boldsymbol{y})E(\boldsymbol{x} \mid \boldsymbol{y})^{\mathrm{T}} = \boldsymbol{I} - \boldsymbol{W}^{\mathrm{T}}(\boldsymbol{W}\boldsymbol{W}^{\mathrm{T}} + \boldsymbol{\Psi})^{-1}\boldsymbol{W} \quad (6.26)$$

现在只剩下为算法加入停止规则，包括计算对数似然和当变量停止收敛时的停止算法。以下是算法中循环的基本步骤：

```
# E-step
A = np.dot(W,np.transpose(W)) + np.diag(Psi)
logA = np.log(np.abs(np.linalg.det(A)))
A = np.linalg.inv(A)

WA = np.dot(np.transpose(W),A)
WAC = np.dot(WA,C)
Exx = np.eye(nRedDim) - np.dot(WA,W) + np.dot(WAC,np.transpose(WA))

# M-step
W = np.dot(np.transpose(WAC),np.linalg.inv(Exx))
Psi = Cd - (np.dot(W,WAC)).diagonal()

tAC = (A*np.transpose(C)).sum()

L = -N/2*np.log(2.*np.pi) -0.5*logA - 0.5*tAC
if (L-oldL)<(1e-4):
    print "Stop",i
    break
```

图 6-11 说明了对 iris 数据利用因素分析法的输出结果。

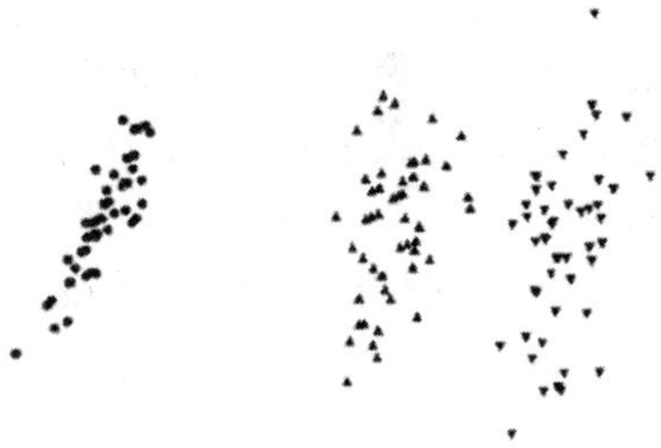

图 6-11 iris 数据前两个因素分析成分的平面图，说明这三类被明显区分开了

6.4 独立成分分析

一个和因素分析相关的方法是**独立成分分析**(ICA)。当我们看前面的 PCA 方法时，被选择的成分都是正交的且不相关的(以便协方差矩阵是对角的，即 $\text{cov}(\boldsymbol{b}_i, \boldsymbol{b}_j)=0$，$i \neq j$)。如果我们改成要求成分是统计**独立**的(即对于 $E[\boldsymbol{b}_i, \boldsymbol{b}_j]=E[\boldsymbol{b}_i]E[\boldsymbol{b}_j]$以及 $\boldsymbol{b}_i$ 是不相关的)，那么，这就是 ICA 方法。

ICA 方法常见的动机是**盲源分离**问题。正如因素分析，ICA 假设我们所看到的数据实际上来自于一些独立的潜在物理过程。而为什么我们看到的数据是相关的？原因是来自不同过程的输出数据的输出方式被混在了一起。所以对于给出的一些数据，我们想找一个变换使得它把数据变成一个独立源或成分的混合。

最常见的描述盲源分离的方法是人们熟知的鸡尾酒会问题。在酒会上，你的耳朵听到许多来自不同场合的不同的声音(不同人的谈话声、碰杯声、背景音乐等)，但是不知怎么，你却能够聚焦于和你谈话的那个人的声音，并且实际上可以分离所有来自不同源头的声音，即使它们是混在一起的。鸡尾酒会问题对于分离这些数据源是一个挑战，虽然我们有一个好消息：对于利用算法来解决问题，我们需要和数据源一样多的耳朵。这是因为算法并不像我们一样知道什么东西听起来是什么样的。

假设我们有两个数据源(s_1^t，s_2^t)产生声音，上标 t 表示随着时间的推移会不断有数据点出现，并且我们有两个耳机听声音，产生输入数据(x_1^t，x_2^t)。被听到的来自数据源的声音表示如下：

$$x_1 = as_1 + bs_2 \tag{6.27}$$

$$x_2 = cs_1 + ds_2 \tag{6.28}$$

我们可以把它写成矩阵形式：

$$\boldsymbol{x} = \boldsymbol{A}\boldsymbol{s} \tag{6.29}$$

这里 $\boldsymbol{A}$ 称为混合矩阵。现在把上式变形，使得 $\boldsymbol{s}$ 看起来更简单：只需要计算 $\boldsymbol{s}=\boldsymbol{A}^{-1}\boldsymbol{x}$。只可惜，我们并不知道 $\boldsymbol{A}$。我们解出的 $\boldsymbol{A}^{-1}$ 的估计值记为 $\boldsymbol{W}$，它是一个方阵，因为我们的耳机数与数据源个数相同。

到这一步，我们需要解决对于数据源和信号实际上知道哪些信息。有以下三点：

- 混合数据不是独立的，即使它们的数据源是。
- 混合数据应该是服从正态分布的，即使数据源不是(这是因为中心极限理论，在这里不做更多说明)。
- 混合数据将会比数据源更加复杂。

我们可以用第一个事实说明如果找到了一些相互独立的因素，那么它们可能是数据源；并且用第二个说明如果我们找到了一些因素不服从正态分布，那么它们可能是数据源。我们可以通过12.2.1节考虑熵时看到的互信息，来测量两个变量之间的独立性量。实际上，最常用的方法是用比较著名的**负熵**：$J(y)=H(z)-H(y)$。它在高斯变量中的偏差是最大的(其中 $H(\cdot)$是熵)：

$$H(y) = -\int g(y)\log g(y)\mathrm{d}y \tag{6.30}$$

一个常用的估计是 $J(y)=(E[G(y)]-E[G(z)])^2$，在这个公式中 $g(u)=\frac{1}{a}\log\cosh(au)$，所以 $g'(u)=\tanh(au)$，$1\leqslant a\leqslant 2$。由于一些数值问题，实施ICA方法是一个非常棘手的问题，所以我们不自己做。有几种常用的ICA实施方法，其中最流行的是FastICA，它作为MDP包的一部分可用Python实现。

6.5　局部线性嵌入

因为出版在期刊《Science》上，本章开头提到了两个相对近期的有关计算降维的方法。它们都是非线性的，并且都努力去保留相邻数据间的关系(SOM方法将在14.3节讨论)，但是它们使用的是不同的方法。第一种方法尝试通过把包含数据集的一个局部小块粘在一起来近似数据，而第二种方法是在非线性空间中用最短距离(**测地线**)来找到一个全局最优解。

我们首先来看看局部线性算法，被称作**局部线性嵌入**(LLE)。它是Roweis和Saul在2000年发表的。它的想法就是做线性近似会产生一些误差，而我们应该处理非线性数据较多的地方，让这一区域变小来使得误差尽可能小。误差被称为**重建误差**，并且只是原始点和它的重建之间距离的平方和：

$$\varepsilon=\sum_{i=1}^{N}\left(\boldsymbol{x}_i-\sum_{j=1}^{N}\boldsymbol{W}_{ij}\boldsymbol{x}_j\right)^2 \tag{6.31}$$

权重$\boldsymbol{W}_{ij}$说明了第j个数据点对第i个重建的影响大小。问题是哪个点对重建一个特殊的数据点有用。如果其他的点离得很远，那么它可能不是非常有用：只有那些和当前数据点靠得很近的点(就是在它的**邻域**内)是有用的。有两个常用的产生邻近点的方法：

- 和当前点的距离小于预先定义的距离d的点为邻近点(这样我们不知道一共有多少个邻近点，但是它们都靠得很近)。
- 前k个靠得最近的点是邻近点(这样我们知道点的个数，但它们中有些可能离得较远)。

解出权重$\boldsymbol{W}_{ij}$是一个最小二乘法的问题，我们可以通过加强限制条件来简化问题，即对任意一个点$\boldsymbol{x}_i$，如果它离当前点很远，那么$\boldsymbol{W}_{ij}=0$并且$\sum_j \boldsymbol{W}_{ij}=1$。这样就产生了一个重建的数据，但是它根本没有降维。为此，我们重新应用一个相同的基本成本函数，但根据确定在低维空间(L维)中点$\boldsymbol{y}_i$的位置使它达到最小：

$$\boldsymbol{y}_i=\sum_{i=1}^{N}\left(\boldsymbol{y}_i-\sum_{j=1}^{L}\boldsymbol{W}_{ij}\boldsymbol{y}_j\right)^2 \tag{6.32}$$

解决这个是相当复杂的，我们不详细介绍，但是它其实是一个求二次型矩阵$\boldsymbol{M}_{ij}=\delta_{ij}-\boldsymbol{W}_{ij}-\boldsymbol{W}_{ji}+\sum_k \boldsymbol{W}_{ji}\boldsymbol{W}_{kj}$的特征值的问题，其中$\delta_{ij}$是一个克罗内克函数，即$\delta_{ij}=1(i=j)$，否则为0。这就产生了以下算法：

局部线性嵌入算法

- 找出每个点的邻近点(即前k个近的点)：
  - 计算每对点间的距离。
  - 找到前k个小的距离。
  - 对于其他点，令$\boldsymbol{W}_{ij}=0$。
  - 对每个点$\boldsymbol{x}_i$：
    - 创建一个邻近点的位置表$\boldsymbol{z}_i$
    - 计算$\boldsymbol{z}_i=\boldsymbol{z}_i-\boldsymbol{x}_i$。
- 根据约束条件计算令等式(6.31)最小的权矩阵$\boldsymbol{W}$：
  - 计算局部协方差$\boldsymbol{C}=\boldsymbol{Z}\boldsymbol{Z}^{\mathrm{T}}$，其中$\boldsymbol{Z}$是$\boldsymbol{z}_i$组成的矩阵。
  - 利用$\boldsymbol{C}\boldsymbol{W}=\boldsymbol{I}$计算$\boldsymbol{W}$，其中$\boldsymbol{I}$是$N\times N$单位矩阵。
  - 对于非邻近点，令$\boldsymbol{W}_{ij}=0$。
  - 对$\dfrac{\boldsymbol{W}}{\sum\boldsymbol{W}}$设置其他元素。
- 计算使得等式(6.32)最小的低维向量$\boldsymbol{y}_i$：
  - 创建$\boldsymbol{M}=(\boldsymbol{I}-\boldsymbol{W})^{\mathrm{T}}(\boldsymbol{I}-\boldsymbol{W})$。
  - 计算$\boldsymbol{M}$的特征值和特征向量。
  - 根据特征值的大小给特征向量排序。
  - 对应于第q小的特征值，将向量$\boldsymbol{y}$的第q行设置为第$q+1$个特征向量(忽略特征值为 0 的第一个特征向量)。

在这里有两件事情实施起来有一点困难，并且有一个我们以前没有用过的函数 kron()，它作用于两个矩阵，用第一个矩阵的每一个元素乘以第二个矩阵的所有元素，并把所有结果作为一个多维数组输出。它用来为每个点组建邻近点的位置。

```
for i in range(ndata):
    Z  = data[neighbours[i,:],:] - np.kron(np.ones((K,1)),data[i,:])
    C = np.dot(Z,np.transpose(Z))
    C = C+np.identity(K)*1e-3*np.trace(C)
    W[:,i] = np.transpose(np.linalg.solve(C,np.ones((K,1))))
    W[:,i] = W[:,i]/np.sum(W[:,i])

M = np.eye(ndata,dtype=float)
for i in range(ndata):
    w = np.transpose(np.ones((1,np.shape(W)[0]))*np.transpose(W[:,i]))
    j = neighbours[i,:]
    #print shape(w), np.shape(np.dot(w,np.transpose(w))), np.shape(M[i,j])
    ww = np.dot(w,np.transpose(w))
    for k in range(K):
        M[i,j[k]] -= w[k]
        M[j[k],i] -= w[k]
        for l in range(K):
            M[j[k],j[l]] += ww[k,l]

evals,evecs = np.linalg.eig(M)
ind = np.argsort(evals)
y = evecs[:,ind[1:nRedDim+1]]*np.sqrt(ndata)
```

LLE 算法作用于 iris 数据产生了非常有趣的结果：它把三个组变成了三个点（图 6-12）。这说明这个算法能很好地处理这类数据，但是它没有给我们任何有关这个算法还能做什么的暗示。图 6-13 展示了一个常用来说明这类算法的数据集。它很像一个瑞士卷，而想找一个 2D 的数据集来表示 3D 的数据是很困难的，因为它们被卷了起来。图 6-13 中的右图说明了 LLE 算法成功地把它反卷了回去。

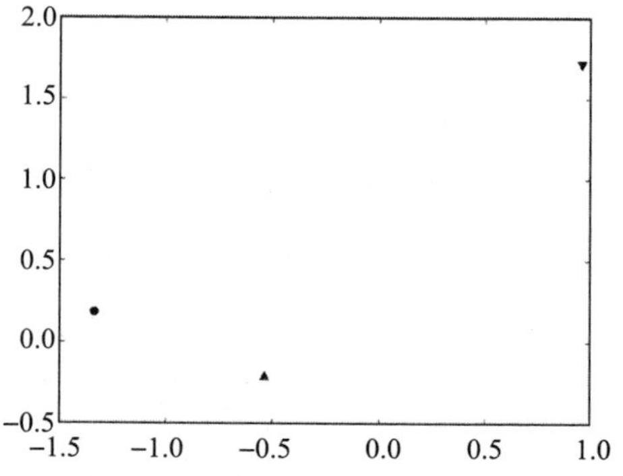

图 6-12　$k=12$ 个邻近点的局部线性嵌入把 iris 数据转变成三个点，完美分离了数据

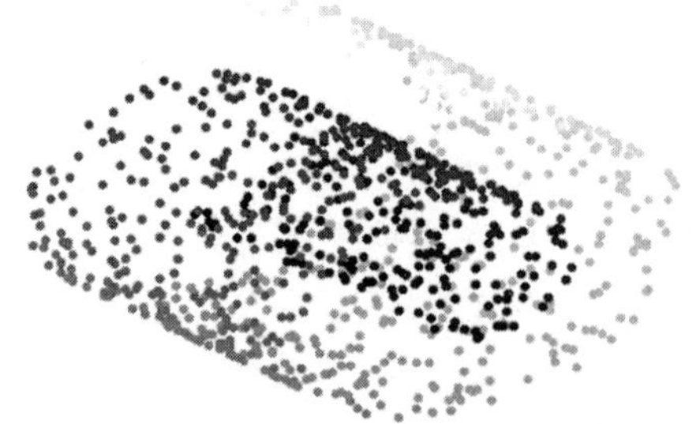
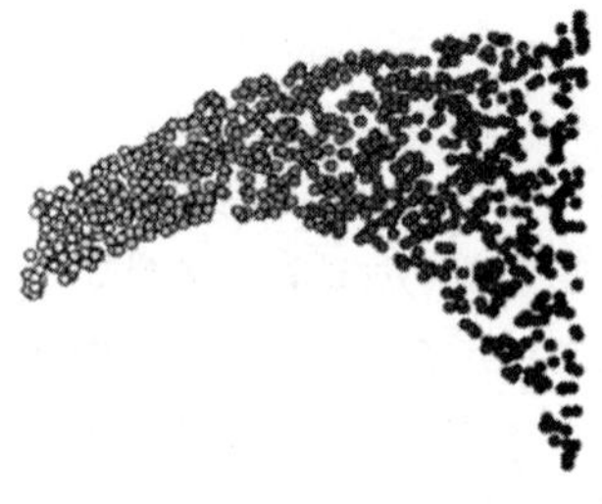

图 6-13　左图是一个常用来说明 LLE 算法的称为瑞士卷的例子。要用有用的 2D 方式来表示这些数据需要反卷它们，LLE 算法成功做到了，就像右图所示那样。图中阴影是用来说明邻近点的，没有其他目的

6.6 ISOMAP 算法

另外一个算法是由 Tenenbaum 等人提出的，同样是在 2000 年。它尝试通过检查所有

点对间的距离和计算全局测地线的方法来最小化全局误差。它是标准**多维标度法**（MDS）的一个变种，所以我们首先介绍它。

6.6.1 多维标度法

和 PCA 算法一样，MDS 算法尝试寻找整个数据空间的线性近似，从而把数据嵌入到低维空间中。而 MDS 算法在嵌入时尝试保留所有数据点对之间的距离（这些距离已经测出）。如果空间是欧式空间的话，这两种方法其实是一样的。我们使用和前面一样的记号，首先有数据点 $\boldsymbol{x}_1$，$\boldsymbol{x}_2$，…，$\boldsymbol{x}_N \in \mathbb{R}^M$，我们选择一个新的维度 $L < M$，并计算嵌入，使数据点 $\boldsymbol{z}_1$，$\boldsymbol{z}_2$，…，$\boldsymbol{z}_N \in \mathbb{R}^L$。和前面一样，我们需要最小化成本函数。对于 MDS 算法，有许多种成本函数，但是最常用的是以下两种：

Kruskal—Shephard 标度（即最小二乘法）：

$$S_{KS}(\boldsymbol{z}_1, \boldsymbol{z}_2, \cdots, \boldsymbol{z}_N) = \sum_{i \neq i'} (d_{ii'} - \| \boldsymbol{z}_i - \boldsymbol{z'}_i \|)^2$$

Sammon 映射：

$$S_{SM}(\boldsymbol{z}_1, \boldsymbol{z}_2, \cdots, \boldsymbol{z}_N) = \sum_{i \neq i'} \frac{(d_{ii'} - \| \boldsymbol{z}_i - \boldsymbol{z'}_i \|)^2}{d_{ii'}}$$

它增加了短距离点的权重，以便邻近点留在正确的距离上。

在两种情况下，梯度下降法可以用来最小化距离。MDS 算法的另一个版本是经典 MDS 算法，它用数据点间的相似度替代距离，相似度可以通过一系列由**中心内积** $s_{ii'} = (\boldsymbol{x}_i - \bar{\boldsymbol{x}})(\boldsymbol{x'}_i - \bar{\boldsymbol{x}})^{\mathrm{T}}$ 产生的距离所构造。这样，我们可以创建一个直接的算法而不需要使用梯度下降。需要最小化的函数是 $\sum_{i \neq i'} (s_{ii'} - (\boldsymbol{z}_i - \bar{\boldsymbol{z}})(\boldsymbol{z}'_i - \bar{\boldsymbol{z}})^{\mathrm{T}})^2$ 。我们需要的计算方法如下：

多维标度算法

- 计算由每对点平方相似度组成的矩阵 $\boldsymbol{D}$，$\boldsymbol{D}_{ij} = \| \boldsymbol{x}_i - \boldsymbol{x}_j \|^2$。
- 计算 $\boldsymbol{J} = \boldsymbol{I}_N - \frac{1}{N}$（$\boldsymbol{I}_N$ 是 $N \times N$ 单位矩阵，N 是数据点个数）。
- 计算 $\boldsymbol{B} = -\frac{1}{2}\boldsymbol{J}\boldsymbol{D}\boldsymbol{J}^{\mathrm{T}}$。
- 找到 $\boldsymbol{B}$ 的 L 个最大的特征值 λ_i，以及相对应的特征向量 $\boldsymbol{e}_i$。
- 用特征值组成对角矩阵 $\boldsymbol{V}$ 并且用特征向量组成矩阵 $\boldsymbol{P}$ 的列向量。
- 计算嵌入 $\boldsymbol{X} = \boldsymbol{P}\boldsymbol{V}^{\frac{1}{2}}$。

经典的 MDS 算法在平面**流形**（数据空间）上效果很好。然而，我们所感兴趣的流形不是平的，这就引入了 ISOMAP 算法。算法要用流形上每一对数据点的距离创建一个矩阵，但是这里并没有关于流形的信息，所以距离不能被准确计算。ISOMAP 算法通过假设两点之间的距离越小越好来估计它们，因为在流形上很小的距离使得非线性性不再重要。它通过找一条贯穿靠得很近的一些点的道路来建立离得很远的点间的距离。即它们都是邻近点，然后用标准 MDS 算法来处理这个距离矩阵。

ISOMAP 算法

- 创建所有点对之间的距离。
- 确定每个点的邻近点，并做成一个权重表 G。

- 通过找最短路径估计测地距离 d_G。
- 把经典 MDS 算法用于一系列 d_G。

Floyd 和 Dijkstra 的算法是寻找图上最小路径的非常著名的算法。它们的时间复杂度分别是 $O(n^3)$ 和 $O(n^2)$。如果你不了解它们，每一本优秀的算法书都详细介绍了它们。

在 ISOMAP 算法的实际操作中，正确选择邻近点数量是很重要的，否则图表将会被分成几个**部分**（也就是无法连在一起的几段），而它们之间的距离是无穷大的。这样，接下来你必须小心处理最大的一部分，这意味着结束时的数据个数将比开始时少。如果正确选择邻近点数量，操作实施起来将会非常容易。

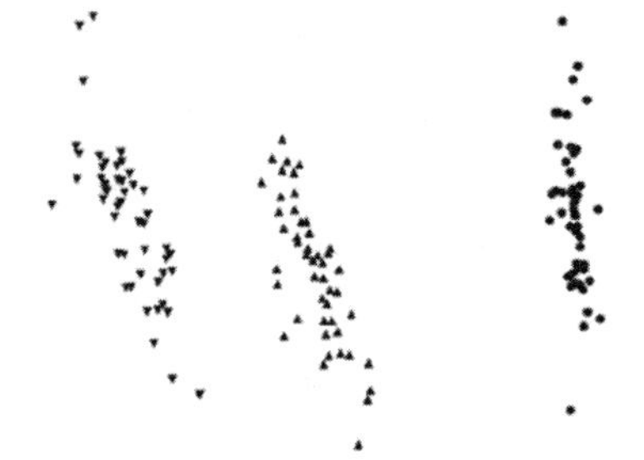

图 6-14　ISOMAP 算法改变 iris 数据的方式和因素分析相似，证明了邻近点的个数足够多，从而避免了点之间的断开

图 6-14 展示了 ISOMAP 算法应用于 iris 数据的结果。这里，默认的邻近点个数是 12 个，它产生的最大的部分只包含了三类中的一个，并且另外两个被删掉了。通过增加邻近点个数至 50 个，以至于每个点都有比它所在类还多的邻近点，结果就像图中所示那样。对于图 6-13 左边所示的瑞士卷数据，ISOMAP 算法产生的结果与 LLE 算法很相似，如图 6-15所示。

对于瑞士卷数据，虽然两个算法产生了相似的映射，但它们根据的是不同的原则。ISOMAP 算法致力于找到一个映射，它保留流形上每一个点对间的距离，无论点对之间有多远，而 LLE 算法只关注流形上的一个局部区域。这意味着 LLE 算法的计算量将会非常小，但它可能会把本应离得很远的点放到一起。选择用哪个算法通常取决于数据集，并且把两个方法都用于特殊的数据集通常是非常好的主意。

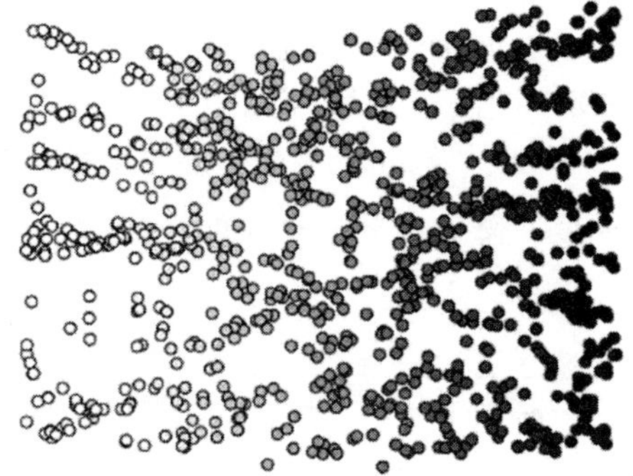

图 6-15　ISOMAP 算法对瑞士卷数据也产生了很好的重映射

拓展阅读

有关降维领域的介绍有：

- L. J. P. van der Maaten. An introduction to dimensionality reduction using MATLAB. Technical Report MICC 07-07, Maastricht University, Maastricht, the Netherlands, 2007.
- F. Camastra. Data dimensionality estimation methods: a survey. *Pattern Recognition*, 36: 2945-2954, 2003.

有关书中所讲方法的更多信息，许多书和论文包含了许多信息，有参考意义的如下：

- (for LDA) Section 4.3 of T. Hastie, R. Tibshirani, and J. Friedman. *The Elements of Statistical Learning*, 2nd edition, Springer, Berlin, Germany, 2008.
- (for PCA) I. T. Jolliffe. *Principal Components Analysis*. Springer, Berlin, Germany, 1986.

- (for kernel PCA) J. Shawe-Taylor and N. Cristianini. *Kernel Methods for Pattern Analysis*. Cambridge University Press, Cambridge, UK, 2004.
- (for ICA) J. V. Stone. *Independent Components Analysis: A Tutorial Introduction*. MIT Press, Cambridge, MA, USA, 2004.
- (for ICA) A. Hyvrinen and E. Oja. Independent components analysis: Algorithms and applications. *Neural Networks*, 13 (4-5): 411-430, 2000.
- (for LLE) S. Roweis and L. Saul. Nonlinear dimensionality reduction by locally linear embedding. *Science*, 290 (5500): 2323-2326, 2000.
- (for MDS) T. F. Cox and M. A. A. Cox. *Multidimensional Scaling*. Chapman & Hall, London, UK, 1994.
- (for Isomap) J. B. Tenenbaum, V. de Silva, and J. C. Langford. A global geometric framework for nonlinear dimensionality reduction. *Science*, 290 (5500): 2319-2323, 2000.
- Chapter 12 of C. M. Bishop. *Pattern Recognition and Machine Learning*. Springer, Berlin, Germany, 2006.

习题

6.1 把 LDA 方法用于 iris 数据（这也是 Fisher 最开始测试 LDA 的方法）。

6.2 比较使用 PCA 方法的结果，这里 PCA 是非监督的，因此不能找到相同的空间。

6.3 计算下列矩阵的特征值和特征向量：

$$\begin{bmatrix} 5 & 7 \\ -2 & -4 \end{bmatrix}\begin{bmatrix} 1 & 0 \\ 0 & 1 \end{bmatrix}\begin{bmatrix} 1 & 2 & 1 \\ 6 & -1 & 0 \\ -1 & -2 & -1 \end{bmatrix} \tag{6.33}$$

6.4 用多种不同的数据，包括 yeast 数据和 wine 数据，比较本章所描述的算法，并输入利用数据简化方法 MLP 和 SOM 处理后的结果。这样的结果会比没有预处理好吗？

6.5 修改 ISOMAP 算法的代码，以便用 Dijkstra 的算法代替 Floyd 的算法。

6.6 另外一个常用来说明 ISOMAP 算法和 LLE 算法的数据集是网上提供的"S"型数据集。下载它并用来测试不同的算法，不仅是 ISOMAP 算法和 LLE 算法，尝试不同的邻近点值，看看它们产生的结果怎样。

概率学习

人们对于神经网络(尤其是 MLP)的一个批判，就是我们实际上并不真正知道它们在做什么：尽管我们可以去看一看神经元的激活和权重，然而这并没有告诉我们太多信息。我们已经看到了一些不存在这个问题的方法，尤其是第 12 章讨论的决策树。这一章将要讨论基于统计的方法，对于这种方法，我们可以经常提取、检查概率并且看一看它们是什么，而不是担心这些没有明显意义的权重，因此整个过程会变得更加明了。

我们将要看一看如何利用样例出现在训练数据中的频率来分类，然后看看如何处理我们的第一个**无监督学习**的例子(当训练数据中没有标记时)。如果数据来自一个已知的概率分布，那么我们将会看到用一个巧妙的算法是有可能解决这个问题的，这个算法就是 EM 算法，在后面几章中还要用到这个算法。最后，在学习**最近邻**法的时候，我们将看到一种非常不同的数据集使用方法。

7.1 高斯混合模型

对于 2.3.2 节介绍的贝叶斯分类，其中的数据是有目标标记的，所以我们可以进行监督学习，从标记数据中学习概率。然而，假设我们有相同的数据，但是数据没有目标标记，这就需要**非监督学习**(unsupervised learning)。我们会在第 14 章和第 6 章看到很多处理这个问题的方法，但这里我们会看一个特殊的例子。假设有不同的类，每一个都来自于它们自己的高斯分布。这就是所谓的**多模型**数据，因为对于每一个不同的类有一个分布(模型)。我们不能用一个高斯分布来拟合数据，因为它看起来根本不像高斯分布。

然而，有一些我们可以做的事情。如果我们知道数据中有多少个类，那么在同一时间，可以尝试估计许多高斯分布的参数。如果我们不知道，那么可以尝试不同的数并且看看哪一个是最好的。我们将在 14.1 节进一步讨论一种不同的方法(k-means 算法)。用其他的概率分布来代替高斯分布也是很有可能的，但是高斯分布是最常用的选择。然后，对于一个输入到算法中的特定数据的输出将是 M 个高斯分布值的和：

$$f(x)=\sum_{m=1}^{M}\alpha_m\phi(\boldsymbol{x};\boldsymbol{\mu}_m,\boldsymbol{\Sigma}_m) \tag{7.1}$$

这里 $\phi(\boldsymbol{x};\boldsymbol{\mu}_m,\boldsymbol{\Sigma}_m)$是一个均值为 $\boldsymbol{\mu}_m$、协方差矩阵为 $\boldsymbol{\Sigma}_m$ 的高斯函数，并且 α_m 是满足条件 $\sum_{m=1}^{M}\alpha_m=1$ 的权重。

图 7-1 展示了两个例子，在这里数据(如图中的直方图所示)来自于两个不同的高斯分布，并且模型是两个高斯分布的求和或混合。当这个模型被创造出来时，这个图也给了我们一些关于如何使用混合模型的启发。输入 x_i 属于类 m 的概率是(这里变量上的帽子($\hat{}$)表示我们正在估计这个变量的值)：

$$p(\boldsymbol{x}_i \in c_m) = \frac{\hat{\alpha}_m \phi(\boldsymbol{x}_i ; \hat{\boldsymbol{\mu}}_m ; \hat{\boldsymbol{\Sigma}}_m)}{\sum_{k=1}^{M} \hat{\alpha}_m \phi(\boldsymbol{x}_i ; \hat{\boldsymbol{\mu}}_k ; \hat{\boldsymbol{\Sigma}}_k)} \tag{7.2}$$

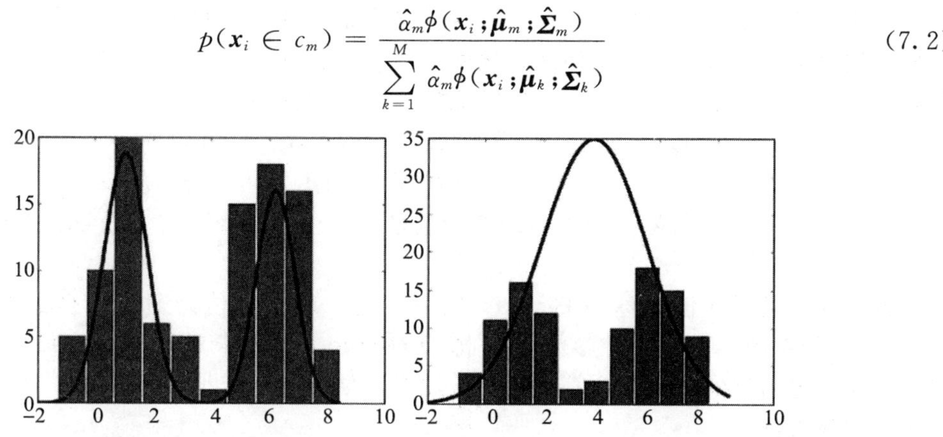

图 7-1 来自于两个高斯分布的混合的训练数据的直方图和两个拟合模型，图中用实线画出。左边的模型拟合得很好，但是右边的模型仅仅把两个高斯分布相加却没有很好拟合

问题是如何选择权重 α_m。常用的方法是用**极大似然法**来解决(似然是给定模型数据的条件概率，并且极大似然法使得这个模型达到最大的条件概率)。事实上，计算似然函数的对数并且最小化它也很常用。这个值一定是负的，因为概率都小于 1，并且对数函数把值分散了，这使得最优解更加有效。使用这个算法的一个非常有名的例子叫作**期望最大化**(Expectation-Maximisation，EM)算法。我们将在下面看到这个算法名字的含义。我们将在 16.3.3 节看到 EM 算法的另外一个例子，但是在这里我们将看看如何用它来拟合高斯分布混合，并且得到一个关于算法对于更一般的例子是如何实现的近似想法。对于更多的细节，请看本节最后的拓展阅读。

7.1.1 期望最大化算法

EM 算法的基本想法是有的时候加入额外的未知变量(叫作**隐藏**或者**潜在**变量)是很简单的，并且通过这些变量最大化函数。这看起来似乎会使问题更加复杂，但实际上，对于许多问题，它都会使找出解决方案的过程更加简单。

为了看看它如何工作，我们将考虑高斯混合模型的最简单也最有趣的情形：仅仅两个高斯分布的混合。现在我们假设数据是通过随机选择其中一个高斯分布产生的，并且从那个高斯分布产生一个样本。如果选择高斯分布 1 的概率是 p，那么整个模型如下(这里 $\mathcal{N}(\boldsymbol{\mu}, \boldsymbol{\sigma}^2)$是具体的高斯分布，它的期望是 $\boldsymbol{\mu}$，标准差是 $\boldsymbol{\sigma}$)：

$$G_1 = \mathcal{N}(\boldsymbol{\mu}_1, \boldsymbol{\sigma}_1^2)$$
$$G_2 = \mathcal{N}(\boldsymbol{\mu}_2, \boldsymbol{\sigma}_2^2)$$
$$y = pG_1 + (1-p)G_2 \tag{7.3}$$

如果 p 的概率分布是 $\boldsymbol{\pi}$，那么概率密度是：

$$P(\boldsymbol{y}) = \boldsymbol{\pi}\phi(\boldsymbol{y};\boldsymbol{\mu}_1, \boldsymbol{\sigma}_1) + (1-\boldsymbol{\pi})\phi(\boldsymbol{y};\boldsymbol{\mu}_2, \boldsymbol{\sigma}_2) \tag{7.4}$$

找到这个问题的极大似然(实际上是最小对数似然)就是计算等式(7.4)的对数，然后对所有训练数据求和并求导，这将是很困难的。幸运的是，有一个解决方法。关键是我们是否知道数据点来自于哪一个高斯分布，如果知道，计算就会很简单。每一个分布的期望和标准差可以通过属于它的数据点来计算，并且不会出现问题。虽然我们不知道每个数据点来自于哪个分布，但可以假设知道。我们引进一个新的变量 f，如果 $f=0$，那么数据来自于高斯分布 1，如果 $f=1$，那么数据来自于高斯分布 2。

这是 EM 算法典型的初始步骤：引入潜在变量。现在我们仅仅需要计算出如何最优化它们。这也就是算法被叫作期望最大化的原因。我们对于变量 f 知道的并不太多(很难想象，因为我们引入了它)，但是可以从数据来计算它的期望：

$$\begin{aligned}\gamma_i(\hat{\boldsymbol{\mu}}_1,\hat{\boldsymbol{\mu}}_2,\hat{\boldsymbol{\sigma}}_1,\hat{\boldsymbol{\sigma}}_2,\hat{\boldsymbol{\pi}}) &= E(f\mid\hat{\boldsymbol{\mu}}_1,\hat{\boldsymbol{\mu}}_2,\hat{\boldsymbol{\sigma}}_1,\hat{\boldsymbol{\sigma}}_2,\hat{\boldsymbol{\pi}},D)\\ &= P(f=1\mid\hat{\boldsymbol{\mu}}_1,\hat{\boldsymbol{\mu}}_2,\hat{\boldsymbol{\sigma}}_1,\hat{\boldsymbol{\sigma}}_2,\hat{\boldsymbol{\pi}},D)\end{aligned} \tag{7.5}$$

这里 D 表示数据并且符号($\hat{\cdot}$)表示对变量的估计。注意，我们将 f 设置为 1 意味着选择了高斯分布 2。

计算这个期望的值被称为 E-step。然后，这个期望的估计通过模型的参数来最大化(两个高斯分布的参数和混合参数 $\boldsymbol{\pi}$)，即为 M-step。这要求对期望中的每一个参数求导。以上两步通过简单的迭代直到算法收敛。注意，估计不会变小，并且 EM 算法能保证达到一个局部最大值。

为了了解它如何找到两个高斯分布的混合，我们将看一下具体的算法。

高斯混合模型的 EM 算法

- **初始化。**
  - 设置 $\hat{\mu}_1$，$\hat{\mu}_2$ 是从数据集中随机选出来的值。
  - 设置 $\hat{\sigma}_1=\hat{\sigma}_2=\sum_{i=1}^{N}(y_i-\overline{y})^2/N$(这里 $\overline{y}$ 是整个数据集的平均值)。
  - 设置 $\hat{\pi}=0.5$。
- **迭代直到收敛：**
  - (E-step) $\hat{\gamma}_i=\dfrac{\hat{\pi}\phi(y_i;\ \hat{\mu}_i,\ \hat{\sigma}_i)}{\hat{\pi}\phi(y_i;\ \hat{\mu}_1,\ \hat{\sigma}_1)+(1-\hat{\pi})\phi(y_i;\ \hat{\mu}_2,\ \hat{\sigma}_2)}$，　$i=1,\ \cdots,\ N$
  - (M-step 1) $\hat{\mu}_1=\dfrac{\sum_{i=1}^{N}(1-\hat{\gamma}_i)y_i}{\sum_{i=1}^{N}(1-\hat{\gamma}_i)}$
  - (M-step 2) $\hat{\mu}_2=\dfrac{\sum_{i=1}^{N}\hat{\gamma}_i y_i}{\sum_{i=1}^{N}\hat{\gamma}_i}$
  - (M-step 3) $\hat{\sigma}_1=\dfrac{\sum_{i=1}^{N}(1-\hat{\gamma}_i)(y_i-\hat{\mu}_1)^2}{\sum_{i=1}^{N}(1-\hat{\gamma}_i)}$
  - (M-step 4) $\hat{\sigma}_2=\dfrac{\sum_{i=1}^{N}\hat{\gamma}_i(y_i-\hat{\mu}_2)^2}{\sum_{i=1}^{N}\hat{\gamma}_i}$
  - (M-step 5) $\hat{\pi}=\sum_{i=1}^{N}\dfrac{\hat{\gamma}_i}{N}$

把它变成 Python 代码不需要任何新的技术。

```
while count<nits:
    count = count + 1

    # E-step
    for i in range(N):
        gamma[i] = pi*np.exp(-(y[i]-mu1)**2/(2*s1))/ (pi * np.exp(-(y[i]-
        mu1)**2/(2*s1)) + (1-pi)* np.exp(-(y[i]-mu2)**2/2*s2))

    # M-step
    mu1 = np.sum((1-gamma)*y)/np.sum(1-gamma)
    mu2 = np.sum(gamma*y)/np.sum(gamma)
    s1 = np.sum((1-gamma)*(y-mu1)**2)/np.sum(1-gamma)
    s2 = np.sum(gamma*(y-mu2)**2)/np.sum(gamma)
    pi = np.sum(gamma)/N

    ll[count-1] = np.sum(np.log(pi*np.exp(-(y[i]-mu1)**2/(2*s1)) + (1-pi)
    *np.exp(-(y[i]-mu2)**2/(2*s2))))
```

图 7-2 展示了算法学习图 7-1 中左边的例子中的对数似然下降过程。这个模型的计算量对于分类一个新点来说是很好的，因为它是 $O(M)$，这里 M 是高斯分布的个数，它的数量级通常是 $\log N$（这里 N 是数据点的个数）。然而，训练的计算量还是很大的：$O(NM^2+M^3)$。

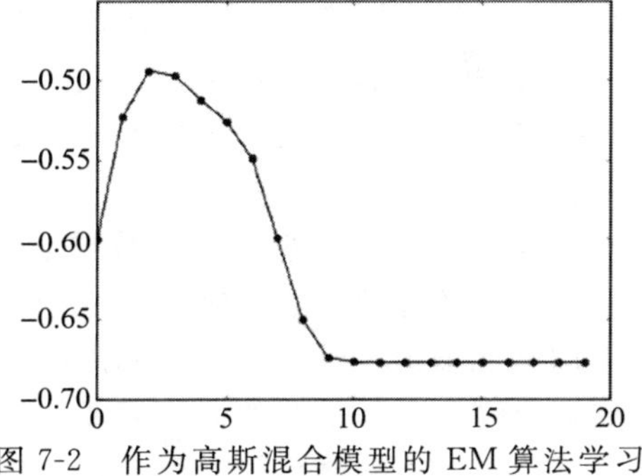

图 7-2　作为高斯混合模型的 EM 算法学习拟合图 7-1 左侧的两个高斯分布时的对数似然变化曲线

通常的算法与上面的步骤非常相似（模型的参数记为 $\boldsymbol{\theta}$，$\boldsymbol{\theta}'$ 是虚拟变量，D 是原始数据集，D' 是包含潜在变量的数据集）。

通常的期望最大化(EM)算法

- **初始化。**
  - 猜测参数 $\hat{\boldsymbol{\theta}}^{(0)}$。
- **迭代直到收敛：**
  - (E-step)计算期望 $Q(\boldsymbol{\theta}', \hat{\boldsymbol{\theta}}^{(j)})=E(f(\boldsymbol{\theta}'; D')|D, \hat{\boldsymbol{\theta}}^{(j)})$。
  - (M-step)估计新的参数 $\hat{\boldsymbol{\theta}}^{(j+1)}$ 为 $\max_{\boldsymbol{\theta}'} Q(\boldsymbol{\theta}', \hat{\boldsymbol{\theta}}^{(j)})$。

应用 EM 算法来解决问题的技巧在于定义正确的潜在变量，然后简单地迭代。它们对于许多不同的统计学习问题是非常有效的方法。

我们现在将把注意力转到一些更简单的东西上，也就是如何使用附近的点的信息来决定输出的分类。对于这个，我们根本不使用数据的模型，而是直接使用可用的数据。

7.1.2　信息准则

模型给出的数据似然还有另外一个用处。返回到 2.2.2 节，我们需要使用**模型选择**来确定停止学习的时间。在那一节中，我们介绍了**验证集**的思想，或是当数据不充足的时候使用**交叉验证**。然而，当许多模型在不同数据集中训练时，将用计算时间来替换数据。

另一种想法是确定一些方法，从而可以期待这个训练过的模型会表现得多好。这里有两种常用的信息准则：

艾卡信息准则

$$\mathrm{AIC} = \ln(\mathcal{L}) - k \tag{7.6}$$

贝叶斯信息准则

$$\mathrm{BIC} = 2\ln(\mathcal{L}) - k\ln N \tag{7.7}$$

在这些方程中，k 是模型中参数的数目，N 是训练样本的数量，$\mathcal{L}$ 是模型的最佳(最大)似然。在这两种情况下，基于它们被写在这里的方法来获得拥有最大值的模型。这两种方法都适用于简单的模型，这是**奥卡姆剃刀**的一种形式。

7.2 最近邻法

假设你在夜总会中并且想要跳舞，而你却不知道对于现在放的一首歌曲该如何跳舞，你很有可能尝试着看看身边的人都是怎么跳的。你可能做的第一件事情就是选离你最近的那个人并且模仿他的动作。然而，因为大多数在夜总会的人都不知道应该怎么跳，你可能会决定观察更多的人并且做大多数人做的动作。这也就是最近邻法背后最直接的想法：如果我们没有一个描述数据的模型，那么最好的事情就是观察相似的数据并且把它们选择成同一类。

输入空间里有一些定位的数据点，所以我们只需要解决哪一个训练数据离它近的问题。这需要计算训练数据集中每一个数据点之间的距离，这是相当大的计算量：如果是在通常的欧几里得空间，那么我们需要计算 d 的减法和 d 的平方(忽略平方根是因为我们只需要知道哪个点是最近的而不需要知道实际的距离)，并且要重复 $O(N^2)$次。然后我们可以定义对于这个测试点的 k 个最近的邻居，并且设置这个测试点的类为它的邻居中出现次数最多的那个类。k 的选择并不是那么简单。如果把它设置的太小，那么最近邻法就对噪声点很敏感，太大的话，则使得距离很远的点也会被考虑，从而降低了精度。在决定边界时，改变 k 的大小的一些可能效果如图 7-3 所示。

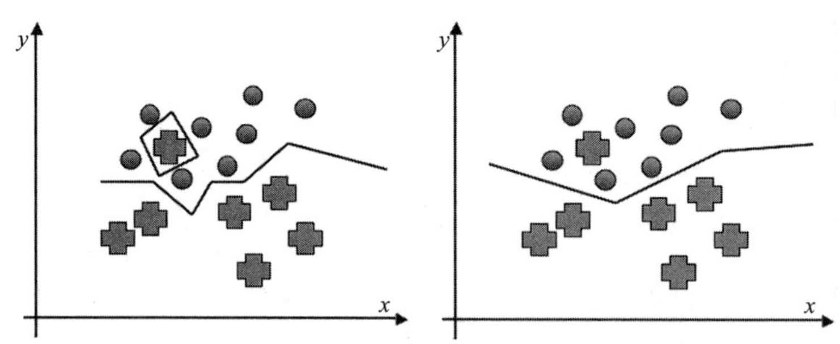

图 7-3 最近邻法的边界。左边：一个邻居，右边：两个邻居

这个方法也受维度的影响(2.1.2 节)。首先就像上面所说的那样，计算量随着维度的增加而增加。这不会像它开始表现得那样糟糕：有一系列的方法，比如 KD-Tree(详见 7.2.2 节)，它的计算量是 $O(N\log N)$。然而，更重要的是，当维度增加时，到别的数据点之间的距离也会增加。另外，它们在各种不同的方向可能会很远——有可能有的点在一些维度相对很近，在别的维度却很远。有一些方法可处理这些问题，比如**自适应最近邻法**(adaptive nearest neighbour)，在本章最后的拓展阅读中会有一些参考文献。

在实施过程中唯一一个需要小心的部分是，在邻近的点中不只有一个类时我们应该怎么做，但是即使要考虑这个问题，实施起来也是相当简单的：

```
def knn(k,data,dataClass,inputs):

        nInputs = np.shape(inputs)[0]
        closest = np.zeros(nInputs)

        for n in range(nInputs):
                # Compute distances
                distances = np.sum((data-inputs[n,:])**2,axis=1)

                # Identify the nearest neighbours
                indices = np.argsort(distances,axis=0)

                classes = np.unique(dataClass[indices[:k]])
                if len(classes)==1:
                        closest[n] = np.unique(classes)
                else:
                        counts = np.zeros(max(classes)+1)
                        for i in range(k):
                                counts[dataClass[indices[i]]] += 1
                        closest[n] = np.max(counts)

        return closest
```

下面我们将看一看如何用这些方法来回归，在我们把问题变为如何使计算距离变得尽可能有效之前，还有些简单但在上面代码中却效率不高的事情。然后我们将简单地考虑欧几里得距离是否总是计算距离的最有用的方法，而其他的方法又如何。

对于 k-近邻算法，偏方差分解可以计算为：

$$E((\mathbf{y}-\hat{f}(x))^2)=\sigma^2+\left[f(x)-\frac{1}{k}\sum_{i=0}^{k}f(x_i)\right]^2+\frac{\sigma^2}{k} \tag{7.8}$$

解释这个问题的方法是，当 k 很小时，考虑到几乎没有邻居，模型具有灵活性，可以很好地表示底层模型，但因为数据相对较少，所以会出错（方差很大）。随着 k 的增加，方差减小，但代价是更差的灵活性和更大的偏差。

7.2.1 近邻平滑

最近邻法也可以用于回归，通过返回邻居点的平均值，或者一个样条，或者简单的拟合作为新的值。最常用的方法是**核平滑法**(kernel smoother)，它用一个**核**(kernel，一对点的权重函数)来根据输入的距离决定每一个数据点有多少贡献(权重)。我们将在 8.2 节提到有关核的更多内容，但是这里我们将简单地使用两个用于光滑的核。

这两个核都会对离当前输入更近的点给出更高的权重，而当它们离当前输入点越来越远时，权重就会光滑地减为 0，范围通过参数 λ 来具体化。它们是 Epanechnikov **二次核**(Epanechnikov quadratic kernel)：

$$K_{E,\lambda}(x_0,x)=\begin{cases}0.75\left(1-\dfrac{(x_0-x)^2}{\lambda^2}\right), & |x-x_0|<\lambda\\ 0, & \text{其他}\end{cases} \tag{7.9}$$

以及**次方核**(tricube kernel)：

$$K_{T,\lambda}(x_0,x)=\begin{cases}\left(1-\left|\dfrac{x_0-x}{\lambda}\right|^3\right)^3, & |x-x_0|<\lambda\\ 0, & \text{其他}\end{cases} \tag{7.10}$$

图 7-4 展示了对于一个由鲁阿佩胡火山喷发的持续时间以及喷发间隔时间组成的数据集使用这些核的结果，这是在新西兰北部一座岛屿中间的最大火山。在这里使用的 λ 值是 2 和

4。选择 λ 需要通过实验。很大的值就会导致很多的数据点，因此会产生较低的方差，但是代价是有较高的偏差。

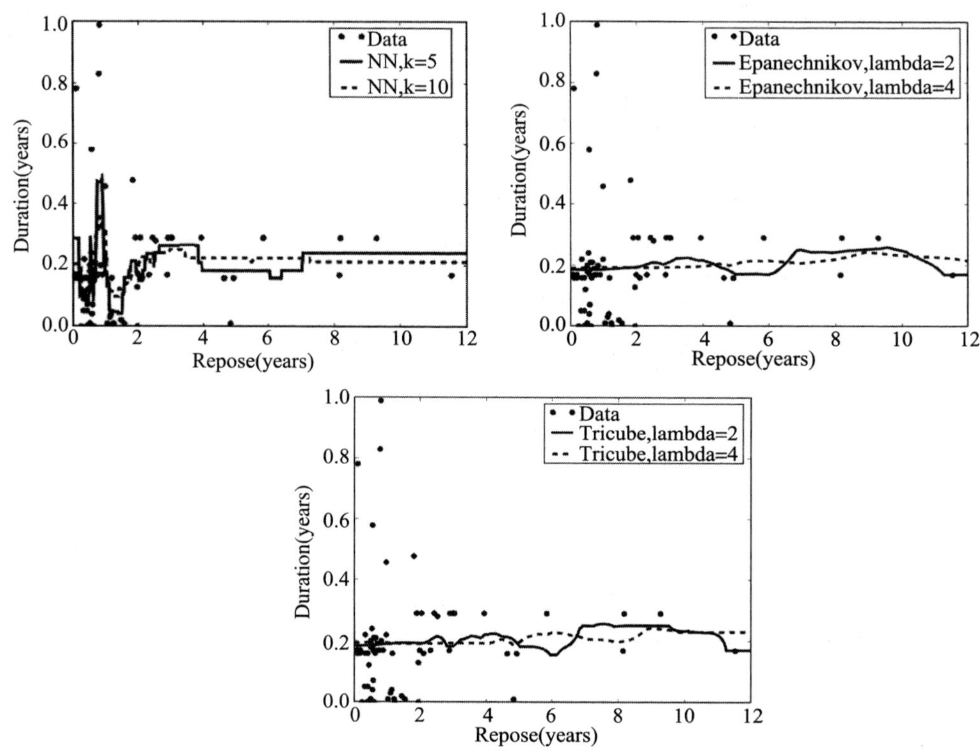

图 7-4　对于 1860～2006 年鲁阿佩胡火山的喷发和休眠数据使用最近邻法的输出和两个光滑核

7.2.2　有效的距离计算：KD-Tree

像上面提到的，计算数据点之间距离的计算量很大。幸运的是，就像许多计算机科学中的问题一样，设计一个有效的数据结构可以减少许多计算量。对于找到最近邻居点的问题，选择的数据结构是 KD-Tree。它是在 20 世纪 70 年代才由 Friedman 和 Bentely 提出的，它把找到最邻近点的计算量减少到了 $O(\log N)$，需要 $O(N)$ 存储量。树的结构是 $O(N\log^2 N)$。其中许多计算量被用于计算中位数，就是一个计算量为 $O(N\log N)$ 的排列算法，或者可以用一个计算量为 $O(N)$ 的随机算法来计算。

KD-Tree 背后的想法很简单。在一个时刻选择一个维度并且将它分裂成两个，从而创建一棵二进制树，并且让一条直线通过这个维度里点的坐标的中位数。这与决策树（第 12 章）的差别不大。数据点作为树的树叶。制作树与通常的二进制树的方法基本相同：我们定义一个地方来分裂成两种选择——左边和右边，然后沿着它们向下。可以很自然地想到用递归的方法来写算法。选择在哪分裂和如何分裂使得 KD-Tree 是不同的。在每一步只有一个维度分裂，分裂的地方是通过计算那一维度的点的中位数得到的，并且在那画一条直线。通常，选择哪一个维度分裂要么通过不同的选择要么随机选择。算法向下搜索可能的维度是基于到目前为止树的深度，所以在二维里，它要么是水平的要么是垂直的分裂。

组成这个方法的核心是简单地迭代选取分裂的函数，找到那个坐标的中位数的值，并且根据那个值来分裂点，在 Python 中可以写成下面的形式。

```
    # Pick next axis to split on
    whichAxis = np.mod(depth,np.shape(points)[1])

    # Find the median point
    indices = np.argsort(points[:,whichAxis])
    points = points[indices,:]
    median = np.ceil(float(np.shape(points)[0]-1)/2)

    # Separate the remaining points
    goLeft = points[:median,:]
    goRight = points[median+1:,:]

    # Make a new branching node and recurse
    newNode = node()
    newNode.point = points[median,:]
    newNode.left = makeKDtree(goLeft,depth+1)
    newNode.right = makeKDtree(goRight,depth+1)
    return newNode
```

假设我们有七个二维点要形成一棵树：(5，4)，(1，6)，(6，1)，(7，5)，(2，7)，(2，2)，(5，8)(如图 7-5 所示)。算法将要选择第一个坐标轴作为起始的分裂，这里的中位数点是 5，所以分裂是沿着 $x=5$。对于那些在线左边的点，y 坐标轴的中位数是 6，而对于在右边的点是 5。在这里我们已经把所有的点都分开了，所以算法结束时的样子如图 7-6 所示，生成的树如图 7-7 所示。

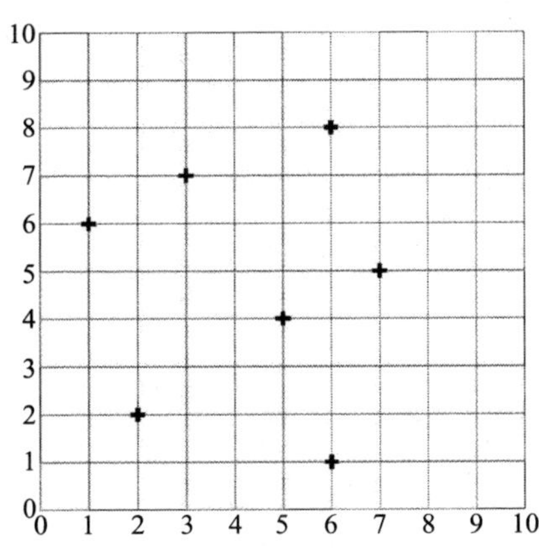

图 7-5 初始的二维数据集

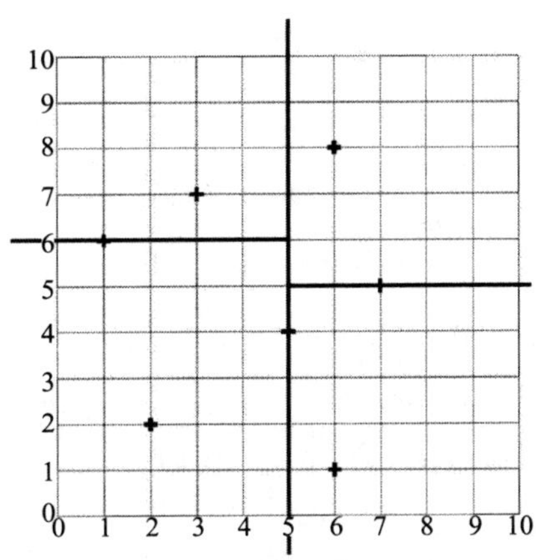

图 7-6 KD-Tree 找到的分裂和树叶点

搜索树和其他的二进制树一样。我们更感兴趣的是找到离测试点最近的点。这是很简单的：从树根开始沿着树向下递归，在同一时刻只比较一个维度的值，直到找到一个在那个区域含有测试点的树叶点。用图 7-7 所示的树，我们引入测试点(3，5)，这样我们就找到在树叶点(2，2)所在区域含有(3，5)。然而，如图 7-8 所示，我们发现它根本不是最近的点，所以我们需要做更多的工作。

我们要做的第一件事就是标记已发现的树叶点作为潜在的最近点，并且计算测试点和这些点的距离，因为任何其他的点会更近。现在我们需要检查其他可能含有更近点的区域。如图 7-8 所示，你会发现(3，7)离得更近，并且那是标记的树叶点的兄弟区域，所有算法也需要检查兄弟区域。然而，假设我们用(4.5，2)作为测试点。在这种情况下兄弟区域就会很远，但是另外一个点(6，1)更近。所以仅仅检查兄弟区域是不够的——我们也需要检查兄弟区域的父母点，还有它们的后代(也就是第一个点的兄妹)。再看一次图你就会相信算法在大多数情况下到这一步就可以结束了，偶尔也有必要去更远的地方，但很容易就能看到哪些树枝要修剪。这产生了如下的 Python 程序。

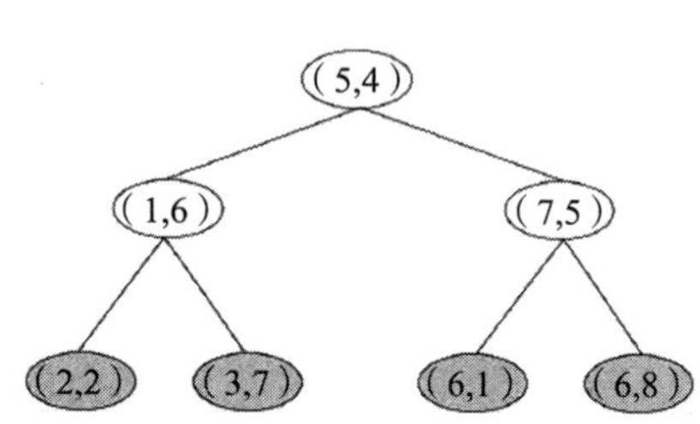

图 7-7 KD-Tree 的分裂

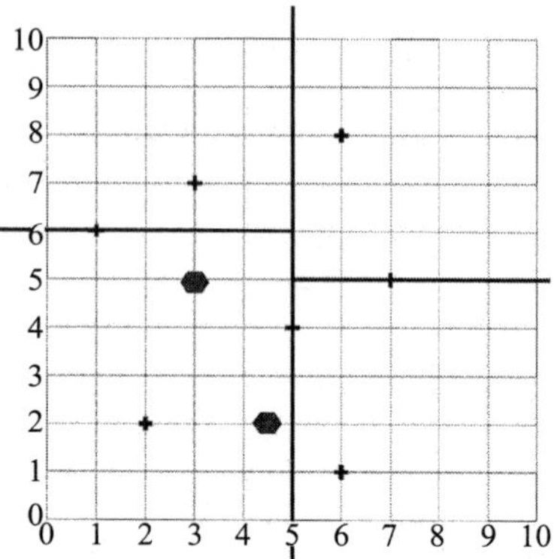

图 7-8 KD-Tree 的两个测试点

```
def returnNearest(tree,point,depth):
  if tree.left is None:
     # Have reached a leaf
     distance = np.sum((tree.point-point)**2)
     return tree.point,distance,0
  else:
     # Pick next axis to split on
     whichAxis = np.mod(depth,np.shape(point)[0])

     # Recurse down the tree
     if point[whichAxis]<tree.point[whichAxis]:
        bestGuess,distance,height = returnNearest(tree.left,point,depth+1)
     else:
        bestGuess,distance,height = returnNearest(tree.right,point,depth+1)

   if height<=2:
     # Check the sibling
     if point[whichAxis]<tree.point[whichAxis]:
        bestGuess2,distance2,height2 = returnNearest(tree.right,point,depth+1)
     else:
        bestGuess2,distance2,height2 = returnNearest(tree.left,point,depth+1)

   # Check this node
   distance3 = np.sum((tree.point-point)**2)
   if (distance3<distance2):
     distance2 = distance3
        bestGuess2 = tree.point
if (distance2<distance):
     distance = distance2
     bestGuess = bestGuess2
return bestGuess,distance,height+1
```

7.2.3 距离度量

我们已经用欧几里得距离计算出两个点的距离，这是你在中学学过的。然而，这不是唯一的选择，也不是最有用的选择。在这一节，我们将看一看计算距离背后潜在的想法和一些可能的选择。

如果我让你找到从我家到商店最近的距离，那么你首先会找一幅我家乡的地图，找到我的家和商店，并且用一把尺子测量它们间的距离，最后通过地图的比例尺告诉我实际的距离。然而，当我从家里出发去买一些牛奶时，却发现走的实际距离比你说的要长，因为你测量的直线有可能会穿过几座房子和一些篱笆。你的“直线距离”可能是最短的，并且是直线，或者叫作欧几里得距离。你可以用一把尺子在地图上测量它的长度，但是它本质上是测量一个方向的距离(南北方向)以及垂直于这个方向的距离(东西方向)，然后把它们平方并加起来，最后计算它们的平方根。把它写出来，欧氏距离就是：

$$d_E = \sqrt{(x_1 - x_2)^2 + (y_1 - y_2)^2} \tag{7.11}$$

这里(x_1，y_1)是在某个坐标系(比如说用 GPS)中我家的位置，而(x_2，y_2)是商店的位置。

如果我告诉你我所在的城镇是在一个网格块系统上布局的，就像在汽车发明和创新城市规划者发明之间建造的城镇一样，那么你可能会用不同的测量方法。你可能会用南北方向和东西方向的距离来测量我家和商店之间的距离，并且把这两个距离加起来。这个距离就与我实际要走的距离差不多。这就是所谓的**城市块**或**曼哈顿**距离，形式如下：

$$d_C = |x_1 - x_2| + |y_1 - y_2| \tag{7.12}$$

讨论这个问题就是要说明有许多方法可测量距离，并且会得到完全不同的答案。这两个不同的距离如图 7-9 所示。在数学上，这些距离测量叫作**度量**。度量函数或**范数**以两个输入为参数并且返回一个量(距离)，这个量是正的(当且仅当这两个点是同一个点时为 0)，对称的(所以到商店的距离和返回的距离相同)，且服从**三角不等式**(triangle inequality)(从 a 到 b 的距离加上从 b 到 c 的距离应该不小于直接从 a 到 c 的距离)。

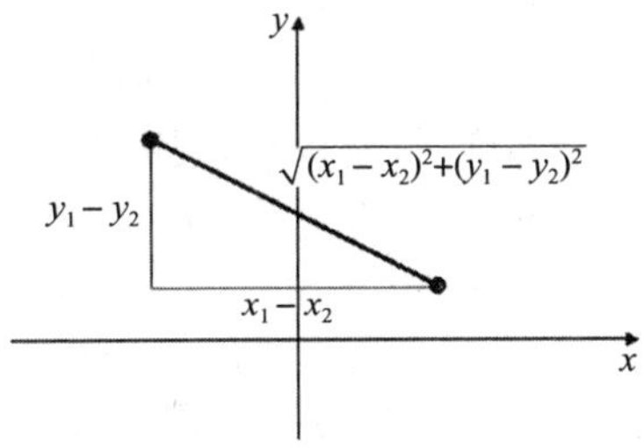

图 7-9　两点之间的欧几里得和城市块距离

我们要分析的大多数数据都不仅仅是二维的。幸运的是，欧氏距离可以很好地推广到高维(城市块度量也是一样)。实际上，这两个距离都是一类度量的特例，可以用于任意维度。通常的测量是 **Minkowski 度量**并且有如下形式：

$$L_k(\boldsymbol{x}, \boldsymbol{y}) = \left(\sum_{i=1}^{d} |x_i - y_i|^k\right)^{\frac{1}{k}} \tag{7.13}$$

如果令 $k=1$，那么得到的是城市块距离(等式(7.12))，而 $k=2$ 得到的是欧氏距离(等式(7.11))。那么，你也许会看到欧氏度量被写为 L_2 范数，城市块距离被写为 L_1 范数。这些范数有另外一个有趣的特征。记住，我们可以定义一系列数的不同平均值。如果我们定义平均值是到每一个点的距离的和最小的那个点，那么就意味着最大限度地减少了欧氏距离(平方和距离)，并且中位数最小化 L_1 度量。我们在前几章遇到过另外一个距离的测量：2.4.2 节的 Mahalanobis 距离。

根据数据空间的不同，还有大量其他可能的度量。我们通常假设空间是平的(如果不是，那么这些技术没有一个成立，但是我们不用担心这一点)。然而，看一看其他的度量仍然是有好处的。假设我们希望分类器能够感知图像，比如人脸。我们有一系列人脸的数码相片并且用像素值作为特征，那么我们用最近邻算法来鉴定人脸。即使我们确保所有的相片都拍下了完整的脸部，仍然有一些事情会阻碍我们使用这个方法。其中一个就是头部角度(或者相机)的轻微变化，另一个就是人脸和相机之间不同的距离(量)，还有一个是不同的光照条件。我们可以尝试固定这些条件来做预处理，但还有一个选择：用一个不同的度量，使得它不会因为这些改变而变化，也就是说，当条件改变时度量不会改变。不变度量的想法就是找到一个可以忽略你不想要的改变的测量。如果你想要旋转形状并且仍然能够感知它们，那么你需要一个对旋转不变的度量。

在图像中通常使用的一个不变度量是**切线距离**(tangent distance)，也就是泰勒展开式中的第一项估计，并且对小的旋转和量的改变有很好的效果。比如，对于一系列硬笔书法字母的最近邻分类，它能够将最终错误率减半。不变度量是当今的一个有趣课题，如果你感兴趣的话，那么在本章最后的拓展阅读中有参考资料。

拓展阅读

有关最近邻法的更多资料如下：

- T. Hastie and R. Tibshirani. Discriminant adaptive nearest neighbor classification and regression. In David S. Touretzky, Michael C. Mozer, and Michael E. Hasselmo, editors, *Advances in Neural Information Processing Systems*, volume 8, pages 409-415. The MIT Press, 1996.
- N. S. Altman. An introduction to kernel and nearest-neighbor nonparametric regression. *The American Statistician*, 46: 175-185, 1992.

KD-Tree 最初的描述是：

- A. Moore. A tutorial on KD-trees. Extract from PhD Thesis, 1991. Available from http://www. cs. cmu. edu/*simawm*/papers. html.

关于切线距离的一个参考资料：

- P. Y. Simard, Y. A. Le Cun, J. S. Denker, and B. Victorri. Transformation invariance in pattern recognition: Tangent distance and propagation. *International Journal of Imaging Systems and Technology*, 11: 181-194, 2001.

本章相关的材料如下：

- Section 9. 2 of C. M. Bishop. *Pattern Recognition and Machine Learning*. Springer, Berlin, Germany, 2006.
- Chapter 6 (especially Sections 6. 1-6. 3) of T. *Mitchell. Machine* Learning. McGraw-Hill, New York, USA, 1997.
- Section 13. 3 of T. Hastie, R. Tibshirani, and J. Friedman. *The Elements of Statistical Learning*, 2nd edition, Springer, Berlin, Germany, 2008.

习题

7.1 推广高斯混合模型算法，使得它允许数据中有更多的类。这不繁琐，因为可以修改 EM 算法来实现。

7.2 修改 KD-Tree 算法使得它可以用于球形数据而非三角形数据。因为它们不再覆盖空间，你需要加入一些根本没有树叶的情形。然而，这意味着算法在很远的地方没有返回点，这将会使得结果更精确。现在修改它，不用欧氏距离，也不用 L_1 距离。将这两种方法作用于 iris 数据集并比较结果。

7.3 用本书网站上提供的数字的小图像来计算切线距离。你需要编写旋转很小的量的代码以便于检查你的答案。当你使用很大的旋转时会发生什么(尤其是 6 或 9)？比较使用欧氏距离的最近邻法和切线距离的结果。用 MNIST 数据集来扩展实验。

支持向量机

回顾第 3 章介绍的感知机，McCulloch 和 Pitts 神经元的集合被安排在一个单层中。我们通过修改权重让网络学习去识别一个方法，并且看到感知机的局限性：仅能识别直线分类器，即只有当可以在一组数据中间画一条直线(高维空间称为超平面)时，才能将数据分类。这就意味着感知机不能学习两个真实的二维异或函数。然而，在 3.4.3 节中，我们看到可以通过修改问题来应用感知器解决它，使用比原数据更多的维度来解决这个问题。

这一章关注的方法更加充分地利用了这一见解。主要想法是之前 5.3 节中见到过的：改变数据的表示来重新描述数据。不过，这里的术语不同，我们将会介绍核函数而不是基，原则上，对于任一数据集，总是能够通过变换使得其类别线性可分。由于 3.4.3 节中已处理过异或问题，我们增加了一个额外的维度并且移除了一个不能正确分类到这个额外维度的点，使得得到的类线性可分。问题是如何确定使用哪些维度，那就是这一章我们所讨论的算法类型**核方法**所做的工作。

我们特别关注一个算法——**支持向量机**(Support Vector Machine, SVM)，它也是目前现代机器学习中最流行的算法之一。自 1992 年 Vapnik 提出后，这一算法已经有了根本性飞跃，主要是因为其在大小合理的数据集上常常(并不总是)提供比其他机器学习算法更好的分类性能(它在极其大的数据集上性能并不好，因为涉及计算代价非常高的矩阵转置)。因此，我们需要先了解一些概念，才能进一步掌握这个相当复杂的算法。

我们将在本章中开发一个简单的 SVM，使用 cvxopt(一个带有 Python 接口的免费解算器)来完成繁重的工作。在互联网上有几种不同的 SVM 实施方案可用，并且这章的末尾也有一些比较流行的方法的参考文献。其中一些带有 Python 装饰器，以便于在 Python 中使用。

SVM 比核方法更复杂；算法重新表示成分类问题使得其更能区分出好的分类器和不好的分类器，即使两者在某个特别的数据集上给出了相同的结果。正是这样的区别使得 SVM 算法发展起来，我们将从这里开始讨论。

8.1 最优分割

图 8-1 显示的是一个简单的分类问题的三种不同可能的线性分类。三者都能成功分出两类，也就是说在某种意义上，它们都是“正确的”。但是，如果要你从中选择一个作为测试数据的分类器，我猜你们大多数都会选择中间的。可能很难明确地解释为什么会这样做，但是，不知何故我们倾向于用中间的线分割这两类，即位置距这两类约等距的分类器。当然，如果感觉够敏锐，你会问选择这样一条线是基于什么准则，为什么这条线就比其他的都好呢?

为了回答这个问题，我们试着定义为什么这条位于两个数据点集合中间的线更好，并且制定一些量化方法来帮助识别“最优”线，即就我们的准则来说最好的线。用来识别分类线的数据是训练数据，我们相信这些数据是我们所要学习的一些底层过程的指示，而且训练之后评估算法的测试数据集来自同样的底层过程。但是，我们又不希望在测试数据集中看到一模一样的数据点，并且不可避免的是一些点距分类线很近而另一些点又很远。如果我们选择了图 8-1 中左边或右边的分类线，那么有可能仅仅因为我们严格紧跟训练数据集中的一些点来选择分类线，一个数据点就被错分到分类线的另一边去了。图中中间的分类线不存在这样的问题，就像金发姑娘选择的小熊的粥，它是恰到好处的。

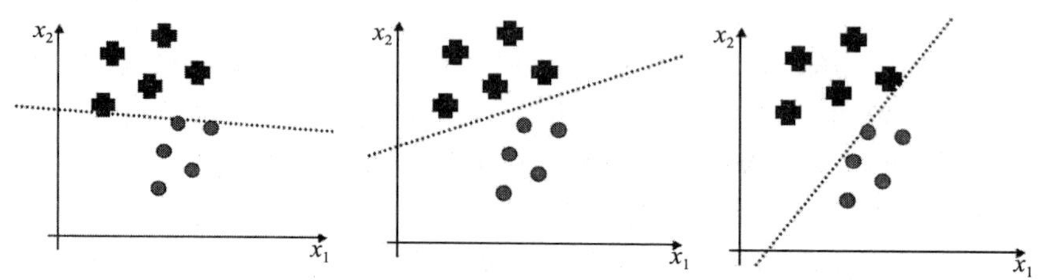

图 8-1 三种不同的分类线。有什么理由说明一个比另一个好？

8.1.1 间隔和支持向量

如何量化呢？我们衡量这样一个距离：离开分类线（沿着垂直于分类线的方向）遇到一个数据点时所经过的距离。想象一下，在分类线周围放置一个无人区（见图 8-2），在该区域中的点被声明为因离分类线太近而不能被正确分类。该区域是关于分类线对称的，因此在三维下就形成了一个柱面，高维空间中就形成了超柱面。我们该把柱面的范围设多大才能把那些我们也并不知道来自哪一类的点放进无人区？最大的范围称为**间隔**（margin），标记为 M。3.4.1 节中简要提到了间隔，它影响感知机聚合的速度。图 8-1 中间的分类器具有最大的间隔。它还有一个富有想象空间的名字：**最大化间隔（线性）分类器**。在每一个类中距离分类线最近的那些点则被称为**支持向量**（support vector）。根据“最好的分类器是穿过无人区中间的那条分类线”这条结论，我们可以给出两个结论：第一，间隔要足够大；第二，支持向量是最有用的数据点，因为正是这些点可能使我们出错。这就导致了这些算法的一个很有趣的特征：训练之后我们可以抛开除支持向量之外的所有点，使用支持向量来分类。

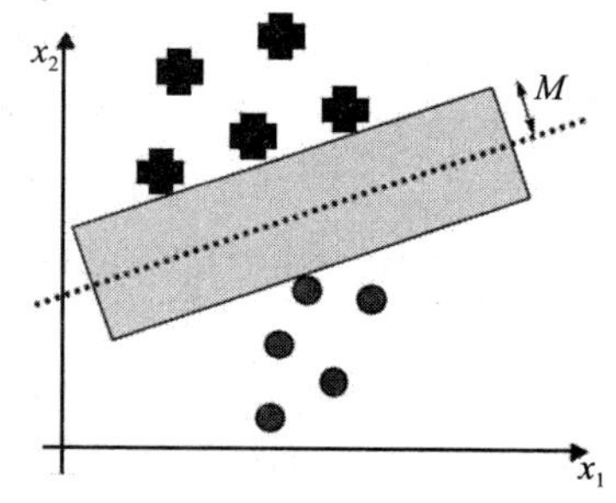

图 8-2 间隔是我们可以在不包含任何点的情况下从这些类中分离出来的最大区域，灰色框区域由两条平行于分割边界的直线构成

现在我们有了得到最优分类线的评价标准，只需要继续考虑如何从一堆数据点中计算出它。首先回顾下第 3 章中定义的一些概念。我们有一个权向量（一个向量，不是矩阵，因为只有一个输出）和一个输入向量 $\boldsymbol{x}$。第 3 章中使用的输出是 $y=\boldsymbol{w}\cdot\boldsymbol{x}+b$，$b$ 是来自偏差权重的贡献量。我们这样使用线分类器：对于任意一个使 $\boldsymbol{w}\cdot\boldsymbol{x}+b$ 为正值的 $\boldsymbol{x}$，都认为它在线上方，因此是“+”类的一个实例，而负值的就是“◦”类。在新版中，我们将包括无人区。所以为了代替以前那种仅仅看 $\boldsymbol{w}\cdot\boldsymbol{x}+b$ 是正还是负的方法，我们需要检查这个值是不是比间隔 M 还小，这样的话会把它放在图 8-2 中的灰色框中。记住 $\boldsymbol{w}\cdot\boldsymbol{x}$ 是内积或标量积，$\boldsymbol{w}\cdot\boldsymbol{x}=\sum_i w_i x_i$。这也可以写成 $\boldsymbol{w}^{\mathrm{T}}\boldsymbol{x}$，因为这仅仅意味着我们把向量看作简并矩阵并使用普通的矩阵乘法规则。这种记法会使计算变得更简单，因此我们从这里开始使用它。

对于一个给定了大小为 M 的间隔，我们可以说对于任何一个点 $\boldsymbol{x}$，满足 $\boldsymbol{w}^{\mathrm{T}}\boldsymbol{x}+b\geqslant M$ 是“+”类，满足 $\boldsymbol{w}^{\mathrm{T}}\boldsymbol{x}+b\leqslant -M$ 则是“◦”类。实际的分离超平面由 $\boldsymbol{w}^{\mathrm{T}}\boldsymbol{x}+b=0$ 指定。现在假定我们选择了一个在“+”类边界线上的点 $\boldsymbol{x}^{+}$，因此 $\boldsymbol{w}^{\mathrm{T}}\boldsymbol{x}^{+}=M$，该点就是一个支持向量。如果想要找到“◦”类中离边界最近的点，就沿着“+”类边界垂直向“◦”类边界移动。碰到的点就是最近的点，我们称之为 $\boldsymbol{x}^{-}$。那么沿着这个方向移动多远呢？希望图 8-2 能清楚地说明，经过距离 M 可到达分离超平面，然后 M 从那里到达相反的支持向量。如果还记得第 3 章中额外介绍的知识的话，我们可以用 $\boldsymbol{w}$ 记录间隔 M 的大小，$\boldsymbol{w}$ 是垂直于分类线的权重向量。如果它是垂直于分类线的，那么显然也垂直于“+”类和“◦”类边界，所以我们沿着的从“$\boldsymbol{x}^{+}$”到“$\boldsymbol{x}^{-}$”的方向也是沿着 $\boldsymbol{w}$。现在我们需要把 $\boldsymbol{w}$ 变成一个单位向量 $\boldsymbol{w}/\|w\|$。可以看到，间隔是 $1/\|w\|$。在一些书中，间隔实际上是支持向量之间的总距离，所以它是我们计算过的两倍。

如此一来，先给出一条分类线(用向量 $\boldsymbol{w}$ 和标量 b 定义的线 $\boldsymbol{w}^{\mathrm{T}}\boldsymbol{x}+b$)，我们便可以计算间隔大小 M。我们也可以检查它将所有的点划分在了分类线的右边。当然，这并不是我们所希望的：我们想要找出使得间隔 M 最大的 $\boldsymbol{w}$ 和 b。间隔的宽度是 $1/\|w\|$ 告诉我们，要使得 M 尽可能大也就是要使 $\boldsymbol{w}^{\mathrm{T}}\boldsymbol{w}$ 尽可能小。如果这是仅有的限制条件，那么可以设定 $\boldsymbol{w}=0$，问题便迎刃而解，但是我们最终想要的分类器是能从“◦”类中区分出“+”类。所以需要同时满足两个条件：找一条性能很好的决策边界，并同时使 $\boldsymbol{w}^{\mathrm{T}}\boldsymbol{w}$ 尽可能小。从数学上讲，我们可以把这些要求写成：在数据匹配良好的约束下，最小化 $\boldsymbol{w}^{\mathrm{T}}\boldsymbol{w}/2$($1/2$ 是为了计算方便)。接下来要算出这些约束条件是什么。

8.1.2 约束优化问题

如何确定分类器是好是坏呢？显然，犯错越少便越好(参见图 8-3)。所以我们要写下一系列的**限制条件**以使得分类器得到的结果正确。为此，我们把目标结果设成 ±1，而不是 0 和 1。用 $t_i\times y_i$ 记录目标和输出结果的乘积，如果二者符号相同，则为正，否则为负。现在写出用来计算 y 的直线的等式，可以看到我们要求 $t_i(\boldsymbol{w}^{\mathrm{T}}\boldsymbol{x}+b)\geqslant 1$。这意味着约束只需要检查这个条件的每个数据点，因此我们想要解决的全部问题是：

$$\text{minimise}\ \frac{1}{2}\boldsymbol{w}^{\mathrm{T}}\boldsymbol{w}, \text{服从}\ t_i(\boldsymbol{w}^{\mathrm{T}}\boldsymbol{x}+b)\geqslant 1, i=1,\cdots,n \tag{8.1}$$

我们花了很多精力来写这个方程，但却不知道如何解。我们可以尝试使用梯度下降法，但需要付出很多努力使它加强约束，这对这个问题来说是非常缓慢和低效的。有一种更合适的方法是**二次规划**(quadratic programming)，它利用了我们所描述的问题是二次的这一性质，因此是**凸**(convex)的，并且有**线性约束**(linear constraint)。凸问题是指，如果取曲线上的任意两点并将它们连接成一条直线，那么直线上的每一点都在曲线上方。图 8-4 显示了凸函数和非凸函数的示例。凸函数有唯一的最小值，在一维中很容易看到，并且在任意维中都是成立的。

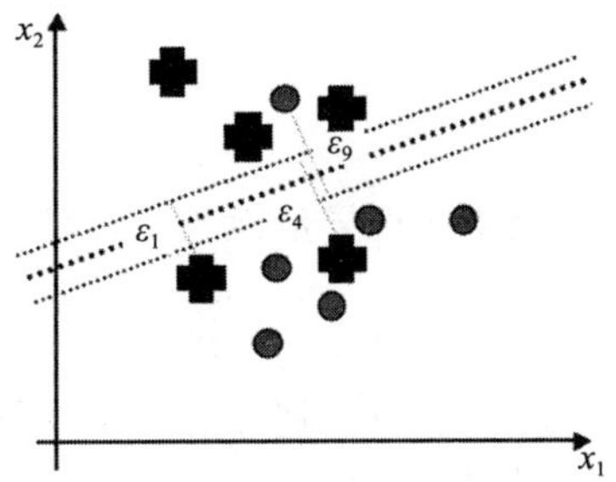

图 8-3 如果分类器犯了一些错误，那么应该使用点越过边界的距离来对每个错误进行加权，以确定分类器有多糟糕

对我们来说，这些事实的实际结果是，我们感兴趣的问题类型可以被直接和有效地解决(例如在多项式时间内)。

目前已有非常有效的二次规划求解器，但不是一个算法，我们将考虑编写自己的算法。我们需考虑如何用公式表示问题，以便将它呈现给二次规划求解器，然后使用其中一个程序，这些程序已由其他人准备好并免费提供了。

由于问题是二次型的，所以存在唯一最优。当我们找到最优解时，将满足 **Karush-Kuhn-Tucker(KKT)条件**，即(从 1 到 n 的值，* 表示每个参数的最优值)：

$$\lambda_i^*(1-t_i(\boldsymbol{w}^{*\mathrm{T}}\boldsymbol{x}_i+b^*))=0 \tag{8.2}$$

$$1-t_i(\boldsymbol{w}^{*\mathrm{T}}\boldsymbol{x}_i+b^*)\leqslant 0 \tag{8.3}$$

$$\lambda_i^*\geqslant 0 \tag{8.4}$$

这里 λ_i 是正值，称为**拉格朗日乘子**(Lagrange multiplier)，采用具有等式约束的标准方法来解决方程。

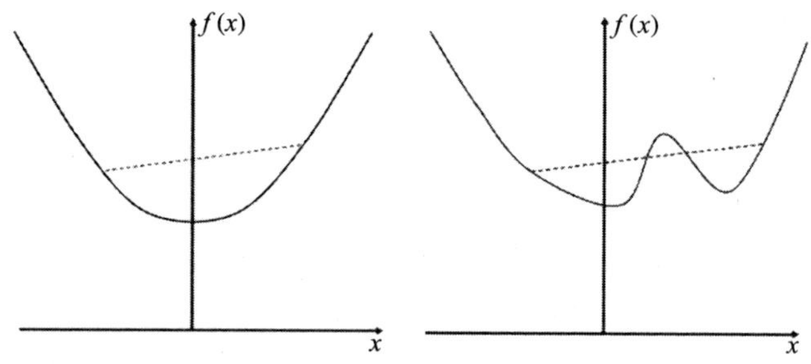

图 8-4　如果连接曲线上两个点的每条直线都不与其他任何地方的曲线相交，则函数是凸的。如虚线所示，左边的函数是凸的，右边则不是

这些条件里的第一个条件告诉我们如果 $\lambda_i\neq 0$，则 $(1-t_i(\boldsymbol{w}^{*\mathrm{T}}\boldsymbol{x}_i+b^*))=0$。这只适用于支持向量(SVM 提供数据的**稀疏表示**)，因此我们只需要考虑它们，而可以忽略其余的。用术语来说，支持向量就是约束的**活动集合**(active set)中的向量。对于支持向量，约束条件是等式而不是不等式。因此我们可以解**拉格朗日函数**(Lagrangian function)：

$$\mathcal{L}(\boldsymbol{w},b,\boldsymbol{\lambda})=\frac{1}{2}\boldsymbol{w}^{\mathrm{T}}\boldsymbol{w}+\sum_{i=1}^{n}\lambda_i(1-t_i(\boldsymbol{w}^{*\mathrm{T}}\boldsymbol{x}_i+b^*)) \tag{8.5}$$

我们根据 $\boldsymbol{w}$ 和 b 的元素对这个函数求导：

$$\nabla_w\mathcal{L}=\boldsymbol{w}-\sum_{i=1}^{n}\lambda_i t_i\boldsymbol{x}_i \tag{8.6}$$

并且：

$$\frac{\partial\mathcal{L}}{\partial b}=-\sum_{i=1}^{n}\lambda_i t_i \tag{8.7}$$

如果我们把导数设为零，就能求出这个函数的鞍点(最大值)，我们可以看到：

$$\boldsymbol{w}^*=\sum_{i=1}^{n}\lambda_i t_i\boldsymbol{x}_i,\quad \sum_{i=1}^{n}\lambda_i t_i=0 \tag{8.8}$$

我们可以把 $\boldsymbol{w}$ 和 b 的最优值代到公式(8.5)的表达式中，并且经过一点重新安排，我们得到(这里 λ 是 λ_i 的向量)：

$$\mathcal{L}(\boldsymbol{w}^*,b^*,\boldsymbol{\lambda})=\sum_{i=1}^{n}\lambda_i-\sum_{i=1}^{n}\lambda_i t_i-\frac{1}{2}\sum_{i=1}^{n}\sum_{j=1}^{n}\lambda_i\lambda_j t_i t_j\boldsymbol{x}_i^{\mathrm{T}}\boldsymbol{x}_j \tag{8.9}$$

对 b 求导时可以把中间项看成 0。这个方程被称为**对偶问题**(dual problem)，目标是最大限度地增加它对 λ_i 的变化量。条件限制是对于所有 i 有 $\lambda_i\geqslant 0$，并且 $\sum_{i=1}^{n}\lambda_i t_i=0$。

公式(8.8)给出了 $\boldsymbol{w}^*$ 的表达式，但是我们也想知道 b^* 是什么。我们知道对于一个支持向量 $t_i(\boldsymbol{w}^{*\mathrm{T}}\boldsymbol{x}_i+b)=1$，可以用这个表达式代替 $\boldsymbol{w}^*$，并且代入$(\boldsymbol{x}, t)$的支持向量。然而，在错误的情况下，这不是很稳定，所以最好在整个 N_s 支持向量集上求均值：

$$b^* = \frac{1}{N_s}\sum_{\text{support vectors } j}\left(t_i - \sum_{i=1}^{n}\lambda_i t_i \boldsymbol{x}_i^{\mathrm{T}}\boldsymbol{x}_j\right) \tag{8.10}$$

我们还可以用公式(8.8)来看看如何进行预测，因为对于一个新的点 $\boldsymbol{z}$：

$$\boldsymbol{w}^{*\mathrm{T}}\boldsymbol{z} + b^* = \left(\sum_{i=1}^{n}\lambda_i t_i \boldsymbol{x}_i\right)^{\mathrm{T}}\boldsymbol{z} + b^* \tag{8.11}$$

这意味着要分类一个新点，我们只需要计算新数据点和支持向量之间的内积。

8.1.3 非线性可分问题的松弛变量

到目前为止我们所做的一切都假设数据集是线性可分的。我们知道情况并不总是这样，但是如果有一个非线性可分数据集，那么就不能满足所有数据点的约束条件。解决方法是引入一些**松弛变量**(slack variable)$\eta_i \geqslant 0$，因此限制变成了 $t_i(\boldsymbol{w}^{\mathrm{T}}\boldsymbol{x}_i+b^*)\geqslant 1-\eta_i$。对于正确的输入，我们设置 $\eta_i=0$。

这些松弛变量告诉我们，在比较分类器时应该考虑这样一种情况：一个分类器把一个点放在错误的一边；另一个分类器把同一个点放在错误的一边，并且离分类线更远。第一个分类器比第二个分类器好，因为错误并不严重，所以我们应该把这个信息包含在最小化标准中。我们可以通过修改问题来实现。事实上，我们必须做“大手术”，因为我们想在缩小问题上加上一个术语，这样就可以最小化 $\boldsymbol{w}^{\mathrm{T}}\boldsymbol{w}+C\times$(正确的边界线上错分类点间的距离)。这里，$C$ 是一个权衡参数，它决定了对这两个标准分别赋予多少权重：小 C 意味着我们会获得较大的误差，而大 C 则相反。这将把问题转换成一个**软间隔分类器**(soft-margin classifier)，因为我们允许出现一些错误。用更数学的方式来写，最小化的函数是：

$$L(\boldsymbol{w},\boldsymbol{\varepsilon}) = \boldsymbol{w}^{\mathrm{T}}\boldsymbol{w} + C\sum_{i=1}^{n}\varepsilon_i \tag{8.12}$$

我们之前算出的对偶问题的推导仍然成立，除了 $0\leqslant\lambda_i\leqslant C$，且支持向量现在是 $\lambda_i\geqslant 0$ 的向量。KKT 条件有一些不同：

$$\lambda_i^*(1-t_i(\boldsymbol{w}^{*\mathrm{T}}\boldsymbol{x}_i+b^*)-\eta_i)=0 \tag{8.13}$$

$$(C-\lambda_i^*)\eta_i=0 \tag{8.14}$$

$$\sum_{i=1}^{n}\lambda_i^* t_i=0 \tag{8.15}$$

第二个条件告诉我们，如果 $\lambda_i<C$，那么 $\eta_i=0$，这意味着这些是支持向量。如果 $\lambda_i=C$，那么接下来第一个条件告诉我们如果 $\lambda_i>1$，则分类器犯了一个错误。问题是，如何选择有限的向量集还不是很清楚，所以我们的大多数训练集都是支持向量。

我们现在已经建立了一个最优线性分类器。然而，由于大多数问题都是非线性的，我们似乎为了一个已经可以解决的问题做了很多工作，尽管没有那么有效。因此，虽然发现的决策边界可能比感知机发现的更好，但如果没有直线解，那么这种方法的效果不会比感知机好多少。为了不理想的东西，却付出了很多努力去解决！是时候从帽子里拿出我们的魔术了：数据的**转换**。

8.2 核

要了解这个想法，请看图 8-5。基本上，如果我们修改特性，就会看到在某种程度上可以线性分离数据，就像 3.4.3 小节的 XOR 问题一样；如果我们可以使用更多的维度，那么就可以找到一个线性决策边界来分隔类。所以我们需要做的就是计算出可以使用的额外维度。我们不能发明新的数据，因此新的特性必须以某种方式从当前的特性中派生出来。就像在 5.3 节中，我们将引入输入特征的新函数 $\phi(x)$。

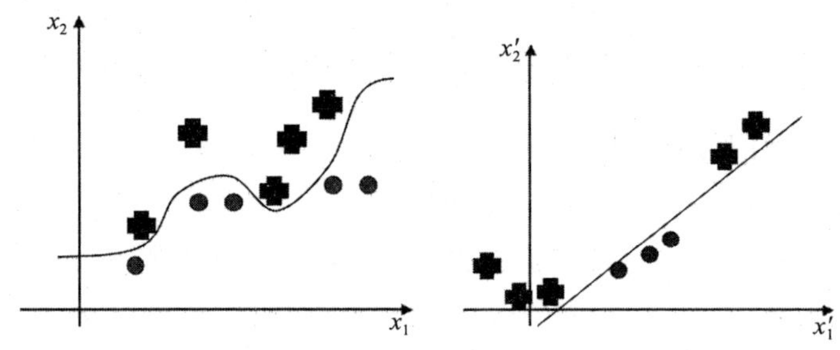

图 8-5　我们希望通过修改特征找到数据被线性分割的空间

重要的是，我们只是在改变数据，因此我们用输入 $\boldsymbol{x}_i$ 创造一些函数 $\phi(\boldsymbol{x}_i)$。这很重要的原因是，我们想要使用上面得到的 SVM 算法，特别是方程(8.11)。好消息是，情况并没有变得更糟，因为我们可以用 $\phi(\boldsymbol{x}_i)$代替 $\boldsymbol{x}_i$(用 $\phi(\boldsymbol{z})$代替 $\boldsymbol{z}$)并且很容易得到一个预测：

$$\boldsymbol{w}^{\mathrm{T}}\boldsymbol{x}+b=\Big(\sum_{i=1}^{n}\lambda_i t_i \phi(\boldsymbol{x}_i)\Big)^{\mathrm{T}}\phi(z)+b \tag{8.16}$$

当然，我们仍然需要挑选函数。如果我们知道关于数据的一些知识，就能使用标识函数，那也会是个好注意，但是这种**领域知识**并不总是唾手可得，并且我们想要得到自动算法。现在，让我们想想一个基本知识，所有二次多项式。它包括常数 1，每一个独立的输入元素 x_1，x_2，…，x_d，每一个输入元素的平方 x_1^2，x_2^2，…，x_d^2，以及每一对元素的乘积 x_1x_2，x_1x_3，…，$x_{d-1}x_d$。这就包含了 $d^2/2$ 个元素。图 8-6 右侧显示了一个二维的例子(包括常数项)，我将写出 $d=3$ 时$\sqrt{2}$的函数(设定这些值的原因很快就会清楚)：

$$\Phi(\boldsymbol{x})=(1,\sqrt{2}x_1,\sqrt{2}x_2,\sqrt{2}x_3,x_1^2,x_2^2,x_3^2,\sqrt{2}x_1x_2,\sqrt{2}x_1x_3,\sqrt{2}x_2x_3) \tag{8.17}$$

如果只有一个特征 x_1，那么我们便已经将之从一维转换成了三维(1，x_1，x_1^2)。

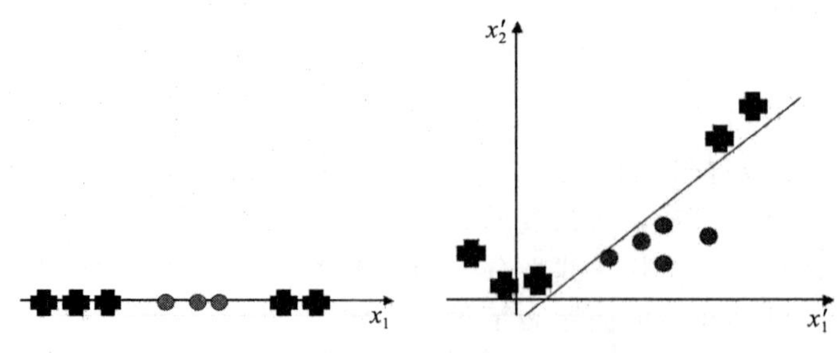

图 8-6　使用 x_1 和 x_1^2 可以分离两个类

唯一影响成本的事就是计算时间：函数 $\Phi(\boldsymbol{x}_i)$有 $d^2/2$ 个元素，我们需要用一个和它具有相同大小的向量与之相乘，而且需要做很多次。这是相当昂贵的计算，如果我们需要使用大于 2 的输入向量的幂，那就更糟了。还有最后一个小技巧可以帮助我们走出这个困境：我们实际上并不需要计算 $\Phi(\boldsymbol{x}_i)^{\mathrm{T}}\Phi(\boldsymbol{x}_j)$。为了看看这是怎么做的，让我们写出对于上面的例子 $\Phi(\boldsymbol{x})^{\mathrm{T}}\Phi(\boldsymbol{y})$ 具体是什么(这里为了更完美地匹配，令 $d=3$)：

$$\Phi(\boldsymbol{x})^{\mathrm{T}}\Phi(\boldsymbol{y}) = 1+2\sum_{i=1}^{d} x_i y_i + \sum_{i=1}^{d} x_i^2 y_i^2 + 2\sum_{i,j=1;i<j}^{d} x_i x_j y_i y_j \tag{8.18}$$

你可能没有意识到可以对这个等式进行因式分解，但幸运的是有人做了：它可以写成 $(1+\boldsymbol{x}^{\mathrm{T}}\boldsymbol{y})^2$。这里的点积是在原空间中的，所以仅仅需要 d 次乘法，这明显好多了——算法的这部分复杂度已经从 $O(d^2)$ 降到了 $O(d)$。同样的事情也是正确的：对于任何 s 次多项式，其朴素算法的复杂度是 $O(d^s)$。重要的是我们解决了所有扩展基向量内积的计算量问题(代价高昂的)，方法是计算一个核矩阵 $\boldsymbol{K}$(名为 Gram **矩阵**)，它是通过原向量计算出来的，只有线性成本。这有时被称为**核技巧**。这就意味着提供给你一个核，你不需要知道 $\Phi(\cdot)$ 是什么。这些核是使我们的方法有效的基本原因，以及为什么我们做那么多的努力来产生对偶形式问题的原因。核臆造了一种数据转换，因此是在高维空间中的，但是因为这些数据点仅仅出现在那些内积里，我们不需要在高维空间中做任何计算，而仅仅是在原低维空间中计算。

8.2.1 选择核

如何找到一个合适的核呢？任何一个对称函数如果是**正定**(positive definite)的(意思是对任意一个整函数都强调了正定性)，都可以用来作为核。这就是 Mercer **定理**的结果，Mercer 定理也指出一些核旋绕到一起的结果可能是另一个核。然而，通常所用的基本函数有三种不同的类型，并且都有很好的核对应之：

- 输入向量的元素 x_i 的 s 次多项式：

$$\boldsymbol{K}(\boldsymbol{x},\boldsymbol{y}) = (1+\boldsymbol{x}^{\mathrm{T}}\boldsymbol{y})^s \tag{8.19}$$

对 $s=1$，这给定了一个线性内核(linear kernel)。

- 以 κ 和 δ 为参数的 $x_k s$ 的 sigmoid 函数，核为：

$$\boldsymbol{K}(\boldsymbol{x},\boldsymbol{y}) = \tanh(\kappa\boldsymbol{x}^{\mathrm{T}}\boldsymbol{y}-\delta) \tag{8.20}$$

- $x_k s$ 的径向基函数扩展，参数 σ，核为：

$$\boldsymbol{K}(\boldsymbol{x},\boldsymbol{y}) = \exp\left(-\frac{(\boldsymbol{x}-\boldsymbol{y})^2}{2\sigma^2}\right) \tag{8.21}$$

选择哪一个核以及核中的参数的设定是一个棘手的问题。然而有一些基于 VC **维**的理论可以拿来用，大部分人只是用不同的值做实验并且选择一个有效的，也如第 4 章中 MLP 所做的一样使用一个验证集。

对于这个算法，我们仍然有两件事情需要担忧。一个就是我们在其他机器学习算法中也讨论过的——过拟合；另一个就是如何做测试。第二个也许值得做一点解释。我们使用核技术是为了降低对训练集的计算开销。我们仍然需要考虑对于测试集如何做相同的事情，因为不然的话我们仍将卡在 $O(d^s)$ 的计算开销上。实际上，避开这个问题并不难做到，因为前面对于权重 $\boldsymbol{w}^{\mathrm{T}}\Phi(\boldsymbol{x})$ 的计算，这里

$$\boldsymbol{w} = \sum_{i,\lambda_i>0} \lambda_i t_i \Phi(\boldsymbol{x}_i) \tag{8.22}$$

所以我们仍然有 $\Phi(\boldsymbol{x}_i)^{\mathrm{T}}\Phi(\boldsymbol{x}_j)$ 的计算，这是可以用前面的核技巧代替的。

过拟合问题消失了，因为事实上我们仍在优化 $\boldsymbol{w}^{\mathrm{T}}\boldsymbol{w}$(还记得我们是从哪经过漫长的路

到这来的?)，为了使得 $\boldsymbol{w}$ 尽可能小，这意味着许多参数都近乎于0。

8.2.2 示例：XOR

我们研究SVM的动机是源于思考如何解决3.4.3节中的XOR函数问题。那么SVM最终能处理这个问题么？我们需要修改问题的目标值为1和−1，而不是0和1，但是这并不困难。接下来我们将介绍两个特征中的所有基本项：1，$\sqrt{2}x_1$，$\sqrt{2}x_2$，x_1x_2，x_1^2，x_2^2。这里$\sqrt{2}$是为了保证乘法简单。那么等式(8.9)就形如：

$$\sum_{i=1}^{4}\lambda_i-\sum_{i,j}^{4}\lambda_i\lambda_j t_i t_j \boldsymbol{\Phi}(\boldsymbol{x}_i)^{\mathrm{T}}\boldsymbol{\Phi}(\boldsymbol{x}_j) \tag{8.23}$$

条件约束为 $\lambda_1-\lambda_2+\lambda_3-\lambda_4=0$，$\lambda_i\geqslant 0$，$i=1$，…，4。处理这个问题的过程(可用代数法做)告诉我们分类线满足 $x_1x_2=0$，对应的间隔是$\sqrt{2}$。不幸的是，我们不能画出来，因为有四个点已经被转换到了六维空间。我们知道这不是它能解出的最小的数，因为我们在3.4.3节的三维空间中做过，但是核空间的维数无关紧要，因为所有的计算都在二维空间中。

8.3 支持向量机算法

二次规划求解器往往非常复杂(很多工作都是在确定活动集)，如果我们试图编写一个，那就偏离了主题。幸运的是，通用求解器已经编写完成，因此我们可以利用这一点。我们将使用cvxopt，它是一个凸优化包，包含Python的装饰器。在这本书的网页上有相关网站的链接。cvxopt有一个很好的且干净的接口，所以我们可以使用它来为SVM的实现做大量的计算工作。从本质上讲，这种方法是相当简单的：我们选择一个核，然后对给定的数据，将相关二次问题及其约束集合成矩阵，再然后将它们传递给求解器，求解器会为我们找到决策边界和必要的支持向量。然后使用它们为训练数据构建一个分类器。下面将给出一个算法，然后突出显示实现的某些部分，特别是那些可以通过线性代数实现某些加速的部分。

支持向量机算法

- **初始化**
  - 对于指定的内核和内核参数，计算数据之间距离的内核
    - 这里主要的工作是计算 $\boldsymbol{K}=\boldsymbol{X}\boldsymbol{X}^{\mathrm{T}}$。
    - 对于线性内核，返回 $\boldsymbol{K}$，对于多项式的次数 d，返回 $\frac{1}{\sigma}\boldsymbol{K}^d$。
    - 对于RBF核，计算 $\boldsymbol{K}=\exp(-(\boldsymbol{x}-\boldsymbol{x}')^2/2\sigma^2$。
- **训练**
  - 将约束集组装为要求解的矩阵：

$$\min_{\boldsymbol{x}}\frac{1}{2}x^{\mathrm{T}}t_i t_j\boldsymbol{K}\boldsymbol{x}+\boldsymbol{q}^{\mathrm{T}}\boldsymbol{x},\quad \text{约束于 } \boldsymbol{G}\boldsymbol{x}\leqslant\boldsymbol{h},\boldsymbol{A}\boldsymbol{x}=\boldsymbol{b}$$

  - 将这些矩阵传递给求解器。
  - 将支持向量标识为距离最近点一定距离内的向量，并处理其余的训练数据。
  - 用公式(8.10)计算 b^*。

- **分类**
  - 对于给定的测试数据 $\boldsymbol{z}$，使用支持向量对相关内核的数据进行分类：
    - ○ 计算测试数据与支持向量的内积。
    - ○ 进行分类，$\sum_{i=1}^{n}\lambda_i t_i \boldsymbol{K}(\boldsymbol{x}_i,\boldsymbol{z})+b^*$，返回标记(硬分类)或值(软分类)。

8.3.1 实现

为了使用网站上的代码，有必要在你的计算机上安装 cvxopt 包。网站上有这个链接。然而，我们需要确切地找出想要解决的问题。关键是方程(8.9)，它表示有约束 $\lambda_i \geqslant 0$ 和 $\sum_{i=1}^{n}\lambda_i t_i=0$ 的对偶问题。我们需要修改它，以便处理松弛变量的情况，并使用内核。引入松弛变量的改变非常小，基本上就是交换第一个约束 $0\leqslant\lambda_i\leqslant C$，在添加核时仅仅将 $\boldsymbol{x}_i^{\mathrm{T}}\boldsymbol{x}_j$ 变为 $\boldsymbol{K}(\boldsymbol{x}_i,\ \boldsymbol{x}_j)$。我们想要解决：

$$\max_{\lambda}=\sum_{i=1}^{n}\lambda_i-\frac{1}{2}\boldsymbol{\lambda}^{\mathrm{T}}\boldsymbol{\lambda}\boldsymbol{t}\boldsymbol{t}^{\mathrm{T}}\boldsymbol{K}(\boldsymbol{x}_i,\boldsymbol{x}_j)\boldsymbol{\lambda} \tag{8.24}$$

$$\text{约束于 } 0\leqslant\lambda_i\leqslant C,\sum_{i=1}^{n}\lambda_i t_i=0 \tag{8.25}$$

cvxopt 二次规划求解器是 `cvxopt.solvers.qp()`。此方法接受输入 `cvxopt.solvers.qp(P,q,G,h,A,b)`，并且接下来求解：

$$\min\frac{1}{2}\boldsymbol{x}^{\mathrm{T}}\boldsymbol{P}\boldsymbol{x}+\boldsymbol{q}^{\mathrm{T}}\boldsymbol{x},\quad \text{约束于 } \boldsymbol{G}\boldsymbol{x}\leqslant\boldsymbol{h},\boldsymbol{A}\boldsymbol{x}=b \tag{8.26}$$

这里 $\boldsymbol{x}$ 是正在解决的变量，对我们来说是 $\boldsymbol{\lambda}$。注意，这解决了最小化问题，而我们做的是最大化，这意味着我们需要将目标函数乘以-1。为了使等式匹配，我们设定 $\boldsymbol{P}=t_i t_j\boldsymbol{K}$ 且 $\boldsymbol{q}$ 仅仅是一个包含-1的列向量。第二个约束很简单，因为如果 $\boldsymbol{A}=\boldsymbol{\lambda}$，那么我们将得到正确的等式。然而，对于第一个约束，我们需要做更多的工作，因为我们希望包含两个约束($0\leqslant\lambda_i$ 且 $\lambda_i\leqslant C$)。为此，我们将约束的数量加倍，把那些我们希望$\geqslant$而不是$\leqslant$的项乘-1。为了高效地进行乘法运算，最好使用对角线上的元素组成的矩阵，这样我们就得到了下面的矩阵：

$$\begin{bmatrix} t_1 & 0 & \cdots & 0 \\ 0 & t_2 & \cdots & 0 \\ \vdots & \vdots & & \vdots \\ 0 & 0 & & t_n \\ -t_1 & 0 & & 0 \\ 0 & -t_2 & & 0 \\ \vdots & \vdots & & \vdots \\ 0 & 0 & \cdots & -t_n \end{bmatrix}\begin{bmatrix}\lambda_1 \\ \lambda_2 \\ \vdots \\ \lambda_n\end{bmatrix}=\begin{bmatrix} C \\ C \\ \vdots \\ C \\ 0 \\ 0 \\ \vdots \\ 0 \end{bmatrix} \tag{8.27}$$

将这些集合起来，将它们转换成求解器期望的矩阵，然后调用它，就可以写成：

```
# Assemble the matrices for the constraints
P = targets*targets.transpose()*self.K
q = -np.ones((self.N,1))
if self.C is None:
```

```
        G = -np.eye(self.N)
        h = np.zeros((self.N,1))
    else:
        G = np.concatenate((np.eye(self.N),-np.eye(self.N)))
        h = np.concatenate((self.C*np.ones((self.N,1)),np.zeros((self.N,1))))
    A = targets.reshape(1,self.N)
    b = 0.0

    # Call the quadratic solver
    sol = cvxopt.solvers.qp(cvxopt.matrix(P),cvxopt.matrix(q),cvxopt.matrix(G),
    cvxopt.matrix(h), cvxopt.matrix(A), cvxopt.matrix(b))
```

在实现中有一些新奇的东西。一种是训练方法实际上返回一个执行分类的函数，就像下面看到的多项式核：

```
if self.kernel == 'poly':
    def classifier(Y,soft=False):
        K = (1. + 1./self.sigma*np.dot(Y,self.X.T))**self.degree

        self.y = np.zeros((np.shape(Y)[0],1))
        for j in range(np.shape(Y)[0]):
            for i in range(self.nsupport):
                self.y[j] += self.lambdas[i]*self.targets[i]*K[j,i]
            self.y[j] += self.b

        if soft:
            return self.y
        else:
            return np.sign(self.y)
```

原因是分类函数对于不同的内核有不同的形式，因此我们需要基于指定的内核创建这个函数。分类器的句柄存储在类中，该方法可以被调用为：

```
output = sv.classifier(Y,soft=False)
```

另一个新奇之处在于，RBF 内核的一些计算使用线性代数方法来使计算速度更快，因为 NumPy 在处理矩阵操作方面比循环更好。RBF 核的元素是 $K_{ij}=\frac{1}{2\sigma}\exp(-\|x_i-x_j\|^2)$。我们可以用 i 和 j 上的一对循环来做这个工作，但是也可以用一些代数方法。

线性内核被计算为 $K_{ij}=\boldsymbol{x}_i^{\mathrm{T}}\boldsymbol{x}_j$，并且这个矩阵的对角元素是 $\|\boldsymbol{x}_i\|^2$。窍门是看看如何只用这些元素来计算 $\|\boldsymbol{x}_i-\boldsymbol{x}_j\|^2$ 部分，只需要展开二次方程：

$$(\boldsymbol{x}_i-\boldsymbol{x}_j)^2=\|\boldsymbol{x}_i\|^2+\|\boldsymbol{x}_j^2\|-2\boldsymbol{x}_i^{\mathrm{T}}\boldsymbol{x}_j \tag{8.28}$$

现在涉及的唯一工作是确保矩阵是正确的形状。因为 NumPy 丢失了 $N\times 1$ 个矩阵的维数，所以它们的维数只有 N，就像我们之前看到的那样，这就很简单了。这意味着我们需要构造一个 1 的矩阵，并多次使用转置运算符，如下面的代码片段所示。

```
self.xsquared = (np.diag(self.K)*np.ones((1,self.N))).T
b = np.ones((self.N,1))
self.K -= 0.5*(np.dot(self.xsquared,b.T) + np.dot(b,self.xsquared.T))
self.K = np.exp(self.K/(2.*self.sigma**2))
```

对于分类器，我们可以使用相同的技巧来计算内核的乘积和测试数据。

```
elif self.kernel == 'rbf':
    def classifier(Y,soft=False):
        K = np.dot(Y,self.X.T)
        c = (1./self.sigma * np.sum(Y**2,axis=1)*np.ones((1,np.shape(Y)[0])))
        .T
        c = np.dot(c,np.ones((1,np.shape(K)[1])))
```

```
            aa = np.dot(self.xsquared[self.sv],np.ones((1,np.shape(K)[0]))).T
            K = K - 0.5*c - 0.5*aa
            K = np.exp(K/(2.*self.sigma**2))

            self.y = np.zeros((np.shape(Y)[0],1))
            for j in range(np.shape(Y)[0]):
                for i in range(self.nsupport):
                    self.y[j] += self.lambdas[i]*self.targets[i]*K[j,i]
        self.y[j] += self.b

    if soft:
        return self.y
    else:
        return np.sign(self.y)
```

第一个计算工作是计算内核($O(m^2n)$，这里 m 是数据点的数量，n 是维度)，第二部分在求解器内部，它必须在每次迭代中分解出核矩阵和测试矩阵的和。因子分解通常占用 $O(m^3)$，这就是为什么 SVM 对于大数据集来说是非常昂贵的。有一些方法可以改进这一点，在这一章的末尾有一些参考文献。

8.3.2 示例

为了看到 SVM 的工作原理，并确定内核之间的差异，我们将从一些非常简单的有两个类的二维数据集开始讨论。

第一个示例(如图 8-7 的第一行所示)简单地检查 SVM 可以准确地学习线性可分离数据，这是成功的。注意，不同的内核产生不同的决策边界，对于多项式核(中间)和 RBF 核(右边)来说，这不是二维图中的直线，不同的内核也需要不同数量的支持向量(粗体突出显示)。

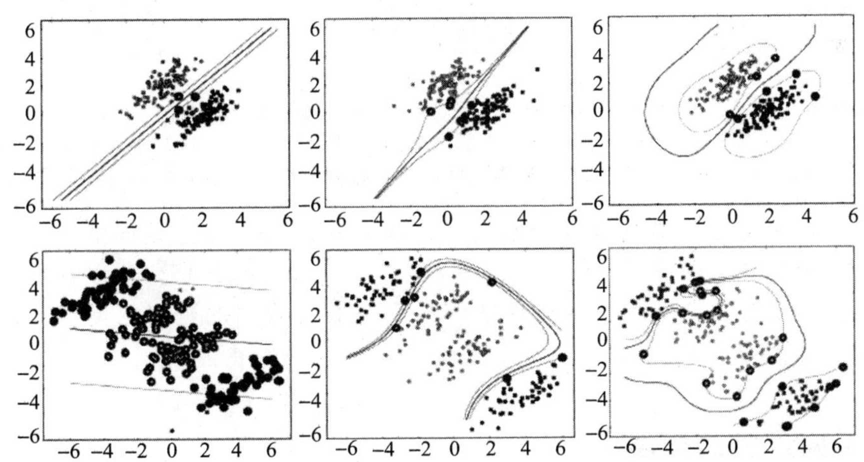

图 8-7　支持向量机学习线性可分离数据集(上一行)和需要两条直线在 2D 中分开的数据集(下一行)。左边是线性核，中间是三次多项式核，右边是 RBF 核。在所有例子中，$C=0.1$

图中的第二行是一个不能被仅仅一条直线分开的数据集，线性核不能将其分开。然而，多项式和 RBF 核在支持向量非常少的情况下成功地处理了这些数据。

对于第二个示例，数据来自 XOR 数据集，其中一些数据分布在四个数据点的每个点上。数据集由四组随机高斯样本组成，其标准差较小，均值为(0，0)，(0，1)，(1，0)，

(1，1)，(1，1)。图8-8显示了该数据集的一系列输出，每个集群的标准偏差分别为0.1(左边)、0.3(中间)和0.4(右边)，有100个数据点用于训练，100个数据点用于测试。这两个类的训练集以黑白圆的形式显示，支持向量的轮廓较粗。测试集显示为黑白方块。

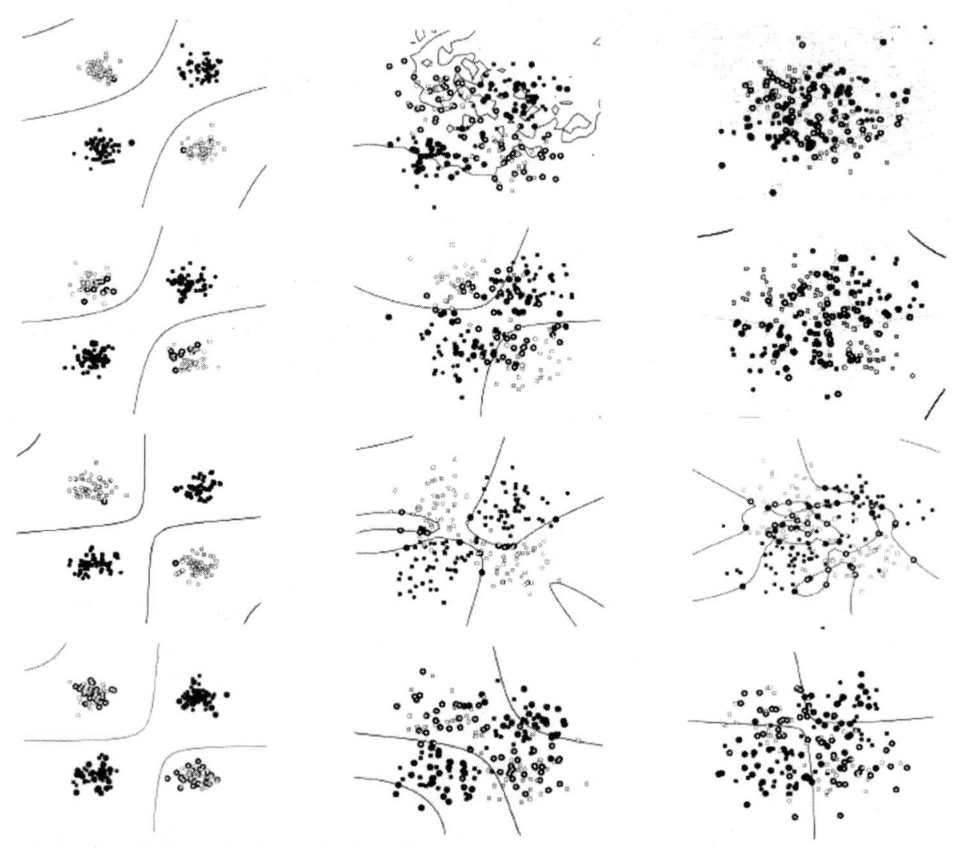

图8-8　不同内核在学习XOR版本时的效果，在类之间有越来越多的重叠(从左到右)。第一行：无松弛变量的三阶多项式核。第二行：$C=0.1$的三阶多项式。第三行：RBF核，无松弛变量。最后一行：$C=0.1$的RBF核。突出显示支持向量，并为每种情况绘制决策边界

图中最上面一行是不带松弛变量的三阶多项式核；第二行是相同的核，但$C=0.1$；第三行是没有松弛变量的RBF核；最后一行是$C=0.1$的RBF核。可以看到，当类开始重叠时，包含松弛变量会导致更简单的决策边界和底层数据的更好的模型。多项式核和RBF核都能很好地解决这个问题。

8.4　支持向量机的拓展

8.4.1　多类分类

我们考虑的支持向量机是指**两类分类问题**。你可能想知道如何进行多类分类，因为我们不能使用已用的相同的方法来设计当前算法。实际上，最终我们将不能以一致的方法来处理问题。上面的SVM仅仅对两类有效。这可能看上去像一个主要问题，但是利用一些想法是有可能找到解决问题的方法的。对于一个N类分类问题，训练支持向量机的目的是将某一类与其他类区分出来，那么接着把剩下的类中的一类从其他类中区分出来。所以

对 N 类问题，我们有 N 个支持向量机。这仍然留下一个问题：如何决策这些支持向量机中哪个是识别特殊输入的那一个？答案是选择那个具有最强分类能力的，也就是基本向量输入点进入正区域最远的那个分类器。目前还不清楚如何确定哪种预测最有力。代码片段中的分类器示例返回的要么是类标记(作为 y 的符号)，要么是 y 的值。y 的值告诉我们它离决策边界有多远，如果是错误的分类，显然它将是负的。因此，我们可以使用这个软边界的最大值作为最好的分类器。

```
output = np.zeros((np.shape(test)[0],3))
output[:,0] = svm0.classifier(test[:,:2],soft=True).T
output[:,1] = svm1.classifier(test[:,:2],soft=True).T
output[:,2] = svm2.classifier(test[:,:2],soft=True).T

# Make a decision about which class
# Pick the one with the largest margin
bestclass = np.argmax(output,axis=1)
err = np.where(bestclass!=target)[0]
print len(err)/ np.shape(target)[0]
```

图 8-9 显示了 iris 数据集的前两个维度和这三个类的类决策边界。可以看出，仅使用二维并不能很好地分离数据，两个核的准确率都在 33%左右，但在所有四个维度上，RBF 和多项式核的准确率都在 95%左右。

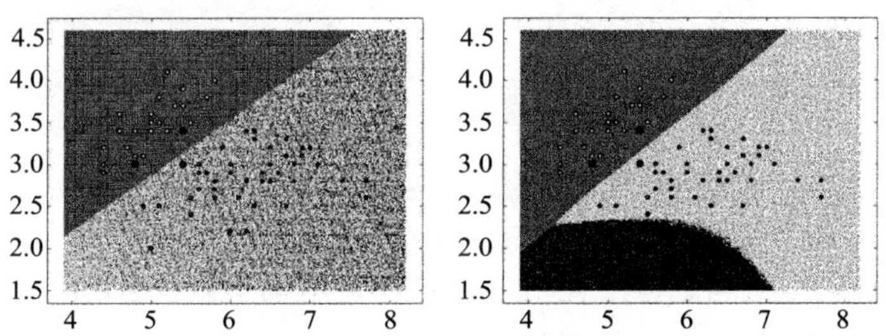

图 8-9 线性(左)和多项式(右)的核学习 iris 数据集的前两个维度，它很好地区分了一个类和其他两个类，但不能再区分其他两个类(理由很充分)。支持向量突出显示

8.4.2 支持向量机回归

或许更令人惊讶的是，用支持向量机做回归也是有可能的。关键是使用常用的最小二乘误差函数(正规化保证权重的标准最小)：

$$\frac{1}{2}\sum_{i=1}^{N}(t_i - y_i)^2 + \frac{1}{2}\lambda\|\boldsymbol{w}\|^2 \quad (8.29)$$

转换它是使用了所谓的 ε **不敏感误差函数**(E_ε)：如果目标值和输出之间的差异比 ε 小，函数值就为 0(为了保值一致性，其他情况就与 ε 做减法)。图 8-10 显示了这个误差函数的形式，该函数为：

$$\sum_{i=1}^{N}E_\varepsilon(t_i - y_i) + \boldsymbol{\lambda}\frac{1}{2}\|\boldsymbol{w}\|^2 \quad (8.30)$$

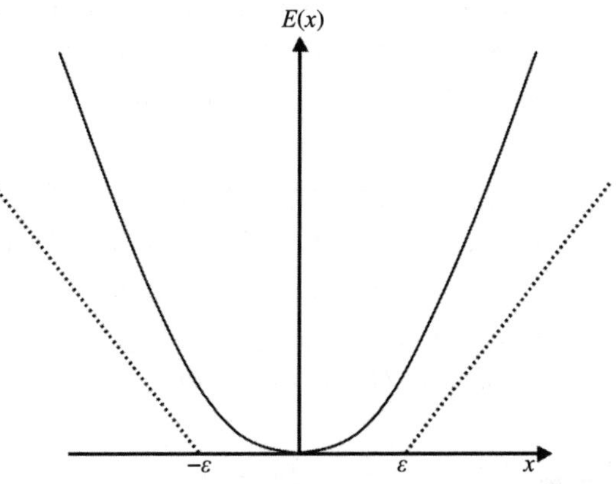

图 8-10 对于 ε 下面的任何错误，ε 不敏感误差函数为零

你可能看到过其他表达式将常数 $\boldsymbol{\lambda}$ 放在第二项的前面，而将 C 写在第一项的前面。这相当于缩放。现在想想这张图几乎与图 8-3

相反：我们想要预测落在大约正确的管半径 ϵ 之内。为了容错，对于每一个点我们再一次引入松弛变量 ϵ_i 作为限制条件，并且按照相同的过程引入拉格朗日乘子，转换到对偶问题，使用核函数和用二次优化处理该问题。

所有这些的结果即我们对测试点 $\mathbf{z}$ 的预测：

$$f(\mathbf{z}) = \sum_{i=1}^{n} (\mu_i - \lambda_i K(\mathbf{x}_i, \mathbf{z}) + b) \tag{8.31}$$

这里 μ_i 和 λ_i 是两个限制变量集。

8.4.3 其他优势

关于核方法和 SVM 已经有很多出色的工作了。这包括许多关于优化的问题，例如**顺序最小优化**(sequential minimal optimisation)，以及拓展到计算后验概率而不是难决策问题，如**相关向量机**(relevance vector machine)。以后的章节中会有介绍。

在互联网上有一些 SVM 的实现比本书网站上的实现更先进。它们几乎都是用 C 写的，但是有一些包括了其他语言的封装，如 Python。只要上网去搜索，你就可以尝试一些新的实现，但是常见的选择是 SVMLight、LIBSVM 和 scikit-learn。

拓展阅读

本章对 SVM 的讨论仅仅相当于浏览了该专题的表面。以下有一份有用的 SVM 指导教程：

- C. J. Burges. A tutorial on support vector machines for pattern recognition. *Data Mining and Knowledge Discovery*, 2(2): 121-167, 1998.

如果你想了解更多信息，以下几本书的任何一本都可以(第一本是 SVM 的提出者所写的)：

- V. Vapnik. *The Nature of Statistical Learning Theory*. Springer, Berlin, Germany, 1995.
- B. Schökopf, C. J. C. Burges, and A. J. Smola. *Advances in Kernel Methods: Support Vector Learning*. MIT Press, Cambridge, MA, USA, 1999.
- J. Shawe-Taylor and N. Cristianini. *Kernel Methods for Pattern Analysis*. Cambridge University Press, Cambridge, UK, 2004.

如果你想知道更多关于二次优化的信息，有用的推荐如下：

- S. Boyd and L. Vandenberghe. *Convex Optimization*. Cambridge University Press, Cambridge, UK, 2004.

其他关于机器学习的书籍也覆盖了这些知识面：

- Chapter 12 of T. Hastie, R. Tibshirani, and J. Friedman. *The Elements of Statistical Learning*, 2nd edition, Springer, Berlin, Germany, 2008.
- Chapter 7 of C. M. Bishop. *Pattern Recognition and Machine Learning*. Springer, Berlin, Germany, 2006.

习题

8.1 假设下面是两类中的一些点集：

$$\text{Class1}:\begin{bmatrix}1\\1\end{bmatrix}\begin{bmatrix}1\\2\end{bmatrix}\begin{bmatrix}2\\1\end{bmatrix} \tag{8.32}$$

$$\text{Class2}:\begin{bmatrix}0\\0\end{bmatrix}\begin{bmatrix}1\\0\end{bmatrix}\begin{bmatrix}0\\1\end{bmatrix} \tag{8.33}$$

划分它们并找到最优分类线。支持向量是什么？间隔是什么？

8.2 假设点是：

$$\text{Class1}:\begin{bmatrix}0\\0\end{bmatrix}\begin{bmatrix}1\\2\end{bmatrix}\begin{bmatrix}2\\1\end{bmatrix} \tag{8.34}$$

$$\text{Class2}:\begin{bmatrix}1\\1\end{bmatrix}\begin{bmatrix}1\\0\end{bmatrix}\begin{bmatrix}0\\1\end{bmatrix} \tag{8.35}$$

尝试本章中给出的几个不同的基本函数，看看哪些可以分类成功，哪些不能。

8.3 从互联网上下载一种 SVM 包并实际使用。特别地，把它运用到 `wine` 数据上。把结果和 MLP 方法比较。同样也用到 `yeast` 数据上。

8.4 把 SVM 用到 MNIST 数据集上。

8.5 证明：引入松弛变量并能不改变对偶问题(只将约束改为 $0 \leqslant \lambda_i \leqslant C$)。从方程(8.12)开始，引入拉格朗日乘子，然后将结果与方程(8.9)相比较。

优化和搜索

我们在前面章节所看到的几乎所有算法都涉及一些元素的优化，通常是通过定义某种形式的误差函数，并且尝试最小化它。我们曾经讨论过梯度下降法，它是形成许多机器学习算法的基础的一种优化方法。在本章，我们将看到正规化的梯度下降算法，并且了解它是如何工作的，然后我们将讨论如果问题中没有梯度时应该怎么办，这时梯度下降法将失去作用。

无论我们用什么方法去解决优化问题，基本方法都是一样的：通过求误差函数的导数算出梯度并且随着梯度的方向下降。如果梯度不存在该怎么办呢？这在许多问题中是普遍存在的——离散问题不是定义在连续函数上的，所以不能求微分，这时梯度下降法就不能用了。理论上，我们可以把离散问题的所有情况计算一遍去找到最优解，但是对于我们感兴趣的问题，计算量是非常大的。因此，我们需要找到其他的方法。一些离散问题的例子如下：

- **芯片设计**：在电脑芯片上制作电路并使得它们不交叉。
- **时间表**：给定课程名单和每个学生上这些课的时间，找到一个使得冲突最小的时间表(或给定一些航班和路线，找到每条路线上航班的时间表)。
- **旅行商问题**：给定一些城市，找出一条路线(就是每个城市只访问一遍并且最后回到出发点)，使得总旅行距离最小。

值得注意的是，我们没有一个理想的解决方法来探索这类问题。就是说，没有一种搜索算法可以保证对每一个问题都能很好地解决——你总是需要花时间来寻找最有效的算法，并且简化你的问题，使得算法尽可能有效。这就是所谓的**没有免费的午餐**理论。

9.1 下山法

我们首先来尝试更好地理解梯度下降算法，并且看一个可以用来找一般问题的局部最优的算法。我们也会考虑解决最小二乘优化问题的特殊情况，它是我们看到的机器学习算法的最常用的例子。

就像我们已经提到的，基本的想法就是，我们想要最小化函数 $f(\mathbf{x})$，其中 $\mathbf{x}$ 是向量 $(x_1, x_2, \cdots, x_n)$，它的每个元素对应一个特征值，从初始值 $\mathbf{x}(0)$开始。我们尝试寻找一个朝着最小值下降的点列 $\mathbf{x}(i)$。接下来看到的方法将可以在任意维度下使用。因此，我们要对函数在 $\mathbf{x}$ 的每一个不同维度下求导。我们把所有这一系列函数写成$\nabla f(\mathbf{x})$，它是向量 $\left(\frac{\partial f}{\partial \mathbf{x}_1}, \frac{\partial f}{\partial \mathbf{x}_2}, \cdots, \frac{\partial f}{\partial \mathbf{x}_n}\right)$，给出了函数在每一个维度下的梯度。图 9-1 给出了在二维情况下为了最小化函数的一系列方向。

第一件需要考虑的事情就是如何知道我们找到了最小值，换句话说就是如何知道什么时候停止？这其实很简单：就是$\nabla f=0$，因为已经没有可以下降的方向了。如果你正在

下山，那么当周围都是平坦的路时，就到达了底部(在函数再次开始上升之前，不可能存在一个非常大的空间，但是如果函数是连续的，正如我们在这里假设的那样，在函数上升和下降之间一定有一点变化率是0)。所以我们可以通过检查是否有$\nabla f=0$来判断何时停止算法。实际操作中，算法总是有一些数值上的不精确，因为在计算机中是用浮点小数表示的，所以我们通常是在$|\nabla f|<\epsilon$时停止算法，其中ϵ是一个非常小的数，比如10^{-5}。还有一个概念值得我们考虑，就是存在一个区域的函数值不会随着我们的改变而上升或下降，即函数值相同的区域。这些就是所谓的函数的水平集，图9-2说明了这样的一个例子。通常，水平集中会有几个离散的部分，因此如果不丢弃集合本身就无法探索它。

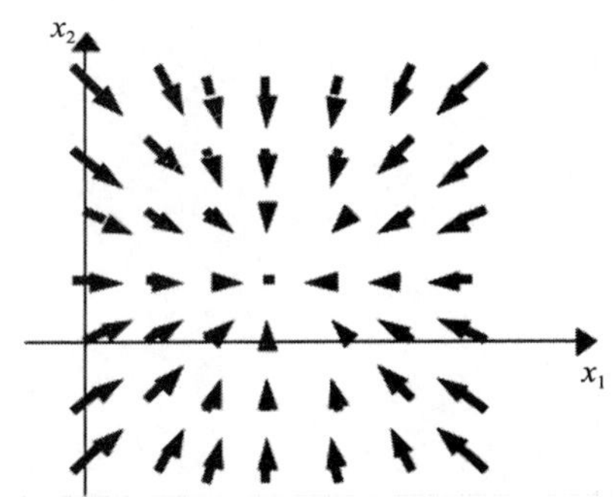

图 9-1 通过下降梯度最小化函数。在最小值点函数梯度为零。这是一个没有局部极小值的很好的例子，同时它们的梯度也是零

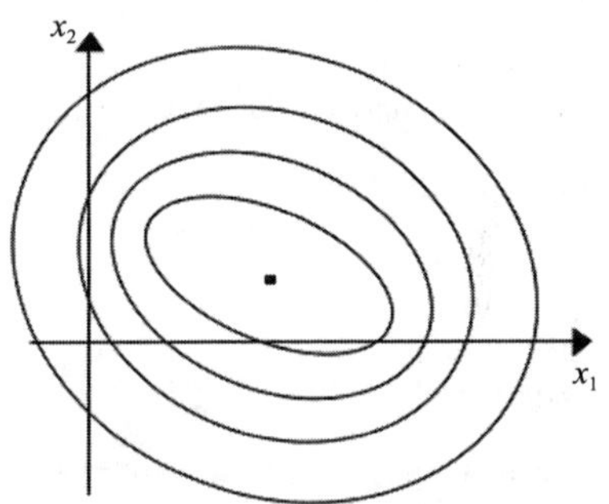

图 9-2 这些线展示了一些函数值相同的区域(水平集)的轮廓

所以在当前点$\boldsymbol{x}_i$我们有两件事情需要决定：应该朝哪个方向移动才能下降得尽可能快？应该移动多远？我们先来看第二个问题，有两种类型的方法可以用来解决它。其中一个将要用的是**线性搜索**(line search)：如果我们知道应该走哪个方向，那么就沿着它一直走，直到到达这个方向的最小值。所以这仅仅是沿着直线的搜索。用数学语言把它写出来就是，如果我们现在在点$\boldsymbol{x}_k$，那么下一个点$\boldsymbol{x}_{k+1}$将是：

$$\boldsymbol{x}_{k+1}=\boldsymbol{x}_k+\alpha_k\boldsymbol{p}_k \tag{9.1}$$

$\boldsymbol{p}_k$是我们选择要移动的方向，α_k是我们沿着这个方向要移动的距离，它通过线性搜索选择。计算它需要非常大的计算量，所以这通常都是猜出来的。

另一个方法是**信赖域**(trust region)法。这种方法更加复杂，因为它是通过**二次型**(quadratic form)建立函数的局部模型并且找到这个局部模型的最小值。我们将在9.2节看到信赖域法的一个例子，更多信息可以查阅本章最后列出的参考资料。

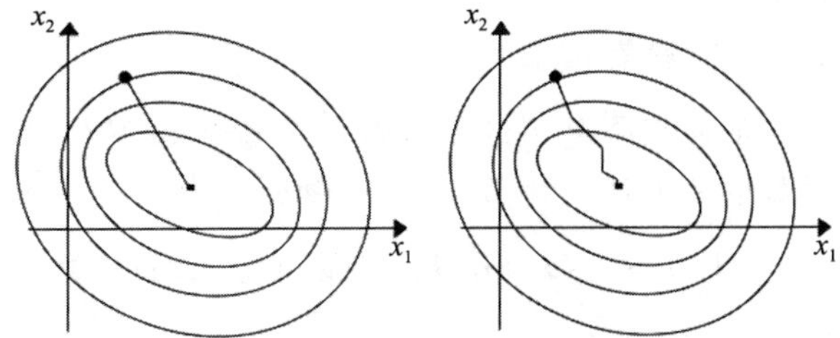

图 9-3 左边：理想情况下我们知道如何直接到达最小值。而实际情况下，我们不知道，所以我们要向右边那样去估计它：在每一步都使用最速下降法

方向$\boldsymbol{p}_k$也可以用几种不同的方法寻找。图9-3的左边画出了理想的情形，就是直接指向最小值的方向，这样线性搜索就能马上找到它。但由于我们并不知道最小值(它是我们需要找的!)，所以这实际上是不可能的。我们可以做的就是利用**贪婪**(greedy)选择法并且在每一个点都沿着下降最快的方向走。这就是我们

所知的**最速下降**(steepest descent)法，它意味着 $\boldsymbol{p}_k=-\nabla f(\boldsymbol{x}_k)$。图 9-3 的右边展示了使用这个方法的一个例子，在这里，它走的许多方向都没有直接朝着中心。在一些极端情形下会有非常大的差异：穿过山谷，而不是沿着全局最小值的方向下降(如我们在图 4-7 中看到的)。

如果不关心步长，仅仅把它设为 $\alpha_k=1$，那么我们可以用一个非常简单的程序通过方程(9.1)来实现它。所需要做的就是不断迭代线性搜索直到问题的解不再改变(或者达到迭代次数的上限)。剩下的唯一的事就是计算函数的导数，也就是方向 $\boldsymbol{p}_k$。这部分与具体问题有关，作为一个小例子，我们考虑简单的三维函数 $f(\boldsymbol{x})=(0.5x_1^2+0.2x_2^2+0.6x_3^2)$。我们可以通过一阶微分来计算梯度向量，$\nabla f(\boldsymbol{x})=(x_1, 0.4x_2, 1.2x_3)$，这是下面代码中函数 gradient()的返回值：

```
def gradient(x):
    return np.array([x[0], 0.4*x[1], 1.2*x[2]])

def steepest(x0):
    i = 0
    iMax = 10
    x = x0
    Delta = 1
    alpha = 1

    while i<iMax and Delta>10**(-5):
        p = -Jacobian(x)
        xOld = x
        x = x + alpha*p
        Delta = np.sum((x-xOld)**2)
        print x
        i += 1
```

为了计算最小值我们需要找到一个初始值，例如，$\boldsymbol{x}(0)=(-2, 2, -2)$，并且可以计算出最速下降方向$(-2, 0.8, -2.4)$。最速下降法对于这个例子只需要很少的几步，以下是结果靠近正确答案(0，0，0)之前的几步，即使如此也不是很靠近：

```
[ 0. 1.20       0.40]
[ 0. 0.72      -0.08]
[ 0. 0.43       0.01]
[ 0. 0.26      -0.00]
[ 0. 0.16       0.00]
[ 0. 0.09      -0.00]
[ 0. 5.69-02    2.56-05]
```

为了了解如何改进这一点，我们需要补充一点函数估计的基础知识。

9.1.1　泰勒展开

最速下降基于的是函数中的**泰勒展开**(Taylor expansion)，这是一种根据其导数近似函数值的方法。函数 $f(\boldsymbol{x})$可以近似为：

$$f(\boldsymbol{x})\approx f(\boldsymbol{x}_0)+\boldsymbol{J}(\nabla f(\boldsymbol{x}))|_{\boldsymbol{x}_0}(\boldsymbol{x}-\boldsymbol{x}_0)+\frac{1}{2}(\boldsymbol{x}-\boldsymbol{x}_0)^{\mathrm{T}}\boldsymbol{H}(f(x))|_{\boldsymbol{x}_0}(\boldsymbol{x}-\boldsymbol{x}_0)+\cdots \tag{9.2}$$

$\boldsymbol{x}_0$ 是一个常见的但是容易和初始值 $\boldsymbol{x}(0)$混淆的记号，$|_{\boldsymbol{x}_0}$表示函数在这点取值，$\boldsymbol{J}(\boldsymbol{x})$是函数一阶微分的**雅可比**(Jacobian)矩阵：

$$\boldsymbol{J}(\boldsymbol{x})=\frac{\partial f(\boldsymbol{x})}{\partial \boldsymbol{x}}=\left(\frac{\partial f(\boldsymbol{x})}{\partial x_1},\frac{\partial f(\boldsymbol{x})}{\partial x_2},\cdots,\frac{\partial f(\boldsymbol{x})}{\partial x_n}\right) \tag{9.3}$$

$\boldsymbol{H}(\boldsymbol{x})$是二阶导数的**海森矩阵**(Hessian matrix)(梯度的雅可比矩阵)，对于单个函数 $f(x_1, x_2, \cdots, x_n)$定义为

$$\boldsymbol{H}(\boldsymbol{x})=\frac{\partial}{\partial \boldsymbol{x}_i}\frac{\partial}{\partial \boldsymbol{x}_j}f(\boldsymbol{x})=\begin{bmatrix}\frac{\partial^2 f(\boldsymbol{x})}{\partial x_1^2} & \frac{\partial^2 f(\boldsymbol{x})}{\partial x_1\partial x_2} & \cdots & \frac{\partial^2 f(\boldsymbol{x})}{\partial x_1\partial x_n}\\ \vdots & \vdots & & \vdots\\ \frac{\partial^2 f(\boldsymbol{x})}{\partial x_n\partial x_1} & \frac{\partial^2 f(\boldsymbol{x})}{\partial x_n\partial x_2} & \cdots & \frac{\partial f_n(\boldsymbol{x})}{\partial x_n^2}\end{bmatrix} \tag{9.4}$$

如果 $f(x)$是一个**标量函数**(scalar function)(也就是返回一个数)，那么 $\boldsymbol{J}(\boldsymbol{x})=\nabla f(\boldsymbol{x})$是一个向量，$\boldsymbol{H}(\boldsymbol{x})=\nabla^2 f(\boldsymbol{x})$是一个二维矩阵。对于向量值函数 $f(\boldsymbol{x})$，$\boldsymbol{J}(\boldsymbol{x})$是一个二维矩阵，而 $\boldsymbol{H}(\boldsymbol{x})$是三维的。

如果按照我们所写的那样最小化等式(9.2)(即忽略第三项及更高的项)，那么第 k 步迭代时的**牛顿方向**(Newton direction)是 $\boldsymbol{p}_k=-(\nabla f^2(\boldsymbol{x}_k))^{-1}\nabla f(\boldsymbol{x}_k)$。关于这个等式有一个很重要的地方需要我们注意，就是其中用到了海森矩阵的逆。而计算它的复杂度通常是 $O(N^3)$(这里 N 是矩阵元素的个数)，这就使得算法的计算量非常大。对于这样大的计算量的补偿是，我们根本不用担心算法的步数，因为它总是被设为 1。

实施这个算法只需要改变基本最速下降算法中的一行，并加入计算海森矩阵的函数。被改变的是计算 $\boldsymbol{p}_k$ 的那一行，变成了：

```
p = -np.dot(np.linalg.inv(Hessian(x)),Jacobian(x))
```

对于这个简单的例子，算法只用一步就直接到达了正确的答案，这比我们早先看到的最速下降法要好很多。然而，对于更加复杂的函数就没有这样的效果了。但是正如我们即将要看到的那样，在某些情况下，我们可以做得更好。

9.2 最小二乘优化

对于推导出的许多算法，我们都使用了最小二乘误差函数，例如 MLP 和线性回归量的误差。最小二乘问题在很多领域都是最常见的优化问题，这意味着它们已经得到了很好的研究，并且幸运的是，在问题中它们都具有特殊的结构，使得解决它们比解决其他问题更容易。这导致了一系列用于求解最小二乘问题的特殊算法生成，尽管它们大多是标准方法的特殊情况。其中一个已经变得众所周知，即 Levenberg-Marquardt 方法，它是一种信赖域优化算法。我们将推导出 Levenberg-Marquardt 算法，首先要确定为什么最小二乘优化是一种特殊情况。

9.2.1 Levenberg-Marquardt 算法

对于最小二乘问题，我们要优化的目标函数是：

$$f(\boldsymbol{x})=\frac{1}{2}\sum_{j=1}^{m} r_j^2(\boldsymbol{x})=\frac{1}{2}\|\boldsymbol{r}(\boldsymbol{x})\|_2^2 \tag{9.5}$$

这里的$\frac{1}{2}$是为了使求导后结果更好，并且 $\boldsymbol{r}(\boldsymbol{x})=(r_1(\boldsymbol{x}), r_2(\boldsymbol{x}), \cdots, r_m(\boldsymbol{x}))^{\mathrm{T}}$。最后，我们可以写出 $\boldsymbol{r}$ 的雅可比矩阵如下：

$$\boldsymbol{J}^{\mathrm{T}}(\boldsymbol{x}) = \begin{Bmatrix} \frac{\partial r_1}{\partial x_1} & \frac{\partial r_2}{\partial x_1} & \cdots & \frac{\partial r_m}{\partial x_1} \\ \frac{\partial r_1}{\partial x_2} & \frac{\partial r_2}{\partial x_2} & \cdots & \frac{\partial r_m}{\partial x_2} \\ \vdots & \vdots & & \vdots \\ \frac{\partial r_1}{\partial x_n} & \frac{\partial r_2}{\partial x_n} & \cdots & \frac{\partial r_m}{\partial x_n} \end{Bmatrix} = \left[\frac{\partial r_j}{\partial x_i}\right]_{j=1,\cdots,m,i=1,\cdots,n} \tag{9.6}$$

这是很有用的，因为我们需要的函数的梯度可以直接计算出来：

$$\nabla f(\boldsymbol{x}) = \boldsymbol{J}(\boldsymbol{x})^{\mathrm{T}}\boldsymbol{r}(x) \tag{9.7}$$

$$\nabla^2 f(\boldsymbol{x}) = \boldsymbol{J}(\boldsymbol{x})^{\mathrm{T}}\boldsymbol{J}(x) + \sum_{j=1}^{m} r_j(\boldsymbol{x})\,\nabla^2 r_j(\boldsymbol{x}) \tag{9.8}$$

我们这样做是为了了解雅可比矩阵从而有效地提供海森矩阵的第一部分(通常是最重要的部分)，而不需要任何额外的计算成本，这也是特殊算法能够有效解决最小二乘问题的原因。记住，对于我们已经看到的其他所有的梯度下降算法，我们都是通过泰勒展开式(公式(9.2))的小于三次方的项(海森矩阵)来估计函数的值。

如果$\|\boldsymbol{r}(\boldsymbol{x})\|$是线性的(这意味着 $f(\boldsymbol{x})$是二次的)，那么雅可比矩阵是一个常数且$\nabla^2 r_j(\boldsymbol{x})=0$对于所有的 j 成立。在这种情况下，将方程(9.7)和(9.8)代入方程(9.2)并求导，我们可以得到：

$$\nabla f(\boldsymbol{x}) = \boldsymbol{J}^{\mathrm{T}}(\boldsymbol{J}\boldsymbol{x} + \boldsymbol{r}) = 0 \tag{9.9}$$

且

$$\boldsymbol{J}^{\mathrm{T}}\boldsymbol{J}x = -\boldsymbol{J}^{\mathrm{T}}\boldsymbol{r}(\boldsymbol{x}) \tag{9.10}$$

这是一个可以解决的线性最小二乘问题。在理想的条件中，我们可以看到它实际上只是语句 $\boldsymbol{Ax}=\boldsymbol{b}$(其中 $\boldsymbol{A}=\boldsymbol{J}^{\mathrm{T}}\boldsymbol{J}$ 是一个方阵，$\boldsymbol{b}=-\boldsymbol{J}^{\mathrm{T}}\boldsymbol{r}(\boldsymbol{x})$，所以直接求解：

$$\boldsymbol{x} = -(\boldsymbol{J}^{\mathrm{T}}\boldsymbol{r})^{-1}\boldsymbol{J}^{\mathrm{T}}\boldsymbol{r} \tag{9.11}$$

然而，这在计算上是昂贵的并且在数值上非常不稳定，因此我们需要使用线性代数以各种不同的方式找到 x，例如**丘拉斯基因式**(Cholesky factorisation)分解，**队列请求因式**(QR factorisation)分解或使用**奇异值分解**(singular value decomposition)。我们将看看这些方法中的最后一个，因为它使用了我们已经在第 6 章中看到的特征向量，之后的第 18 章将讨论第一种方法。

$$\boldsymbol{A} = \boldsymbol{USV}^{\mathrm{T}} \tag{9.12}$$

这里 $\boldsymbol{U}$ 和 $\boldsymbol{V}$ 是正交矩阵(即矩阵的转置就是它的逆，所以 $\boldsymbol{U}^{\mathrm{T}}\boldsymbol{U}=\boldsymbol{UU}^{\mathrm{T}}=\boldsymbol{I}$，这里 $\boldsymbol{I}$ 是单位矩阵)。$\boldsymbol{U}$ 是 $m\times m$ 阶的并且 $\boldsymbol{V}$ 是 $n\times n$ 阶的。$\boldsymbol{S}$ 是一个 $m\times n$ 阶对角矩阵，对角线上的元素 σ_i 就是所谓的**奇异值**。

为了把它应用于线性最小二乘问题，我们计算 $\boldsymbol{J}^{\mathrm{T}}\boldsymbol{J}$ 的 SVD，并且将它代入等式(9.11)：

$$\boldsymbol{x} = [(\boldsymbol{USV}^{\mathrm{T}})^{\mathrm{T}}(\boldsymbol{USV}^{\mathrm{T}})]^{-1}(\boldsymbol{USV}^{\mathrm{T}})^{\mathrm{T}}\boldsymbol{J}^{\mathrm{T}}\boldsymbol{r} \tag{9.13}$$

$$= \boldsymbol{VSU}^{\mathrm{T}}\boldsymbol{J}^{\mathrm{T}}\boldsymbol{r} \tag{9.14}$$

这一过程要使用公式 $\boldsymbol{AB}^{\mathrm{T}}=\boldsymbol{B}^{\mathrm{T}}\boldsymbol{A}^{\mathrm{T}}$ 和类似的线性代数恒等式。

我们实际上可以更进一步来处理 $\boldsymbol{J}$ 可能不是方阵的事实。对于 $\boldsymbol{U}$，各种矩阵的大小将是 $n\times n$，对于另外两个矩阵是 $m\times m$(其中 m 和 n 在等式(9.6)中定义，通常 $n<m$)。我们可以将 $\boldsymbol{U}$ 分成两部分，大小为 $m\times n$ 的 $\boldsymbol{U}_1$，之后将最后几列分成大小为$(n-m)\times n$ 的第二部分 $\boldsymbol{U}_2$。这样我们可以求解线性最小二乘方程：

$$x = VS^{-1}U_1^{T}Jr \tag{9.15}$$

NumPy 带有一个线性最小二乘法 `innp.linalg.lstsq()`算法，我们可以使用 `np.linalg.svd()`计算 SVD 分解。

我们现在可以使用这种推导来研究解决非线性最小二乘问题的最著名的方法，即 Levenberg-Marquardt 算法。算法做的主要近似是忽略方程(9.8)中的残差项，使每次迭代成为线性最小二乘问题，因此$\nabla^2 f(\boldsymbol{x})=\boldsymbol{J}(\boldsymbol{x})^{T}\boldsymbol{J}(\boldsymbol{x})$。之后这个问题就可以表示为：

$$\min_{p} \frac{1}{2}\|\boldsymbol{J}_k\boldsymbol{p}+\boldsymbol{r}_k\|_2^2, \quad \|\boldsymbol{p}\|\leqslant \Delta_k \tag{9.16}$$

这里 Δ_k 是信任区域的半径，即我们假设能有很好估计效果的区域。对于一般的信赖域法，域的大小(Δ_k)是被明确控制的，但是在 Levenberg-Marquardt 算法中，它用来控制加在雅可比矩阵对角线上的参数 $\nu\geqslant 0$，这个参数叫作**阻尼因子**。最小化的 $\boldsymbol{p}$ 满足：

$$(\boldsymbol{J}^{T}\boldsymbol{J}+\nu\boldsymbol{I})\boldsymbol{p}=-\boldsymbol{J}^{T}\boldsymbol{r} \tag{9.17}$$

这与我们为线性最小二乘法求解的方程式非常相似，因此可以使用该求解器。有效的非线性最小二乘求解器解决了许多线性问题，可找到非线性解。这里存在非常有效的 Levenberg-Marquardt 解法，因为可以避免我们上面解决 SVD 时明确计算的 $\boldsymbol{J}^{T}\boldsymbol{J}$ 项。

信赖域法的基本观点是假设关于当前点的解决方案是二次的，并用这个假设最小化当前的步骤。你可以根据模型计算实际减少和预测减少之间的差，以及根据这两者之间的关系决定信赖域是变大还是变小，如果它们根本不匹配，那么就拒绝该更新。Levenberg-Marquardt 算法本身是非常普通的，但是需要函数沿着它的梯度被最小化。整个算法可以写成如下形式。

Levenberg-Marquardt 算法

- 给定一个初始点 $\boldsymbol{x}_0$
- 当 $\boldsymbol{J}^{T}\boldsymbol{r}(\boldsymbol{x})>$公差并且没有超出最大迭代次数：
  - 重复：
    - 用线性最小二乘法算出$(\boldsymbol{J}^{T}\boldsymbol{J}+\nu\boldsymbol{I})\boldsymbol{dx}=-\boldsymbol{J}^{T}\boldsymbol{r}$ 中的 $\boldsymbol{dx}$。
    - 令 $\boldsymbol{x}_{new}=\boldsymbol{x}+\boldsymbol{dx}$。
    - 计算实际减少和预测减少的比例：
      - 实际$=\|f(\boldsymbol{x})-f(\boldsymbol{x}_{new})\|$
      - 预测$=\nabla f^{T}(\boldsymbol{x})\times \boldsymbol{x}_{new}-\boldsymbol{x}$
      - $\rho=$实际/预测
    - 如果 $0<\rho<0.25$：
      - 接受：$\boldsymbol{x}=\boldsymbol{x}_{new}$。
    - 或者如果 $\rho>0.25$：
      - 接受：$\boldsymbol{x}=\boldsymbol{x}_{new}$。
      - 增加信赖域大小(减少 ν)。
    - 或者：
      - 拒绝。
      - 减少信赖域大小(增加 ν)。
  - 直到 $\boldsymbol{x}$ 被更新或超出迭代的最大次数。

在 SciPy 中，Levenberg-Marquardt 优化器位于优化模块中，可以使用 `scipy.opti-`

mize.leastsq()调用它。有关使用 SciPy 优化器的细节请参见 9.3.2 节。

我们将看两个使用非线性最小二乘的例子。一个是找到函数的最小值的简单情况，该函数由两个加在一起的二次项组成，即平方和问题；而第二个是最小化函数对数据的拟合。

我们将尝试最小化 Rosenbrock 函数：

$$f(x_1,x_2) = 100(x_2 - x_1^2)^2 + (1 - x_1)^2 \tag{9.18}$$

这是一个很常见的用来测试的例子，因为它有一个很狭长的值域，所以找到最优解不是特别简单(除非用手算：如果你考虑这个问题，然后猜出 $x_1=1$，$x_2=1$ 是最小值是很显然的)。你需要解决如何编码的问题，在此需要一个求平方和问题，把它写出来就是：

$$\boldsymbol{r} = (10(x_2 - x_1^2),1 - x_1)^{\mathrm{T}} \tag{9.19}$$

雅可比矩阵是：

$$\boldsymbol{J} = \begin{bmatrix} -20x_1 & 10 \\ -1 & 0 \end{bmatrix} \tag{9.20}$$

在这个式子中，$f(x_1, x_2)=\boldsymbol{r}^{\mathrm{T}}\boldsymbol{r}$ 并且梯度是 $\boldsymbol{J}^{\mathrm{T}}\boldsymbol{r}$。所有这些可以被写成一个简单的 Python 函数：

```
def function(p):
    r = np.array([10*(p[1]-p[0]**2),(1-p[0])])
    fp = np.dot(transpose(r),r)
    J = (np.array([[-20*p[0],10],[-1,0]]))
    grad = np.dot(J.T,r.T)
    return fp,r,grad,J
```

用初始点(−1.92，2)来运行算法产出了下面的输出结果，这里每一行的数分别是函数值、给出的参数、梯度和 ν 的值。

```
f(x)     Params        Grad      nu
292.92   [ 0.66 -6.22] 672.00   0.001
4421.20  [ 0.99  0.87] 1099.51  0.0001
1.21     [ 1.00  1.00] 24.40    1e-05
8.67-07  [ 1.00  1.00] 0.02     1e-06
6.18-17  [ 1.00  1.00] 1.57-07  1e-07
```

第二个例子是函数数据的拟合。函数比较复杂并且肯定不会服从线性最小二乘拟合：

$$y = f(p_1,p_2) = p_1\cos(p_2x) + p_2\sin(p_1x) \tag{9.21}$$

这里 p_i 是要被固定的参数且 x 是集合中的一点，这个集合是用来拟合函数的。要拟合这个函数是很困难的，因为它有许多最小值(因为 sin 和 cos 是周期为 2π 的函数)。对于数据拟合问题，通常假设 y 值是由规则的点 x 通过一些复杂的过程产生的。之后我们需要最小化的平方和误差是数据(y)和当前拟合函数(参数估计$\hat{p}_1$，$\hat{p}_2$)的差：

$$\boldsymbol{r} = y - \hat{p}_1\cos(\hat{p}_2x) + \hat{p}_2\sin(\hat{p}_1x) \tag{9.22}$$

我们需要仔细计算这个函数的微分以求出它的雅可比矩阵，之后整个问题就可以交给优化器解决。图 9-4 展示了两个尝试复现值 $p_1=100$，$p_2=102$ 的例子，在左边，初始的点是(100.5，102.5)，而右边的是(101，101)。我们可以看出对于这个问题，Levenberg-Marquardt 算法对局部最小值非常敏感，因为左边的例子成功了(仅仅 8 次迭代就收敛了)，而右边的例子，同样是初始点很靠近正确的点，却卡住从而失败了，它的最后的结果是(100.89，101.13)。

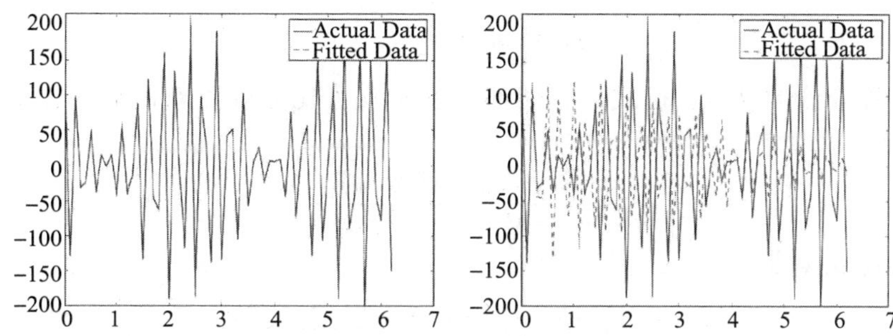

图 9-4 使用 Levenberg-Marquardt 对方程(9.21)中的数据进行最小二乘数据拟合。左边的例子收敛到正确的解决方案，而右边的例子仍然从接近正确解决方案的点开始，但未能找到它，导致输出明显不同

9.3 共轭梯度法

不是每一个我们要解决的问题都是最小二乘问题。但好消息是即使我们要最小化一个任意的目标函数，也能做得比最速下降法更好。为了说明这个问题，我们有必要再来看看图 9-3，图中有几条最速下降的直线，它们的方向有很多是相同的。而如果走第一次时就知道要走多远的话，我们在那个方向就只需要走一次。然后我们应该走和那个方向**正交**(orthogonal)(成直角)的方向，在二维空间里，就像图 9-5 左边所示那样，一步沿 x 方向，另一步沿 y 方向，这样就足以达到最小值。而在 n 维空间，我们应该走 n 步以达到最小值。这个令人惊讶的想法就是**共轭梯度**(conjugate gradient)法的目的。它尝试在线性情况下实现这个想法，但是在我们通常感兴趣的非线性情况下，只需要稍微多一点迭代就可以达到最小，而这仍然比许多其他算法实现起来要少很多步。

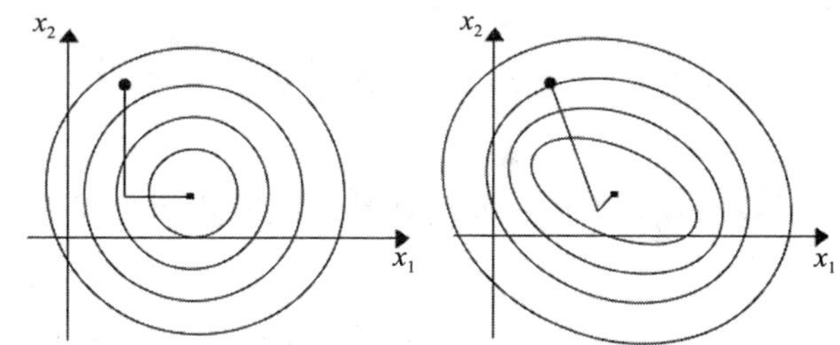

图 9-5 左边：如果方向之间是相互正交的并且步长是正确的，每一个维度只需要走一步，这里走了两步。右边：在椭圆上共轭的方向不是相互正交的

我们知道要让直线正交通常是不可能的，因为你不知道解空间的足够信息。然而，使得它们**共轭**(conjugate)或 ***A*-正交**(A-orthogonal)却是可能的。两个向量 $\boldsymbol{p}_i$ 和 $\boldsymbol{p}_j$ 是共轭的条件是，如果对一个矩阵 $\boldsymbol{A}$，$\boldsymbol{p}_i^{\mathrm{T}}\boldsymbol{A}\boldsymbol{p}_j=0$。图 9-2 中椭圆上共轭的直线如图 9-5 的右边所示。令人惊奇的是，通过下面的解决方法，我们在等式(9.1)中所写的线性搜索沿着这些方向是可以求解的，因为它们之间不会相互影响：

$$\alpha_i=\frac{\boldsymbol{p}_i^{\mathrm{T}}(-\nabla f(\boldsymbol{x}_{i-1}))}{\boldsymbol{p}_i^{\mathrm{T}}\boldsymbol{A}\boldsymbol{p}_i} \tag{9.23}$$

然后，我们需要用一个函数找到它的零点。我们要用的方法是下面将要看到的**牛顿-拉夫森迭代**法，如果我们能找到共轭方向，那么线性搜索就会变得非常好。剩下的问题就是如何去找这些方向。这需要 **Gram-Schmidt 过程**，选择一个候选解决方案，然后去掉这个方案中所有和已经用过的方向相同的方向来组成新的方向。我们首先有一系列相互共轭的向量 $\boldsymbol{u}_i$(基本坐标轴就可以，但有更多的选择，这里超出了本书的范围)，然后使用

$$\boldsymbol{p}_k = \boldsymbol{u}_k + \sum_{i=0}^{k-1} \beta_{ki} \boldsymbol{p}_i \tag{9.24}$$

这里有两种等价的 β 的表达式。它们都是基于雅可比方阵更新前后的比例。Fletcher-Reeves 公式是：

$$\beta_{i+1} = \frac{\nabla f(\boldsymbol{x}_{i+1})^{\mathrm{T}} \nabla f(\boldsymbol{x}_{i+1})}{\nabla f(\boldsymbol{x}_i)^{\mathrm{T}} \nabla f(\boldsymbol{x}_i)} \tag{9.25}$$

而 Polak-Ribiere 公式是：

$$\beta_{i+1} = \frac{\nabla f(\boldsymbol{x}_{i+1})^{\mathrm{T}} (\nabla f(\boldsymbol{x}_{i+1}) - \nabla f(\boldsymbol{x}_i))}{\nabla f(\boldsymbol{x}_i)^{\mathrm{T}} \nabla f(\boldsymbol{x}_i)} \tag{9.26}$$

第二个计算起来要快一些，但有的时候不收敛(到达停止点)。

我们可以把这些放到一起形成完整的算法。开始，我们计算出一个初始的搜索方向 $\boldsymbol{p}_0$(利用最速下降法)，然后找一个使得函数 $f(x_i + \alpha_i \boldsymbol{p}_i)$ 最小的 α_i，并且用它规定 $\boldsymbol{x}_{i+1} = \boldsymbol{x}_i + \alpha_i \boldsymbol{p}_i$。然后，下一个方向为 $\boldsymbol{p}_{i+1} = -\nabla f(\boldsymbol{x}_{i+1}) + \beta_{i+1} \boldsymbol{p}_i$，这里 β 是根据上面两个公式中的一个来设置的。

因为算法已经产生了所有共轭方向，所以算法通常是每 n 次迭代后**重新开始**(这里 n 是问题的维数)。算法将会沿着这些方向再次循环以使得结果更精确。

最后，我们唯一不知道的就是如何找到每个 α_i。我们一般用牛顿-拉夫森迭代法来找，这是一种找多项式零点的方法。我们把这个方法应用于函数 $f(\boldsymbol{x} + \alpha \boldsymbol{p})$ 的泰勒展开式，即

$$f(\boldsymbol{x} + \alpha \boldsymbol{p}) \approx f(\boldsymbol{x}) + \alpha \boldsymbol{p} \left(\frac{\mathrm{d}}{\mathrm{d}\alpha} f(\boldsymbol{x} + \alpha \boldsymbol{p}) \right) \bigg|_{\alpha=0} + \frac{\alpha^2}{2} \boldsymbol{p} \cdot \boldsymbol{p} \left(\frac{\mathrm{d}^2}{\mathrm{d}\alpha^2} f(\boldsymbol{x} + \alpha \boldsymbol{p}) \right) \bigg|_{\alpha=0} + \cdots \tag{9.27}$$

然后我们对 α 求导，要用到雅可比矩阵和海森矩阵(这些矩阵是关于 $f(\cdot)$ 的，而不是 9.2 节中的 $\boldsymbol{r}$)：

$$\frac{\mathrm{d}}{\mathrm{d}\alpha} f(\boldsymbol{x} + \alpha \boldsymbol{p}) \approx \boldsymbol{J}(\boldsymbol{x}) \boldsymbol{p} + \alpha \boldsymbol{p}^{\mathrm{T}} \boldsymbol{H}(\boldsymbol{x}) \boldsymbol{p} \tag{9.28}$$

令上式为零，我们就得到了使得 $f(\boldsymbol{x} + \alpha \boldsymbol{p})$ 最小的 α：

$$\alpha = \frac{\boldsymbol{J}(\boldsymbol{x})^{\mathrm{T}} \boldsymbol{p}}{p^{\mathrm{T}} \boldsymbol{H}(\boldsymbol{x}) \boldsymbol{p}} \tag{9.29}$$

除非 $f(\boldsymbol{x})$ 是一个非常好的函数，否则我们这里的二阶导数估计不会一步就到达结果，所以要通过迭代几步来达到零点，这也是为什么叫它牛顿-拉夫森迭代法，即你要让它不断循环直至迭代结果停止改变。

把所有的东西放在一起，我们得到了一个完整的算法，接下来我们先看看算法，再介绍例子。

共轭梯度算法

- 给一个初始点 $\boldsymbol{x}_0$ 和停止参数 ε，令 $\boldsymbol{p}_0 = -\nabla f(\boldsymbol{x})$。
- 设置 $\boldsymbol{p}_{\text{new}} = \boldsymbol{p}_0$。
- 当 $\boldsymbol{p}_{\text{new}} > \varepsilon^2 \boldsymbol{p}_0$ 时：
  - 用牛顿-拉夫森迭代法计算 α_k 和 $\boldsymbol{x}_{\text{new}} = \boldsymbol{x} + \alpha_k \boldsymbol{p}$：
    - 当 $\alpha^2 \mathrm{d}p > \varepsilon^2$ 时：
      - $\alpha = -(\nabla f(\boldsymbol{x})^{\mathrm{T}} \boldsymbol{p}) / (\boldsymbol{p}^{\mathrm{T}} \boldsymbol{H}(\boldsymbol{x}) \boldsymbol{p})$

  - $\boldsymbol{x}=\boldsymbol{x}+\alpha\boldsymbol{p}$
  - $\mathrm{d}p=\boldsymbol{P}^{\mathrm{T}}\boldsymbol{P}$
- 评价$\nabla f(\boldsymbol{x}_{\mathrm{new}})$。
- 用等式(9.25)或(9.26)计算 β_{k+1}
- 更新 $\boldsymbol{p}\leftarrow\nabla f(\boldsymbol{x}_{\mathrm{new}})+\beta_{k+1}\boldsymbol{p}$。
- 检查及重新启动。

9.3.1 示例

用共轭梯度法计算和前面一样的函数：$f(x)=(0.5x_1^2+0.2x_2^2+0.6x_3^2)$，重新利用它的雅可比和海森矩阵。第一步利用牛顿-拉夫森迭代法得到 α 的值为 0.931，所以下一步是：

$$\boldsymbol{x}(1)=\begin{bmatrix}-2\\2\\0\end{bmatrix}+0.931\times\begin{bmatrix}2\\-0.8\\2.4\end{bmatrix}=\begin{bmatrix}-0.138\\1.255\\0.235\end{bmatrix}\tag{9.30}$$

然后，$\beta=0.0337$，所以方向是：

$$\boldsymbol{p}(1)=\begin{bmatrix}0.138\\-0.502\\-0.282\end{bmatrix}+0.0337\times\begin{bmatrix}2\\-0.8\\2.4\end{bmatrix}=\begin{bmatrix}0.205\\-0.529\\-0.201\end{bmatrix}\tag{9.31}$$

在第二步，$\alpha=1.731$，

$$\boldsymbol{x}(2)=\begin{bmatrix}-0.138\\1.255\\0.235\end{bmatrix}+1.731\times\begin{bmatrix}0.205\\-0.529\\-0.201\end{bmatrix}=\begin{bmatrix}-0.217\\-0.136\\0.136\end{bmatrix}\tag{9.32}$$

得到更新：

$$\boldsymbol{p}(2)=\begin{bmatrix}-0.217\\-0.136\\0.136\end{bmatrix}+0.240\times\begin{bmatrix}0.205\\-0.529\\-0.201\end{bmatrix}=\begin{bmatrix}-0.168\\-0.263\\0.088\end{bmatrix}\tag{9.33}$$

在第三步给出了最后答案是(0，0，0)。

9.3.2 共轭梯度和 MLP

Python 科学计算库 SciPy 在 `scipy.optimize` 中包含一组通用优化算法，包括可以调用其他函数的接口函数(`scipy.optimize.minimize()`)。在本节中，我们将研究使用该库中提供的方法，特别是共轭梯度优化器，以便找到作为第 4 章主要算法的多层感知器(MLP)的权重。在第 4 章中，我们推导出了一种基于第一原理的反向传播误差的梯度下降算法，但在这里我们可以使用一般方法。

为了使用任何梯度下降算法，我们需要计算出一个最小化函数，开始推测从哪里开始搜索，以及(最好)该函数相对于变量的梯度。“优选梯度”的原因是，如果没有给出显式版本，许多算法将创建梯度的数值估计。但对于 MLP，梯度相当容易计算，因此不需要进行数值估计。我们使用了 MLP 的平方和误差，所以只需要为允许的三种不同的激活函数计算出该函数的导数：正常的逻辑函数，用于回归问题的线性激活函数，soft-max 激活函数。我们已经在 4.6.5 节中完成了。

如上所述，大多数 SciPy 优化器都有一个接口函数，具有以下形式：

```
scipy.optimize.minimize(fun,   x0,   args=(),   method='BFGS',   jac=None,
hess=None,↩
hessp=None, bounds=None, constraints=(), tol=None, callback=None, ↩
options=None)}.
```

在方法的选择上，即实际使用的梯度下降算法，可以包括 BFGS(Broyden、Fletcher、Goldfarb 和 Shanno 算法，9.1.1 节中牛顿方法的变量，计算海森矩阵的近似值，而不是要求程序员去提供)和共轭梯度算法 CG。

再次查看代码，可以看到我们需要传入一个错误函数和另一函数来计算导数。这两个函数都接受参数，特别是网络的输入，以及这些输入要生成的目标。这里我们必须处理一些事情，即优化器会发现参数向量的最小值，我们目前有两个独立的权重矩阵。在使用前需要将这两个矩阵重塑成向量，然后将它们连接起来，使用

```
w = np.concatenate((self.weights1.flatten(),self.weights2.flatten()))
```

和梯度类似的东西。当优化器运行时，我们需要将它们分开并将值重新放入权重矩阵中：

```
split = (self.nin+1)*self.nhidden
self.weights1 = np.reshape(wopt[:split],(self.nin+1,self.nhidden))
self.weights2 = np.reshape(wopt[split:],(self.nhidden+1,self.nout))
```

优化器还需要权重的初始预估 x0，但这不是问题，因为在原始算法中它们已经设置为具有小的正值和负值，因此我们可以使用这些值。

事实上，我们也需要处理一个数字细节；从技术上讲，这可能是我们在第 4 章实施的 MLP 版本的一个问题，但在那里似乎不是问题。问题是，当我们使用 sigmoid 函数并取指数时，浮点数会溢出，要么因为它变得太大，要么因为它太接近 0。当我们使用 4.6.6 节中的交叉熵误差函数时，这会变成一个特别的问题，因为接下来需要取对数，并且需要确保输入处于对数函数的范围内。NumPy 提供了一些有用的常量来进行这些检查，这些常量可以在下面的代码片段中看到，它取代了原始 MLP 中的错误计算：

```
# Different types of output neurons
if self.outtype == 'linear':
    error = 0.5*np.sum((outputs-targets)**2)
elif self.outtype == 'logistic':
    # Non-zero checks
    maxval = -np.log(np.finfo(np.float64).eps)
    minval = -np.log(1./np.finfo(np.float64).tiny - 1.)
    outputs = np.where(outputs<maxval,outputs,maxval)
    outputs = np.where(outputs>minval,outputs,minval)
    outputs = 1./(1. + np.exp(-outputs))
    error = - np.sum(targets*np.log(outputs) + (1 - targets)*np.log(1 - ↩
    outputs))
elif self.outtype == 'softmax':
    nout = np.shape(outputs)[1]
    maxval = np.log(np.finfo(np.float64).max) - np.log(nout)
    minval = np.log(np.finfo(np.float32).tiny)
    outputs = np.where(outputs<maxval,outputs,maxval)
    outputs = np.where(outputs>minval,outputs,minval)
    normalisers = np.sum(np.exp(outputs),axis=1)*np.ones((1,np.shape(outputs)↩
    [0]))
    y =  np.transpose(np.transpose(np.exp(outputs))/normalisers)
    y[y<np.finfo(np.float64).tiny] = np.finfo(np.float32).tiny
    error = - np.sum(targets*np.log(y));
```

最后，我们需要决定希望结果有多准确，以及在停止优化之前允许算法运行多少次迭代。当算法达到最小值时，梯度函数将为 0，因此正常的收敛标准是梯度接近零。此参数的默认值为 1×10^{-5}，将保持不变。还将确定算法可以运行不超过 10 000 步。这些共同导致以下函数对共轭梯度优化器的调用设置(这里代码使用对共轭梯度方法的显式调用，而不是接口，但是没有真正的区别)：

```
out =        so.fmin_cg(self.mlperror,        w,        fprime=self.mlpgrad,
args=(inputs,targets)
, maxiter=10000, full_output=True, disp=1)
```

full_output 和 disp 参数告诉优化器是否成功以及做了多少工作，类似于：

```
Warning: Maximum number of iterations has been exceeded.
         Current function value: 7.487182
         Iterations: 10000
         Function evaluations: 250695
       Gradient evaluations: 140930
```

现在剩下的就是从优化器返回的值中提取新的权重值，这些值在 out[0]中，我们准备使用该算法。当然，我们在第 4 章中使用的演示都非常合适，只需导入 MLP 的共轭梯度版本，而不是早期版本。

还有其他方法来进行梯度下降，其中一些方法在某些问题上更有效(但是请注意，没有免费午餐定理告诉我们，不存在对每个问题都有效的方法)。例如，第 8 章中用于支持向量机的凸优化是一种用于特定类型约束问题的梯度下降方法。接下来我们将考虑当希望解决的问题是离散的时要怎样做，这意味着没有梯度可寻。

9.4 搜索：三种基本方法

我们将讨论三种通过不同途径而不用梯度达到优化目的的算法。对于每一个，我们都将看到它们是如何处理**旅行商问题**(TSP)的。TSP 是一个经典的离散优化问题，它要寻找一条最短的路线，这条路线只穿过所有城市一次并最终回到原点。对于第一个城市(出发点)我们有 N 种选择。对于下一个城市，我们有 $N-1$ 种选择，再下一个是 $N-2$ 种。采用这种原始的方式，我们共有 $N!$ 个解决方案，这显然是不可行的。实际上，TSP 是一个 NP-难问题。最著名的用来确保能找到全局最大的解决方案是用动态规划，它的计算成本是 $O(n^2 2^n)$，但是我们在这里不考虑它——TSP 只是一个例子，不是我们要解决的问题。以下描述了三种基本方法。

9.4.1 穷举法

尝试所有可能的解并从中选出最好的。虽然它检查了所有方案，保证能找到全局最优解，但是它只适用于问题大小适中的情况。对于 TSP，穷举法要按城市的排列测试所有可能的路线并计算所有路线的距离，这样计算的复杂度是 $O(N!)$，比指数上升形式还要快。

对于 $N=10$ 或更多的城市，这种方法的计算量是不可行的。算法的基础部分用到辅助函数 permutation()来计算所有可能的城市排列，因此结果很明显。

```
for newOrder in permutation(range(nCities)):
    possibleDistanceTravelled = 0
    for i in range(nCities-1):
        possibleDistanceTravelled += distances[newOrder[i],newOrder[i+1]]
    possibleDistanceTravelled += distances[newOrder[nCities-1],0]

    if possibleDistanceTravelled < distanceTravelled:
```

```
distanceTravelled = possibleDistanceTravelled
cityOrder = newOrder
```

9.4.2 贪婪搜索

整个系统只找一条路，在每一步都找局部最优解。所以对于 TSP，任意选择第一个城市，然后不断重复选择和当前所在城市最近并且没有访问过的城市，直到走完所有城市。它的计算量非常小，只有 $O(N\log N)$，但它并不保证能找到最优解，并且我们无法预测它找到的解决方案如何，有可能很糟糕。代码很简单：

```
for i in range(nCities-1):
    cityOrder[i+1] = np.argmin(dist[cityOrder[i],:])
    distanceTravelled  += dist[cityOrder[i],cityOrder[i+1]]
    # Now exclude the chance of travelling to that city again
    dist[:,cityOrder[i+1]] = np.Inf

# Now return to the original city
distanceTravelled += distances[cityOrder[nCities-1],0]
```

9.4.3 爬山法

爬山法的基本想法是通过对当前解决方案的局部搜索，选择任一个选项来改善结果。(我们谈论最小化函数时总是谈论爬山法也许有些奇怪。当然，最大值和最小值之间的差异就是看你是否在等式前面加了一个减号，并且“爬山”听起来比“空心降”要好。)进行局部搜索时做出的选择来自于一个**移动集**(move-set)。它描述了当前解决方案如何被改变从而用来产生新的解决方案。所以如果我们想象在 2D 欧几里得空间中移动，可能的移动就是东、南、西、北。

对于 TSP，爬山法要先任意选一个解决方案，然后调换其中一对城市的顺序，看看总的旅行距离是否减少。当交换的对数达到预先给定的数时，或找不到一个调换可以改善相对于预先给定的长度的结果时停止算法。就像贪婪算法一样，我们无法预测结果将会怎样：有可能找到全局最优解，也有可能陷在第一个局部最大值上，从而并不一定能找到全局最优解。爬山法的核心循环仅仅是调换一对城市，并且仅当它使得距离变小时才保留调换。

```
for i in range(1000):
    # Choose cities to swap
    city1 = np.random.randint(nCities)
    city2 = np.random.randint(nCities)
if city1 != city2:
  # Reorder the set of cities
  possibleCityOrder = cityOrder.copy()
  possibleCityOrder = np.where(possibleCityOrder==city1,-1,
  possibleCityOrder)
  possibleCityOrder = np.where(possibleCityOrder==city2,city1,
  possibleCityOrder)
  possibleCityOrder = np.where(possibleCityOrder==-1,city2,
  possibleCityOrder)

  # Work out the new distances
  # This can be done more efficiently
  newDistanceTravelled = 0
  for j in range(nCities-1):
      newDistanceTravelled += distances[possibleCityOrder[j],
      possibleCityOrder[j+1]]
  distanceTravelled += distances[cityOrder[nCities-1],0]
```

```
        if newDistanceTravelled < distanceTravelled:
            distanceTravelled = newDistanceTravelled
            cityOrder = possibleCityOrder
```

有三种特殊类型的函数会使爬山法失效，这三种情况都可以用真实的爬山来类比。

第一种是在最优解周围有许多山麓。在这种情况下，算法在爬局部最大值时可能会陷在那，显然要到达最优解需要很长的时间。第二种是在高原上，这样算法对结果没有影响。但是解决方案会随机改变，如果都是这样的话，最大值可能没有找到。第三种情况是有一个坡度非常平缓的山脊，这时，几乎所有的方向都是下降的，算法会认为已经到达了最大值。

9.5 开发和探索

上面所讲的搜索方法可以分为两种：一种是**探索**(exploration)搜索空间，总是尝试新的方法，比如穷举法；一种是通过尝试局部变化**开发**(exploitation)当前已有的最好的方案，比如爬山法。理想情况下，我们想要把这两种类型混合在一起——尝试局部搜索来提高当前最好的解决方案，并且也要看看周围有没有更好的方案藏在数据中的某个地方。

一种用来思考这个问题的方式是我们熟知的**多臂老虎机**问题。假设在拉斯维加斯赌场，一间房子里面有许多老虎机。(对于不知道它的人，老虎机就是一台带有一个可以拉动的杆的机器，见图 9-6。)你不知道有关这台机器的进一步信息，比如它支出的是什么，你得到支出的可能性是多少。你进入这个房间，带了一把从你的学生 Loan 那得到的 50 美分的硬币，目标是得到足够支撑一年的酒钱。你会选择用哪个机器？

图 9-6 单臂老虎机。它有一只手臂，并且会偷走你的钱

起初，你不知道任何信息，所以随便选择一台。然而，随着你的探索，你会发现哪些机器是好的(这里，好意味着你总是能得到支出)。你会继续用这些机器(开发你所知道的信息)或者为了发现支出更多的机器而尝试其他机器(进一步探索)。最好的解决方案是权衡这两种方法，总是通过开发你知道的最好的机器来保证能有足够的钱来进一步探索，但是当你有能力时要选择探索。

在进化中可以明显地看到开发和探索间的结合。我们将在下一章讨论它，但是这里我们用物理代替生理来激发学习兴趣。

9.6 模拟退火法

在**统计力学**领域，物理学家需要处理非常大的系统(成千上万或更多的分子)，虽然理论上计算是可能的，但是在实际上计算需要非常多的时间。他们开发出**随机**(stochastic)方法(也就是基于随机性)以便得到问题的近似解决方案，虽然计算量还是很大，但是不需要像整个解决方法那样巨大的计算量。

我们将研究的方法是基于现实世界的物理系统可以进入非常低能量状态的方式，因此非常稳定。如果一个系统是热的，那么就会有许多能量，并且系统的每一部分都会非常随机。**模拟退火**(annealing schedule)就是把材料降温，让它进入一个低能量级。下面我们将模型化该方法。

开始时选择一个任意的很高的温度 T。之后我们将随机选择状态并且改变它们的值，监视系统变化前后的能量。如果能量变低了，系统就会喜欢这种解决方法，所以我们接受这个变化。目前为止，这和梯度下降法很像。然而，如果能量不变低，我们仍然考虑是否接受这个解决方法，并且接受的概率是 $\exp((E_{before}-E_{after})/T)$。这叫作**波尔兹曼分布**(Boltzmann distribution)。注意到 $E_{before}-E_{after}$是负的，所以我们定义的概率是合理的。偶尔接受这个不好的状态是因为我们可能找到的是局部最小，并且通过接受这个能量更多的状态，我们可以逃离出这个区域。

在重复上述方法几次后，我们采用一个退火时间表以便降低温度并且使得该方法能延续下去直到温度达到 0。由于温度变低，所以接受任一个特殊的较高的能量状态的机会就会变少。最常用的退火时间表是 $T(t+1)=cT(t)$，这里 $0<c<1$(更加常用的是 $0.8<c<1$)。需要减慢退火的速度以允许更多的搜索。对于 TSP，最好的包含模拟退火的方法是改变上面所写的爬山法的算法，把接受城市间顺序改变的标准改变成如下形式。

```
if newDistanceTravelled < distanceTravelled or (distanceTravelled - ↩
newDistanceTravelled) < T*np.log(np.random.rand()):
    distanceTravelled = newDistanceTravelled
    cityOrder = possibleCityOrder

# Annealing schedule
T = c*T
```

9.6.1　算法比较

将上述所讲的四种方法都应用于有四个城市的 TSP，我们得出了以下结果，这里第一行是最好的解决方法和距离，第二行是算法运行的时间(单位是秒)。

```
>>> TSP.runAll()
Exhaustive search
((3, 1, 2, 4, 0), 2.65)
0.0036
Greedy search
((0, 2, 1, 3, 4), 3.27)
0.0013
Hill Climbing
((4, 3, 1, 2, 0]), 2.66)
0.1788
Simulated Annealing
((3, 1, 2, 4, 0]), 2.65)
0.0052
```

10 个城市的问题中，结果有很大的变化，这说明了对于搜索来说好的估计的重要性，因为即使对于这个非常小的问题，穷举法也花费了非常多的时间。我们要注意，贪婪法在这种情况下最接近最小值，但这仅仅是一种偶然。

```
Exhaustive search
((1, 5, 10, 6, 3, 9, 2, 4, 8, 7, 0), 4.18)
1781.0613
Greedy search
((3, 9, 2, 6, 10, 5, 1, 8, 4, 7, 0]), 4.49)
0.0057
Hill Climbing
((7, 9, 6, 2, 4, 0, 3, 8, 1, 5, 10]), 7.00)
0.4572
Simulated Annealing
((10, 1, 6, 9, 8, 0, 5, 2, 4, 7, 3]), 8.95)
0.0065
```

拓展阅读

以下两本书提供了非常多有关数值优化的信息：

- J. Nocedal and S. J. Wright. *Numerical Optimization*. Springer, Berlin, Germany, 1999.
- C. T. Kelley. *Iterative Methods for Optimization*. Number 18 in Frontiers in Applied Mathematics. SIAM, Philadelphia, USA, 1999.

一本与本章后半部分有关的参考书：

- J. C. Spall. *Introduction to Stochastic Search and Optimization: Estimation, Simulation, and Control*. Wiley-Interscience, New York, USA, 2003.

以下这本书中包含了一些参考资料：

- Section 6.9 and Sections 7.1-7.2 of R. O. Duda, P. E. Hart, and D. G. Stork. *Pattern Classification*, 2nd edition, Wiley-Interscience, New York, USA, 2001.

习题

9.1 在等式(9.10)之后的讨论中，我们指出直接解是不稳定的。尝试证明一下。

9.2 修改 CG.py 中的代码以便将其应用于一般的函数和雅可比矩阵(最好还有海森矩阵)并且计算最小值。

9.3 用共轭梯度法计算 Rosenbrock 函数，并对 Fletcher-Reeves 公式和 Polak-Ribiere 公式进行实验(等式(9.25)和(9.26))。你能发现其中一个比另一个好的地方吗？

9.4 利用等式 $a(1-\exp(-b(x-c)))$ 产生数据，这里选择一组参数 a，b，c 并且 x 的范围是 −5 到 5(有误差)。利用 Levenberg-Marquardt 算法固定参数。

9.5 通过修改 MLP 的共轭梯度版本来使用 SciPy 提供的其他优化算法并比较结果。此外，试着让优化器不使用梯度的精确计算，而代之以对其进行数值估计，看看这将如何改变结果。

9.6 把回溯法纳入到爬山法中可避免一些不好的局部最大值。把它加入到代码中并且用旅行商问题测试结果。

9.7 逻辑可满足性问题是一个 NP 完全问题，它由找到真值表及逻辑语句的设置组成(比如，$(a_1 \wedge a_2) \vee (\neg a_1 \vee a_3))$，所以它们是真的。找真值表是一个 NP 完全问题。请设计用爬山法和模拟退火法解决这个问题的方法。

第 10 章

Machine Learning：An Algorithmic Perspective，Second Edition

进化学习

在这章，我们将像前面讨论神经科学一样讨论**进化**(evolution)——通过挑选一少部分有用的概念，然后用它们填补计算机科学的空白来创造一个有效的学习算法。为了说明为什么这是很有趣的，你需要把进化看成一种搜索问题。我们一般不从这个角度考虑它，但是动物间会通过各种方法互相竞争——例如，吃了对方——这鼓励它们去分辨伪装色或变成有毒的等。

种群的进化是遵循假想的**适应度地形**(fitness landscape)进行的，它使得动物朝着更加"适应"的方向发展，即那些活的时间足够繁殖的动物更有吸引力，所以会吸引更多异性，产生更多健康的后代。你可以在很多书中找到更多有关的信息，比如达尔文的《物种起源》(The Origin of Species)(这个领域的开山之作，现在仍在印刷，并且非常有趣)和理查德·道金斯的《盲眼钟表匠》(The Blind Watchmaker)。

遗传算法模拟引起进化的遗传过程，尤其是可以模拟有性繁殖，就是父母双方留给后代一些遗传信息。就像图 10-1 所勾勒的那样，在生物有机体中，父母双方分别遗传他们两个染色体中的一个，所以每一个基因都有百分之五十的概率遗传给后代。每个基因都有两个版本(分别来自于父母)，并且有一个被选中(变异)。因此，孩子和他们的父母都很像，并且有许多基因被继承了下来。然而，也有一些随机的变异，是通过染色体复制的时候发生的错误产生的，这意味着有一些东西会随着时间变化。真正的遗传很明显会比这里讲的复杂，但是我们只讨论对我们的模型有用的东西。

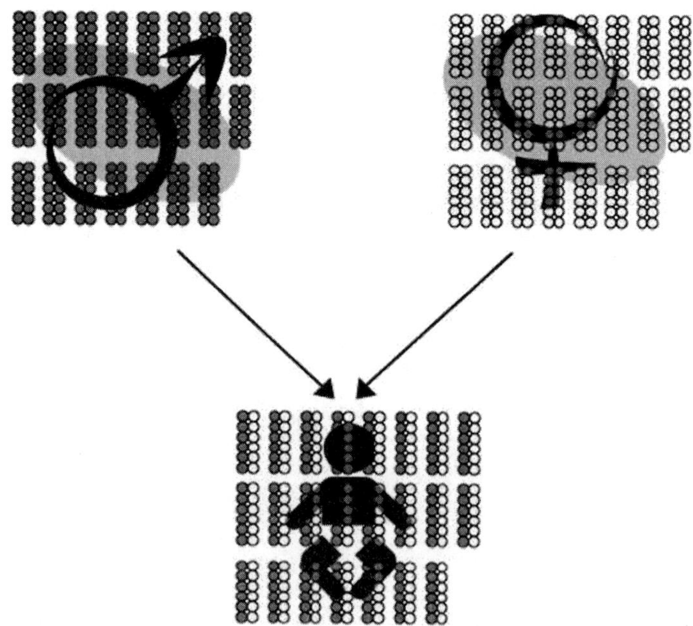

图 10-1　交配对中的每一个成年人都遗传他们两个染色体中的一个给自己的后代

遗传算法展示了许多关于机器学习中好与不好的东西：它经常非常有效，它有一组非常关键但是很难设置的参数，并且不可能保证找到任意好的结果。说了这么多，通常情况下它还是会运行得非常好，并且在那些找不到其他方法来解决问题的人中，这个算法非常流行。

就像我们在前一章最后所看到的，遗传算法同时进行探索和开发，这样它们可以逐步改善当前的最好解决方案，同时也可以找到全新的根本上的解决方案，这些方案之中有可能会有比当前最好的方案还好的方法。

在这章我们还要简要地看一下另外两个主题：一个是遗传算法的变种，也就是我们熟知的**遗传程序**(genetic programming)，用于代表计算机程序的树；还有一些算法，它们用来从概率分布中取样而不是通过种群的演变，这样可以找到更好的方法。

10.1 遗传算法

遗传算法(GA)使用计算来模拟进化是如何进行搜索的，通过改变基因来改变个体的适应度。就像我们在前面看到的数学模型——神经元——它通过抽象来去掉其他东西，只保留重要的部分，也就是我们需要用来理解进化究竟做了什么的部分。根据这个原则，我们在计算机中建立一个简单的遗传模型并用它来解决问题，其中所需要的元素包括：

- 一个像染色体一样代表问题的方法。
- 一个计算解决方案适应度的方法。
- 选择父母的方法。
- 通过父母的繁殖产生后代的方法。

以上这些都将在下面的内容中谈到，基本的算法描述如下。我们将通过一个例子来描述算法，这是一个 **NP 完全**(NP-complete)问题(如果你对 NP 完全问题不太熟悉，实际上就是运行时间是在指数级或在输入数量上更糟的问题)，即我们熟知的**背包问题**(knapsack problem)。10.3.1 节和 10.3.4 节提供了另外的例子。背包问题很容易描述，但通常很难解决。这里是一个我们要用到的版本：

> 假设你要为假日收拾东西。你买到了商店里最大最好的背包，但还是不能把所有你想放进去的东西(相机、钱、朋友的地址等)和妈妈强迫你带的东西(备用内衣、短语集、给家里写信用的邮票等)都放进去。作为一个优秀的计算机科学家，你决定为每项都赋值，然后测量它们的大小。接着你需要最大化所带东西的值，前提是它们都能被放进包里。

这个问题及其变体在密码学、组合学、应用数学、逻辑学和商业中以各种形式出现，因此是一个重要的问题。不幸的是，由于它是 NP 完全的，所以为我们感兴趣的情况(几乎任何超过 10 项的情况)找到最佳解决方案在计算上是不可行的。显然，有一种贪婪算法可以找到背包问题的解。在每一阶段，都把还没打包的最大的东西放到背包里，然后重复这个规则。这并不一定会返回最优解(除非每个东西都大于所有比它小的东西的总和，在这种情况下是最优解)，但非常快速且简单。因此，遗传算法应该得到一个在大多数情况下比贪婪规则更好的解决方案，这样才值得花上所有的精力来编写和运行它。

10.1.1 字符串表示

我们需要处理的第一件事就是用某种方法来表示每个解决方法，就像染色体一样。GA 使用**字符串**(string)，字符串的每个元素(相当于基因)都是从某些**字母表**(alphabet)中选择的。字母表中的值通常是二进制的，相当于等位基因。对于我们要解决的问题，要找出一种方法把每一个解决方法编码成一个字符串。然后，我们生成一些随机的字符串作为初始种群。

我们可以修改GA使得它使用的字母表是实数。虽然纯粹主义者认为这根本不是GA，但是由于已经被广泛应用，所以变得非常流行，尽管它并不像使用离散的字母表那样高雅。它也会使得我们在后面将看到的变异算子的作用变弱。

背包问题的字母表非常简单，因为我们可以让它是二进制的。令字符串有 L 个单位，这里 L 是我们想要带走的所有东西的总个数，并且让每个单位是一个二进制数。然后我们通过用0代表不带这个东西和用1代表要带这个东西来编码每一个解决方法。所以如果我们有四件想要带走的东西，那么(0，1，1，0)意味着我们要带走中间两个而不是第一个和最后一个。

请注意，这并不能告诉我们这个字符串是否可行(也就是说，我们所说的物品是否真的适合背包)，也不知道它是否是一个好的字符串(是否装满背包)。为了解决这些问题，我们需要一些方法来确定每个字符串满足问题标准的程度。这被称为字符串的适应度。

10.1.2　评价适应度

适应度函数(fitness function)可以被看成一个预测，它作用于一个字符串并且返回一个值。它是遗传算法中唯一因具体问题而不同的部分。考虑我们想从适应度函数中得到什么。很明显，最好的字符串应有最高的适应度，并且当解决方案变得不好时，适应度也应该随之下降。在真正的进化中，适应度地形是不稳定的：物种之间存在竞争，就像捕食者和猎物，或者治疗疾病的药物，所以测量适应度的方法随着时间不断变化。而我们在遗传算法中选择忽略它。

对于背包问题，我们应该使得背包越来越满，所以我们应该知道每一个要放进背包的物品的体积。对于一个给定的字符串，它告诉我们哪些东西要放入，哪些不要，这样我们才可以计算总体积。这是一个可实现的适应度函数。然而，它没有告诉我们任何有关这些东西能否被放进背包的信息——对于这个适应度函数，最好的方案就是全都放进包里。所以我们要检查这些东西是否能放进包里，如果不能，就减小这个方案的适应度。一种选择是，如果用这个方案物品都不能放进背包，就把它的适应度设为0。通过把适应度设为0，我们会减少这个方案在后面的迭代里繁衍和提升的机会。出于这个原因，我们将适应度函数定义为适合背包时要取的物品的值的总和，但如果它们不适合，我们将减去两倍于它们对于背包来说太大的量。这就允许那些刚刚超过背包容量的方案在后来的迭代中得到提升，但是要确保它们不是最好的解决方案。

10.1.3　种群

我们现在可以测量任一个字符串的适应度。GA工作于由种群组成的字符串，而第一代种群通常是随机产生的。然后评价每个字符串的适应度，并且把第一代种群放到一起来育成第二代，然后再用它来产生第三代，一直继续下去。在第一代种群随机产生后，算法用这样一种方式演变，它使得种群中个体的适应度随着世代不断上升。

为了得到背包问题的初始种群，我们现在将使用随机数生成器创建一组长度为 L 的随机二进制字符串，这在使用均匀随机数生成器和 `np.where()` 函数的NumPy中非常容易：

```
pop = np.random.rand(popSize,stringLength)
pop = np.where(pop<0.5,0,1)
```

我们现在需要从这个种群中选择父母，并开始繁殖。

10.1.4 产生后代：选择父母

对于当前的一代，我们需要选择将用于生成新后代的字符串。这里，我们的想法是，如果选择那些和其他种群成员比起来已经相对适应的字符串来产生后代，那么后代的适应度应该提升(遵循自然选择)。这是对我们当前种群的有利进化。然而，允许一些探索也是不错的，这意味着我们允许考虑一些相对较弱的字符串。基本的想法是我们按照字符串适应度的比例来选择它们，这样适应度高的字符串更容易被选中进入“交配池”。有三种常用方法可以做到这一点，最后一种方法可以产生更好的结果：

- **联赛选择**：反复从种群中挑选四个字符串，替换并将最适合的两个字符串放入交配池中。
- **截断选择**：仅按比例 f 挑出适应度最好的一部分并且忽略其他的。比如，$f=0.5$ 经常被使用，所以前 50% 的字符串被放入交配池，并且被等可能地选择。这很显然是一个非常简单的实施方法，但是它限制了算法探索的数量，使得 GA 偏向于进化。
- **适应度比例选择**：最好的方法是按概率选择字符串，每个字符串被选择的概率与它们的适应度成比例。通常采用的函数是(对于字符串 α)：

$$p^{\alpha}=\frac{F^{\alpha}}{\sum_{\alpha'}F^{\alpha'}} \tag{10.1}$$

这里 F^{α} 是适应度，如果适应度不是正值，则 F 需要在整个过程中被 $\exp(sF)$ 替换，这里 s 是**选择强度**(selection strength)参数，并且你可以将这个等式看作第 4 章的 softmax 激活函数：

$$p^{\alpha}=\frac{\exp(sF^{\alpha})}{\sum_{\alpha'}\exp(sF^{\alpha'})} \tag{10.2}$$

这里有一个实现上的问题。我们要用与适应度成比例的概率来选择每个字符串，但是如果每个字符串只有一份拷贝，那么选择每个字符串的概率就是一样的。一种解决方法是对于适应度高的字符串加入更多的拷贝，以便它们更容易被选中。这有时被称作“转盘选择法”，想象每个字符串对应键盘上的一个区域，那么区域越大，球就越有可能落在这个区域。然后你可以从这个更大的集合中随机选择字符串。下面的代码段展示了这个方法，其中用到了 `np.kron()` 函数，我们在之前已经见过(6.5 节)。这是一个 NumPy 函数，用第一个数组里的每一个元素乘以第二个数组里的所有元素，并把所有的结果放在一起作为一个多维数组输出。这个函数很有用，它填充了新的并且更多的包含了每个字符串的多个拷贝的新种群(`newPopulation`)数组。

```
# Put in repeated copies of each string according to fitness
# Deal with strings with very low fitness
j=0
while np.round(fitness[j])<1:
 j = j+1

newPop = np.kron(np.ones((np.round(fitness[j]),1)),pop[j,:])

# Add multiple copies of strings into the newPop
for i in range(j+1,self.popSize):
 if np.round(fitness[i])>=1:
  newPop = np.concatenate((newPop,np.kron(np.ones((np.round(fitness[i]),1)),↩
```

```
    pop[i,:])),axis=0)

# Shuffle the order (note that there are still too many)
indices = range(np.shape(newPop)[0])
np.random.shuffle(indices)
newPop = newPop[indices[:popSize],:]
return newPop
```

然而，我们选择字符串并把它们放进交配池，下一步操作就是把它们按对分好。由于它们的顺序是随机的，我们可以简单地把字符串按照每一个偶数字符串和它下面的奇数字符串组成一对的原则把它们分好。

10.2 产生后代：遗传算子

选择好了培育的双方，我们现在要决定如何把两个字符串结合在一起从而产生后代，这是算法的遗传部分。有两个常用的遗传算子，我们现在开始讨论它们。当然还有其他的，但是这两个是最原始的方法，并且其他的方法和常用的方法有很大差距。

10.2.1 交叉

在生物中，有机体有两个染色体，父亲和母亲各自贡献他们的一个染色体。而 GA 的成员只有一个染色体——字符串。因此，我们用第一个的一部分和第二个的另一部分来组成新的染色体。最常用的实现方法是在字符串中随机找一个点，在这个点之前的部分用字符串 1 的，而在**交叉点**之后，用字符串 2 的剩下部分。我们实际上产生了两个后代，第二个是由字符串 2 的第一部分和字符串 1 的第二部分组成的。这个方式称为**单点交叉**，显然，它的扩展是**多点交叉**。最极端的情形是**均匀交叉**，它的字符串中的每一个元素都随机选自于父母双方。图 10-2 展示了三种类型的交叉法。

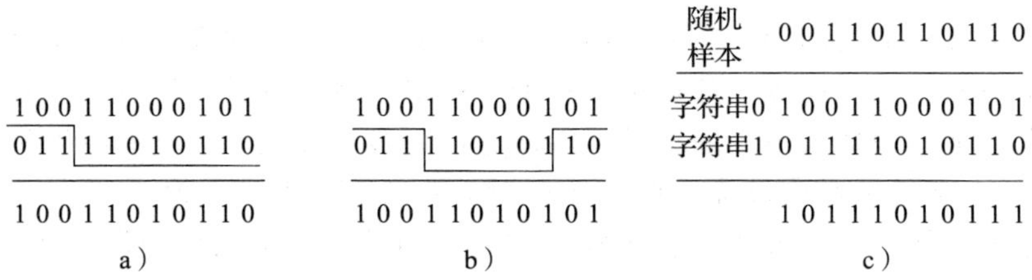

a)
1 0 0 1 1 0 0 0 1 0 1
0 1 1 1 1 0 1 0 1 1 0
1 0 0 1 1 0 1 0 1 1 0

b)
1 0 0 1 1 0 0 0 1 0 1
0 1 1 1 1 0 1 0 1 1 0
1 0 0 1 1 0 1 0 1 0 1

c)
随机样本 0 0 1 1 0 1 1 0 1 1 0
字符串0 1 0 0 1 1 0 0 0 1 0 1
字符串1 0 1 1 1 1 0 1 0 1 1 0
1 0 1 1 1 0 1 0 1 1 1

图 10-2　交叉算子的不同形式。a)单点交叉。随机选择字符串中的一个位置，然后用字符串 1 的第一部分和字符串 2 的第二部分组成后代。b)多点交叉。选择多个点，后代的生成方式和前面一样。c)均匀交叉。每个元素都随机地选自于它的父母

交叉法适用于进行全局探索，因为产生的字符串与父母双方有本质的不同。我们希望选择父母双方好的部分，并把它们放在一起以产生更好的解决方法。一个很好的例子是想象一只脚上长有蹼的会游泳的鸟，但是它不会飞，用它和一只会飞但不会游泳的鸟进行交配。后代会怎么样？会是一只鸭子！很明显，这在生物中是不可能的，但它很好地描述了交叉法的工作原理。GA 的另一个在现实遗传中明显不成立的有趣的特点是在产生鸭子的同时，还会产生一只既不会飞也不会游泳的鸟，虽然它不太可能生存很长时间，因为它的适应度将会很低。实际上仍有例外，比如著名的新西兰鹬鸵，它既不会飞也不会游泳，但仍然没有灭绝。

下面是用 NumPy 实施单点交叉法的代码段。将它扩展到多点交叉和均匀交叉不是特别难。

```
def spCrossover(pop):
    newPop = np.zeros(shape(pop))
    crossoverPoint = np.random.randint(0,stringLength,popSize)
    for i in range(0,self.popSize,2):
  newPop[i,:crossoverPoint[i]] = pop[i,:crossoverPoint[i]]
  newPop[i+1,:crossoverPoint[i]] = pop[i+1,:crossoverPoint[i]]
  newPop[i,crossoverPoint[i]:] = pop[i+1,crossoverPoint[i]:]
  newPop[i+1,crossoverPoint[i]:] = pop[i,crossoverPoint[i]:]
    return newPop
```

交叉法并不总是有用，它依赖于问题。比如，在第 9 章所讲的**旅行商问题**中，交叉法产生的字符串有时甚至不是一个可用的路线。但是奏效的时候，它通常是遗传算子中最好的方法，并且已经产生了一个关于 GA 如何工作的**积木假说**(building block hypothesis)。这个想法是由于 GA 对于那些由许多小方案组成完整方案的问题有很好的结果，所以不同的字符串就像是每个分开的积木，交叉法把这些子串放在一起形成了最后的方案。

10.2.2 变异

对当前最好的字符串的进化是通过变异算子实现的，它有效地实现了局部随机搜索。字符串中每个元素的值以概率 p(通常很小)改变。对于背包问题的二进制字母表，变异引起了一个位翻转，如图 10-3 所示。对于实值的染色体，通常用当前值加上或减去一个随机的数。通常，$p \approx 1/L$，这里 L 是字符串的长度，以便于每个字符串大约发生一次变异。这也许看起来很高，但你会发现这其实是一个很好的选择，因为变异率可以省去做许多有可能会干扰好的解决方案的局部搜索。

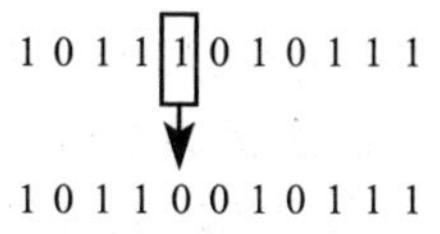

1 0 1 1 1 0 1 0 1 1 1

1 0 1 1 0 0 1 0 1 1 1

图 10-3 字符串变异效果

10.2.3 精英法、比赛法和小生境

在这个阶段，我们选取了一对父母，并产生了一对后代。现在可以选择如何处理它们。最简单的选择就是简单地用孩子取代父母来创造一个全新的种群，然后从那里继续。然而，这意味着每一代的最大适应度可以暂时降低，但是因为最终我们只对“最佳”解决方案感兴趣，这似乎有点冒险：我们可能会失去一个在搜索早期发现的非常好的字符串，之后我们再也看不到它了。

有多种方法可以避免这种情况，其中最简单的方法是使用**精英主义**，它从一代中获取一些最适合的字符串并将它们直接放入下一个种群中，替换已经存在的字符串，或者选择最不适合的来替换掉。请注意，在每次迭代时，种群都保持相同的大小，这与真实进化不同。另一个解决方案是实施一场比赛，两位父母和它们的两个后代参加比赛，四个个体中最适合的两个被投入到新的种群中。

这些功能的实施与以前的功能一致。`np.argsort()`函数返回数组的索引，这些索引按顺序对它们进行排序，但实际上并不对数组进行排序。它返回一个与排序的数组大小相同的数组，我们只想提取前几个精英数组。这样做时，我们将留下具有单个维度的矩阵，这就是为什么需要 `np.squeeze()`函数来将数组减小到正确的大小。

```
def elitism(oldPop,pop,fitness):
    best = np.argsort(fitness)
    best = np.squeeze(oldPop[best[-nElite:],:])
    indices = range(np.shape(pop)[0])
    np.random.shuffle(indices)
    pop = pop[indices,:]
    pop[0:nElite,:] = best
    return pop
```

虽然精英法和比赛法都使得好的解决方案不会丢失，但是它们都会促进**过早收敛**(premature convergence)的现象。也就是即使没有找到最优解，算法也会停止在一个不变的种群上。这是因为 GA 更喜欢种群中适应度高的，意味着算法通常会更喜欢一个达到局部最大值的解决方案，然后进化这个解决方案。

之所以会发生这种情况，是因为 GA 喜欢种群中的优良成员，这意味着通常会优先考虑达到局部最大值的解决方案，并且将应用此解决方案。精英法和比赛法都鼓励这一点，因为它们通过允许相同的个体保持多代来减少人口中的多样性。这意味着 GA 会停止探索。探索将被淡化，使得算法很难摆脱局部最大值，从而使大多数字符串具有更差的适应性，因此将在人口中被替换。最终，人口中的大多数字符串将是相同的，但这只能代表局部最大值，而不是全局最大值。GA 的随机性是其工作原理中很重要的一部分，并且减少随机性的方案通常会损害整体结果。

解决过早收敛问题的方法是**小生境**(niching)(也就是利用**岛屿种群**(island populations))，这里种群被分成几个子种群，它们都独立演化了一段时期，所以有可能收敛到不同的局部最大值，并且一个子种群中的少部分成员偶尔会跑到其他的子种群中。另一个方法是**适应度共享**(fitness sharing)，这里一个特殊字符串的适应度是根据这个字符串在种群中出现的次数来做平均。这使得适应度函数偏向于不常见的字符串，但是同时非常常见的好的解决方案也会被选中。

还有许多方法用来进一步改善 GA 的收敛和最后结果，但是它们对初步了解一个基础算法的工作原理没多大用处，所以我们决定忽略它。想要了解更多信息可以参考本章后面推荐的参考书目。

把我们已经看到的几个步骤简单地放到一起就组成了完整的 GA。把上面所讲的方法加入到扩展的 GA 中，比如比赛法和小生境可以提高算法的效果，但是并不会改变很多。在看完完整的算法后，我们将通过考虑图着色问题来看看算法是如何工作的，然后看看如何用 GA 解决两个简单的问题

基本遗传算法

- **初始化**
  - 通过我们选的字母表产生 N 个长为 L 的字符串。
- **学习**
  - 重复：
    - 生成一个(开始是空的)新的种群。
    - 重复：
      - 通过适应度在当前种群中**选择**两个字符串。
      - **重组**它们产生两个新的字符串。
      - 让后代**变异**。

  - 要么把两个后代加到种群中，要么用精英法和比赛法。
  - 保持记录种群中最好的字符串。
 - ○ 直到新种群中产生 N 个字符串。
 - ○ 可选性地，使用精英法从父代中挑选最合适的字符串，并替换子代中的一些其他字符串。
 - ○ 追踪新种群中最好的字符串。
 - ○ 用新种群代替当前种群。
- 直到到达停止标准。

10.3 使用遗传算法

10.3.1 图着色

图着色问题是一个典型的离散优化问题。我们要用 k 种颜色着色一幅图，选择颜色的方式是相邻的区域用不同的颜色。数学上已经证明，任何一个二维平面图都可以用四种颜色着色，这是第一个利用计算机程序遍历所有情况来证明的定理。尽管这是不可能的，但我们还是要尝试利用遗传算法来解决三色问题，如果我们的解决方案不理想，也不要沮丧（当然，使用 GA 来解决该问题是一个好想法）。对于所有想要利用遗传算法的问题，都有三项基本工作要完成。

- **把可能的方案编码成字符串。**对于这个问题，我们用三个可能的阴影来组成字母表（黑(b)、灰(d)和浅(l)）。所以对于一个六个区域的图，一个可能的字符串是 $\alpha=\{bdblbb\}$。这表示第一个区域是黑色的，第二个是灰色的，等等。我们选择一个记录区域的顺序并且对所有字符串都用这个顺序，现在可以把这六个区域的任意着色编码成字符串。图 10-4 和图 10-5 给出了一个示例问题和一种着色方案。

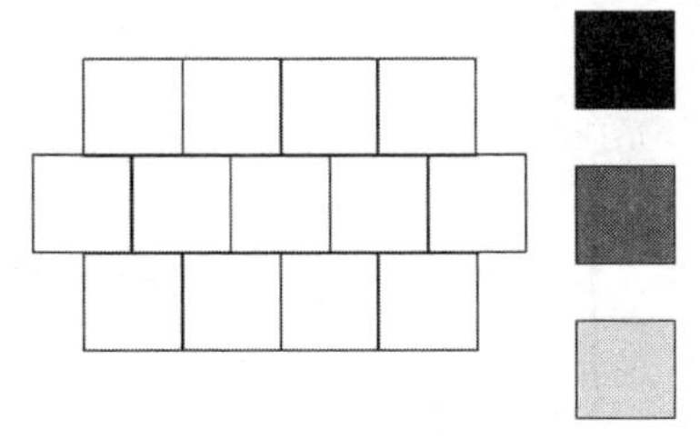

图 10-4 一幅简单的图，我们希望用上面的三种颜色来着色，并且两个相邻的区域不能用相同的颜色

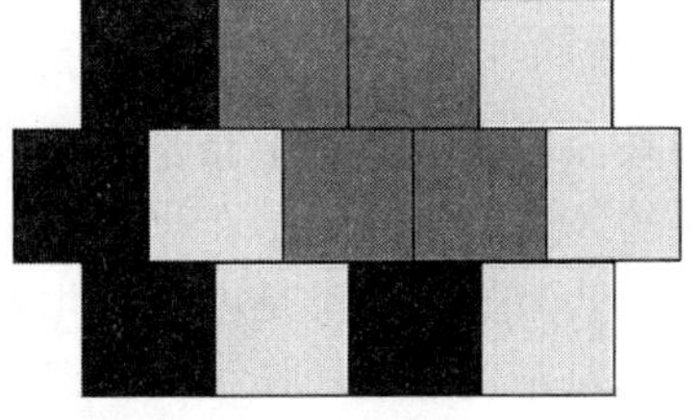

图 10-5 一种可能的着色方案，这里有些相邻区域有相同着色

- **选择合适的适应度函数。**我们想要最小化的（**成本函数**(cost function)）是两个相邻区域有相同着色的次数。我们可以很简单地数出来，但这不是适应度函数，因为最好的解决方案会有最低的次数，而不是最高。一个把它变成适应度函数的简单方法是将所有分数乘 -1 并且利用等式(10.2)，或者计算区域间边界的总数然后减去两边区域有相同颜色的边界总数。然而，我们也可以只计算正确的边界数。对于图 10-5 中的例子，在 26 个边界中有 16 个是正确的（这里边界是指任意两个正方形相

交的部分)，所以适应度是 16。

- **选择合适的遗传算子**。对于这个问题，我们要使用标准的遗传算子，因为这个例子很容易实施交叉和变异。图 10-6 和图 10-7 说明了它们是如何使用的。总的来说，对于大部分问题，人们都只是用标准的算子，如果表现得不好，才值得花时间来思考新的方法。

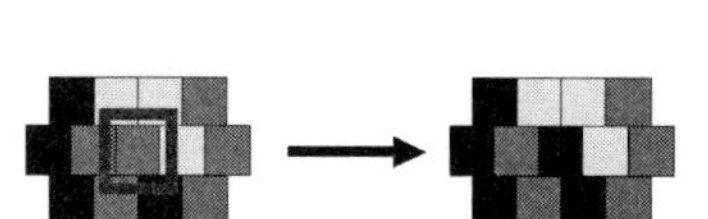

图 10-6　通过把一种颜色改变成另一种来实现变异

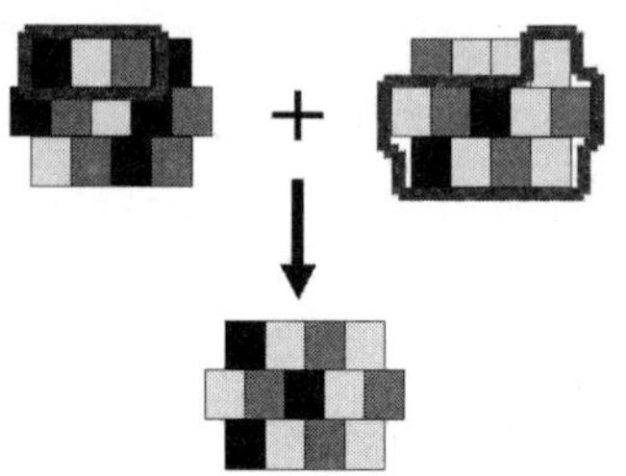

图 10-7　交叉法的实现

做出这些选择后，我们可以用 GA 解决这个问题，图 10-8 展示了一个可能的种群和它们的后代，并且能看到在完成预先设定好的迭代次数后，最好的方案是什么。对于这个问题，GA 提供了很好的解决方案，本章的一道习题建议你自己亲手实现一遍。

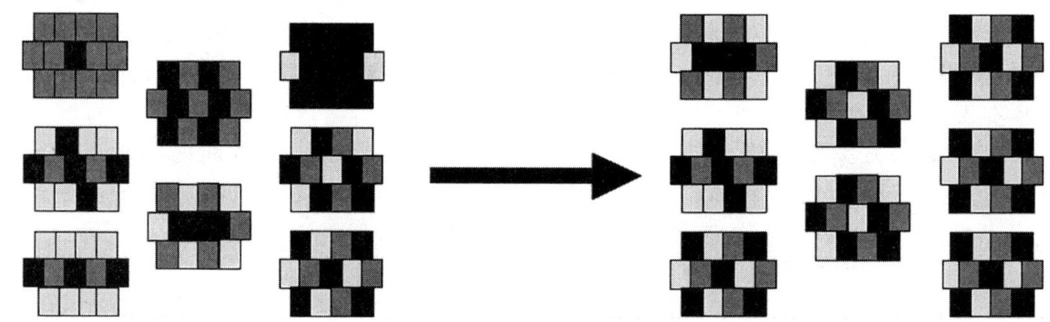

图 10-8　GA 对于着色问题的一次遗传

10.3.2　间断平衡

在很长一段时间里，上帝论者和其他一些不相信进化学说的人反对的论据是在化石记录中缺少中间的动物。他们认为如果人类是由猿进化而来的，那么应该会有一系列完整的中间物种的证据，这些物种生存在迁移的阶段，但却没有。有趣的是，GA 给出了一个解释，说明了这种论据为什么是不对的，这就是进化发展的路线实际上应该是一种间断平衡。对于某个物种，在很长一段时间里应该是基本稳定的种群，然后一些变化发生在很短的时期(在进化学中，仍需要成百上千年)，这是一个很大的变化，然后每件事又重新稳定下来。所以发现中间时期的化石的概率很小。图 10-9 说明了这个情况。

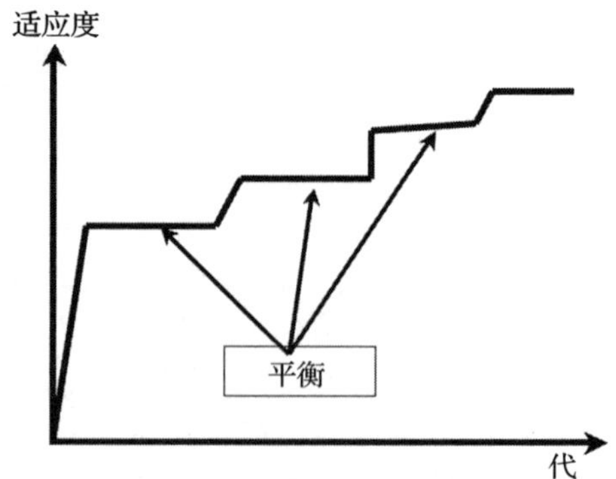

图 10-9　遗传算法中的间断平衡。在相对稳定的状态下，适应度没有提升，而随着适应度的快速提升，会到达另一个稳定的状态

10.3.3 示例：背包问题

分析GA时我们用背包问题作为例子，现在是解决它的时候了。在完成这项工作之前，我们可以用9.4节的方法来解决它。我们已经提到了贪婪算法的解决方案，当然也可以用穷举法，或者其他一些在上一章讨论过的方法，比如模拟退火法和爬山法。

网络上有一个20个物品的例子，它们的总体积是2436.77，背包的最大体积是500。贪婪算法找到的解决方案是487.47，而通过穷举法最终找到的最优解是499.98。问题是GA对于这个问题表现得怎样。我们将使用10.1.2节描述的适应度函数，也就是如果解决方案太大会得到惩罚，从值的总和中减去超出物品的值的两倍。图10-10展示了利用GA迭代100次的结果输出图。GA对于这个相对简单的问题很快就找到了接近最优解的方案(499.94)，虽然没有找到全局最优解。

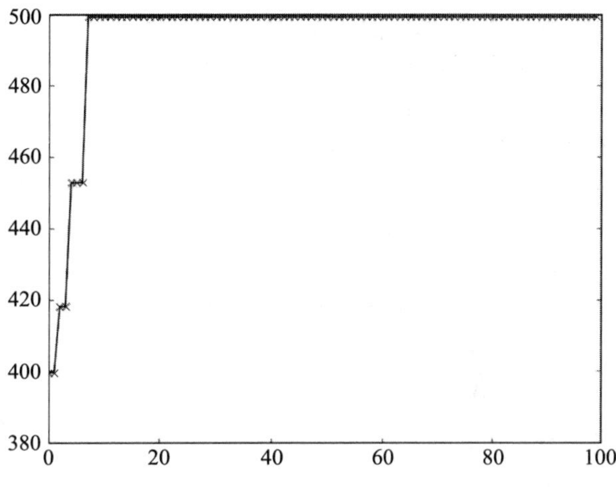

图10-10 背包问题解决方案的演变。GA只用了很少的迭代就发现了这个简单问题的一个非常好的解决方案，但从来没有找到最优解

10.3.4 示例：四峰问题

四峰问题是一个**玩具问题**(其实是很简单的问题，所以它本身并没有用，但是可以用来测试程序)，经常被用来测试GA及其进一步的变种。它是一个虚拟的适应度函数，把字符串前面加上许多个连续的0，并且在字符串后面加上许多连续的1。而适应度是通过计算前面的0的个数和后面的1的个数并取最大值得到的。然而，如果0的个数和1的个数都超过了阈值T，那么就给适应度函数一个奖励，即把它的值加上100。这就是“四峰”这个名字的由来：在许多0和许多1的地方有两个小峰，而得到奖励时会有两个大峰。GA成功运行时，应该会发现这些大峰。

在NumPy中，四峰问题的适应度函数可以写成如下形式。

```
def fourpeaks(population,T=15):

    start = np.zeros((np.shape(population)[0],1))
    finish = np.zeros((np.shape(population)[0],1))

    fitness = np.zeros((np.shape(population)[0],1))

    for i in range(np.shape(population)[0]):
        s = np.where(population[i,:]==1)
        f = np.where(population[i,:]==0)
        if np.size(s)>0:
            start = s[0][0]
        else:
            start = 0

        if np.size(f)>0:
            finish = np.shape(population)[1] - f[-1][-1] -1
        else:
```

```
        finish = 0

    if start>T and finish>T:
        fitness[i] = np.maximum(start,finish)+100
    else:
        fitness[i] = np.maximum(start,finish)

fitness = np.squeeze(fitness)
return fitness
```

图 10-11 和图 10-12 展示了两次运行的输出结果，它的染色体长度是 100，且 $T=15$。在第二次时，GA 达到了奖励点，而第一次却没有。这两次运行的变异率都是 0.01，也就是 $1/L$，并且都是单点交叉。它们也都采用了精英法。

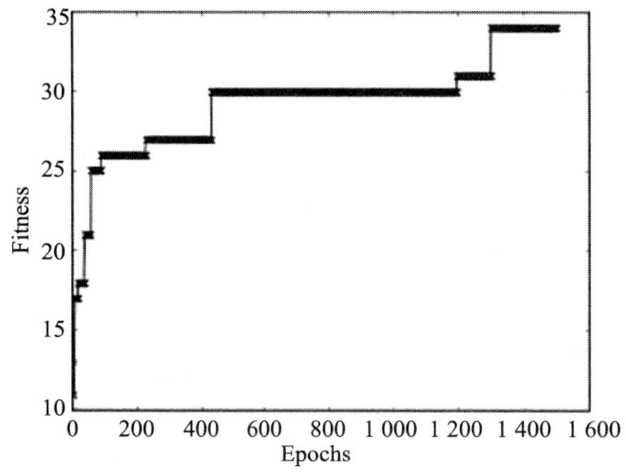

图 10-11　四峰问题解决方案的演变。解决方案的适应度函数从未达到奖励分数

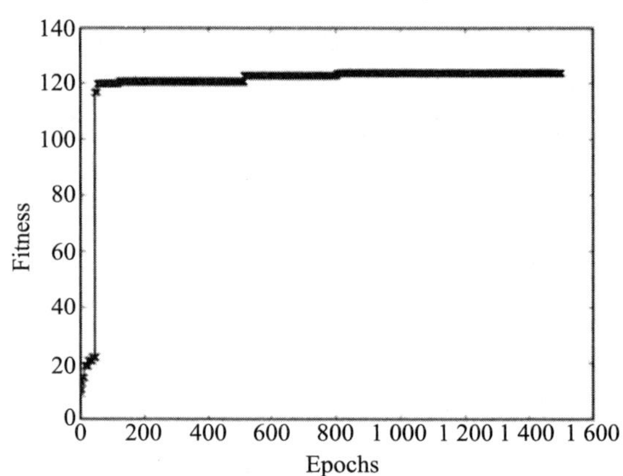

图 10-12　另一个四峰问题的解决方案。这个方案达到了奖励分数，但是并没有得到全局最优解

10.3.5　遗传算法的缺陷

遗传算法有可能会很慢。主要原因是一旦达到了局部最大值，通常需要花许多时间才能产生逃离这个局部最大值的字符串并且找到另一个更高的最大值。此外，由于不知道有关适应度地形的任何信息，我们就不能看出 GA 做得有多好。

对于遗传算法的一个更加根本的批判是很难(不可能读懂)分析 GA 的行为。我们希望种群适应度的平均值会不断增长直到到达某种形式的平衡。这个平衡是在选择算子，也就是使得种群差异变小，但是如果增加平均适应度(开发)和遗传算子，则通常会减少平均适应度，增加种群间的差异(探索)。然而，到目前为止还不可能证明这种情况一定能发生，这意味着我们根本不能保证算法会收敛，当然就更没有最优解。这困扰了许多研究者。这就是说，遗传算法被广泛用于其他方法不起作用的情况下，并且通常被看成黑盒——字符串从一边进入，然后冒出一个结果。这是一种冒险，因为不知道算法如何工作，所以不可能改善它，也不知道应该如何仔细地对待这些结果。

10.3.6　用遗传算法训练神经网络

用梯度下降法训练神经网络时，尤其要注意 MLP 问题。然而，我们可以把寻找正确的权重问题编码成一系列字符串，它的适应度函数是测量误差的平方和。该做法已经被实现过，并且得到了很好的结果。但是，这种方法存在一些问题。首先，我们将关于网络每个输出节点的错误目标的所有局部信息转换为一个数字，即适应性，这丢弃了有用的信息。其次，我们忽略了梯度信息，这也丢掉了有用的信息。

GA 在神经网络中更合理的使用方式之一是用 GA 来决定网络的拓扑结构。以前，我们用完全临时的方式来选择结果，就是通过尝试不同的结果来选择一个表现最好的。虽然交叉算子在这没有多大意义，但我们依旧可以只考虑变异并采用 GA 来解决这个问题。我们允许四种类型的变异：删除一个神经元，删除一个权连接，加入一个神经元，加入一个连接。删除算子使得学习朝着简单的网络发展。通过加入额外的变异算子会使得 GA 变得更加复杂，你会好奇能不能让它变得更加复杂。答案是肯定的，下面讨论一个实现的例子。

10.4 遗传程序

值得注意的遗传算法的一个扩展就是**遗传程序**(genetic programming)。这是 John Koza 提出的，它的基本观点是把计算机程序看成一棵树(想象一幅代码的流程图)。对于一种确定的程序语言，比如 LISP，表示一个程序实际上是一种非常自然的方法，但是对于 Python 就没有想象的那么好了，所以我们只需要先来看一下它的想法，而不用写出详细的算法。我们定义基于树的变种的变异和交叉法分别为，用别的子树代替子树或随机产生一棵树(变异，见图 10-13)，或与其他的树交换(交叉法，见图 10-14)。然后，遗传程序就像普通遗传算法一样运行，运算使用的是这些程序树而不是字符串。

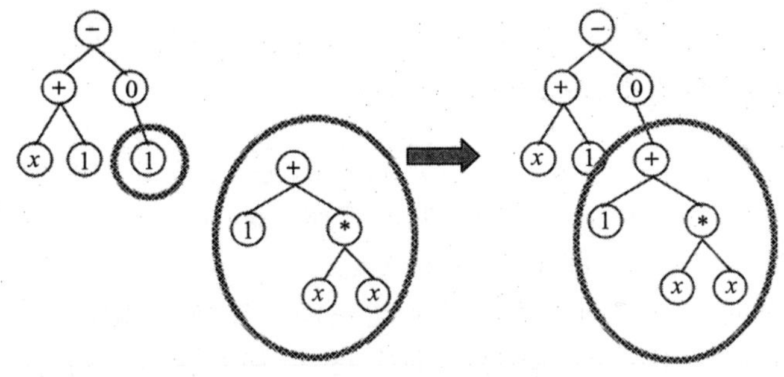

图 10-13 遗传程序中的一个变异实例

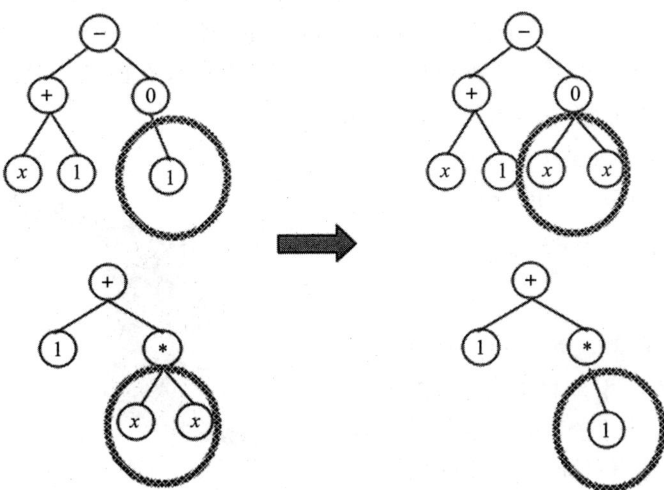

图 10-14 遗传程序中的交叉法实例

图 10-15 展示了一系列简单的树来执行算数算子，以及一些使用这些算子的可能的进展。

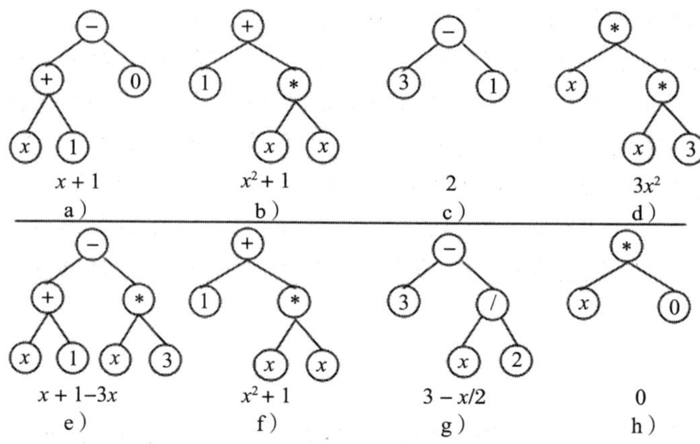

图 10-15　上面：四个算术树。下面：四个树进化的例子，e 和 h 可能是由 a 和 d 交叉产生的，f 是 b 的一个拷贝，g 是 c 的一个变异

遗传程序被用于许多不同的任务，从皮肤黑色素瘤的识别到回路设计，并且产生了许多令人印象深刻的结果。然而，研究空间仍然大得难以置信，并且变异算子没有特别的用处，所以许多都依赖于初始种群。为了有个好的开始，系统开发者会挑选一系列可能有用的子树。在本章推荐书目中可以找到有关遗传程序的更多信息。

10.5　与采样结合的进化学习

本章所讲的最后一种机器学习方法是进化学习的一个有趣的变种与第 16 章描述的**概率模型**(probabilistic model)相结合，即**贝叶斯网络**(Bayesian network)，也就是通常所谓的**分布估计算法**(Estimation of Distribution Algorithm，EDA)。

最基础的版本是我们熟知的**基于种群的增长学习算法**(PBIL)。该算法非常简单，就像基本的 GA 一样，它采用一个二进制字母表，但不保留种群，而是利用一个**概率向量** p 来给出每一个元素是 0 或 1 的概率。起初，向量的每一个值都是 0.5，所以每一个元素有相等的机会变成 0 或 1。之后通过从分布指定的向量中取样来构建群体，并计算群体中每个成员的适合度。我们使用这个种群中的一个子集(通常只有前两个适应度最高的向量)和一个学习速率 p 来更新概率向量，学习速率通常被设置为 0.005(这里 best 和 second 代表种群中最好的和第二好的成员)：

$$p = p\times(1-\eta)+\frac{\eta(\text{best}+\text{second})}{2} \tag{10.3}$$

之后丢弃这些种群，并且利用更新的概率向量重新取样来产生新的种群。图 10-16 展示了当 $T=11$ 时利用这个简单的算法解决四峰问题的结果，这里的字符串长度为 100，每个种群中有 200 个字符串。这可以直接与图 10-10 比较。

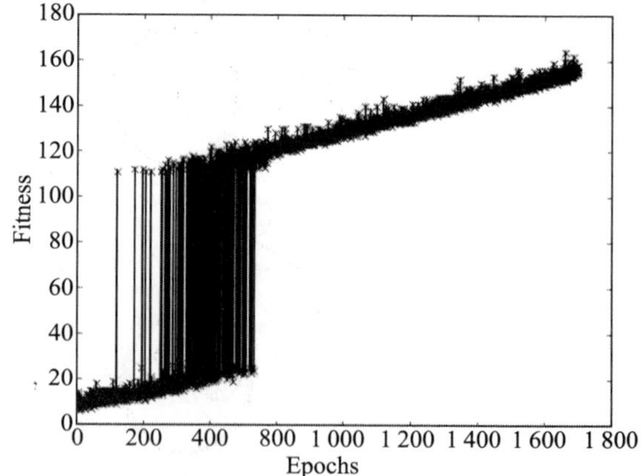

图 10-16　利用 PBIL 解决四峰问题时最好的适应度的进化

算法的核心就是简单地利用适应度最高的两个字符串和更新的向量来寻找新的字符串。其他的都与遗传算法相同。

```
# Pick best
best[count] = np.max(fitness)
bestplace = np.argmax(fitness)
fitness[bestplace] = 0
secondplace = np.argmax(fitness)

# Update vector
p  = p*(1-eta) + eta*((pop[bestplace,:]+pop[secondplace,:])/2)
```

PBIL 使用的概率模型非常简单：假设概率向量中每一个元素都是独立的，所以没有互相影响。然而，这里没有给出为什么不考虑变量之间比较复杂的影响的原因，并且开发了一些算法来解决这些问题。第一个选择是建立一个链，所以每一个变量都只依靠它左边的一个。这首先需要排列概率向量的顺序，然后算法仅需要测量每对相邻变量之间的相互信息(参见 12.2.1 节)。这种利用相互信息的算法叫作 MIMIC。还有一些算法使用了完整的贝叶斯网络更加复杂的变种，比如**贝叶斯优化算法**(Bayesian Optimisation Algorithm, BOA)和**因素分布算法**(Factorised Distribution Algorithm, FDA)。

GA 的这些发展的好处在于利用了概率模型并且因此比普通 GA 更加经得起分析，该算法历经了许多尝试，从而使我们能更好地了解它们运行的过程。同时，也允许算法发现输入变量之间的联系，如果你想要了解解决方案的原理而不是仅仅利用它，那么这还是很有用的。

我们要记住，尽管遗传算法经常会找到好的解决方法，但并不保证总是一定能找到最好的解决方案，也就不能保证找到最优解。遗传算法和本章描述的其他算法的绝大多数应用都不考虑这些，只是将算法作为一种避免了解问题的方法使用。回忆一下上一章的没有免费的午餐理论——将 GA 或遗传程序作为所使用的唯一搜索方法之前，对于搜索问题没有好的通用的解决方法。话虽如此，倘若你准备接受花费大量时间并且无法保证有良好解决方案的话，它们通常还是非常好用的方法。

拓展阅读

主要介绍遗传算法的书有：

- J. H. Holland. *Adaptation in Natural and Artificial Systems: An Introductory Analysis with Applications to Biology, Control, and Artificial Intelligence*. MIT Press, Cambridge, MA, USA, 1992.
- M. Mitchell. *An Introduction to Genetic Algorithms*. MIT Press, Cambridge, MA, USA, 1996.
- D. E. Goldberg. *Genetic Algorithms in Search, Optimisation, and Machine Learning*. Addison-Wesley, Reading, MA, USA, 1999.

主要介绍遗传程序书有：

- J. R. Koza. *Genetic Programming: On the Programming of Computers by the Means of Natural Selection*. MIT Press, Cambridge, MA, USA, 1992.
- Z. Michalewicz. *Genetic Algorithms + Data Structures = Evolution Programs*, 3rd edition, Springer, Berlin, Germany, 1999.

有关分布估计算法的书如下：

- S. Baluja and R. Caruana. Removing the genetics from the standard genetic algorithm. In A. Prieditis and S. Russel, editors, *The International Conference on Machine Learning*, pages 38-46, Morgan Kaufmann Publishers, San Mateo, CA, USA, 1995.
- M. Pelikan, D. E. Goldberg, and F. Lobo. A survey of optimization by building and using probabilistic models. *Computational Optimization and Applications*, 21(1): 5-20, 2002. Also IlliGAL Report No. 99018.

下面两本书详细描述了真实的进化：

- C. Darwin. *On the Origin of Species by Means of Natural Selection*, 6th edition, Wordsworth, London, UK, 1872.
- R. Dawkins. *The Blind Watchmaker: Why the Evidence of Evolution Reveals a Universe without Design*. Penguin, London, UK, 1996.

习题

10.1 假设你要获取资料文件，但是你只有一张 CD，并且资料的大小比 CD 空间大。你决定对要保存的文件做选择以便尽可能最大化利用 CD 的空间，从而备份大多数文件，但是不能分裂一份资料文件。分别编写贪婪法和爬山法来解决这个问题。关于解决方案的效率你能保证什么？

10.2 (来自 jon shapiro)在视频扑克中，你要处理面前的五张牌。你只有一次机会可以从桌子上抽出任意数量的牌(或者全部或者没有)来替换手中对应数量的牌。然后你得到一份报酬，它与手中的牌有关。赌注是 1 美元。最低的奖励条件是一对 J 或更好，它的报酬是 1 美元(所以你的净赚是 0)。如果有两对，报酬是 2 美元，有三张相同牌的报酬是 3 美元，四个的情况以此类推。你的目标是获得尽可能多的钱。

为了玩好这个游戏，你需要考虑决定保留哪些牌和放弃哪些牌的策略。例如，你手上有两张牌，但是牌不好，你应该保留一张还是两张？如果保留一张，就有四个机会来搭配一张牌。如果保留两张牌，就只有三个机会，但是有两张牌可以搭配。如果手上有一对比较差的牌，最好是保留两张，因为有希望抽到另外一对或抽到一张牌变成三张相同的牌，或者抽五张牌会不会更好？对于用未知的牌来替换手中的牌的最好的策略是未知的。发明一种方法，利用遗传算法来搜索这个游戏的制胜决策。假设你的计算机上有这个游戏，那么 GA 建议的任何决策都可以在计算机上测试很多次。利用梯度下降法的 MLP 可以用来学习制胜决策吗？为什么可以或不可以？

10.3 在你的计算机硬盘上有 5000 个 MP3 文件。不幸的是，你的硬盘开始出现问题，所以你决定备份这些 MP3 文件。同样不幸的是，在你的计算机上，你只能刻录 CD，而不能刻录 DVD。你需要最小化所用 CD 的数量，所以你决定设计一个遗传算法来选择哪些 MP3 刻录到哪张 CD 上以便尽量把每张 CD 装满。

设计一个遗传算法来解决这个问题。你需要考虑如何编码输入数据，哪个遗传算子合适，以及如何让遗传算法处理多张而不是一张 CD。

10.4 转换 GA，利用实值染色体并且用它来找到 Rosenbrock 函数(等式(9.18))的最小值。

10.5 实现图着色问题的适应度函数(当然，你要先设计一幅图)并且看看 GA 发现了怎样的解决方案。用只有三个区域的图和其他的图做比较。你能想出其他的可以用来找到这个问题的解决方法的算法吗？

10.6 Royal road 适应度函数用于测试积木假说，它认为 GA 通过装配小积木然后用交叉法把它们放到一起来解决问题。函数把一个二进制的字符串拆分成 l 个顺序的小块，每块都是 b 位。对于全是 1 的块，它的适应度是 b，其他情况的适应度是 0，并且总的适应度是所有小块适应度的和。实现这个适应度函数并用长为 16 的字符串测试，它的每块长度为 1、2、4、8。GA 运行 10000 次迭代。将结果与使用 PBIL 的结果进行比较。

第11章

Machine Learning: An Algorithmic Perspective, Second Edition

强化学习

强化学习填补了监督学习(即利用目标数据给出的正确答案来训练)和非监督学习(即算法只能探索相似的数据来逼近)之间的空白。强化学习介于中间，也就是说仅仅告知答案正确与否，但是没有说明如何去提高它。强化学习器要尝试不同的策略来挑出最好的。对不同策略的“尝试”其实是描述搜索的另一种方法，也就是第9和10章的主题。搜索是任何强化学习的基础部分：算法通过搜索可能的输入和输出**状态空间**(state space)来最大化**奖赏**(reward)。

强化学习通常被描述成智能体和环境之间的交流。智能体就是正在学习的物体，环境就是智能体所在的地方和它所要学的东西。环境还有另一个任务，就是要通过一些**奖赏函数**(reward function)提供关于策略有多么好这一信息。

想象一下婴儿学习站立和走路的过程。婴儿为了站直要尝试许多不同的策略，并且通过最终是否摔倒来得到反馈，从而判断哪个策略好。那些看起来有用的方法被尝试了一遍又一遍，直到成功或找到更好的方法，而那些没有用的就被遗弃了。这个比喻还有另一个有用的地方：在摔倒前，导致摔倒的动作也许不是婴儿所做的最后一个动作，而是更早的一些动作(在摔倒之前，你可能会晃动胳膊几秒钟，但你可能是被某些东西绊倒的，而不是因为晃胳膊才倒的)。所以很难知道是哪个动作(或动作组合)使得你倒下，因为许多动作组成了一个动作链。

强化学习对于心理学学习理论的重要性来自于**反复试验**(trial-and-error)学习的概念，这一概念已经存在了很长时间，被定义为**效应定律**(law of effect)。正如我们将要看到的那样，这正是强化学习中发生的事情，Thorndike在1911年的一本书中描述如下：

> 在对同一情况做出的几种反应中，在其他条件相同的情况下，那些伴随着或紧随其后的令动物满意的反应，会与这种情况更紧密地联系在一起。这样，当该情况再次出现时，这种反应更有可能再次出现。在其他条件相同的情况下，那些伴随着或紧随其后的令动物感到不适的反应，与这种情况的联系会减弱。因此，当这种情况再次出现时，它们不太可能发生。满足感或不适感越强，联系的加强或削弱越大。(E. L. Thorndike, *Animal Intelligence*, page 244)

这就是“强化学习”这个名字的由来——不断重复那些通过一种满足的感觉强化过的动作。为了说明如何将其应用于机器学习，我们需要了解更多的概念。

11.1 概述

强化学习是**状态**(state)或**情形**(situation)与**动作**(action)之间的映射，目的是最大化一些数值形式的**奖赏**(reward)。也就是说，算法知道当前的输入(状态)，以及它可能做的一些事(动作)，目的是最大化奖赏。进行学习的**智能体**和**环境**之间有着明显的区别，环境是智能体完成动作的地方，也是产生状态和奖赏的地方。最常用来思考强化学习的方式是用机器人。机器人当前传感器的读数，或者它们的处理形式，可以定义状态。它们在某种意义下是机器人周围环境的代表。注意，状态不一定会告诉我们所有有用的东西(机器人的传感器不会告诉它所在位置信息，只会告诉它所看到的东西)，并且状态数据中存在误差和不精确的东西。机器人能控制马达的可能方法就是动作，它使得机器人在环境中移动，并且奖赏应该意味着不打碎东西而完成任务的程度。图 11-1 展示了机器人的状态、动作和环境的概念，而图 11-2 展示了它们之间以及它们和奖赏之间的关系。

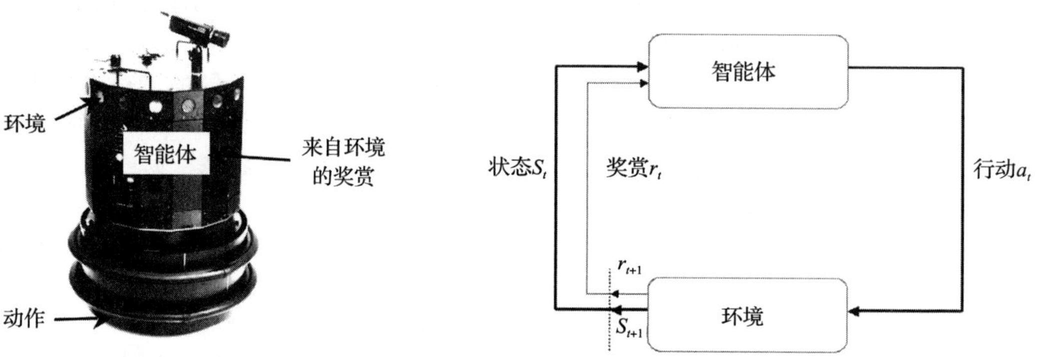

图 11-1　机器人通过感应器感知环境的当前状态，并且通过马达来完成动作。强化学习器(智能体)利用机器人尝试预测下一个状态和奖赏

图 11-2　强化学习回路：学习的智能体在状态 s_t 中实行动作 a_t 并且从环境中得到奖赏 r_{t+1}，到达状态 s_{t+1}

在强化学习中，算法通过奖赏的形式得到回馈从而知道自己做得怎样。与监督学习对比，这里算法被“教授”正确的答案，奖赏函数评价当前的解决方案，但是并不建议如何提升。仅仅使得情况有一些不同，我们需要考虑奖赏被**延迟**(delayed)的可能性，这意味着实际上直到未来很长的一段时间都没有得到奖赏(例如，考虑机器人学习穿越迷宫，直到到达之前它并不知道自己找到了迷宫的中心，所以直到到达迷宫的中心它都得不到奖赏)。因此直到执行相关动作后的很长一段时间，我们都不需要允许奖赏出现。有时，我们考虑即时奖赏和未来预期的总奖赏。

一旦算法利用奖赏做出决定，就需要选择在当前状态中要实行的动作。这就是**策略**(policy)。这是通过开发和探索的结合来完成的(记住，强化学习本质上是一个搜索方法)，意思是要确定上一次在同样状态时，做出这个动作是否会获得最大的奖赏，或者为了寻找一些更好的效果而尝试不同的动作。

11.2　示例：迷路

几个小时的飞行后，我们筋疲力尽地到达了外国的一座城市，赶上去城镇的火车并且蹒跚地来到一家背包客旅馆，而没有注意太多周围的情况。晚上醒来时，你很饿，所以决定出去看看城镇周围并寻找吃饭的地方。不幸的是，现在是凌晨 3 点，并且更加不幸的是，你很快意识到自己完全迷路了。更糟的是，你记不起下榻的那家旅馆的名字，或关于它的更多的事，除了知道它位于一个老广场中。当然，这并没有很大的帮助，因为城镇的这个部分是由许多老广场组成的。目前只有两件事对你有利：你确定自己能认出那座建筑，并且学过强化学习，你决定应用它(是的，这本书可以救你的命!)。

你确定只走过老城镇部分，所以不用担心通向老城镇之外的道路。所以你来到了下一个公共汽车站，大概看了一下地图，并且记下了地图上的老城区位置，就像图 11-3 画的那样。

在地图上标记完，你注意到了一家 24 小时商店并且买了尽可能多的薯条来装满了自己的背包。作为一个强化学习器，你决定在做出能到达旅店的动作时再奖励自己吃薯条而不是立马就吃(这是**奖赏延迟**(delayed reward))。当你思考完奖赏的结构时，你认为只有一个可行的方案，就是在到达旅店时再把所有的薯条吃完，而在到达之前一点也不奖励自己。你希望自己不会因为饥饿而先昏倒！

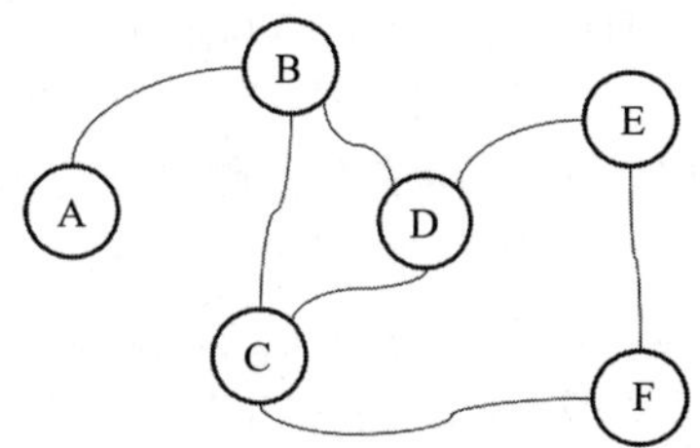

图 11-3　你所迷失的老城镇

由于被吃的东西鼓舞，你确定要去找的旅店基本就在地图上标有 F 的广场上，因为它的名字看起来依稀相似。你决定制定一个奖赏规则，以便利用强化学习算法到达旅店。你要制定的第一个规则就是待在原地，这就意味着你今晚要睡在这儿。这很糟糕，所以对它的奖赏是−5(负的奖赏可以被看成一种惩罚，这没有很明确的对应，但是你可以把它想象成捏自己一下，使自己保持清醒)。当然，一旦到达状态 F，你就到达了旅馆，因此你就会待在那。这是我们熟知的**吸收状态**(absorbing state)，并且当你把买来的所有薯条都吃了作为奖赏时，问题就结束了。现在，在两个广场之间移动是很好的选择，因为这也许会让你更靠近 F。但是如果不看地图是不知道这些的，所以你决定在实际到达 F 时，要有一个奖赏，并且剩下的都是 0。在两个广场间没有直接的路时(也就是不能从一个到另一个)，就没有奖赏，因为这不是可行的方案。这就生成了如下的奖赏矩阵 R(这里“—”表示没有联系)，如图 11-4 中所示。

当前状态	下一状态					
	A	B	C	D	E	F
A	−5	0	—	—	—	—
B	0	−5	0	0	—	—
C	—	0	−5	0	—	100
D	—	0	0	−5	0	—
E	—	—	—	0	−5	100
F	—	—	0	—	0	—

当然，作为一个强化学习器，你实际上并不知道奖赏矩阵。这其实是你要尝试去发现的，但是目前没有一个很好的例子去说明这一问题。我们假设你是在很累的状态下学习，甚至不能正确读出纸上写的东西。有了这些以后，我们就需要学习一些东西了，但是现在，我们要把你暂时搁浅在那个外国的城镇，并且详细描述一些我们到目前为止所讲到的东西。

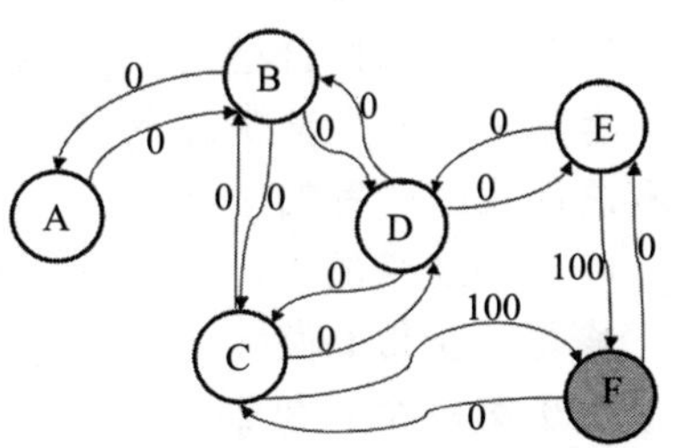

图 11-4　基于你的判断是对的且旅店就在广场(状态)F 的状态表。为了避免图变得复杂，从每个状态出发又回到自己(意味着你没有动)的连线没有画出。每一个的奖赏都是−5(除了停止状态 F，它意味着你到达了旅店)

11.2.1　状态和动作空间

强化学习本质上是一个搜索算法，并且很显然，算法要搜索的状态数目越多，找到好的解决方法所需的时间越长。学习器要经历的所有可能的状态集合叫作**状态空间**(state space)。它有一个相对应的**动作空

间(action space)，包含了所有可能的动作。如果我们能减少状态空间和动作空间的大小，那会是很好的，前提是没有将问题过度简化。上面例子中只存在六个状态，但是看看图 11-4 并且想象一下我们一遍又一遍搜索所有的广场：这个学习方法仍然将会花费很长的时间。一般来说确实是这样的。

计算状态空间的大小(和相对应的动作空间)是相对简单的。比如，假设有五个输入数据，每一个都是 0 到 100 之间的整数。那么状态空间的大小就是 $100\times100\times100\times100\times100=100^5$，它是非常大的，所以在这里，维度显得很关键。然而，如果我们可以量化数据，使得对每一个输入数据都用两个数来代替 100 个数(比如，把小于 50 的数归为第一类，大于 50 的数归为第二类)，那么状态空间的大小($2^5=32$)就更容易管理了。因此，仔细地选择状态空间和动作空间是设计成功的强化学习器的关键部分。你要在不丢失结果精度的情况下让它们尽可能小——通过把每个输入的大小从 100 减少到 2，很明显，我们丢失了很多可能会使得答案的质量变好的信息。通常的情况下，我们需要权衡两者。

11.2.2 胡萝卜和棍子：奖赏函数

学习器基本的想法是要选择动作来得到最大化的预期奖赏。在这个例子中，我们通过说出想要的东西，然后考虑如何获得它，以相当特别的方式计算出奖励。这和实践中几乎是一样的：在第 10 章考虑遗传算法时，我们要小心选择适应度函数来解决关心的问题。同样，对于**奖赏函数**也是一样的。实际上，它们可以被看作同一个东西。

奖赏函数以当前的状态和被选择的动作为参数，然后根据它们产生一个数值化的奖赏。所以在上文的例子中，如果我们处于状态 A，然后选择的动作是什么也不做，也就是仍停留在 A，那么我们得到奖赏 -5。注意，奖赏可以是正的或负的，后者意味着“惩罚”，说明那样的动作应该要避免。奖赏是通过学习周围的环境产生的，它不在学习器内部(这就是使得它在我们的例子中很难描述的原因：在真实世界中，环境不会给你奖赏，只能用电脑(大脑)作为环境的一部分来实现)。在效果上，奖赏函数使得学习器的目标很明确——尝试最大化奖赏，这意味着动作是明确按照奖赏函数期望的方式进行的。奖赏告诉学习器目标是什么，而不是如何实现目标，否则就成了监督学习。因此，包含**子目标**(sub-goal)通常是不好的(学习器在学习过程中需要获得的额外的东西，意味着加快学习)，因为学习器可能会找到达到子目标的方法而实际上没有达到真正的目标。

很明显，选择合适的奖赏函数是很关键的，不同的奖赏函数会导致不同的动作。例如，考虑下面两个奖赏函数对一个穿越迷宫的机器人产生的不同影响(试着在阅读后面的内容之前找出两者的不同)：

- 找到迷宫的中心时得到奖赏 50。
- 每一步得到奖赏 -1，找到迷宫的中心时得到奖赏 50。

对于第一个，机器人将会学习如何到达迷宫中心，第二个也是如此，但是第二个奖赏函数会使得机器人用更短的路线穿越迷宫，这可能是一件好事。迷宫问题是**情节性的**(episodic)：学习过程被分成许多情节，并且有一个明确的终点，就是机器人到达迷宫中心。这意味着最后会得到一个奖赏，然后回溯刚才进行的所有动作来更新学习器。然而，现实中存在着许多非情节性的例子(**连续任务**(continual task))，并且在任务停止前没有间断。比如本章开始时提到的婴儿学习走路的例子。当他不会跌倒时才算是学习成功，而不是在 10 分钟内不会跌倒。

既然奖赏被分成两部分——即时的部分和最后的奖赏——我们需要更多地考虑一下

学习算法。激励学习的东西是总奖赏，即从开始一直到任务结束的期望奖赏（当学习器到达了**最终状态**（terminal state）或**接受状态**（accepting state）——旅店就是一个例子）。在终点，通常都有很大的一笔奖赏表示任务成功地完成了。然而，相同的东西对于连续任务就不对了，因为没有终结状态，所以我们要预测奖赏一直到无限的情况下，这其实是不可能的。

11.2.3 折扣

解决这个问题的方法是利用**折扣**（discounting），它意味着我们要考虑到对于发生在未来的事有多确定：无论如何，在学习中都会有许多不确定的事，所以我们应该根据它们出错的概率来对未来奖赏的预测打折扣。离得很近的且期望的奖赏的预测将会比那些在未来很远的奖赏的预测更加精确，因为许多事情可能会变，所以我们加入一个额外的参数 $0\leqslant\gamma\leqslant 1$，然后通过乘以 γ^t 来对未来奖赏的预测打折扣，这里 t 是奖赏在未来的时间步数。由于 γ 小于 1，所以 γ^2 就更小，并且当 $k\rightarrow\infty$ 时 $\gamma^k\rightarrow 0$（即当 k 越来越大时，γ 会变得越来越小），所以我们会忽略未来很远的预测。这意味着我们对未来奖赏的总预测为：

$$R_t = r_{t+1} + \gamma r_{t+2} + \gamma^2 r_{t+3} + \cdots + \gamma^{k-1} r_{t+k} + \cdots = \sum_{k=0}^{\infty} \gamma^k r_{t+k+1} \tag{11.1}$$

很明显，γ 越接近 0，我们对未来看得越近，当 $\gamma=1$ 时，没有折扣，就像上面的情节性的情况（实际上，折扣有时也用于情节的学习，因为最终的奖赏可能会有很长的路要走，所以我们在某种程度上要处理学习中的不确定因素）。我们可以把折扣应用于学习走路这个例子。摔倒时，你给自己的奖赏是－1，并且其他情况下没有奖赏。奖赏－1 在未来会打折扣，所以在未来第 k 个奖赏是 $-\gamma^k$。因此，学习器会使得 k 尽可能大，结果就是能很好地走路。

奖赏函数给了我们下一步如何选择的方式——对奖赏的预测使得我们开发当前的知识并且尝试最大化得到的奖赏。另外，我们还可以探索并且尝试新的方法，因为我们有希望发现得到更大奖赏的方法。探索和开发的方法就是我们要进行的**动作选择**的方法。

11.2.4 动作选择

在强化学习的每一个阶段，算法会查看在当前状态下可以进行的每一个动作并且计算每一个动作的值，也就是，在当前状态选择这个动作的平均奖赏。实现这一点很简单的方法就是计算以前记录的每次奖赏的平均值。这就是 $Q_{s,t}(a)$，这里 s 是状态，a 是动作，t 是以前这个动作在这个状态下被选择的次数。这将会最终收敛到这个动作的奖赏的真实预测。根据当前奖赏的平均预测，有三种选择 a 的方法在强化学习中值得考虑。我们以前见过第一个和第三个。

- **贪婪法**。选择有最高 $Q_{s,t}(a)$ 值的那个动作，所以总是选择利用你当前的知识。
- **ε-greedy**。这与贪婪算法很相似，但是有一个小的概率 ε 我们会随机选择其他的动作，所以我们几乎都在做贪婪选择，但是偶尔尝试另外的选择，希望能找到一个更好的选项。这就混合了一些探索在里面。ε-greedy 选择随着时间推移会比一般的 greedy 方法找到更好的解决方案，因为它能探索并且找到更好的方案。
- **soft-max**。ε-greedy 方法的一个提炼是思考在探索时应该选择哪一个其他的动作。ε-greedy 算法采用随机选择方式。另外一个可能是利用 soft-max 函数（我们已经见过多次了，如等式（4.12））来做出选择：

$$P(Q_{s,t}(a)) = \frac{\exp\left(\frac{Q_{s,t}(a)}{\tau}\right)}{\sum_b \exp\left(\frac{Q_{s,t}(b)}{\tau}\right)} \tag{11.2}$$

这里有一个新的参数 τ，它表示温度，因为它与模拟退火有关系，参见 11.6 节。当 τ 很大时，所有的动作有相似的概率；而当 τ 很小时，选项的概率就更重要。在 soft-max 选择中，大多数时间将会选择当前最好的(greedy)动作，但是其他情况下会按照与它们估计的奖赏成比例的概率来选择，选择之后会进行更新。

11.2.5　策略

我们仅仅考虑了不同动作的选择方法，比如 soft-max 和 ε-greedy。动作选择旨在利用探索和开发的方法来最大化未来的期望奖赏。相反，我们可以做一个明确的决策，使得每一个阶段都选择最好的选项，根本不用探索。在每个状态选择哪一个动作来使得结果优化就是策略(policy)π。我们希望对于具体的当前状态 s_t，能够学习一个好的策略。这是强化学习中学习部分的关键——从状态动作中学习策略 π。至少有一个优化的策略给出了最大的奖赏，并且那就是我们要找的。为了找到好策略，有一些需要我们操心的事。第一个就是对于目前的状态，我们需要知道多少信息；第二个就是对于当前状态，我们如何描述一个值。第一个对于本章和第 16 章都很重要，所以我们现在要进行一些细致的讨论。

11.3　马尔可夫决策过程

11.3.1　马尔可夫性

让我们回到之前的例子。站在广场 D，你需要选择下一步采取什么动作。有四个可能的选择(见图 11-4)：原地不动，或者去 B、C、E 中的一个。问题是对于你准确地预测奖赏并采取最好的决策是否有足够的信息。或者你是否需要知道自己以前在哪？假设你知道自己是从 B 来到 D 的。这样，再回到 B 就没有什么意义，因为奖赏没有变化。然而，如果你是从 E 来到 D 的，那么回到 E 就是有意义的，因为这使你离 F 更近。所以，在这个例子中，知道以前的动作并没有提供太多帮助，因为你没有足够的信息知道哪些是有用的。

另一个有说服力的例子是下棋游戏，当前所有棋子的位置(状态)足以预测下一步是否是好的——与每一个棋子如何来到当前位置无关。那么，当前的状态就提供了足够的信息。一个状态如果具有这种性质，也就是当前的状态对于计算奖赏提供了足够的信息而不需要以前的状态信息，就称为**马尔可夫状态**(Markov state)。它的重要性可由下面两个等式给出，第一个是马尔可夫性不成立的条件，第二个是马尔可夫性成立的条件。等式是用来计算下一步的奖赏 r' 和状态 s' 的。

$$Pr(r_t = r', s_{t+1} = s' \mid s_t, a_t, r_{t-1}, s_{t-1}, a_{t-1}, \cdots, r_1, s_1, a_1, r_0, s_0, a_0) \tag{11.3}$$

$$Pr(r_t = r', s_{t+1} = s' \mid s_t, a_t) \tag{11.4}$$

很明显，等式(11.4)仅仅需要你现在的位置和你现在的选择，很容易计算，出现舍入误差的概率小，并且不需要学习器存储的整个历史过程。所以它可以使计算成为可能，而第一个等式对任何我们感兴趣的问题都是不可能解决的。一个满足等式(11.4)的强化学习问题(也就是说，具有马尔可夫性)称为**马尔可夫决策过程**(Markov Decision Process,

MDP)。它意味着基于以前的经历，我们只需要知道当前的状态和动作就可以计算下一步奖赏的近似，以及下一步的状态是什么。我们仅用当前状态的数据就可以做出关于学习器可能的动作和它的期望奖赏的决策(预测)。

11.3.2 马尔可夫决策过程中的概率

我们现在把强化学习问题化简为学习马尔可夫决策过程。我们只讨论可能的状态和动作数目是有限的情况，因为无限的情况会让你很头疼。图 11-5 是一个很简单的 MDP 的例子，它是对你准备考试时的心情的预测，还有两个状态之间的转移概率。这是一个马尔可夫链。图表可以被扩展成一种转换图，展示了有限马尔可夫决策过程的动态情况并且通常包括奖赏信息。

对于我们的例子，可以根据图 11-4 做一个转换图。我们假设你现在非常累，即使你想从状态 B 到状态 A，也会有很小的概率走错路，结果来到了 C 或 D，从而使情况变得稍微复杂一些。我们假设对来自于每一个状态的每一个出口，这个概率是 0.1，并且假设你站在一个地方不会担心在另一个地方结束。图 11-6 展示了转换图的一小部分，以状态 E 为中心。在状态 E 有三个动作可以选择(由黑点表示)，与之相关的概率和期望奖赏如图所示。学习和使用转换图可以被看成任何强化学习器的目的。

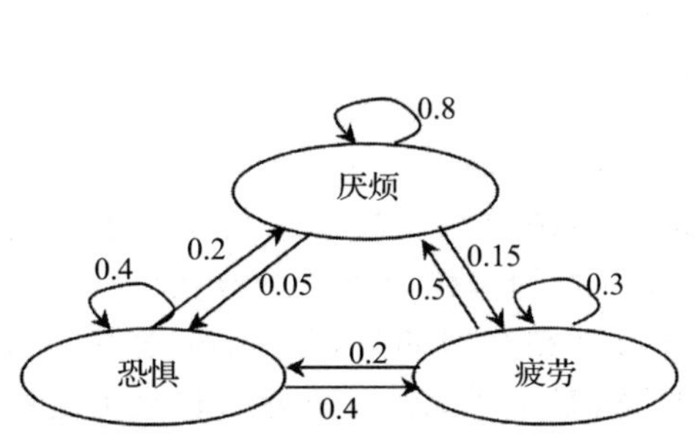

图 11-5 一个简单的马尔可夫决策过程的例子，根据你今天的心情决定明天的心情

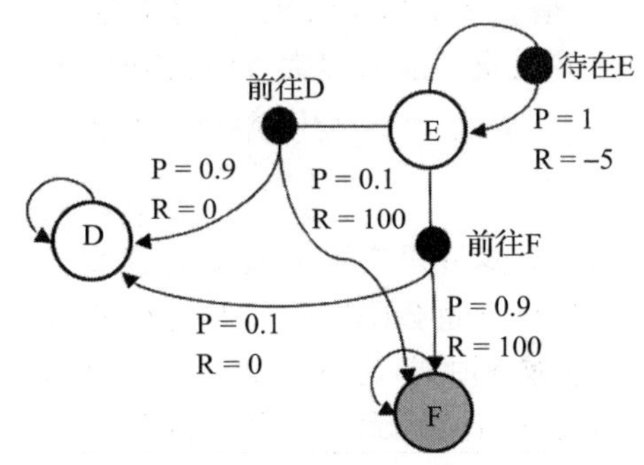

图 11-6 转化图的一小部分。从状态 E 有三个可能的动作、结束状态和奖赏

马尔可夫决策过程形式上是一个有力的解决额外不确定性的方法。例如，它可以被扩展来处理真正的状态未知的情况，只可以有一个对状态的**观察**，概率上与状态相关，也有可能是动作。这被定义为**部分观察马尔可夫决策过程**(POMDP)，并且与我们将在 15.3 节看到的**隐马尔可夫模型**(hidden Markov model)相关。POMDP 广泛用于机器人，这里机器人的传感器通常是很不准确的且很难成功地鉴定机器人的位置。处理这些问题的方法是保留对当前状态的**信念**的估计，并且将其应用到强化学习的计算中。现在是时候讨论强化学习器和值的概念了。

11.4 值

强化学习器尝试决定选择哪一个动作来最大化未来的期望奖赏。这个期望奖赏就是**值**。我们有两种方法来计算值：可以考虑当前的状态，并对所有可以采取的动作进行平均，让策略自己来解决这个问题，即**状态值函数**(the state-value function)$V(s)$；或者可以分别考虑当前的状态和每个可能采取的动作，即**动作值函数**(action-value function)$Q(s, a)$。在这两种情况下，我们都考虑如果从状态 s 出发，期望奖赏会是什么(这里 $E(\cdot)$是统计期望)：

$$V(s)=E(r_t|s_t=s)=E\left\{\sum_{i=0}^{\infty}\gamma^i r_{t+i+1}\,|\,s_t=s\right\} \tag{11.5}$$

$$Q(s,a)=E(r_t|s_t=s,a_t=a)=E\left\{\sum_{i=0}^{\infty}\gamma^i r_{t+i+1}\,|\,s_t=s,a_t=a\right\} \tag{11.6}$$

很明显，第二个估计在长期运行时会更加精确，因为我们有更多的信息——知道将采取哪一个动作。然而，因为这一点，我们需要收集更多的数据，这样就需要花费更多的时间去学习。换句话说，动作值函数可能比状态值函数更加依赖维度。在状态非常多以致不能存储的情况下，就需要一些其他方法，比如采用参数化的解决空间(即有一列由学习器控制的参数，而不是具体的解决方案)。这比我们目前考虑的要复杂很多。

现在有两个问题需要我们解决，一个是预测值函数，另一个是选择最佳策略。我们将先考虑第二个。最佳策略就是值函数在所有可能的状态中都是最大的。我们用星来标记这个策略(不一定唯一)：π^*。所以，对所有可能的状态 s，最优状态值函数是 $V^*(s)=\max\limits_{\pi} V^\pi(s)$，并且对所有可能的状态 s 和动作 a，最优动作值函数是 $Q^*(s,a)=\max\limits_{\pi} Q^\pi(s,a)$。我们可以把这两个值函数联系起来，因为第一个考虑在每一种情况下选择最优动作(因为策略 π^* 是最优的)，而第二个考虑这次选择动作 a，然后就根据最优策略进行选择。因此，我们只需注意当前的奖赏和(折扣的)未来奖赏的估计：

$$\begin{aligned} Q^*(s,a) &= E(r_{t+1})+\gamma\max_{a_{t+1}} Q(s_{t+1},a_{t+1}) \\ &= E(r_{t+1})+\gamma V^*(s_{t+1}\mid s_t=s,a_t=a) \end{aligned} \tag{11.7}$$

当然，这并没有保证我们总是要学习最优策略。系统中会有误差或其他不准确的因素，并且维度也会限制我们所进行的探索。然而，学到好的最优策略的近似就足够了。一件对我们有利的事是强化学习是在线操作，因为学习器在学习的过程中会探索不同的状态，这意味着它得到了更多的机会去学习经常看到的状态，因此，有更好的机会为这些状态找到最优策略。

问题是在实际应用中如何更新值函数($V(s)$或 $Q(s,a)$)。我们的想法就是建立一个所有可能状态或状态-动作对的查询表，然后设置初值为 0。之后我们要根据经验来填这个表。回到你的异国之旅，你四处流浪直到最后蹒跚地回到旅店。狼吞虎咽地吃薯条时，你想起最后一站是在 E(这个回忆叫作**备份**(backup))。现在你可以更新 E 的值(奖赏是 $\gamma\times 100$)。因为你的记忆力很差，想不起来其他的东西了，所以这是我们能做的所有事情。之后停止动作直到下一个晚上，当你醒来时，同样的事情发生了。除了现在你有关于 E 的信息，其他的状态还是不知道。然而，当你到达 E 时，假如是从 D，然后你可以更新 D 的值，奖赏是 $\gamma^2\times 100$。一直继续下去，直到所有的状态(和可能的动作)都有值。

这个方法有一个明显的问题，就是在更新值之前要等到目标实现。相反，我们可以利用和等式(11.7)一样的技巧并且用当前的奖赏和折扣预测来替代，所以更新方程是(这里 μ 和通常一样是学习速率)：

$$V(s_t)\leftarrow V(s_t)+\mu(r_{t+1}+\gamma V(s_{t+1})-V(s_t)) \tag{11.8}$$

$Q(s,a)$和它很像，除了要包括动作的信息。在这两种情况下，我们都使用了当前和以前估计值之间的差，这就是为什么这些方法被命名为**时差**(TD)方法。假设我们知道更多有关位置的信息。这样，当我们到达旅店时就能更新更多状态，这样就会更有效率。问题是我们不知道这些状态是否有用——有可能我们已经访问过它们了。解决这个问题的方法和折扣法类似：引入另一个参数 $0\leqslant\lambda\leqslant1$，用它来减少一个状态的重要性。实现它的方法称为**有效跟踪法**，这里有效的状态是最近访问的状态，并且通过如下设置来计算：

$$e_t(s',a')=\begin{cases}1, & s'=s,a'=s\\ \gamma\lambda e_{t-1}(s',a'), & \text{其他}\end{cases} \tag{11.9}$$

如果 $\lambda=1$，那么只用当前的状态，这就是我们上面讨论的算法。对于 $\lambda=1$，保留已有的所有知识。可以证明 TD(0)算法(就是 TD(λ)算法在 $\lambda=0$ 时的情形)是最优的，在这个意义下，它对于当前的策略 π 收敛到正确的值函数 V^π。对于参数 μ 的值有一些附加条件，通常通过在实践学习的过程中减小 μ 的大小来满足。对于 Q 值的 TD(0)算法就是我们熟知的 Q-learning 算法。

Q-learning 算法

- **初始化**
  - 对于所有的 s 和 a，设置 $Q(s, a)$为一个很小的随机数。
- 重复：
  - 初始化 s。
  - 用目前的策略选择动作 a。
  - 重复：
    - ○ 使用 ϵ-greedy 或者其他策略来选择动作 a。
    - ○ 采取动作 a 并得到奖赏 r。
    - ○ 采样新的状态 s'。
    - ○ 更新 $Q(s, a)\leftarrow Q(s, a)+\mu(r+\gamma\max_{a'}Q(s', a')-Q(s, a))$。
    - ○ 设置 $s\leftarrow s'$。
  - 应用到当前情节的每一步。
- 直到没有更多的情节。

注意到我们可以用 $V(s)$来代替 $Q(s, a)$并做同样的事。算法中有一个地方有点奇怪，就是在计算 $Q(s', a')$时。我们不用策略来找出 a'的值，而是选择有最大值的那个。这就是 off-policy 决策，把算法改成 on-policy 也很容易。因为要用到值的集合(s_t, a_t, r_{t+1}, s_{t+1}, a_{t+1})，所以它有一个有趣的名字，叫作 sarsa。

sarsa 算法

- **初始化**
  - 对于所有的 s 和 a，设置 $Q(s, a)$为一个很小的随机数。
- 重复：
  - 初始化 s。
  - 用当前策略选择动作 a。
  - 重复：
    - ○ 实行动作 a 并得到奖赏 r。
    - ○ 采样新的状态 s'。
    - ○ 用当前策略选择动作 a'。
    - ○ 更新 $Q(s, a)\leftarrow Q(s, a)+\mu(r+\gamma Q(s', a')-Q(s, a))$。
    - ○ $s\leftarrow s'$，$a\leftarrow a'$。

- 应用到当前情节的每一步。
- 直到没有更多的情节。

这两个算法很像。它们都是 bootstrap **方法**，因为它们都是从对正确答案很少的估计开始，并且在算法进行过程中不断迭代更新。算法在线工作，一旦知道 r_{t+1} 和 s_{t+1} 就更新 Q 的值。在这两种情况下，我们只根据下一状态和奖赏来更新估计。我们可以延迟更新一段时间，直到知道 r_{t+n} 和 s_{t+n} 的值，并且使用 TD(λ)算法。这样做的唯一难点是在 s_t 和 s_{t+n}之间有许多动作 a 可以选择。

一旦解决了奖赏和迁移矩阵的具体细节，算法的实施就不会有太多麻烦。例如，利用 ε-greedy 的 sarsa 算法的核心部分可以写成如下形式。

```
# Stop when the accepting state is reached
while inEpisode:
    r = R[s,a]
    # For this example, new state is the chosen action
    sprime = a

    # epsilon-greedy selection
    if (np.random.rand()<epsilon):
        indices = np.where(t[sprime,:]!=0)
        pick = np.random.randint(np.shape(indices)[1])
        aprime = indices[0][pick]
    else:
    aprime = np.argmax(Q[sprime,:])

Q[s,a] += mu * (r + gamma*Q[sprime,aprime] - Q[s,a])
s = sprime
a = aprime

# Check if accepting state reached
if s==5:
 inEpisode = 0
```

11.5　回到迷路的示例：利用强化学习

作为一个讲解如何使用强化学习算法的例子，我们将完成之前的故事，通过 ε-greedy 策略找到通向旅店的路。问题的详细说明建立在奖赏矩阵 R 和迁移矩阵 t 中，所以第一件事就是考虑如何描述它们，这不难，因为 11.2 节已经给出了描述方法。t 是否存在可能并不明显，但是它展示在图 11-4 中，可以写成(其中 1 表示有连接，0 表示没有连接)：

当前状态	下一状态					
	A	B	C	D	E	F
A	1	1	0	0	0	0
B	1	1	1	1	0	0
C	0	1	1	1	0	1
D	0	1	1	1	1	0
E	0	0	0	1	1	1
F	0	0	1	0	1	1

然后，运行算法前就仅剩下如何选择参数 γ、μ、ε，并且要确定迭代次数。我们选择

γ=0.4，μ=0.7，ε=0.1，迭代 1000 次(sarsa 或 Q-learning)，产生了下面的 Q 矩阵：

1.4	16.0	0	0	0	0
6.4	11.0	40.0	16.0	0	0
0	16.0	35.0	16.0	0	100.0
0	16.0	40.0	11.0	40.0	0
0	0	0	16.0	35.0	100.0
0	0	0	0	0	0

在 NumPy 中，np.inf 这个值很有用，我们可以将 - np.inf 作为不可能实现的动作的奖赏。上面矩阵中有一些 0 最终会变成 - np.inf。问题是如何解释并且使用这个矩阵，答案是在每个点简单地应用策略，几乎每次都对当前的状态选择最大的可行的 Q 值，直到到达目标状态。所以从 A 出发，策略将引导你来到 B(Q=16)，然后到达 C(Q=40)，最后到达 F。从 D 出发，你可以去 C 或 E(Q=40)，并且从它们中的一个直接到 F。

11.6 sarsa 和 Q-learning 的不同

在实践中，两个算法之间的区别可能不是太明显。我们要考虑图 11-7 所示的小环境，这里，智能体要学习一个从左边起始位置到右边终点的路线(这个例子是 Sutton 和 Barto 所写的书中的 6.5 节，见本章最后的参考书目)。奖赏结构是每移动一步得到奖赏－1，除了遇到悬崖。这会得到奖赏－100，并且智能体回到初始位置。这明显是一个情节问题，因为它有明显的结束状态。

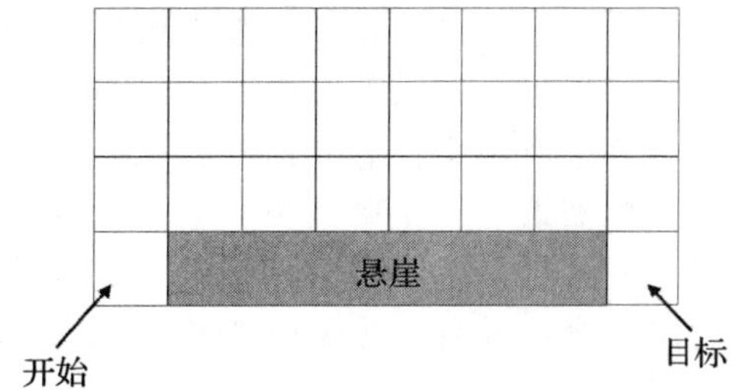

图 11-7 例子的环境

两个算法一开始都没有环境的任何信息，因此会利用 ε-greedy 策略随机探索。然而，随着时间的推移，两个算法所产生的决策出现了很大的不同。产生不同的主要原因是 Q-learning 总是尝试跟着最优的路径，也就是最短的路，这使它离悬崖很近。并且，ε-greedy 也意味着有时将会不可避免地翻倒。通过对比的方式，sarsa 算法将会收敛到一个非常安全的路线，它远离悬崖，即使走的路线很长。图 11-8 和图 11-9 展示了这两种解决方案。sarsa 算法产生了一个非常安全的路线，因为在它的 Q 的估计中包含了关于动作选择的信息，而 Q-learning 生成了一条冒险但更短的路线。哪种路线更好由你决定，并且依赖于跌落悬崖的后果有多么严重。

算法之间产生差异的原因是 Q-learning 总是假设策略会选择最优动作，虽然大多数时间这是对的，但是 ε-greedy 偶尔会选择不同的动作，这就会产生问题。然而，算法忽略这个危险情况，因为它只关注最优解决方案。sarsa 算法不会采取这个最大值，所以它偏向于拒绝使自己离悬崖很近的解决方案，因为这会引起智能体跌落悬崖，并且会因此产生很大的负奖赏。

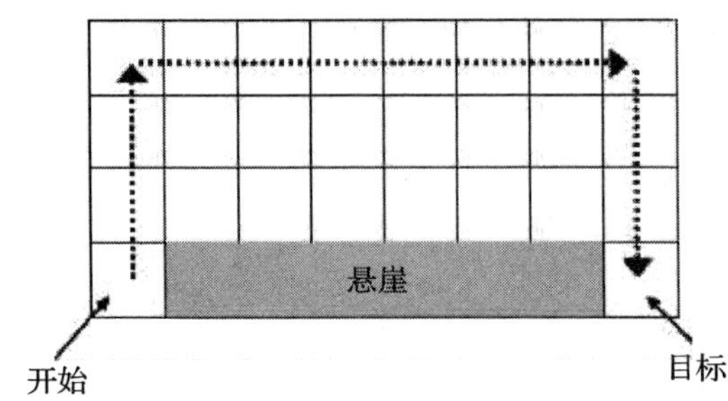

图 11-8 sarsa 解决方案离最优解很远，但是很安全

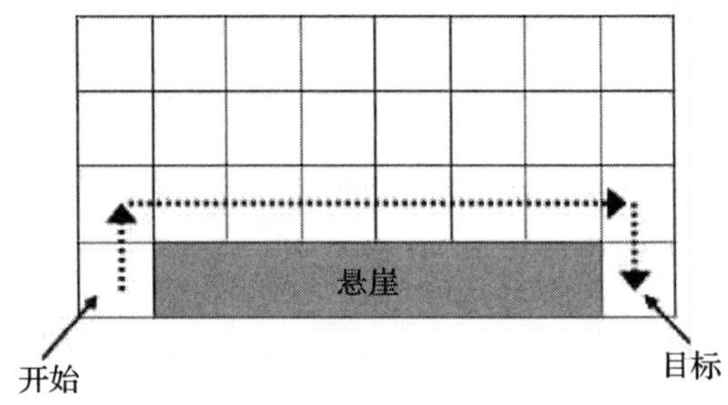

图 11-9 Q-learning 解决方案是最优的，但是偶尔随机搜索会导致跌落悬崖

11.7 强化学习的用处

强化学习已成功地应用于许多问题，强化学习计算模型的结果使得心理学家和计算机科学家大感兴趣，因为这与生物学习很接近。然而，它最流行的领域是智能机器人，因为机器人可以在没有人工干预的情况下尝试独立完成任务。

例如，强化学习已经使得机器人能够通过把箱子推到墙边来学习清理房间。这并不是世界上最令人兴奋的任务，但是机器人可以利用强化学习来学习做任务这个事实令人印象深刻。强化学习也用于其他的机器人应用，包括机器人学习跟着对方朝着亮的地方走，甚至是导航。

这并不是说强化学习没有问题。它本质上是一个搜索策略，因此强化学习作为一个搜索算法遇到了和前两章中一样的问题：陷在局部最小值，并且如果当前的搜索区域很平，那么算法就不会找到任何较好的解决方案。有几份研究训练机器人的报告称，即使研究者给了机器人一个正确的方向作为开始，结果却是，机器人在学到任何东西前电量就耗光了。通常，强化学习很慢，因为它要通过探索和开发来建立所有的信息，从而找到较好的解决方案，并且也很依赖于小心地选择奖赏函数，如果出错，算法可能会做一些完全不能预料的事。

强化学习的一个著名的例子是 TD-Gammon，它是 Gerald Tesauro 提出的。他的想法是强化学习应该很擅长学习玩游戏，因为游戏很明显是情节性的——玩游戏直到有人赢为止——并且有一个明确的奖赏结构，可以用正的奖赏来表示赢得游戏。还有一个好处是你可以让学习器自己玩，这实际上是非常重要的，因为 TD-Gammon 捆绑 IBM 操作系统 OS/2 的版本在和自己对抗了 1 500 000 次游戏后才停止提升。

拓展阅读

一本详细介绍强化学习的书：

- R. S. Sutton and A. G. Barto. *Reinforcement Learning: An Introduction*. MIT Press, Cambridge, MA, USA, 1998.

关于利用强化学习的一篇有趣的文章：

- G. Tesauro. Temporal difference learning and TD-gammon. *Communications of the ACM*, 38(3): 58-68, 1995.

替代方案：

- Chapter 13 of T. Mitchell. *Machine Learning*. McGraw-Hill, New York, USA, 1997.

- Chapter 18 of E. Alpaydin. *Introduction to Machine Learning*, 2nd edition, MIT Press, Cambridge, MA, USA, 2009.

习题

11.1 手算 sarsa 和 Q-learning 算法运行爬山问题的前几步，然后修改代码来运行这个例子并保证它们匹配正确。

11.2 设计一个 Q-learner 来运行井字游戏(也就是 Tic-Tac-Toe)。手动运行算法，描述状态、转移、奖赏和 Q 值。假设你的对手用一个随机的(但是可用的)正方形来代表每一步。如果对手表现得很完美，你的学习器应如何改变？TD 学习器会表现得不同吗？

11.3 一个机器人有 8 个范围发现传感器和 2 个马达。范围传感器返回 0 到 127 之间的整数，表示离得最近的物体的距离，单位是厘米。如果最近的物体比 127 厘米还远，那么返回 127。马达的接受输入数据是－100(全速后退)到 100(全速前进)之间的整数。

你想用强化学习来训练机器人沿着右手边的墙走。机器人与右手边的墙之间的距离应保持在 15～30 厘米，如果到达了墙角，应该转弯来继续沿墙走。计算状态空间，判断它是连续问题还是情节问题，然后设计一个合适的强化学习器，考虑如下几方面：

- 输入和输出空间的任意量化。
- 你选择的奖赏系统。
- 你选择的学习算法的描述。
- 你用系统预期的任何问题，以及学习的最后结果会是什么样。

11.4 一幢 10 层的大楼有 5 架电梯。每一层都有两个呼叫按钮表示有人要上下楼，除了最顶层和最底层只有一个呼叫按钮。当一架电梯到达并且有人进入电梯时，他们按动想要到达楼层对应的数字按钮。每一架电梯存储数字并且上升或下降，停在要求的每一层。

计算系统的状态和动作空间，然后对这个系统描述一个合适的强化学习器。你需要决定一个你认为最合适的奖赏函数和描述学习的方法。系统应该用延迟奖赏吗？好的强化学习系统会对这个问题提供非常有效的算法(与标准的电梯调度方法比较)。解释为什么可能如此，并且给出用这个强化学习器可能遇到的问题。

11.5 编写一个学习四子棋的程序。游戏采用 7×6 的格板，两个玩家轮流把棋子放进格子中，棋子会落在他们选择的那列中可以利用的最下面一格。游戏的目的是使四个棋子连成一排。为了避免你觉得没有意义，或仅仅是因为你很怀旧，网站上有这个游戏的很多版本。

四子棋的状态空间不太容易思考。1 个状态没有棋子，7 个状态有一个棋子(假设总是从相同的颜色开始计数)：每行有棋子的 1 个状态，并且在棋盘上对于两个棋子又有 7 个状态。然而，从这开始，状态的数量迅速增长。在游戏平局的情况下，所有的格子都满了，因此至少有 $2^{7\times6}=2^{42}$ 个状态。我说至少是因为计算了所有 4 个一行的情形，并且忽略了每一个颜色只有 21 个棋子。事实是状态空间是巨大的，所以可能要花很多时间来学习。

然而，为游戏编程却相当简单。有两个吸收状态：棋盘满了或有人赢了。在这两种情况下，都得到一个奖赏。所以你要决定奖赏，并且编写代码来检测相应状态是否发生。在每一步做出的选择仅仅是哪一列要加入新的棋子，所以只有 7 个可能的动作。你需要模拟一个棋盘，并且用 0 表示没有棋子，1 表示有一个红色棋子，2 表示有一个黄色棋子。这会使得检测吸收状态变得简单。

设置了这些后，你需要修改 Q-learner 代码的几个地方。首先，你不需要通过转移和奖赏矩阵，因为创建它们会令人发疯。你可能会对每一步设置奖赏为 0，除了赢或输，所以改变代码来实现这一点。然后，你需要把 ε-greedy 搜索策略改成简单的随机选取列(但不是全部)，而不是查看转移矩阵。然后就是运行程序(并且做好准备等待很长时间。我用一个纯随机的对手训练算法 20000 次，结果是最后 Q-learner 可以赢得 80％的游戏)。

第 12 章

Machine Learning: An Algorithmic Perspective, Second Edition

树的学习

我们现在考虑一个用于机器学习的完全不同的方法，这个方法将从计算机科学都要用到的最普通和最强大的数据结构之一说起：二叉树。生成二叉树的计算成本通常比较小，但是使用它的成本更小，只有 $O(\log N)$，其中 N 是数据节点的数目。这对于机器学习是很重要的，因为查询操作经常用到，所以查询已经训练好的算法要尽量快，结果的产生也要迅速。当然，树结构还有别的优点，比如简单且易于理解(根据树结构获得的分类答案是透明的，这使得人们更信任从它而不是从“黑匣子”神经网络获得答案)。

正因为如此，**决策树**(decision tree)分类方法在近年来很流行。你会经常用到决策树，比如在遇到计算机故障而拨打帮助热线时，通过问答，电话接线员使用决策树一步步找到答案。

决策树方法的主要思想是从树**根**(root，或 base)开始，把分类任务按顺序分解为一个个选择，一步步进行到**叶子**节点，最终得到分类的结果。树结构很容易理解，可以表示成 if-then 规则的集合，适合应用于**规则归纳**(rule induction)系统。

在优化和搜索过程中，决策树使用贪婪的启发式方法运行搜索，评估当前学习阶段的可能选项，并使那个阶段达到最佳，这非常适合应用于长时间领域。

12.1 使用决策树

作为学生，你可能很难决定晚上要做什么。如果有四件事情是你想要做，或者不得不去做：去酒吧、看电视、参加聚会、学习。如何选择有时就取决于你了：如果第二天必须完成分配的任务，那么你必须学习；如果你感觉慵懒，那么酒吧不适合你；如果那天刚好没有聚会的话，你就不用去。你在寻找一个有用的算法来帮助你决定每天晚上做什么，而不用费尽心机地考虑。图 12-1 正好提供了这样的算法。

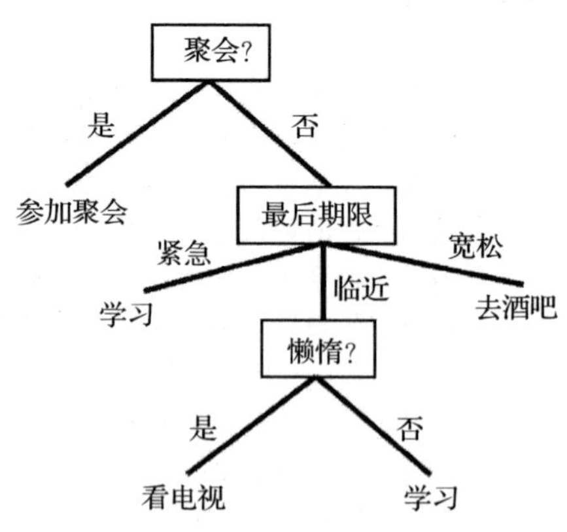

图 12-1　一个简单的决策树算法，决定你怎么度过晚上的时光

每晚你从树的最高处(根节点)开始，检查是否有朋友通知你有聚会，如果有，毫无疑问你会去的。只有没有聚会时，你才会担心是否有一个即将到期的作业必须完成。如果期限很紧急，那你必须学习，但如果没有那么紧急，还可以宽限几天的话，你就要想想自己要怎么做了。也许突然精力充沛想学习，又或者沉溺于肥皂剧中，根本不想学习。当然，在学期开始时，基本没有什么任务可做，那时心情非常轻松，估计你会在酒吧。

决策树算法之所以流行的一个原因在于，我们可以将一系列的条件转换成逻辑析取式的集合(if⋯then 规则)，这些是很容易用程序实现的，如上图所示的决策树的第一部分可以转换成：

- 如果有聚会，那么就去参加聚会。
- 如果没有聚会而且有一项紧急的作业，那么就学习。
- 等等。

这就是使用决策树的全部内容。将其与先前使用的 2.3.2 节中的朴素贝叶斯分类器进行比较。更有趣的部分是如何利用数据构建树，这是下一节的重点。

12.2 构建决策树

在上一节的例子中，算法必须考虑的三个特征是：目前的精神状态，最近的期限，今晚是否有聚会。现在的问题是，基于这些特征怎样构建决策树。有很多不同的决策树算法，但基本原理都是一样的：从根节点开始通过贪婪法(greedy)构建树，每一步都选择最富含信息量的特征。我们将从最常见的开始——ID3 算法，当然也会提到扩展的算法，像 C4.5、CART 等。

以上所说的都没有提到很关键的一点——树是怎么工作的，以及什么是富含**信息量**(informative)。选择下一步要用什么特征，有点像玩游戏“20 个问题”，在游戏中，你总是通过问问题尽力引出对方考虑的事情。在每一步，你总是根据已知条件选择一个最富含信息量的问题。这样的话，在提问“你是猫吗”之前，你会问“你是动物吗”。问题的关键在于量化由已知条件提供的信息。数学上完成这个任务的是**信息论**(information theory)。

12.2.1 快速入门：信息论中的熵

信息熵是 1948 年克劳德·香农在他的论文“通信的数学理论”(A Mathematical Theory of Communication)中提出的，他给出了**信息熵**(information entropy)的度量，来描述特征集合的冗余量。概率集合 p_i 的熵 H 定义为(和物理学中描述的熵很类似)：

$$\text{Entropy}(p) = \sum_i p_i \log_2 p_i \tag{12.1}$$

对数的底为 2，因为我们假设用二进制编码，并定义 0log0=0。图 12-2 给出了熵的图示。假设我们有一个正例和反例的集合，都是二值特征(这种特征只包含两个值：正值或者负值)。如果所有的样本都是正的，那么我们从样本的任一特征取值中得不到任何额外的信息，因为不管特征取什么值，样本都是正的，这样的话，这个特征的熵就是 0。然而，如果一个特征将样本分为 50%的正例和 50%的反例，那么熵的总量达到了最大值，说明这个特征对我们非常有用。基本的概念就是，我们可以从一个特征的取值中得到多少额外信息。计算熵的函数非常简单，如下所示。

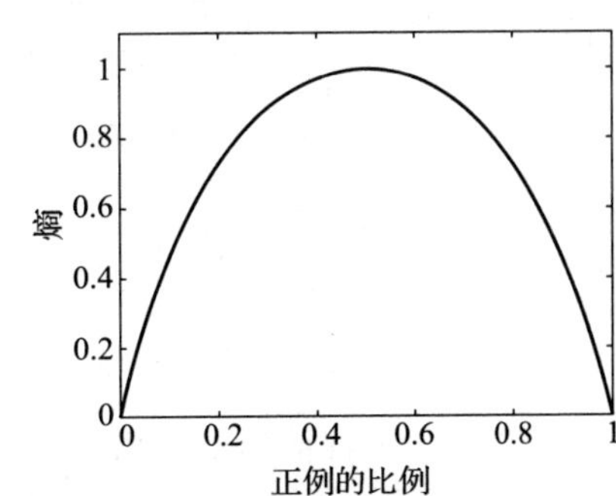

图 12-2 熵图，详细说明了根据已知信息找出另一条信息可获得的信息量

```
def calc_entropy(p):

    if p!=0:
        return -p * np.log2(p)
    else:
        return 0
```

对决策树来说，最好的特征就是选择目前对分类能提供最大信息量的那个，即具有最大熵的特征。基于此特征分类后，我们再重新计算每一个特征的信息熵，然后再选择具有最大熵的特征。

信息论非常有用，可以从互联网上下载香农 1948 年的论文，也可以找到很多的应用。有专门研究信息论的刊物，因为它与很多领域相关，例如计算机与通信网络、机器学习、数据挖掘、数据存储等。拓展阅读资料在本章最后已给出。

12.2.2 ID3

通过熵，我们有了合适的度量来选择下一个特征，只需要计算出每一个特征的熵并进行选择。ID3 的核心思想是：在决策树下一次分类时，对于每一个特征，通过计算整个训练集的熵的减少来选择特征，这也称为**信息增益**(information gain)，描述为整个集合的熵减去每一个特定特征被选择后的熵，定义为(其中 S 是样本的集合，F 是在所有的可能样本之外的可能特征，$|S_f|$是 S 中特征 F 的值为 f 的成员数目)：

$$\text{Gain}(S,F) = \text{Entropy}(S) - \sum_{f \in \text{values}(F)} \frac{|S_f|}{|S|}\text{Entropy}(S_f) \tag{12.2}$$

举个例子，假设我们有一个数据集合(有标记)$S=\{s_1=\text{true},\ s_2=\text{false},\ s_3=\text{false},\ s_4=\text{false}\}$，特征 F 的值为$\{f_1,\ f_2,\ f_3\}$。其中，s_1 的特征值为 f_2，s_2 的特征值为 f_2，s_3 的特征值为 f_3，s_4 的特征值为 f_1。我们可以计算 S 的熵如下(其中，使用⊕表示正例，⊖表示反例)：

$$\begin{aligned}\text{Entropy}(S) &= -p_{\oplus}\log_2 p_{\oplus} - p_{\ominus}\log_2 p_{\ominus} = -\frac{1}{4}\log_2\frac{1}{4} - \frac{3}{4}\log_2\frac{3}{4} \\ &= 0.5 + 0.311 = 0.811\end{aligned} \tag{12.3}$$

函数 $\text{Entropy}(S_f)$也是相似的，但是只使用 S 中特征 F 的值为 f 的成员进行计算。

如果使用计算器进行上述计算，你可能想知道如何计算 $\log_2 p$。答案是使用公式 $\log_2 p=\ln p/\ln 2$，利用自然对数进行计算。NumPy 则有 `np.log2()`函数。

现在我们计算特征 F 的信息增益，因此需要计算公式(12.2)求和中的每一个特征值的 $\frac{|S_f|}{|S|}\text{Entropy}(S_f)$(在我们的例子中，特征为“最后期限”“聚会”以及“懒惰”)：

$$\frac{|S_{f_1}|}{|S|}\text{Entropy}(S_{f_1}) = \frac{1}{4} \times \left(-\frac{0}{1}\log_2\frac{0}{1} - \frac{1}{1}\log_2\frac{1}{1}\right) = 0 \tag{12.4}$$

$$\frac{|S_{f_2}|}{|S|}\text{Entropy}(S_{f_2}) = \frac{2}{4} \times \left(-\frac{1}{2}\log_2\frac{1}{2} - \frac{1}{2}\log_2\frac{1}{2}\right) = \frac{1}{2} \tag{12.5}$$

$$\frac{|S_{f_3}|}{|S|}\text{Entropy}(S_{f_3}) = \frac{1}{4} \times \left(-\frac{0}{1}\log_2\frac{0}{1} - \frac{1}{1}\log_2\frac{1}{1}\right) = 0 \tag{12.6}$$

增加这个特征的信息增益为 S 的信息熵减去上述三个值之和：

$$\text{Gain}(S,F) = 0.811 - (0 + 0.5 + 0) = 0.311 \tag{12.7}$$

可以通过以下函数构建一个算法来进行计算(其中很多代码是为了得到相关数据)。

```
def calc_info_gain(data,classes,feature):
  gain = 0
  nData = len(data)
  # List the values that feature can take
  values = []
  for datapoint in data:
      if datapoint[feature] not in values:
          values.append(datapoint[feature])
```

```
    featureCounts = np.zeros(len(values))
    entropy = np.zeros(len(values))
    valueIndex = 0
    # Find where those values appear in data[feature] and the corresponding ↩
    class
    for value in values:
        dataIndex = 0
        newClasses = []
        for datapoint in data:
            if datapoint[feature]==value:
                featureCounts[valueIndex]+=1
                newClasses.append(classes[dataIndex])
            dataIndex += 1

        # Get the values in newClasses
        classValues = []
        for aclass in newClasses:
            if classValues.count(aclass)==0:
                classValues.append(aclass)
        classCounts = np.zeros(len(classValues))
        classIndex = 0
        for classValue in classValues:
            for aclass in newClasses:
                if aclass == classValue:
                    classCounts[classIndex]+=1
            classIndex += 1

        for classIndex in range(len(classValues)):
            entropy[valueIndex] += calc_entropy(float(classCounts[classIndex])↩
            /sum(classCounts))
        gain += float(featureCounts[valueIndex])/nData * entropy[valueIndex]
        valueIndex += 1
    return gain
```

ID3 算法计算每一个特征的信息增益，然后选择具有最大信息增益的特征。事实上，这是整个 ID3 算法的核心。每一步都通过选择具有最大信息增益的特征，用贪婪算法搜索可能的决策树的空间，算法的输出就是整个决策树，即一个包括节点、边和叶子的集合。在计算机科学中用到的树，都是可以递归构造的。每一步选择最好的特征，然后从数据集中删除，之后在剩余的集合上递归重复此过程，直到要分类的样本集中只包括一类数据，或者没有特征要选择了，递归过程就终止了。前者增加标记为该类别的叶子节点，后者使用在剩余样本集中最常见的标记。

ID3 算法

- 如果所有的样本都具有同一标记：
  - 返回标记为该类标记的叶子节点。
- 否则，如果没有剩余特征用于测试：
  - 返回标记为最常见标记的叶子节点。
- 否则：
  - 使用公式(12.2)选择 S 中具有最大信息增益的特征$\hat{F}$作为下一个节点。
  - 为每一个特征$\hat{F}$的可能取值 f 增加一个分支。
  - 对于每个分支：
    - 计算除去$\hat{F}$后的每一个特征的 S_f。
    - 使用 S_f 递归调用算法，计算目前样本集合的信息增益。

对于现实世界的分类问题，决策树经常用于文本特征而不是数字值。这使得使用 NumPy 工具包有点困难，所以纯 Python 的样本实施得非常好，它使用了 Python 中一个不常用的特性：为了表示树而使用“字典”结构，该结构使用分支{,}，在基于 Python 的决策树实现之后，我们将详细说明该结构的使用。

12.2.3 基于 Python 的树和图的实现

树是图的受限版本，因为它们都包括节点和节点间的边。图在计算机科学的很多领域中都非常有用。有两种图的表示方法，一种是 $N \times N$ 的邻接矩阵表示方法，N 表示网络中节点的数目。矩阵中元素取值为 1 表示两个节点间有连接，0 表示没有。这种表示方法的好处是表示邻接节点之间的权重比较容易，只需要将 1 改成权重就可以了。另外一种方法是存储一个节点表，每个节点连接一个与它相邻接的节点表。两种表示方法在 Python 中都非常常用，第二种表示方法使用“字典”结构，一种我们很少使用的方法，但在包含关键码和值的决策树中却很简单。对图来说，每个“字典”的入口关键码就是节点的名字，值就是与之相邻接的节点表。例如：

```
graph = {'A': ['B', 'C'],'B': ['C', 'D'],'C': ['D'],'D': ['C'],'E': ['F'],
'F': ['C']}
```

如上可以创建“字典”结构，使用它也不是很难，可以通过 Python 的内置方法(keys())来得到关键码表，通过 in()来检查关键码是否在字典中。图中路径的递归搜索算法如下：

```
def findPath(graph, start, end, pathSoFar):
    pathSoFar = pathSoFar + [start]
    if start == end:
        return pathSoFar
    if start not in graph:
        return None
    for node in graph[start]:
        if node not in pathSoFar:
            newpath = findPath(graph, node, end, pathSoFar)
            return newpath
    return None
```

通过这些方法，我们来看看决策树的 Python 实现，也以递归为基础。

12.2.4 决策树的实现

函数 make_tree()(其使用了 calc_entropy()和 calc_info_gain()函数，如之前描述过的一样)如下：

```
def make_tree(data,classes,featureNames):
    # Various initialisations suppressed
default = classes[np.argmax(frequency)]
if nData==0 or nFeatures == 0:
    # Have reached an empty branch
    return default
elif classes.count(classes[0]) == nData:
    # Only 1 class remains
    return classes[0]
else:
    # Choose which feature is best
    gain = np.zeros(nFeatures)
    for feature in range(nFeatures):
```

```
        g = calc_info_gain(data,classes,feature)
        gain[feature] = totalEntropy - g
    bestFeature = np.argmax(gain)
    tree = {featureNames[bestFeature]:{}}
    # Find the possible feature values
    for value in values:
        # Find the datapoints with each feature value
        for datapoint in data:
            if datapoint[bestFeature]==value:
                if bestFeature==0:
                    datapoint = datapoint[1:]
                    newNames = featureNames[1:]
                elif bestFeature==nFeatures:
                    datapoint = datapoint[:-1]
                    newNames = featureNames[:-1]
                else:
                    datapoint = datapoint[:bestFeature]
                    datapoint.extend(datapoint[bestFeature+1:])
                    newNames = featureNames[:bestFeature]
                    newNames.extend(featureNames[bestFeature+1:])
                newData.append(datapoint)
                newClasses.append(classes[index])
            index += 1
        # Now recurse to the next level
        subtree = make_tree(newData,newClasses,newNames)
        # And on returning, add the subtree on to the tree
        tree[featureNames[bestFeature]][value] = subtree
    return tree
```

如何从训练样例推广到所有可能输入的集合是 ID3 算法中一个值得考虑的内容。它使用一种称为**归纳偏差**(inductive bias)的方法。在添加树的下一个特征时，选择具有最高信息增益的特征，这使算法偏向于生成较小的树，因为它试图最小化剩余的信息量。这与众所周知的原则是一致的，即短解决方案通常比较长的解决方案更好(不一定是正确的，但简单的解决方案通常更容易记住与理解)。你可能已经听说过这个原则是**奥卡姆剃刀**，虽然我更喜欢称之为：KISS(Keep It Simple，Stupid)。事实上，有一个完整的信息论方法来表述这一原则，称为**最小描述长度**(MDL)，由 Rissanen 在 1989 年提出的。实质上，它表示对某些东西的最短描述，即压缩最充分的就是最好的描述。

请注意，该算法可以处理数据集中的噪声，因为标记被分配给目标特征的最为常见的值。决策树的另一个好处是可以处理丢失的数据。如果缺少了一个特征，想想会发生什么。在这种情况下，我们可以跳过树的那个节点，并在没有这个特征的情况下继续进行，对该特征所有的可能值进行求和。这在神经网络中几乎是不可能的：若计算是基于神经元是否正在激活，如何表示缺失数据？在神经网络的情况下，通常要么丢弃任何缺少数据的数据点，要么进行估测(通过检测类似的数据点，并使用这些点相应特征的值、均值或中值，从技术手段上对缺失值进行估算)。这种方法假定丢失的数据随机分布在数据集中，而不是由于某些未知过程而丢失。

认为 ID3 偏向短树只能算是部分正确的看法。该算法使用给定的所有特征，即使其中一些特征不是必需的。这显然存在过拟合的风险，实际上也确实如此。你可以采取一些措施来避免过拟合，最简单的方法是限制树的大小。你还可以使用利用验证集测量树的性能并在初期停止的变体。然而，在更先进的算法中使用的方法为**剪枝法**(最值得注意的是 C4.5，Quinlan 发明这种算法来改进 ID3)。

修剪枝法有不同的版本，所有版本都基于计算完整树并通过评估验证集上的错误来进行修剪。使用最原始的版本运行决策树算法，直到使用完所有特征，因此它可能会过拟合。然后在树中运行，依次选择每个节点，并替换每个节点的子树来生成更小的树，替换时所使用的是带有最常见子树分类标记的叶子。在验证集上评估修剪树的错误，如果错误与原始树相同或小于原始树，则保留修剪树，否则不进行修剪。

C4.5 使用称为**规则后修剪**的不同方法。该方法首先获取 ID3 生成的树，将其转换为一组 if-then 规则，然后通过删除之前的特征从而修剪每个特征，如果规则的准确性增加，则去除该特征。然后根据训练集的准确性对规则进行排序并按顺序应用。利用规则处理的好处是更容易理解，它们在树中的顺序无关紧要，只需要在分类中的准确性。

12.2.5　处理连续变量

我们还没有讨论的一件事是如何处理连续变量，之前只考虑了具有离散特征值集的情况。最简单的解决方案是对连续变量进行离散化。但是，也可以保持连续并修改算法。对于连续变量，不只有一个地方可以进行拆分：变量可以在任何一对数据点之间断开，如图 12-3 所示。当然，也可以在沿线的任何无限位置分开，但它们与这个较小的位置集合没有区别。这个较小的集合使得算法对于连续变量比对离散变量更复杂，因为除了计算每个变量的信息增益以选择最佳变量之外，还必须计算每个变量内的许多点的信息增益。通常，只对连续变量进行一次分割，而不是进行三次或更多次分割，但是如果需要可以这样做。

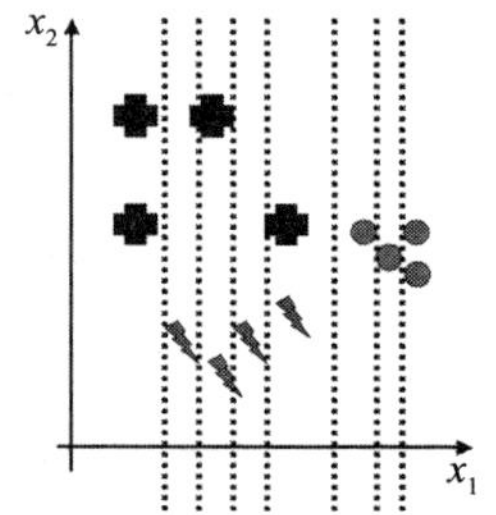

图 12-3　随着特征值的增加，在数据点之间拆分变量 x_1 的可能位置

这些算法生成的树都是单变量树，因为它们一次选择一个特征(维度)并根据该特征进行分割。还有一些算法通过选择特征组合来生成**多变量**树。如果可以找到能够很好地分离数据但不与任何轴平行的直线，那么就可以生成相当小的树。然而，单变量树更简单且往往会获得良好的结果，因此我们不会再考虑多变量树。事实上，一次选择一个特征提供了另一种可视化决策树正在做什么的有用方法。图 12-4 展示了这种想法。给定包含三个类的数据集，算法会为该特征选择特征和值，以将剩余数据拆分为两类。由此产生的最终树如图 12-5 所示。

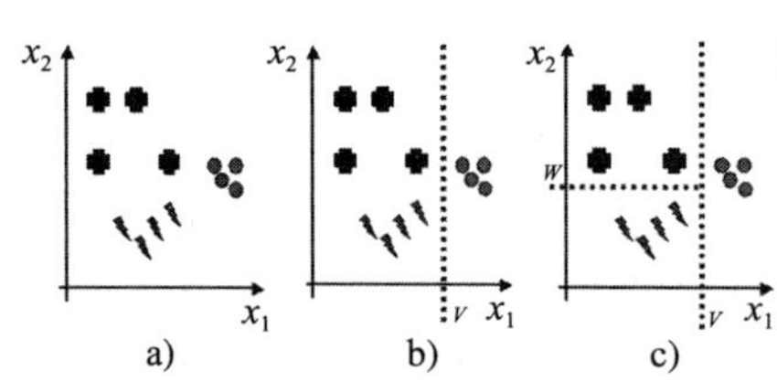

图 12-4　决策树选择的影响。二维数据集首先选择特征 x_1，然后是 x_2，分割出的三个类别如图 c 所示。最终的树如图 12-5 所示

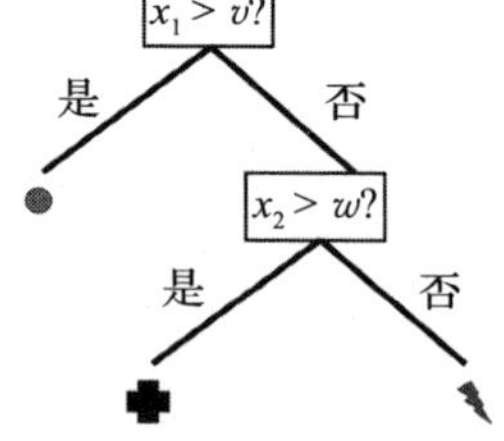

图 12-5　图 12-4 中分割后创建的最终树

12.2.6　计算复杂度

对于一般情况，构造二叉树的计算成本是众所周知的，构造的时间复杂度为 $O(N\log N)$，用于返回特定叶的时间复杂度为 $O(\log N)$，其中 N 是节点的数量。但是，这些结果只适用于**平衡**二叉树，而决策树通常不平衡，信息测量试图通过找到将数据分成两个均等部分的分裂方法来保持树的平衡(因为那样将具有最大的熵)，但是不能保证这一

点。树也不一定是二叉的，特别是对于 ID3 和 C4.5，正如我们的例子所示。

如果我们假设树是近似平衡的，那么每个节点的成本包括搜索 d 个可能的特征（尽管在每个层级减少 1，这不会影响 $O(\cdot)$ 符号的复杂性），然后计算每个分裂的数据集的信息增益。这需要花费 $O(dn\log n)$，其中 n 是该节点上数据集的大小。对于根节点，$n=N$，并且如果树是平衡的，则在树的每个阶段将 n 除以 2。在树中的大约 $\log N$ 层级上对此求和，得到计算成本 $O(dN^2\log N)$。

12.3 分类和回归树

还有另一种众所周知的基于树的算法——CART，其命名表明它可以用于分类和回归。CART 中的分类并没有太大的不同，尽管通常仅限于构造二叉树。这可能看起来很奇怪，但是，正如上面的计算成本讨论中所建议的那样，二叉树具有良好的计算机科学特性。即使在本章开始的示例中，我们也可以通过分解问题来将其转化为二元决策。因此，一个有三个答案的问题（比如你最近的作业截止日期是什么，即“紧急”“临近”或“宽松”）可以分为两个问题：第一是“截止日期紧急吗?”，如果答案是“否”，那么第二个是“截止日期临近吗?”与 CART 中分类的唯一真正区别在于两者通常使用不同的信息度量。在简要回顾树回归之前，我们先讨论这个问题。

12.3.1 基尼不纯度

ID3 中用作信息度量的熵不是选择特征的唯一方法，另一种可能的度量称为**基尼不纯度**。名称中的“不纯度”表明决策树的目的是让每个叶节点代表同一类中的一组数据点，这样就不存在不匹配。这被称为纯度。如果叶子是纯的，那么其中的所有训练数据只有一个类。在这种情况下，如果我们计算属于类 i 的节点（或更好一些，计算数据点数的一部分）的数据点数（称为 $N(i)$），那么除了 i 的一个值之外它应该为 0。因此，假设你已经决定为拆分选择哪个特征。该算法循环遍历不同的特征并检查每个类属于多少个点。如果节点是纯的，那么除了一个特定的 i 之外，对于 i 的所有值，$N(i)=0$。因此，对于任何特定特征 k，可以计算

$$G_k = \sum_{i=1}^{c} \sum_{j\neq i} N(i)N(j) \tag{12.8}$$

其中，c 是类别的数目。事实上，你可以减少算法的运算量，因为 $\sum_i N(i) = 1$（因为必须有一些输出类），所以 $\sum_{j\neq i} N(j) = 1 - N(i)$。因此等式(12.8)等价于

$$G_k = 1 - \sum_{i=1}^{c} N(i)^2 \tag{12.9}$$

无论哪种方式，如果根据类别分布选择分类，基尼不纯度相当于计算预期误差率。然后可以通过相同的方式测量信息增益，从总基尼不纯度中减去每个值 G_i。

信息度量可以改用另一种方式，即增加错误分类的权重。我们的想法是考虑将类 i 的实例错误分类为类 j 的成本（2.3.1 节中称之为**风险**），并添加一个权重，表明每个数据点的重要性。这通常标记为 λ_{ij} 并以矩阵形式呈现，元素 λ_{ij} 表示将 i 错误分类为 j 的成本。使用起来很简单，修改基尼不纯度（公式(12.8)）为

$$G_i = \sum_{j\neq i} \lambda_{ij} N(i)N(j) \tag{12.10}$$

我们将在 13.1 节中看到，使用这些权重还有另一个好处，即通过在算法出错的数据点上加上更高的权重来连续提高分类能力。

12.3.2 树回归

关于 CART 的新内容是它在回归中的应用。虽然使用树进行回归可能看起来很奇怪，但事实证明这只需要对算法进行简单的修改。假设输出是连续的，因此回归模型是合适的。到目前为止，我们所考虑的节点不纯度测量都不会实现这种效果。相反，我们将回到曾经最喜欢的方式——平方和误差。要评估下一个要使用特征的选择，我们还需要找到根据该特征拆分数据集的值。请记住，输出是每个叶子的值。通常，输出的只是位于该叶子中的所有数据点的平均值。这种方式是最小化平方和误差的最佳选择，但它也意味着我们可以对给定特征快速选择分割点，方法是选择它来最小化平方和误差。然后我们可以选择提供了最佳平方和误差的分裂点的特征，并继续使用该算法进行分类。

12.4 分类示例

我们将在本节中使用 ID3 来完成示例。我们使用的数据是本章开始的例子的一个延续，关于晚上该做什么。

构建决策树来决定晚上该做什么时，我们首先列出过去几天所做的一切，以获得合适的数据集(在这里是过去十天)：

最后期限	有聚会吗?	懒惰?	活动
紧急	是	是	参加聚会
紧急	否	是	学习
临近	是	是	参加聚会
宽松	是	否	参加聚会
宽松	否	是	去酒吧
宽松	是	否	参加聚会
临近	否	否	学习
临近	否	是	看电视
临近	是	是	参加聚会
紧急	否	否	学习

要为此问题生成决策树，我们需要做的第一件事是确定要用作根节点的特征。我们首先计算 S 的熵：

$$\begin{aligned}\text{Entropy}(S) &= -p_{\text{party}}\log_2 p_{\text{party}} - p_{\text{study}}\log_2 p_{\text{study}} - p_{\text{pub}}\log_2 p_{\text{pub}} - p_{\text{TV}}\log_2 p_{\text{TV}} \\ &= -\frac{5}{10}\log_2\frac{5}{10} - \frac{3}{10}\log_2\frac{3}{10} - \frac{1}{10}\log_2\frac{1}{10} - \frac{1}{10}\log_2\frac{1}{10} \\ &= 0.5 + 0.5211 + 0.3322 + 0.3322 = 1.6855 \end{aligned} \tag{12.11}$$

同时，找到最大化信息增益的特征：

$$\text{Gain}(S,\text{Deadline}) = 1.6855 - \frac{|S_{\text{urgent}}|}{10}\text{Entropy}(S_{\text{urgent}})$$

$$-\frac{|S_{near}|}{10}\text{Entropy}(S_{near})-\frac{|S_{none}|}{10}\text{Entropy}(S_{none})$$

$$=1.6855-\frac{3}{10}\left(-\frac{2}{3}\log_2\frac{2}{3}-\frac{1}{3}\log_2\frac{1}{3}\right)$$

$$-\frac{4}{10}\left(-\frac{2}{4}\log_2\frac{2}{4}-\frac{1}{4}\log_2\frac{1}{4}-\frac{1}{4}\log_2\frac{1}{4}\right)$$

$$-\frac{3}{10}\left(-\frac{1}{3}\log_2\frac{1}{3}-\frac{2}{3}\log_2\frac{2}{3}\right)$$

$$=1.6855-0.2755-0.6-0.2755=0.5345 \tag{12.12}$$

$$\text{Gain}(S,\text{Party})=1.6855-\frac{5}{10}\left(-\frac{5}{5}\log_2\frac{5}{5}\right)$$

$$-\frac{5}{10}\left(-\frac{3}{5}\log_2\frac{3}{5}-\frac{1}{5}\log_2\frac{1}{5}-\frac{1}{5}\log_2\frac{1}{5}\right)$$

$$=1.6855-0-0.6855=1.0 \tag{12.13}$$

$$\text{Gain}(S,\text{Lazy})=1.6855-\frac{6}{10}\left(-\frac{3}{6}\log_2\frac{3}{6}-\frac{1}{6}\log_2\frac{1}{6}-\frac{1}{6}\log_2\frac{1}{6}-\frac{1}{6}\log_2\frac{1}{6}\right)$$

$$-\frac{4}{10}\left(-\frac{2}{4}\log_2\frac{2}{4}-\frac{2}{4}\log_2\frac{2}{4}\right)$$

$$=1.6855-1.0755-0.4=0.21 \tag{12.14}$$

因此，根节点将是聚会特征，它具有两个特征值（“是”和“否”），所以将有两个分支（见图 12-6）。当我们看到“是”分支时，可以看到在所有五种情况下，我们去参加了一个聚会，所以我们只在那里放一个叶子节点，即“聚会”。对于“否”分支，在五种情况中有三种不同的结果，所以现在我们需要选择另一种特征。我们正在关注的五个案例是：

最后期限	有聚会吗?	懒惰?	活动
紧急	否	是	学习
宽松	否	是	去酒吧
临近	否	否	学习
临近	否	是	看电视
紧急	否	是	学习

我们使用了聚会特征，所以只需要通过以上五个示例计算其他两个的信息增益：

$$\text{Gain}(S,\text{Deadline})=1.371-\frac{2}{5}\left(-\frac{2}{2}\log_2\frac{2}{2}\right)-\frac{2}{5}\left(-\frac{1}{2}\log_2\frac{1}{2}-\frac{1}{2}\log_2\frac{1}{2}\right)$$

$$-\frac{1}{5}\left(-\frac{1}{1}\log_2\frac{1}{1}\right)=1.371-0-0.4-0=0.971 \tag{12.15}$$

$$\text{Gain}(S,\text{Lazy})=1.371-\frac{4}{5}\left(-\frac{2}{4}\log_2\frac{2}{4}-\frac{1}{4}\log_2\frac{1}{4}-\frac{1}{4}\log_2\frac{1}{4}\right)$$

$$-\frac{1}{5}\left(-\frac{1}{1}\log_2\frac{1}{1}\right)=1.371-1.2-0=0.1710 \tag{12.16}$$

这导致了如图 12-7 所示的树。从这一点来看，完成树是相对简单的，可得到如图 12-1 所示的情况。

图 12-6 在经历过一步以后的决策树

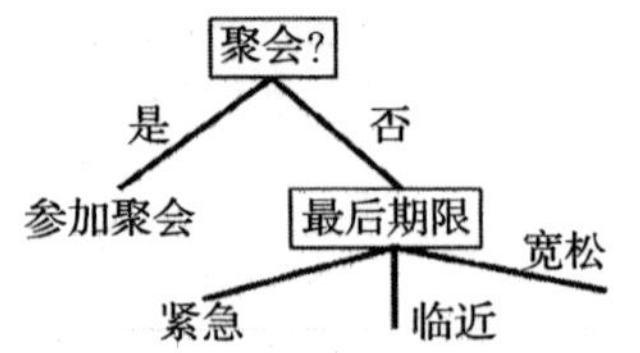

图 12-7 在经历过另一步以后的决策树

拓展阅读

如果需要更多关于决策树的信息，下面的两本书可能会是你比较感兴趣的：

- J. R. Quinlan. *C4.5: Programs for Machine Learning*. Morgan Kaufmann, San Francisco, CA, USA, 1993.
- L. Breiman, J. H. Friedman, R. A. Olshen, and C. J. Stone. *Classification and Regression Trees*. Chapman & Hall, New York, USA, 1993.

如果你想了解关于信息论的知识，有很多书籍包括这部分内容：

- T. M. Cover and J. A. Thomas. *Elements of Information Theory*. Wiley-Interscience, New York, USA, 1991.
- F. M. Reza. *An Introduction to Information Theory*. McGraw-Hill, New York, USA, 1961.

开拓该领域的原始论文是：

- C. E. Shannon. A mathematical theory of information. *The Bell System Technical Journal*, 27(3): 379-423 and 623-656, 1948.

包含信息论和机器学习的书籍为：

- D. J. C. MacKay. *Information Thoery, Inference and Learning Algorithms*. Cambridge University Press, Cambridge, UK, 2003.

其他包含决策树的机器学习教材有：

- Sections 8.2-8.4 of R. O. Duda, P. E. Hart, and D. G. Stork. *Pattern Classification*, 2nd edition, Wiley-Interscience, New York, USA, 2001.
- Chapter 7 of B. D. Ripley. *Pattern Recognition and Neural Networks*. Cambridge University Press, Cambridge, UK, 1996.
- Chapter 3 of T. Mitchell. *Machine Learning*. McGraw-Hill, New York, USA, 1997.

习题

12.1 假设有五件事情的概率为 $P(\text{first})=0.5$，$P(\text{second})=P(\text{third})=P(\text{fourth})=P(\text{fifth})=0.125$。计算熵。用文字说明这意味着什么。

12.2 创建一个计算逻辑 AND 函数的决策树。它与感知器解决方案相比有什么区别？

12.3 将来自 Quinlan 的这种有偏见的数据转换为决策树，确定哪些特征使人具有吸引力，然后提取规则。

身高	发色	眼睛颜色	有吸引力
矮	金色	棕色	否
高	黑色	棕色	否
高	金色	蓝色	是
高	黑色	蓝色	否
矮	黑色	蓝色	否
高	红色	蓝色	是
高	金色	棕色	否
矮	金色	蓝色	是

12.4 当你进入酒吧时，你的五个朋友已经在座位上喝酒了。Jim 有一份工作，所以有一半的时间都是他买单。Jane 有四分之一的可能性买单，Sarah 和 Simon 都有八分之一的可能性买单。John 自从你三年前认识他以来就没带过钱包。

计算他们每个人买单的熵，找出你需要询问多少问题(平均而言)才能够知道这一次谁来买单。

现在又来了两个朋友，每个人都自发地认为这次应该是你买单(你们八个人都这样认为)。你的朋友给了你一个挑战，根据性别决定谁喝啤酒，谁喝伏特加酒，不论他们是否是学生以及他们昨晚是否去酒吧。使用 ID3 解决问题，然后查看是否可以修剪树。

喝酒	性别	学生	昨晚去酒吧
啤酒	T	T	T
啤酒	T	F	T
伏特加	T	F	F
伏特加	T	F	F
伏特加	F	T	T
伏特加	F	F	F
伏特加	F	T	T
伏特加	F	T	T

12.5 在用于决策树的数据集上使用 2.3.2 讨论的朴素贝叶斯分类器并比较结果(这将涉及将文本数据转换为概率的工作)。

12.6 UCI 存储库中的 CPU 数据集是能够用于决策树的很好的回归问题。如 12.3.2 节所述，你需要修改决策树代码以便进行回归。你还必须为多个类别设置基尼不纯度。

12.7 如 12.2.5 节所述，修改算法实现以处理连续变量。

12.8 错误分类不纯度(misclassification impurity)定义为

$$N(i) = 1 - \max_j P(\omega_j) \tag{12.17}$$

将其添加到代码中并在上面的一些数据集上测试新版本。

第 13 章

Machine Learning: An Algorithmic Perspective, Second Edition

委员会决策：集成学习

古语有云，三个臭皮匠，赛过诸葛亮。我们很容易想到，更多的臭皮匠会更好，到最后由委员会来做决定，这就是著名的人类无用的活动(正如一个古老的笑话所讲的一头骆驼被委员会设计为马的故事(类似中国的指鹿为马))。对于机器学习方法，结果更加令人印象深刻，正如这章中我们将会见到的一样。

这里的基本思想就是利用许多学习器，其在同一数据集上得到略微不同的结果——一些学习确定的东西，一些学习其他东西——将其混合到一起，产生的结果要比其中一个学习器自己学到的好得多(将它们放到一起效果会变好，否则结果会相当差)。作为一个类比，想想你去拜访医生时他做出诊断的过程。如果不能直接找出问题所在，那么他会寻求一些测试的结果，比如扫描、血液检测、咨询专家等，然后综合所有观点做出诊断。每一种测试的结果都能给出一个诊断，但是只有将它们综合到一起的时候，才能做出明智的决策。

图 13-1 所示为**集成学习**(ensemble learning)的基本思想，看起来像是这些方法被集体调用一样。给定一个相对简单的二类分类问题和一些学习器，一个学习器的椭圆覆盖了数据的一个子集，组合多个椭圆给出了相当复杂的决策边界。

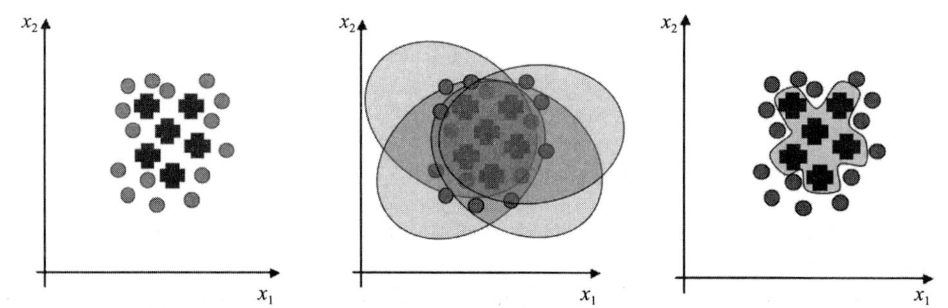

图 13-1　通过组合许多简单的分类器(这里简单地将椭圆决策边界放在数据上)，可以给出更加复杂的决策边界，使得正例与圆圈难以分离

接下来，仅有一组问题需要解决：应该用哪些学习器？如何保证它们能学出不同的东西？如何合并这些结果？本章中我们所介绍的这些方法可以应用于任何一种分类器。但是某些时候只需要用一种类型的分类器，没必要都用。决策树是一种普遍使用的分类器(见第 12 章)。

为保证学习器学到不同的东西，可以通过不同的方法来实现，而且这也是这些算法之间主要的不同之处。然而，这样做也很自然地会依赖于其应用领域。假设你有很多很多的数据，在这种情况下，你把数据简单地随机划分，给不同的分类器不同的数据集。甚至有这样的选择：划分可以是独立的，也可以是包括重叠部分的。如果不存在重叠，可能很难制定出组合分类器的方法。如果你的医生总是寻求两个同事的帮助，一个同事的专业是心脏问题，另一个同事的专业是运动伤害，那么如果你的腿是在跑了一会儿后开始疼的，就更有可能被诊断为运动伤害。

有趣的是，数据很少和很多的时候，集成方法效果一样好。想要知道为什么，想想交叉验证(2.2.2节)。当没有足够的数据可用时，我们使用交叉验证，并且在不同的数据子集上训练了许多神经网络。接着，我们就抛开了其中的一大部分。用集成方法，我们是将其都保留了，并且通过某种方法将它们的结果合并起来。一个非常简单的合并结果的方法就是使用多数表决——如果在政府选举中这种方法足够好的话，对于机器学习也足够好。多数表决在二类分类中具有有趣的性质，合并后的分类器只在有一半以上的分类器出错时，才会得出最终的错误结果。幸运的是，这种情况并不太经常发生。也存在一些折中的方法来合并结果，接下来会展开讨论。我们先来看一些算法，这会使你的理解变得更加清晰。

13.1 boosting

最流行的集成方法是boosting(提升)算法，这看起来有点儿难以想象。如果我们收集了一些效果很差(薄弱)的学习器，每一个的性能仅仅比随机好，那么把它们组合到一起就可能会得到一个主观性能很好的学习器。所以我们只需要很多低质量的学习器，以及一个有效的组合方法，就能获得一个效果很好的学习器。

AdaBoost算法是boosting算法中最具代表性的算法，其描述见13.1.1节。该算法首先由Freund和Shapiro在20世纪90年代中期提出，现在已有很多从它衍生出来的变种，但是AdaBoost算法仍然是使用最为广泛的。该算法的提出是作为1990年的原boosting算法的一种改进，而原boosting算法对数据是相当“饥渴”的。在原算法中，训练集被划分为三块。第一个分类器在第一和第三块数据上训练，在第二和第三块数据上测试。所有在测试中被错分的数据，以及随机选取的等量的正确分类的数据，一起重新组成一个新的数据集。第二个分类器在这个新的数据集上训练，然后这两个分类器都在最后一个数据集上测试。对于某个数据点，如果它们产生了相同的输出结果，那么这个数据点就被忽略，否则就将其加进另一个新数据集，用于接下来第三个分类器的训练。接下来，我们将考察一些更普遍的算法，而不是进一步讨论这个版本。

13.1.1 AdaBoost

AdaBoost是adaptive boosting(**自适应提升**)的缩写。这个算法的创新之处是，对于每个数据点，根据分类器将其正确分类的困难程度为之赋予一定的权重。训练完成之后，这些权重就作为输入的一部分给分类器。

AdaBoost算法的概念很简单。每次迭代中，一个新的分类器在训练集上训练，而训练集中的每一个数据点在每一步迭代时都会调整权重，改变权重的根据是数据点被之前的分类器成功分类的难度。一开始，这些权重都被初始化为$1/N$，其中N是训练集中点的个数。然后，每次迭代时，用所有被错分的点的权重之和作为误差函数ε。对于错误分类的点，其权重更新乘子为$\alpha=(1-\varepsilon)/\varepsilon$。对于正确分类的点，其权重不变。接着在整个数据集上做归一化(这是降低被正确分类的数据点的重要性的有效方法)。在设定的迭代次数结束之后训练终止，或者当所有的数据点都被正确分类后训练终止，或者一个点的权重大于最大可用权重的一半时训练也终止。

图13-2所示为训练过程中调整被错误分类的样本权重所产生的影响，用每个数据点的大小作为其重要性的衡量标准。算法如下(其中$I(y_n\neq h_t(x_n))$是一个**指示函数**，如果目标和输出不相等就返回1，否则返回0)。

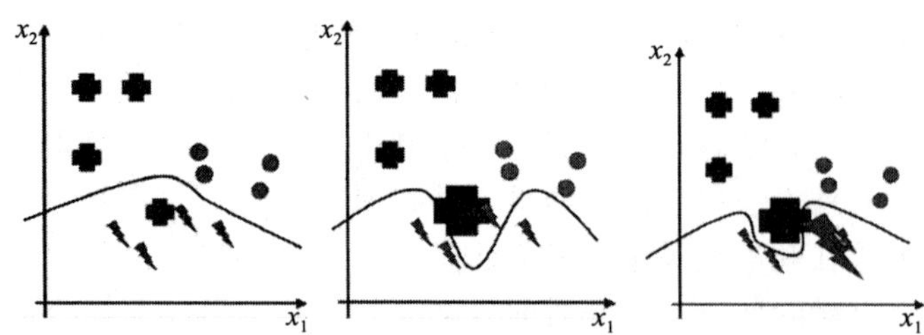

图 13-2　由于数据点被错误分类，因此它们的权重在 boosting 中增加(数据点变大)，这使得这些数据点的重要性增加，从而使得分类器更加关注它们

AdaBoost 算法

- 初始化所有的权重为 $1/N$，其中 N 为数据点的个数。
- 当 $0<\varepsilon_t<\frac{1}{2}$ 时($t<T$，最大迭代次数)：
  - 在$\{S, w^{(t)}\}$上训练分类器，得到数据点 x_n 的假设 $h_t(x_n)$。
  - 计算训练误差 $\varepsilon_t=\sum_{n=1}^{N} w_n^{(t)} I(y_n \neq h_t(x_n))$。
  - 设置 $\alpha_t=\log\left(\frac{1-\varepsilon_t}{\varepsilon_t}\right)$。
  - 使用如下公式更新权重：

$$w_n^{(t+1)}=w_n^{(t)} \exp(\alpha_t I(y_n \neq h_t(x_n)))/Z_t \tag{13.1}$$

  其中Z_t 为标准化常量。
- 输出 $f(x)=\operatorname{sign}\left(\sum_{t=1}^{T} \alpha_t h_t(x)\right)$

这里没有太难实现的地方，主循环如下。

```
for t in range(T):
    classifiers[:,t] = train(data,classes,w[:,t])
    outputs,errors = classify(data,classifiers[0,t],classifiers[1,t])

    index[:,t] = errors
    print "index: ", index[:,t]
    e[t] = np.sum(w[:,t]*index[:,t])/np.sum(w[:,t])

    if t>0 and (e[t]==0 or e[t]>=0.5):
        T=t
        alpha = alpha[:t]
        index = index[:,:t]
        w = w[:,:t]
        break

    alpha[t] = np.log((1-e[t])/e[t])
    w[:,t+1] = w[:,t]* np.exp(alpha[t]*index[:,t])
    w[:,t+1] = w[:,t+1]/np.sum(w[:,t+1])
```

该算法的大部分工作是由分类算法来完成的，就是在每次迭代中给出新的权重。在这方面，boosting 不是一种独立的算法：在执行分类时，分类器需要考虑权重。对于一个确定的分类器而言，如何去做这件事并不总是显而易见的，但是对于某些分类器我们已经看到了一些实现方法。对于决策树而言，在 12.3.1 节介绍基尼不纯度的时候，我们已经给出了一种方法。在 12.3.1 节，用 $\boldsymbol{\lambda}$ 矩阵来对错误分类的风险代价进行编码，并且在恰当的地方引入了权重。为了处理权重，决策树算法的修改在本章中将作为练习。一些相似的论据可以用到贝叶斯分类中，2.3.1 节对此进行了讨论。

作为一个描述 boosting 如何工作的简单示例，我们创建一个仅仅能够区别水平线和竖直线的非常简单的分类器，它在当前循环中随机使用。创建一个二维的数据集，顶部右上角处的为一类，剩下的是另一类，加上两个随机误标的数据作为噪声。很明显，这个数据集不能区分水平和竖直的决策边界。然而，图 13-3 显示的是一个分类器在独立测试集上的输出结果，该算法仅仅分错了一个点，并且那个点是刚巧靠近数据集中的噪声数据的那个点。图 13-4 显示的分别是训练集、在训练集和测试集上的误差曲线，以及仅能分辨水平线和竖直线的分类器的几次初始迭代。

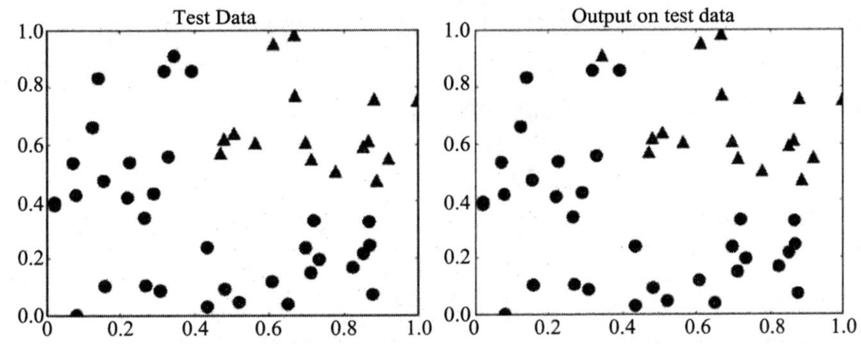

图 13-3 boosting 学习这个简单的例子非常成功，产生的集成分类器比简单的水平线和竖直线分类器要复杂。在图中所示的这个独立测试集上，该算法仅仅错分了一个点，并且那个点刚巧是数据集中靠近噪声点的那个点

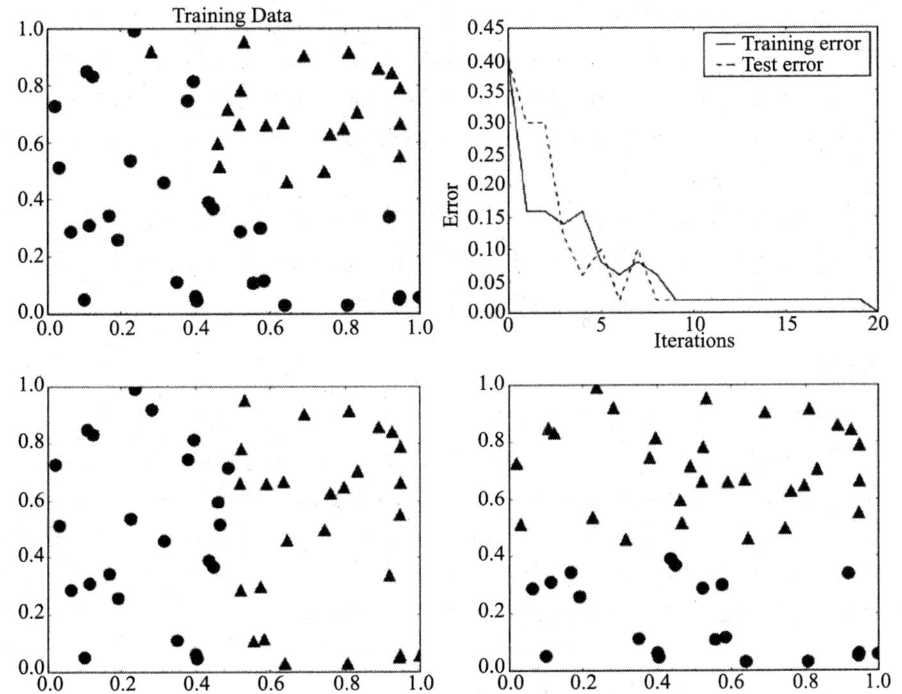

图 13-4 训练数据和误差曲线。中间和下面：分类器开始的几次迭代，每个点显示的是利用了 boosting 算法的分类器中较差的一个输出结果

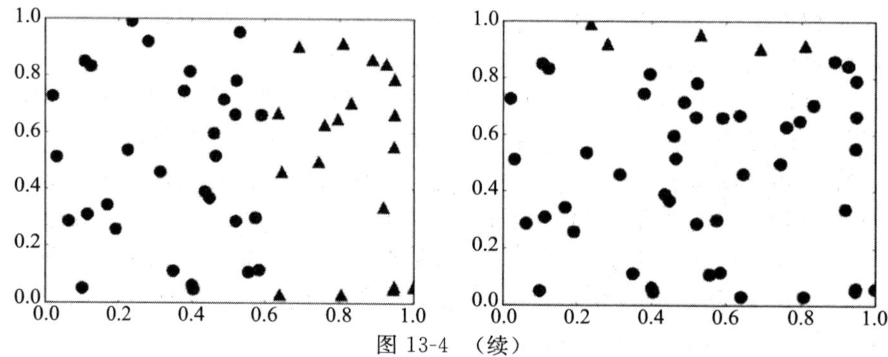

图 13-4　(续)

很显然，这些令人印象深刻的结果需要一些解释和理解力。理解的关键在于计算**损失函数**，损失函数是简单的衡量误差大小的方法(在本书中，很多算法已经使用过平方和损失函数)。AdaBoost 算法的损失函数形式如下：

$$G_t(\alpha)=\sum_{n=1}^{N}\exp(-y_n(\alpha h_t(x_n)+f_{t-1}(x_n)))\tag{13.2}$$

其中，$f_{t-1}(x_n)$是一个数据点在之前的迭代中的所有假设之和：

$$f_{t-1}(x_n)=\sum_{\tau=1}^{t-1}\alpha_\tau h_\tau(x_n)\tag{13.3}$$

指数损失函数对于离群点(孤立点)具有很稳健的性能。算法中的权重 $w^{(t)}$ 只不过是等式(13.2)中的第二项，因而等式(13.2)可以写成：

$$G_t(\alpha)=\sum_{n=1}^{N}w^{(t)}\exp(-y_n\alpha h_t(x_n))\tag{13.4}$$

推导该算法余下的部分需要用这里的公式代替算法中的假设 h，然后求解 α，那么就可以得出完整的算法。有趣的是，这并不是创造 AdaBoost 时所用的方法，而是后人据此来理解其为什么有效。还有一些类似 boosting 算法的算法也可能选择其他的损失函数，这些可微的函数能提供有用的信息，这类算法被统称为 arcing(adaptive reweighting and combining 的缩写)算法。

可以修改 AdaBoost 来执行回归而不是分类(称为 real adaboost 或 adaboost. R)。还有 boosting 算法(一般称为 AdaBoost)的另一种变种，使用权重来从全部数据集中取样，在一个简单的数据集上训练而不是在整个数据集上训练。

13.1.2　掘根

有一种非常极端的 boosting 算法的形式是将其应用到决策树。我们为它取了这样一个描述性的名字：**掘根**(stumping)。一棵树的树桩是指砍掉树的其余部分后留下来的一块，同样的道理，掘根包含简单地拿走树根并用其作为决策者。因此对于每一个分类器，使用最开始的第一个问题构造树根，那就是树桩。这经常要比在整个数据集上的情况差，但是通过使用权重来排序何时以及在何种程度上使用该分类器，与其他情况相比，掘根的整体输出结果非常好。实际上，它确实像我们所看到的那样简单。

13.2　bagging

组合分类器最简单的方法被称为 **bagging**(装袋)，bagging 是 bootstrap aggregating 的

缩写，是一种统计描述的方法。如果你知道 bootstrap 是什么就好办了，但是不知道的话也正常。bootstrap 样本是从原始数据集中**有放回**采样的样本，这样我们可能会多次得到一些数据而其他数据则完全没有。bootstrap 样本与原始样本的容量相同，这些样本中有很多都是采样出来的：其中 B 至少为 50，甚至可能是数千。bootstrap 这个名词在计算机科学中要比在其他地方流行，因为计算机开机的时候也有一个 bootstrap 程序，那就是引导加载程序。英语 bootstrap 的意思是靴带，来自短语“pull oneself up by one's bootstrap”。18 世纪德国文学家拉斯伯的小说《巴龙历险记》(Adventures of Baron Munchausen)中写道：“巴龙掉到湖里，在沉到湖底且异常绝望的时候，他用靴子上的带子把自己拉了上来。”现意指不借助别人的力量，凭自己的努力终获成功。在这里，bootstrap 法是指用原样本自身的数据采样得出新的样本及统计量，可理解为“自助法”。

bootstrap 采样看上去像在做一件非常奇怪的事情。我们拿到一个完美的数据集，通过采样来打乱它。如果这构造了一个较小的数据集的话，这么做可能会很好(因为更快了)，但是我们最终得到的仍然是相同大小的数据集。如果我们这样做了很多次，那么就很糟糕了。这无疑是一种浪费计算机时间却毫无收获的方法。而它的好处是，通过把计算资源花费在这些问题上(从技术上讲，bagging 是方差减少算法；2.5 节讨论了偏差和方差)，无须复杂的分析工作就可以得到分类函数的准确性的估计值。这是现代统计学中的标准技术，我们将会在第 15 章介绍马尔可夫链蒙特卡罗方法的时候讨论另一个例子。

得到了 bootstrap 样本的集合后，装袋方法仅需要我们对每个数据集找到模型，接着通过在所有分类器间进行多数表决的方法来组合它们。如下为 NumPy 的实现，接下来我们将会介绍一个简单的例子。

```
# Compute bootstrap samples
samplePoints = np.random.randint(0,nPoints,(nPoints,nSamples))
classifiers = []

for i in range(nSamples):
 sample = []
 sampleTarget = []
 for j in range(nPoints):
  sample.append(data[samplePoints[j,i]])
  sampleTarget.append(targets[samplePoints[j,i]])
 # Train classifiers
 classifiers.append(self.tree.make_tree(sample,sampleTarget,features))
```

在 12.4 节中，我们使用由参加聚会的数据构成的例子来验证决策树，限制树为树桩，所以仅需要基于一个变量做分类。使用了整个数据集的决策树的输出结果，这也不足为奇：使用两个最大的类别，并且区分了它们。尽管如此，bagging 可以使用树桩和 20 个样本来完美区分数据，输出结果如下。

```
Tree Stump Prediction
['Party', 'Party', 'Party', 'Party', 'Pub', 'Party', 'Study', 'Study', ↩
'Party', 'Study']
Correct Classes
['Party', 'Study', 'Party', 'Party', 'Pub', 'Party', 'Study', 'TV', 'Party', ↩
'Study']
Bagged Results
['Party', 'Study', 'Party', 'Party', 'Pub', 'Party', 'Study', 'TV', 'Party', ↩
'Study']
```

13.2.1 subagging

由于某些原因，集成方法经常有好听的名字，比如 boosting 和 bagging(在 13.4 节中，将会看到我选择的最好的名字——bragging)。然而，subagging(子装袋)方法是将单词“subsample”和单词“bagging”结合起来得到的，并且这也是相当明显的想法，不需要从原数据中产生相同大小的样本。如果做出了较小的数据集，那么对于不替换的采样是很有意义的，否则的话，执行后与 bagging 仅有很细微的差别，除了在 NumPy 中使用 `np.random.shuffle()`来产生样本。使用原数据集一半大小的数据是很普遍的做法，并且其结果经常和完整的模拟 bagging 具有可比性。

13.3 随机森林

机器学习中有一种方法在过去几年中越来越受欢迎，这就是随机森林的概念。这个概念存在的时间比这个名字要长，有几个不同的研究者改进了它，但最相关的人是 Breiman，他也描述了 12.2 节中讨论的 CART 算法，并且还提供了 bagging 这个名称。

这个想法大致是，如果一棵树是好的，那么许多树木(森林)应该更好，只要它们之间有足够的变化。关于随机森林的最有趣的事情是它从标准数据集创建随机性的方式。它使用的第一种方法是我们刚刚看到的方法：bagging。如果我们希望创建森林，那么可以通过在略有不同的数据上训练树来使树不同，因此我们从每个树的数据集中获取 bootstrap 样本。但是，这还不够随机性。可以添加随机性的另一个显而易见的方式是限制决策树可以做出的选择。在每个节点处，将特征的随机子集给予树，并且它只能从该子集而不是从整个集合中进行选择。

除了增加每棵树的训练的随机性之外，它还加速了训练过程，这是因为在每个阶段搜索的特征较少。当然，它确实引入了一个新参数(需要考虑多少个特性)，但随机森林似乎对这个参数不是很敏感；实际，作为子集，大小为特征数量的平方根似乎是常见的。这两种形式的随机性的影响是在不影响偏差的情况下减小方差。这样做的另一个好处是不需要修剪树木。还有另一个参数，我们还不知道如何选择，即要放入森林的树的数量。但是，如果我们想要最佳结果，这很容易选择：我们可以继续构建树，直到错误停止减少。

一旦树木被训练完成，森林的输出就是分类的多数投票，就像我们看到的其他委员会方法，或回归的平均响应一样。这些几乎是创建随机森林所需的全部主要特征。在我们得到随机森林的一些结果之前给出算法。

基本的随机森林训练算法

- 对于每 N 个树：
  - 创建一个训练集的 bootstrap 样本。
  - 使用这个 bootstrap 样本训练决策树。
  - 在决策树的每一个节点，随机选择 m 个特征，然后只在这些特征集合中计算信息增益(或者基尼不纯度)，选择最优的一个。
  - 重复过程直到决策树完成。

实现这一点非常简单：我们修改了决策以添加一个额外的参数 m，即每个阶段选择集中应该使用的特征数。我们将简要介绍一下使用它与 boosting 方法相比较的示例。

观察算法，你可能会发现它是一种非常不寻常的机器学习方法，因为它具有**并行性**：由于树不相互依赖，如果你有多个处理器，便可以创建并从不同的单个处理器上的不同树中获得决策。这意味着随机森林可以在尽可能多的处理器上运行，并具有接近线性的加速。

关于随机森林还有一件值得注意的事情，即通过一些编程工作，会使它们带有内置的测试数据：bootstrap 样本将平均错过大约 35%的数据，即所谓的超出 bootstrap 的例子。如果我们跟踪这些数据点，那么它们可以用作该特定树的新样本，给出我们得到的估计测试错误，而不必使用任何额外的数据点。这避免了对交叉验证的需求。

作为使用随机森林的一个简单例子，我们首先证明随机森林在本例和前几章中使用的聚会示例中得到了正确的结果，基于 10 棵树，每棵树都训练了 7 个样本，并且每棵树只允许两个层级。

```
RF prediction
['Party', 'Study', 'Party', 'Party', 'Pub', 'Party', 'Study', 'TV', 'Party', ↩
'Study']
```

作为一个相当复杂的例子，UCI 资源库中的汽车评估数据集包含 1728 个示例，其目标是根据六个特征对汽车是否是值得购买进行分类。以下结果比较了装袋的单个决策树和具有 50 棵树的随机森林，其中每棵树基于 100 个样本，每棵树的最大深度为 5。可以看出，随机森林是三种方法中最准确的。

```
Tree
Number correctly predicted 777.0
Number of testpoints  864
Percentage Accuracy  89.9305555556

Number of cars rated as good or very good 39.0
Number correctly identified as good or very good 18.0
Percentage Accuracy 46.1538461538
-----
Bagger
Number correctly predicted 678.0
Number of testpoints  864
Percentage Accuracy  78.4722222222

Number of cars rated as good or very good 39.0
Number correctly identified as good or very good 0.0
Percentage Accuracy 0.0
-----
Forest
Number correctly predicted 793.0
Number of testpoints  864
Percentage Accuracy  91.7824074074

Number of cars rated as good or very good 39.0
Number correctly identified as good or very good 20.0
Percentage Accuracy 51.28205128
```

13.3.1 与 boosting 方法比较

这种方法与 boosting 方法(13.1 节)有一些明显的相似之处，但两者之间也有显著的差异。最容易看出的是，boosting 方法的过程是详尽的，在每个阶段都搜索整个特征集，每个阶段取决于前一个阶段。这意味着 boosting 必须按顺序运行，并且各个步骤的运行成本可能很高。相比之下，随机森林的并行性以及它仅在每个阶段搜索相当小的特征集的事实使算法加速了很多。

由于该算法仅在每个阶段搜索数据的一小部分，因此不能期望它与相同数量的树的 boosting 方法效果一样好。然而，由于树木的训练成本更低，我们可以在相同的计算时间内制作更多的树木，并且即使在非常大且复杂的数据集上，其结果通常也非常好。

事实上，在随机森林中最令人惊奇的是，它们似乎非常擅长与非常大的数据集打交道。很明显，因为搜索功能的数量减少和并行化的能力，使它们在计算上做得很好。然而，它们似乎也基于每棵树看到的小部分问题空间而产生了良好的输出。

13.4 组合分类器的不同方法

因为要面对不同的数据样本，bagging 方法致力于用不同的分类器来对待不同的数据。这与 boosting 方法有所区别，boosting 方法针对相同的数据，只是在不同分类器的数据点重要性的改变上与前者有所不同，它根据之前的分类器在该数据上的表现来获得不同的权重。就像集成方法一样，重点在于如何将各个分类器的输出组合起来。bagging 和 boosting 都用投票的方式来组织不同的分类器，只是实现的方式不同：boosting 方法选择权重高的投票，而 bagging 选择得票数多的。当然，对于这些方法，还有其他折中的选择。

事实上，即使多数投票也不一定足够简单。当所有的分类器都意见一致，或大于一半的分类器意见一致时，分类系统将给出一个输出，这就是所谓的得票数多的策略。不总是给出一个输出的想法是为了确保集成不会给出有争议的输出，因为它们常常是不同的数据点。如果分类器的数量是奇数并且分类器之间是相对独立的，当大于一半的分类器达成一致意见时，多数得票机制将会返回一个正确的标记。假设各个独立的分类器都有一个成功概率 p，则整体将获得正确答案的概率是**二项分布**的形式：

$$\sum_{k=\frac{T}{2}+1}^{T}\binom{T}{k}p^{k}(1-p)^{T-k} \tag{13.5}$$

其中，T 是分类器的个数。如果 $p>0.5$，则当 T 趋向无穷时，这个和将趋于1。这种集成方法的性能很好：即使每个分类器都只有一半的答案是正确的，如果我们用达到一定数量的分类器(大约100)，整体的正确率将接近于1。事实上，即使每个独立的分类器的成功概率都小于50%，整体常常也会做得很好。

对于回归的问题，除了用得票多少的方法，采用多个输出结果的均值也是比较常用的方法。然而，这个均值是受外界影响的，通常中间值被当作平均值来使用。用中间值来产生 bagging 算法，也就意味着是“鲁棒的 bagging”。

在组合分类器之前还有一件事，那就是学习如何做到这一点。有一种算法正是这样做的，这种算法被称为**专家混合**。输入被提供给网络，并且由每个单独的分类器进行评估。然后，来自分类器的这些输出由相关门加权，其使用当前输入产生权重 w，并且在层次结构中进一步传播(见图13-5)。专家混合的最常见版本如下：

专家混合算法

- 对于每一个专家：
  - 计算属于每一个可能的类别的输入的概率，通过如下公式计算(其中 w_i 是对于每个分类器的权重)：

$$o_i(\boldsymbol{x},\boldsymbol{w}_i)=\frac{1}{1+\exp(-\boldsymbol{w}_i\cdot\boldsymbol{x})} \tag{13.6}$$

- 对于树上的每个门控网络：
  - 计算：

$$g_i(\boldsymbol{x},\boldsymbol{v}_i)=\frac{\exp(\boldsymbol{v}_i\boldsymbol{x})}{\sum_l \exp(\boldsymbol{v}_l\boldsymbol{x})} \tag{13.7}$$

- 传递一个输入到下一层门(这里的和是与该门相关的输入上的和)：

$$\sum_k o_j g_j \tag{13.8}$$

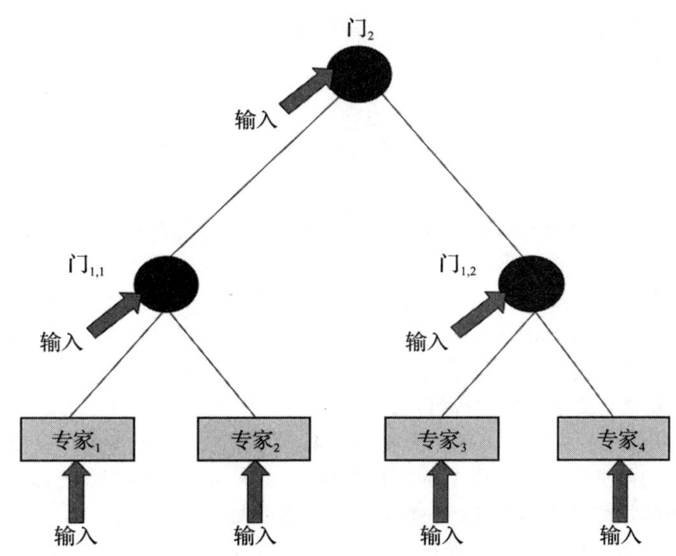

图 13-5　层次网络模型，包含了一系列的分类器(专家级)，带有使用输入决定哪个分类器可信的门控系统

训练该网络的最普遍的方法是使用 **EM 算法**。这是一般的统计近似算法，7.1.1 节中曾讨论过 EM 算法。也可以采用参数上的梯度下降方法。

还可以从其他角度来理解专家混合算法。其中之一就好似把它看作树，除非这些划分不是第 6 章中所执行的硬划分，而是相当软的，因为它们是基于概率的。另一种则是将其与径向基函数(RBF)网络作比较(见 5.2 节)。每个径向基函数在其接受野的范围内，给出一个常量输出。如果每个节点需要给出数据的线性近似，那么结果便会是这里的专家混合网络。

拓展阅读

如下是三篇关于主要集成学习方法的文章：

- R. E. Schapire. The boosting approach to machine learning: An overview. In D. D. Denison, M. H. Hansen, C. Holmes, B. Mallick, and B. Yu, editors, *Nonlinear Estimation and Classification*, Springer, Berlin, Germany, 2003.
- L. Breiman. Bagging predictors. *Machine Learning*, 26(2): 123-140, 1996.
- M. I. Jordan and R. A. Jacobs. Hierarchical mixtures of experts and the EM algorithm. *Neural Computation*, 6(2): 181-214, 1994.

整个领域的概述可参考：

- L. Kuncheva. *Combining Pattern Classifiers: Methods and Algorithms*. Wiley-

Interscience, New York, USA, 2004.

对于其他观点，请参阅：

- Sections 17.4 and 17.6-17.7 of E. Alpaydin. *Introduction to Machine Learning*, 2nd edition, MIT Press, Cambridge, MA, USA, 2009.
- Section 9.5 of R. O. Duda, P. E. Hart, and D. G. Stork. *Pattern Classification*, 2nd edition, Wiley-Interscience, New York, USA, 2001.

关于随机森林的原始论文仍然是一个很有用的信息源：

Leo Breiman. Random forests. *Machine Learning*, 45(1): 5-32, 2001.

习题

13.1 在基尼不纯度的计算中使用权重来修改决策树的实现方式。这并不繁琐，因为你还必须修改基尼不纯度的全部值。一旦完成这项工作，便在聚会数据上使用掘根树。

13.2 实现使用权重对数据集进行采样的另一种 boosting 方法。这对输出有什么影响吗？

13.3 掘根算法选择数据集中最具信息量的特征并使用它们。对于二进制分类问题，这通常会使数据集至少有一半的正确率。为什么？这个断言如何扩充为多个类的情况？

13.4 将 bagging 方法和交叉验证方法进行对比。

13.5 UCI 机器学习库中的 Breastcancer 数据集提供了十个特征，并要求将乳腺肿瘤分类为良性和恶性。这是一个有难度的数据集，并提供了标准决策树与 boosting 方法和 bagging 方法的良好比较。使用所有方法，包括掘根算法和更高级的树，看看哪个更好。

13.6 专家混合算法比任何一个专家的效果都要好。假设专家是每个 MLP。实现此算法，看看它在上面的 Breastcancer 数据集上的表现如何。

13.7 在介绍随机森林的 13.3 节中，提到存在可用于验证和测试的超出 bootstrap 数据。修改代码以跟踪此数据。

13.8 使用习题 13.2 中的 boosting 代码，并将其与随机森林在来自 UCI 数据库的 cars 数据集上的表现进行比较。

无监督学习

我们到现在为止见到的学习算法，都使用了由一系列标记好的**目标**数据组成的训练集。很显然，这个训练集是有用的，因为它使我们能够告诉算法，什么样的答案对于样例数据是正确的。但是在许多情况下，我们很难得到标记好的数据，比如有时人们需要手动标记每一个例子。另外，它看起来并不是那么合理：在学习过程的大多数时间中，我们并不知道具体的正确答案是什么。在本章，我们将考虑完全相反的情况，在这里根本没有关于输出的任何信息，需要算法自己来找到不同输出之间的相似性。

无监督学习是一个概念上不同的问题。很明显，我们不能寄希望于实现回归：我们不知道有关输出的任何信息，所以不能猜测函数是什么。那么我们能不能寄希望于实现分类呢？分类的目的就是鉴定属于同一个类的输入之间的相似性。而这里没有正确的类的任何信息，但是如果算法可以探索输入之间的相似性以便把相似的输入聚集在一起，这就可能自动地实现分类。所以无监督学习的目的就是在不知道这些数据点属于这一个类而那些数据点属于另外一个类的情况下，找到数据中相似输入的**簇**。算法要靠自己来发现相似性。我们已经在第 6 章中看到了一些无监督学习算法，其中重点是减少维数，因此要将类似的数据点聚类在一起。

到现在为止我们讨论的监督学习算法的目的是最小化一些外部误差标准——大多是平方和误差——基于的是目标和输出之间的不同。计算并且最小化这些误差是可能的，因为我们可以利用目标数据来计算，而这对于无监督学习是不成立的。这意味着我们需要发现其他的东西来引导学习。问题要比平方和误差更加普遍：我们不能用任何依赖目标或者其他外部信息(**外部**的误差标准)的误差标准，我们需要为算法找到一些内在的东西。这意味着测量标准与任务是独立的，因为我们不能每次处理一个新的任务时都改变整个算法。在监督学习中误差标准与任务有关，因为它是基于目标数据的。

为了说明如何找到一个能用的一般的误差标准，我们需要回忆 2.1.1 节讨论的重要概念：**输入空间**和**权重空间**。如果两个输入靠得很近，那么就意味着它们的向量是相似的，所以它们之间的距离很小(距离测量已经在 7.2.3 节讨论过了，这里我们只考虑欧氏距离)。那么靠得很近的输入就被定义为相似，所以它们可以被聚集在一起，而离得很远的输入不会聚集在一起。我们可以通过把权重空间与输入空间对齐，从而将其扩展到网络中的节点。现在，如果一个点的权重与一个输入向量的元素相似，那么这个点就与这个输入匹配得很好，其他任何相似的输入也是如此。为了在实际中说明这些想法，我们将要介绍一个简单的聚类算法——k-means 算法，它在统计中已经应用很久了。

14.1 k-means 算法

如果你曾经看见一队旅行者和两个导游，导游拿着伞，以便每个人可以跟着他们，那么你看到的就是一个 k-means 算法的动态版本。我们的版本更为简单，因为数据(扮演旅行者的角色)并不会移动，只有导游会移动。

假设我们要把输入数据分成 k 个部分，即 k 的值(例如，我们有一系列从许多人中得来的三种疾病的药物测试结果，并且我们想要知道根据测试结果如何鉴定这三种疾病)。我们为输入空间分配 k 个簇，并且定位这些中心，使得在每一个簇中有一个中心。然而，我们并不知道簇的位置，就更不知道它们的“中心”在哪，所以需要一个能找到它们的算法。学习算法通常会尝试最小化某种类型的误差，所以我们需要考虑一个能描述这个目的的误差标准。“中心”的概念就是我们首先需要考虑的。如何定义一系列点的中心？实际上我们需要定义两件事情：

- **距离测量**：为了说明点之间的距离，我们需要一种测量方法。通常采用欧氏距离，但是还有其他的选择。7.2.3 节已经讲过了一些方法。
- **平均值**：一旦有了距离测量，我们就可以计算一系列数据点的中心点，也就是平均值(如果你不相信的话，考虑两个数的中心，它就是这两个数的连线的中点)。实际上，这只有在欧氏空间中是成立的，也就是你经常用的空间，在这里所有的事情都是好的且平的。如果我们考虑弯曲的空间，那么所有的事情都会变得复杂。因为我们需要考虑曲率，所以欧氏距离的度量不是最好的，并且至少有两种不同的定义中心的方法。在此，我们不需要担心这些事情，因为我们假设空间是平的。这也是统计中经常做的假设。

现在我们可以考虑一个定位簇的中心的合理方法：计算每个簇的中心点 $\boldsymbol{\mu}_{c(i)}$，并且把簇的中心放在那。这与最小化从每个数据点到它所在的中心的欧氏距离是相同的(也就是平方和误差)。

如何决定哪一个点属于哪一个簇？这是很重要的，因为我们要用它来定义簇的中心。最容易想到的是把每一个点与离它最近的中心联系起来。这也许会在算法迭代时发生改变，但没有关系。

对于输入空间，因为我们不知道把它们放在哪，所以首先随机定义若干个簇，然后根据数据更新这些位置。我们通过计算每个数据点和所有簇的中心之间的距离来决定每一个数据点属于哪一个簇，并且把它安排到离它最近的那个簇。注意到我们可以使用在 7.2.2 节描述的 KD-Tree 算法来降低这个过程的计算量。对于所有安排到一个簇的点，我们计算它们的中心，然后把簇的中心移到这。下面是算法描述。

k-means 算法

- **初始化**
  - 选择一个 k 值。
  - 在输入空间中选择 k 个随机位置。
  - 将簇中心 $\boldsymbol{\mu}_j$ 安排到这些位置。
- **学习**
  - 重复：
    - ○ 对每一个数据点 $\boldsymbol{x}_i$：
      - 计算到每一个簇中心的距离。
      - 用下面的距离将数据点安排到最近的簇中心。

$$d_i = \min_j d(x_i, \boldsymbol{\mu}_j) \tag{14.1}$$

    - ○ 对每个簇中心：
      - 将中心的位置移到这个簇中点的均值处(N_j 是簇 j 中点的个数)：

$$\boldsymbol{\mu}_j = \frac{1}{N_j}\sum_{i=1}^{N_j}\boldsymbol{x}_i \tag{14.2}$$

- 直到簇中心停止移动。

- **使用**
  - 对每个测试点：
    - ○ 计算到每个簇中心的距离。
    - ○ 用下面的距离将数据点安排到最近的簇中心：

$$d_i = \min_j d(x_i, \boldsymbol{\mu}_j) \tag{14.3}$$

NumPy 可以几乎一模一样地实施这些步骤，并且我们可以利用 np.argmin() 函数，它返回最小值的序号，以便于找到最近的簇。计算距离的代码、找到最近簇中心的代码以及更新它们的代码如下。

```
# Compute distances
distances = np.ones((1,self.nData))*np.sum((data-self.centres[0,:])**2,
axis=1)
for j in range(self.k-1):
    distances = np.append(distances,np.ones((1,self.nData))*np.sum((data-
    self.centres[j+1,:])**2,axis=1),axis=0)

# Identify the closest cluster
cluster = distances.argmin(axis=0)
cluster = np.transpose(cluster*np.ones((1,self.nData)))

# Update the cluster centres
for j in range(self.k):
    thisCluster = np.where(cluster==j,1,0)
    if sum(thisCluster)>0:
        self.centres[j,:] = np.sum(data*thisCluster,axis=0)/np.sum(
        thisCluster)
```

为了看看如何将算法应用于实际，图 14-1 和图 14-2 展示了一些数据和一些应用 k-means 算法计算簇的不同方法。显然，算法对局部最小很敏感：由于中心在空间中初始位置的不同，你会得到非常不同的解决方法，并且它们中有许多看起来并不好。图 14-2 展示了当所选择的中心数目错误时发生的情况。确实有一些在数据中我们不知道有多少簇的情况，但是 k-means 算法根本不会处理得很好。

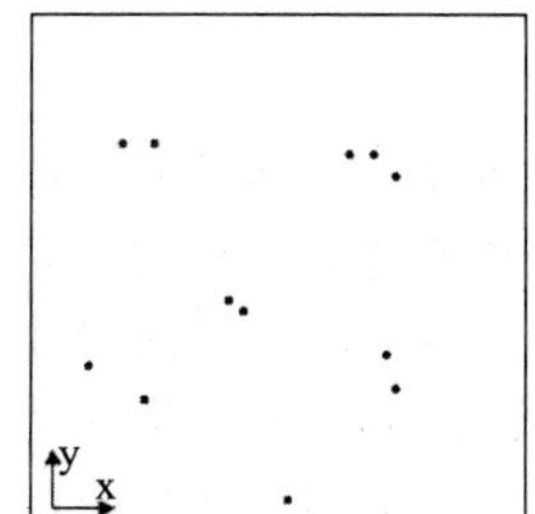

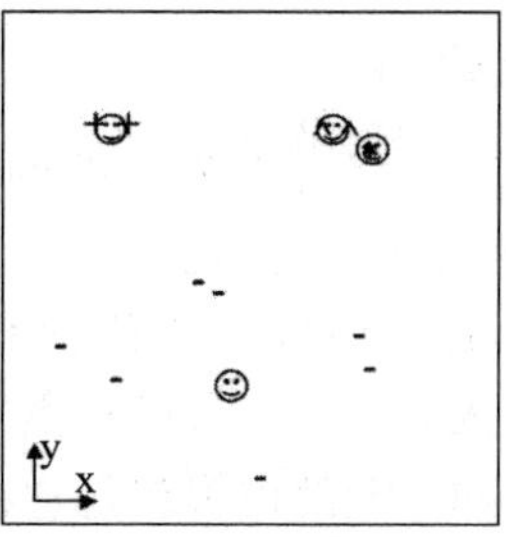

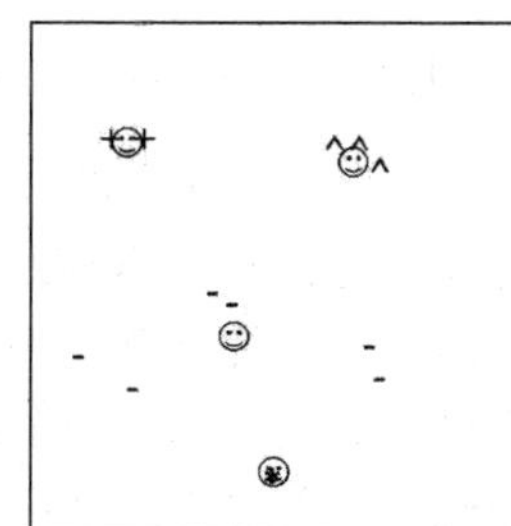

图 14-1 左边：一个二维数据集。右边：使用k-means算法放置四个中心(用笑脸表示)的三种可能情况，这很明显是对局部最小敏感的

以花费巨大的计算量为代价，我们可以通过运行算法多次来解决所有这些问题。为了找到局部最优(甚至是全局最优)，使用许多不同的初始中心位置并且最小化全部平方和误差的解决方法就有可能是最好的那一个。

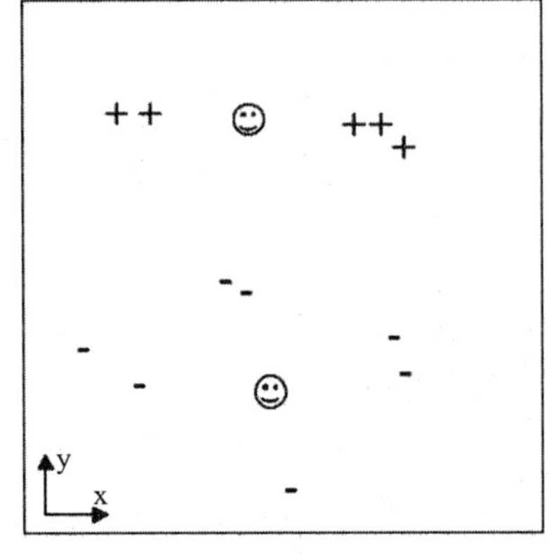

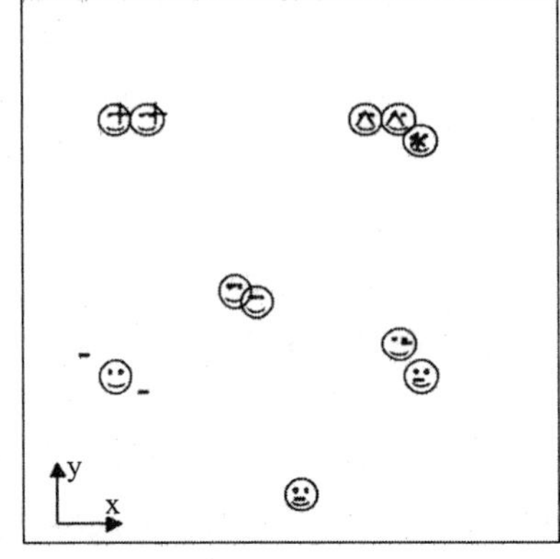

图 14-2 左边：两个类的解决方法，它与数据匹配得不好。右边：11 个类的解决方法，它严重过拟合了

通过用许多不同的 k 值来运行算法，我们可以找到哪一个值给出了最好的解决方案。当然，我们需要小心处理。如果仍然是仅使用平方和误差，那么当我们令 k 等于数据点的个数时，可以在每一个数据点上放置一个中心，那么平方和误差将会是 0(实际上，这不会发生，因为随机的初始化将会使得几个簇正好在一起)。然而，这个问题没有一般化的解决方法(这是一种严重的过拟合)。通常情况下，答案就是使用验证集并且计算误差，然后将误差乘以 k，这样我们便能了解增加每个额外的簇中心所带来的好处。

14.1.1 处理噪点

很多情况下我们需要对数据进行聚类处理，但是其中一个最常见的情况就是处理读取数据时的噪声。这也许会有轻微的干扰，或者偶尔出错。如果我们可以正确选择簇，那么就有效地移除了噪声，因为我们用簇中心代替了每一个噪点(14.2 节将为另一个目的而来用这个代替数据点的方法)。不幸的是，中心——k-means 算法的核心，对于**异常值**很敏感，即它是一个不稳定的方法。避免这个问题的一种方法就是用**中位数**来代替平均数，也就是所谓的**稳健统计**，这意味着它不会受异常值影响((1，2，1，2，100)的平均数是 21.2，而中位数是 2)。对算法的唯一修改就是用计算中位数来代替计算平均值。这样的计算量会更大，就像我们先前讨论的，但是它确实有效移除了噪点。

14.1.2 k-means 神经网络

k-means 算法很有效，尽管存在噪点的问题且选择簇的数目也有些困难。有趣的是，它看起来与神经网络相距甚远，但实际上不是。如果我们把优化位置的簇中心想象为权重空间中的位置，那么就可以在这些空间中定位神经元并且用神经网络来训练。k-means 算法的计算量是通过计算每一个输入到所有中心的距离来决定它和哪一个簇中心最近。我们也可以在神经网络中实现它：每一个神经元的位置就是它在权重空间的位置，这就把它的值和权重联系起来。所以对每一个输入，我们需要通过在权重空间的一个节点和当前输入之间的距离来激活节点，就像第 5 章介绍的径向基函数。因此，训练就变成移动节点的位置，也就意味着调整权重。

所以，我们可以用一系列神经元来实现 k-means 算法。我们只用一层神经元，还有一些输入节点，而没有偏置节点。第一层是输入，不做任何计算，像通常一样。第二层将是神经元互相**竞争**的一层，它们之中只有一个能成功。只有一个簇中心能代表特定的输入向量，所以我们将要选择有最高激活 h 的神经元，并使其激活。这也就是所谓的**赢家通吃**激活，也是**竞争学习**的一个例子，因为这一系列神经元相互竞争，而胜利的那一个就是与输入**最匹配**(最近的)的那一个。竞争学习有的时候会导致**祖母**神经元，因为网络中的每个神经元将会学习并感知到一个特定的特征，并且只有在遇到该输入时才激活。然后你将会有一个具体的神经元被训练并感知祖母神经元(还有其他的你经常看到的一些东西)。

我们将选择 k 个神经元(出于很明显的原因)，并且把输入和神经元完全联系起来。图 14-3 展示了这样一个网络。我们将用一个线性迁移函数来使用神经元，计算神经元的激活就是权重和输入的乘积：

$$h_i = \sum_j w_{ij} x_j \tag{14.4}$$

假设输入被**归一化**以便使它们的绝对大小相同(我们将在 14.1.3 节讨论)，这有效地测量了输入向量和由神经元代表的簇中心之间的距离，数值越大(更高的激活)意味着两个点靠得越近。

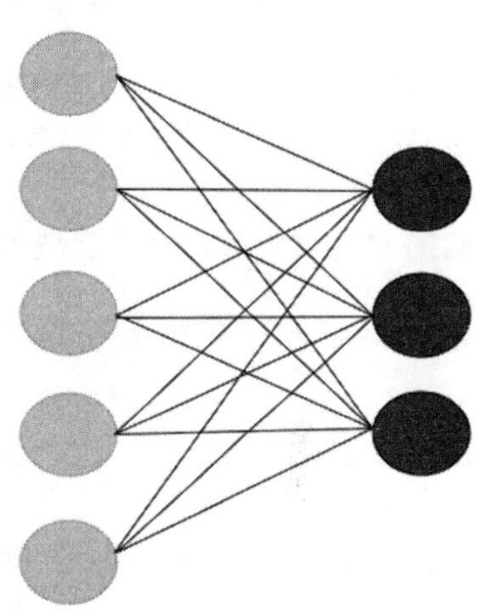

图 14-3 单层神经网络可以实现k-means算法

所以获胜的神经元就是与当前输入靠得最近的。问题是我们如何改变那个神经元在权重空间的位置，也就是，我们如何更新它的权重？在我们先前提到的 k-means 算法中，这是很简单的：仅仅把簇中心放在属于这个簇的所有数据点的中心上。然而，当我们进行神经网络训练时，在同一时刻只有一个输入向量并且需要改变权重(也就是，我们的算法是在线的，而不是批量的)，我们不知道中心是因为我们不知道所有的数据点，只知道当前的那一个。所以我们通过使胜利的神经元更靠近当前输入来估计它，使得这个中心更好地匹配下一个输入。这就是：

$$\Delta w_{ij} = \eta x_j \tag{14.5}$$

然而，这还不够好。为了说明为什么，让我们看看归一化的问题。它非常重要，以至于需要一个独立的小节。

14.1.3 归一化

假设所有神经元的权重都很小(可能小于 1)，除了那些特定的神经元。例如，假设权重是 10。如果一个输入向量的值是(0.2，0.2，－0.1)，并且有一个和它相匹配的神经元，那么这个神经元的激活将是 0.2×0.2＋0.2×0.2＋－0.1×－0.1＝0.09。另外一个神经元不是完美匹配，所以它们的激活应该都小于它。然而，考虑有很大权重的神经元。它的激活将是 10×0.2＋10×0.2＋10×－0.1＝3，所以它将是胜利者。那么，如果我们知道所有神经元的权重都是一样的大小，就只用比较它们的激活。我们通过保持权重向量**归一化**以便所有向量到原点(点(0，0，…，0))的距离是 1 来实现它。这就意味着所有神经元的位置都在单位超球面上，这也是我们在 2.1.2 节讨论维度时描述的：它是到原点距离为 1 的所有点的集合，所以它在二维空间中是圈，在三维空间中是球(见图 14-4)，在高维空间中是高维球。

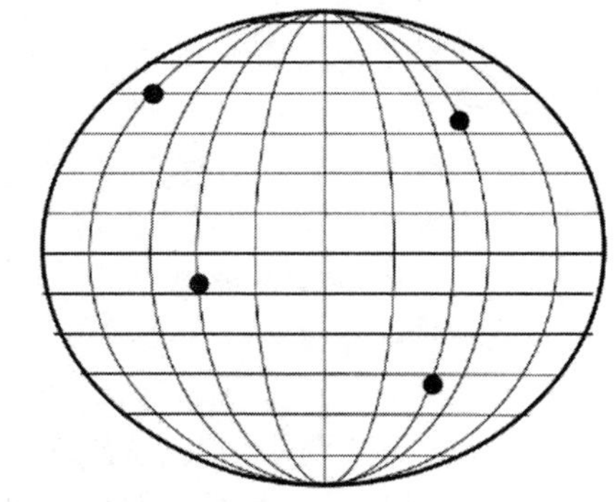

图 14-4 一组神经元以 3D 形式定位在单位球上

在 Numpy 中计算归一化需要小心，因为我们要归一化全部的欧氏距离，而且求和和除法是沿着行而不是沿着列，这意味着在做除法前和除法后要把矩阵转置。

```
normalisers = np.sqrt(np.sum(data**2,axis=1))*np.ones((1,shape(data)[0]))
data = np.transpose(np.transpose(data)/normalisers)
```

神经元激活(公式(14.4))可以写成：

$$h_i = \boldsymbol{W}_i^{\mathrm{T}} \cdot \boldsymbol{x} \tag{14.6}$$

其中，像通常一样，· 表示两个向量之间的内积或数量积，$\boldsymbol{W}_i^{\mathrm{T}}$ 是 $\boldsymbol{W}$ 的第 i 行，内积计算是 $\|\boldsymbol{W}_i\|\|\boldsymbol{x}\|\cos\theta$，这里 θ 是两个向量之间的夹角并且 $\|\cdot\|$ 是向量的大小。所以如果所有向量的大小都是 1，那么只有角度 θ 会影响点积。这告诉我们向量方向之间的不同，因为它们的方向越相同，激活就越大。

14.1.4 一个更好的权重更新规则

公式(14.5)给出的权重更新规则会让权重没有边界地增长，所以它们不会再位于单位球上。如果把输入归一化，这看起来很合理，那么我们就可以用下面的权重更新规则：

$$\Delta \omega_{ij} = \eta(x_j - \omega_{ij}) \tag{14.7}$$

它的效果是把权重 ω_{ij} 朝着当前输入的方向移动。记住我们更新的唯一的权重是胜利的那一个。

```
for i in range(self.nEpochs):
    for j in range(self.nData):
        activation = np.sum(self.weights*np.transpose(data[j:j+1,:]),axis=0)
        winner = np.argmax(activation)
        self.weights[:,winner] += self.eta * data[j,:] - self.weights[:,
        winner]
```

对于许多监督学习算法，我们最小化输出和目标之间的平方和误差。这是一个全局误差标准，会影响所有的权重。现在我们最小化一个函数，它能有效地与每一个权重相独立。所以我们做的最小化实际上会更加复杂，即使它看起来并不是那样。这使得分析算法的行为变得很困难，这对于竞争学习算法来说是一个普遍的问题。然而，它们的效果却很好。

现在我们得到一个有用的权重更新规则，可以考虑在线 k-means 网络的完整算法。

在线 k-Means 算法

- **初始化**
  - 选择一个值 k，它与输出节点的数目有关。
  - 用小的随机值来初始化权重。
- **学习**
  - 归一化数据以便所有的点都在单位球上。
  - 重复：
    - ○ 对每一个数据点：
      - 计算所有节点的激活。
      - 选出激活最高的那个节点作为胜利者。
      - 用公式(14.7)更新权重。
    - ○ 直到迭代的次数超过阈值。
- **使用**

- 对每个测试点：
  - 计算所有节点的激活。
  - 选择激活最高的节点作为胜利者。

14.1.5 示例：iris 数据

现在有一种训练 k-means 算法的方法，我们可以用它来学习数据。但我们还需要考虑如何理解结果。如果数据中没有任何标记，那么就无法对结果做太多的分析，因为没有任何东西可与它们做比较。然而，在我们至少知道一些标记的地方，可以用无监督学习方法来对数据进行聚类。比如，我们可以将算法作用于 4.4.3 节看到的 iris 数据，在那里我们使用 MLP 来把 iris 数据分成三类。所有我们需要做的就是给算法一些数据并且训练它，然后用另外一些数据来测试输出。然而，算法的输出现在并不是很明确，因为我们没有使数据及其标记——我们还没有做任何监督学习。为了解决这个问题，我们需要用一些方法来改变算法的结果，也就是与它匹配最好的簇的标记，变成一个我们可以用标记来比较的分类输出。如果在算法中使用三个簇，那么就相对简单了，因为它们之间会一一对应，但是有可能使用更多的簇会得到更好的结果，尽管这会使得分析更加困难。如果数据点的个数相对较少，你可以手动来实现，或者可以用监督学习算法来实现，就像下面要讨论的。

为了说明如何使用 k-means 算法，我们可以看看如何用它来分析 iris 数据。

```
import kmeansnet
net = kmeansnet.kmeans(3,train)
net.kmeanstrain(train)
cluster = net.kmeansfwd(test)
print cluster
print iris[3::4,4]
```

在一个例子中，它产生的输出是(第一行是算法的输出，下面一行是数据来自的类)：

```
[ 0. 0. 0. 0. 0. 1. 1. 1. 1. 2. 1. 2. 2. 2. 0. 1. 2. 1. 0.
  1. 2. 2. 2. 1. 1. 2. 0. 0. 1. 0. 0. 0. 0. 2. 0. 2. 1.]
[ 1. 1. 1. 1. 1. 2. 2. 2. 1. 0. 2. 0. 0. 0. 1. 1. 0. 2. 2.
  2. 0. 0. 0. 2. 2. 0. 1. 2. 1. 1. 1. 1. 1. 0. 1. 0. 2.]
```

可以看到，簇 0 对应于标记 1，簇 1 对应于标记 2，在这种情况下簇 0 有一个是错的，簇 1 有两个，簇 2 没有。

14.1.6 使用竞争学习来聚类

决定数据点属于哪一个簇现在是一个简单的任务：我们将数据点提供给训练好的算法，它就会告诉我们正确的答案。如果没有任何目标数据，那么问题就结束了。然而，对于许多问题，我们想要解释作为一个类标记的最匹配簇(或者，一系列簇中心有可能都对应于一个类)。这并不难解决，因为如果有目标数据，我们就能把输出类和目标相匹配，只是要小心：网络中节点的顺序必须无条件匹配数据的顺序，因为算法不知道它们的顺序。因此，在为输出安排类标的时候，你需要小心检查它们如何匹配，要不然结果会看起来比实际上糟糕很多。

为这个问题安排标记还有另一种方法，之前我们已经介绍过这种方法。在第 5 章，我们考虑使用 k-means 网络以便训练 RBF 节点的位置。现在，看看它是如何工作的。在输入空间，k-means 分离 RBF 节点的位置，所以它们很好地代表了输入数据。在网络的监督学习部分，一个感知层被用于它的顶端以便提供与输出的匹配。现在，因为这是监督学习，所以可确保输出分类能匹配目标数据的分类。它也意味着在 k-means 网络中，你可以使用许多簇而不需要解决哪个数据点属于哪个簇，因为感知层将会做这些工作。

现在我们来看另一个竞争学习中的主要算法——**自组织特征映射**。对于提出它的动机，我们将考虑一个竞争学习中的问题，也是**数据压缩**中的问题，叫作**向量量化**(vector quantisation)。

14.2 向量量化

我们已经讨论了使用竞争学习来去除噪点。有一个相关的应用——数据压缩，用于数据存储以及声音和图像数据的传输。这个应用与当前讨论相关的原因是，它们都通过所属簇中心来替代当前输入。对于减少噪点，我们用合理输入来替代噪声输入；而对于数据压缩，我们通过它来减少所传输的数据点的数目。

这两者都可以理解为**数据通信**的一个例子。假设我想要发送一些数据，但是对于传输的每一个比特，都要支付一些钱，所以我想最小化需传输的数据。注意到有许多重复的数据点，我决定在发送之前编码数据，所以我采用**原型向量**的**编码表**，而不是发送完整数据。现在，我可以传送数据点在编码表中的标识，而不是传送实际的数据，这样就会更短。你所做的就是通过我发给你的标识来查找数据，然后就会得到完整数据。我们可以为经常使用的数据点添加更短的标识，这样代码会更加有效。这在信息论中是一个重要问题，每一种声音和图像压缩算法都有解决它的不同办法。

到目前为止还有一个问题，那就是编码表不可能含有所有的数据点。我要传给你的数据点不在编码表内时该怎么办呢？这种情况下，我们需要接受数据间的小差异，我会发送给你原型向量中和它最近的那个数据的标识(这就是所谓的**向量量化**，也是**有损压缩**的工作方式)。

图 14-5 展示了二维空间中原型向量的一种解释。每个细胞中心的点就是原型向量，并且任何一个属于这个细胞的数据点都被它代替。每个细胞的名字是一个特定原型的 Voronoi **集**。因此，它们产生了空间的 Voronoi **嵌入**。如果连接有公共边的每一对点，如图中虚线所示，那么就得到了 Delaunay **三角剖分**，这也是进行函数估计时最好的组织空间的方式。

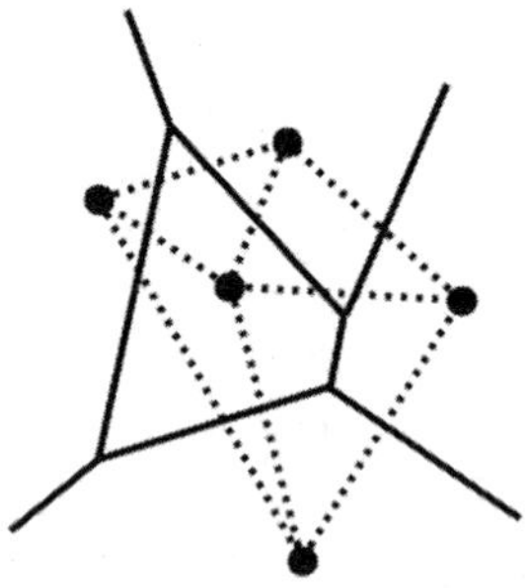

图 14-5 执行向量量化的空间的 Voronoi 嵌入。任何数据点都由其单元格内的点表示，该点是原型向量

问题是如何选择原型向量，这也是引入竞争学习的原因。我们需要选择一个原型向量，使得它与可见的所有可能输入尽可能近。这个应用就叫作**学习向量量化**，因为我们是在学习一个有效的向量量化。k-means 算法可用于解决这个问题，如果我们知道编码表需要多大的话。然而，自组织特征映射算法会更加有用，也就是下面要描述的。

14.3 自组织特征映射

到目前为止，最常用的竞争学习算法是**自组织特征映射**(Self-Organising Feature Map，SOM)，它是 Teuvo Kohonen 在 1988 年提出的。Kohonen 考虑感应信号如何**有顺**

序地映射到大脑皮层的问题。比如，在处理声音的听觉皮层，由相似的声音导致**兴奋**(也就是激活)的神经靠在一起，而被不同声音引起兴奋的神经相距很远。

这里有两点需要注意：第一，在网络中神经的相关位置会产生影响(这个性质叫作**特征映射**——附近的神经与相似的输入形式有关)；第二，神经被安排在一个网格里且互相之间有联系，而不是在层里且只有不同的层之间可以联系。在听觉皮层，神经被安排在二维表格中，这也是SOM的典型神经安排方式：神经网格被安排在二维空间中，如图14-6所示。有时候也使用一维神经线。在数学中，SOM证明了**相对顺序保留**，也就是**拓扑保留**。输入的相对顺序应该通过神经的顺序被保留，以便靠得很近的神经代表靠得很近的输入，而离得很远的神经代表离得很远的输入。

这种拓扑保留是不可能的，因为典型的SOM使用的是一维或二维的神经，而大多数输入空间是更高维的。这意味着顺序不能被保留。我们可以再看一下图1-2，从一个角度看风力涡轮机好像是一个个摞起来的，而实际上却不是，因为我们在用二维来代表现实中的三维。你也可能在其他的图中看到过相似的事情，比如树看上去像是长在某些人的头上。图14-7给出了一种不同的方法，其中输入空间和映射之间的拓扑不匹配，导致了相对顺序的改变。可以说，SOM是**完美拓扑保留**，也就是说如果输入和映射的维度是相互对应的，那么输入空间的拓扑性质将会保留。第10章介绍了一些实现降维的其他方法。

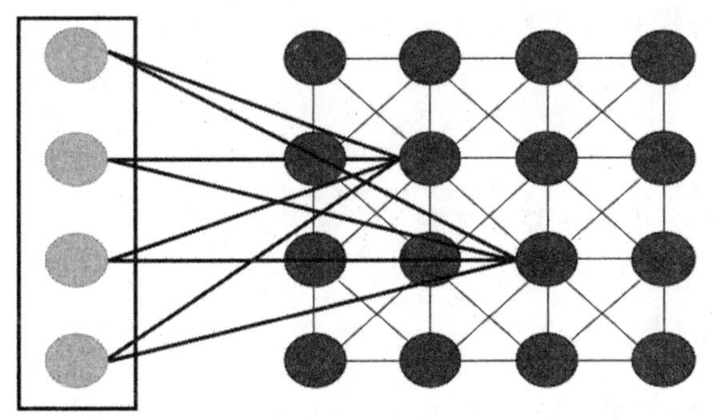

图14-6 自组织映射网络。像通常一样，输入节点(左边)不做任何计算，并且通过修改权重以改变神经的激活(只显示了两个节点的权重)。然而，SOM的节点在胜利点周围互相影响，同时也改变了胜利点周围神经的权重。图中展示了8个最近的节点的连接，但是这是网络的一个参数

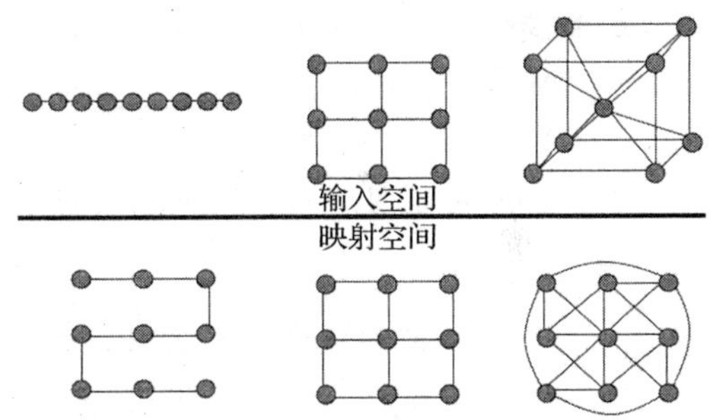

图14-7 当一维(一条线)、二维网格和三维立方体中的输入由二维神经网格表示时，相应的顺序不会被完美保留。一维的线被弯曲，这意味着以前相距很远的点(比如直线上的第一个和第六个点)现在靠得很近，而立方体变得非常复杂。下面几幅图中的线靠得很近的连接

问题是，我们如何在无监督学习算法中实现特征映射？首先，我们需要网络中的神经元有一些互动，以便当一个神经胜利时，会影响到它周围的神经元。我们在之前章节已经看到过类似的事情，比如MLP各层之间的不同。但是现在我们考虑的是在同一层的神经元，它们之间是横向连接(也就是网络中的同一层)。这样的互动如何工作？我们尝试引入特征映射，所以在映射中靠得很近的神经元应该代表相似的特征。这就意味着胜利的神经元会拉动网络中位于它周围的神经元，使其在权重空间中离它很近，因此需要正的连接。类似的，离得很远的神经元应该代表不同的特征，在权重空间中应该离得很远，所以胜利的神经会排斥它们，通过负的连接把它们推走。网络中离得很远的神经已经代表了不同的特征，所以可以忽略它们。这就是所谓的“墨西哥帽子”横向连接，这么

叫的原因如图 14-8 所示。我们可以使用传统的竞争学习，就像 14.1.2 节中提及的 k-mans 算法所做的。自组织映射也是如此。

14.3.1　SOM 算法

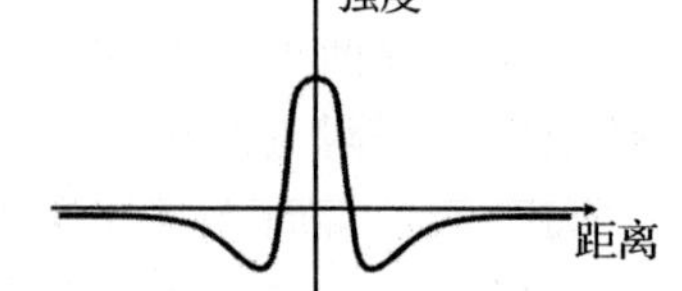

图 14-8　被称为“墨西哥帽子”的特征映射算法的横向连接强度图

在神经元之间使用完整的“墨西哥帽子”横向连接是没有问题的，但是没有必要这么做。在 Kohonen 的 SOM 算法中，修改了权重更新规则，以便邻近神经元的信息被包含在学习规则中，使得算法更加简单。该算法是一种竞争学习算法，所以只有一个神经元是胜利者，但是当它的权重被更新时，它的邻居也同样更新，尽管程度较小。不是邻居的神经元会被忽略，而不是排斥。

在讨论进一步的细节之前，我们来看看 SOM 算法。

自组织特征映射算法

- **初始化**
  - 选择大小(神经元数目)和映射的维度 d。
  - 或者：
    - 随机选择权重向量的值，使得它们都是不同的 OR。
    - 在数据的前 d 个主成分方向设置要增加的权重。
- **学习**
  - 重复：
    - 对每一个数据点：
      - 用权重和输入间的欧氏距离的最小值来选择最匹配的神经元 n_b，

$$n_b = \min_j \|\boldsymbol{x} - \boldsymbol{w}_j^{\mathrm{T}}\| \tag{14.8}$$

    - 用下面的公式来更新最匹配节点的权重向量：

$$\boldsymbol{w}_j^{\mathrm{T}} \leftarrow \boldsymbol{w}_j^{\mathrm{T}} + \eta(t)(\boldsymbol{x} - \boldsymbol{w}_j^{\mathrm{T}}) \tag{14.9}$$

      这里 $\eta(t)$ 是学习速率。
    - 其他的神经元用下面的公式更新权重向量：

$$\boldsymbol{w}_j^{\mathrm{T}} \leftarrow \boldsymbol{w}_j^{\mathrm{T}} + \eta_n(t)h(n_b, t)(\boldsymbol{x} - \boldsymbol{w}_j^{\mathrm{T}}) \tag{14.10}$$

      这里 $\eta_n(t)$ 是邻居节点的学习速率，而 $h(n_b, t)$ 是邻居函数，它决定每个神经元是否应该是胜利神经元的邻居(所以 $h=1$ 是邻居，$h=0$ 不是邻居)。
    - 减小学习速率并且调整邻居函数，一般通过 $\eta(t+1)=\alpha\eta(t)^{k/k_{\max}}$，这里 $0\leqslant\alpha\leqslant 1$ 决定神经元数目下降的速度，k 是算法已经运行的迭代次数，$k_{\max}$ 是算法停止的迭代次数。相同的公式被用于学习速率(η, η_n)和邻居函数 $h(n_b, t)$。
  - 直到映射停止改变或超出了最大迭代的次数
- **使用**
  - 对每个测试点：
    - 用权重和输入间的欧氏距离的最小值来选择最匹配的神经元 n_b：

$$n_b = \min_j \|\boldsymbol{x} - \boldsymbol{w}_j^{\mathrm{T}}\| \tag{14.11}$$

14.3.2 近邻连接

邻居的大小是另一个我们需要控制的参数。神经元的邻居应该有多大？如果我们随机设置网络的权重，就像 MLP 那样，那么在学习的开始，网络是很无序的(由于权重是随机的，因此在权重空间中的两个距离很近的节点，有可能是映射中两个完全相反方向的点，反之亦然)，所以较大的邻居是有意义的，以便大体得到正确的网络顺序。然而，一旦网络学习了一段时间，大体的顺序已经建立，算法开始微调网络中独立的局部区域。在这个阶段，邻居就应该变小，如图 14-9 所示。因此当网络已适应时减小邻居的大小是有意义的。这两个学习的阶段就是**顺序**和**收敛**。通常，我们通过在算法每次迭代时都减小一个很小的量来减小邻居的大小。我们用相同的方法控制学习速率 η，以便它开始时很大并且随着时间变小，就像下面展示的算法。

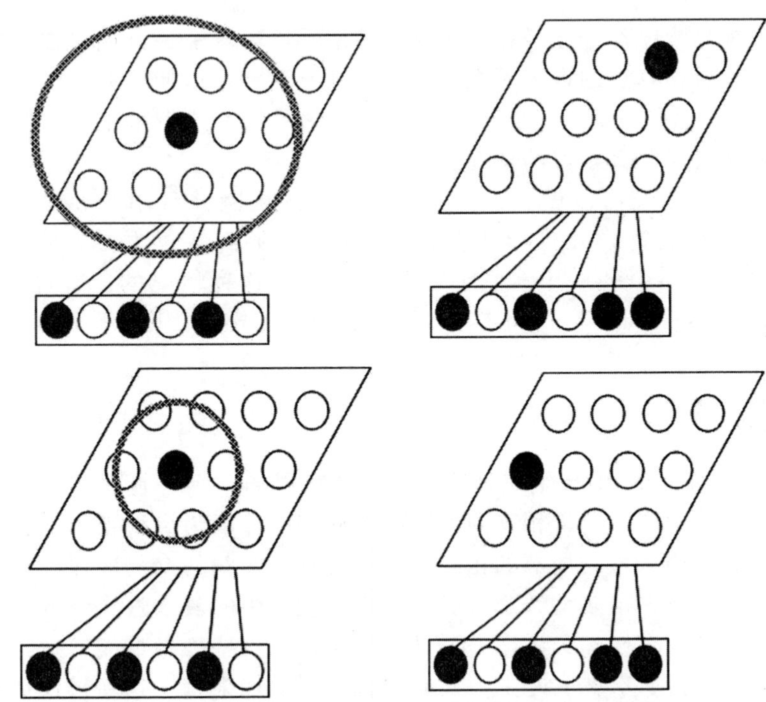

图 14-9 顶部：初始阶段，相似的输入向量激活了靠得很远的神经元，所以邻居(由圈表示)需要大。底部：在训练的后期邻居可以很小，因为相似的输入向量激活的神经靠得很近

邻居的大小随着算法运行而改变这一事实对于算法的实现是有影响的。使用节点之间真实的连接没有意义，因为它们的数目会随着算法运行而改变。因此我们建立一个矩阵来测量网络中节点之间的距离，并且在特定节点的邻居中选择一个节点作为邻居的半径，这个值也会随着算法运行而减小。

```
# Set up the map distance matrix
mapDist = np.zeros((self.x*self.y,self.x*self.y))
for i in range(self.x*self.y):
    for j in range(i+1,self.x*self.y):
        mapDist[i,j] = np.sqrt((self.map[0,i] - self.map[0,j])**2 + (self.↩
        map[1,i] - self.map[1,j])**2)
 mapDist[j,i] = mapDist[i,j]
```

```
# Within the loop, select the neighbours
# Find the neighbours and update their weights
neighbours = np.where(mapDist[best[i]]<=self.nSize,1,0)
neighbours[best[i]] = 0
self.weights += self.eta_n * neighbours*np.transpose((inputs[i,:] - np.
transpose(self.weights)))
```

在网络中有另一种初始化权重的方法，也就是使用主成分分析(见 6.2 节)来找到两个(假设映射是二维的)在数据中变化最大的方向并且初始化权重，使得它们沿着这两个方向增长。

```
dummy1,dummy2,evals,evecs = pca.pca(inputs,2)
self.weights = np.zeros((self.nDim,x*y))
for i in range(x*y):
    for j in range(self.mapDim):
        self.weights[:,i] += (self.map[j,i]-0.5)*2*evecs[:,j]
```

这意味着训练的顺序部分已经在初始化中完成，所以算法一开始可以使用小的邻居来训练。显然，这只有在算法的训练是批量形式时才有可能，以便一开始训练就有可用的数据。而这对于 SOM 总是对的——它不是用来在线学习的。这带来了一点限制，因为有许多我们想要进行在线无监督学习的情况。

还有一些不同的事情可以做。一个就是忽略上述限制并且用 SOM，这是很常见的。然而，映射的大小很关键，并且无法保证 SOM 会收敛到解决方案，除非是批量学习。另一个就是用各种网络中的一个，它们就是用来处理这种情况的。有许多这样的网络，其中 Fritzke 的“Growing Neural Gas”和 Marsland 的“Grow When Required”网络是最常用的。

14.3.3 自组织

你也许会好奇在 SOM 中**自组织**是什么。特征映射的一个有趣的方面是在网络中我们得到了神经元的全局顺序，尽管相互间的影响是局部的，因为离得很远的神经元不会相互影响。那么，我们使用一系列局部的相互作用就得到了空间的全局顺序，这是很令人惊讶的。这就是自组织，它在很多地方都有应用。它是发展中的**复杂性**科学的一部分。为了说明生活中的自组织是什么样的，考虑一群鸟编队飞行。这些鸟不可能知道其他鸟的准确位置，那么它们如何保持队形？实际上，实验模拟说明了如果每一只鸟仅仅待在它右上方鸟的后面并且保持相同的速度，那么就会很好地保持队形，无论如何起飞或者中间有什么物体。所以，整个队形的全局顺序可以由每一只鸟与它右边(或左边)的鸟的相互局部影响来保持。

14.3.4 网络维度和边界条件

我们通常考虑对于一个二维的长方形神经元数组应用 SOM 算法(见图 14-6)，但是并不局限于此。有一种情况是一列神经元(一维)工作得很好，或者需要三个维度。这依赖于输入的维度(实际上是**固有**的维度，我们需要用它来代表数据的维度数目)，而不是**嵌入**的数目。作为一个例子，考虑一系列输入传遍你所在的房间，但是它们都在从你左边的墙的底部到你右边墙的顶部这个平面上。这些点固有的维度是 2，因为它们都在平面上，但是又都嵌入在三维房间中。数据中的噪点和其他不准确的点经常导致数据被比实际需要的更高的维度来表示，所以发现固有维度可以帮助减少噪点。

我们也需要考虑网络的边界。在一些情况下，神经元映射边界的严格定义是有意义的，比如，如果我们将声音从低音调到高音调排列，那么能听到的最低和最高的音调就是明显的边界点。然而，不总是所有情况下的边界都有明显的定义。在这种情况下，我们就要移动边界条件。我们可以通过尝试把边界点绑在一起来移动边界。在一维中，这就意味着我们把一条线变成了一个圆；而在二维中，我们把一个矩形变成了一个**花托**(torus)。为了说明这一点，拿一张纸并且把它卷起来，使顶边和底边连在一起。现在你得到了一个管。如果弯曲这个管使得两头粘在一起，你就得到了一个圆形的管，即花托。它的样子如图 14-10 所示。实际上，它意味着没有神经元在特征映射的边界上。维度的选择和边界条件取决于我们考虑的问题，但是在通常的情况下，花托要比矩形工作得更好，尽管大多数情况下我们不知道为什么。

这样的代价是映射的距离变得更加复杂，因为我们现在需要计算圆形边界的距离。这可以用模运算来实现，但是考虑映射的一个拷贝并且将它们围绕映射是很容易实现的，这样原始映射在各个地方都有自己的拷贝：一个上面，一个下面，还有右边和左边，以及对角线的上面和下面，如图 14-11 所示。现在，我们保持原始映射中的一个点，并且它到第二个节点的距离是第一个节点与不同映射中第二个节点的拷贝之间距离最短的那一个(包括原始的)。通过把距离分为 x 和 y，需要计算的距离的数目减少了。

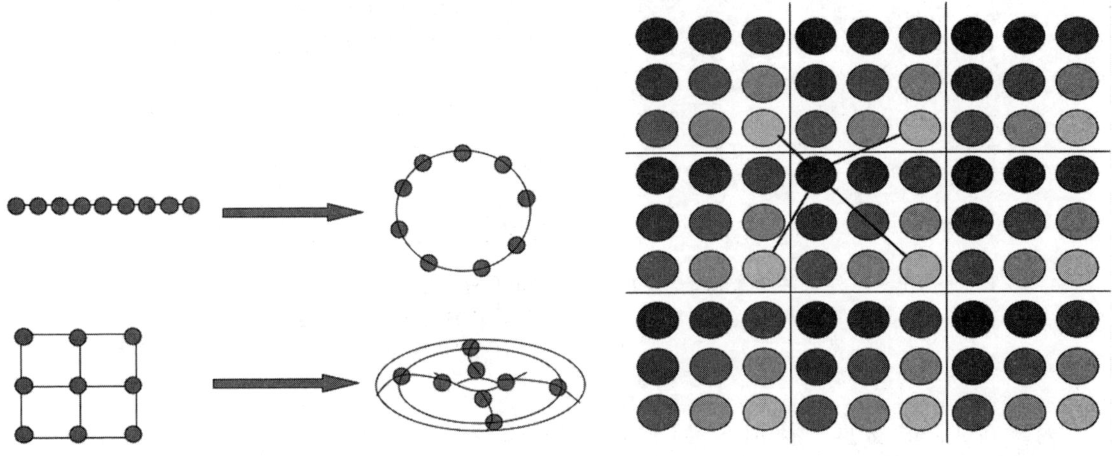

图 14-10　在一维中用圆形边界条件把一条线变成了一个圈，而在二维中它把一个长方形变成了一个花托

图 14-11　计算没有任何边界的点之间的距离的一种方法是，用完整的放置在原始映射周围的拷贝，并且选择一个节点和其他节点的任何一个拷贝之间最短的距离

和我们先前考虑的竞争学习算法一样，SOM 的大小在学习之前就定义好了。网络的大小(也就是放入的神经元数目)决定了学习的效果。如果神经元数目很少，那么网络所能做的最好的事情就是找到连接数据的总泛化。然而，如果神经元的数目非常多，那么网络就可以代表每一个输入甚至根本不需要泛化。这也是过拟合的另外一个例子。显然，选择网络的正确大小是很重要的。通常的方法是测试几种不同大小的网络，比如 5×5 和 10×10 并且看看网络的学习情况怎么样。

14.3.5 SOM 应用示例

作为使用 SOM 的第一个例子，并且是展示网络的拓扑顺序的例子，考虑在一系列二维数据上训练网络，这些数据是在两个方向上都来自于[−1，1]的均匀分布的随机数。如果网络的权重是随机初始化的，那么一开始网络是完全无序的(图 14-12 左上)，但是在 10 次训练迭代之后，网络就变得有序，使得邻居点映射到靠得很近的数据(图 14-12 左下)。使用 PCA 来初始化映射对于这个数据集不是很有用，但是它加速了进程：只需要 5 次迭代就产生了图 14-12 右下方的输出，而它初始的情况如图中的右上方所示。

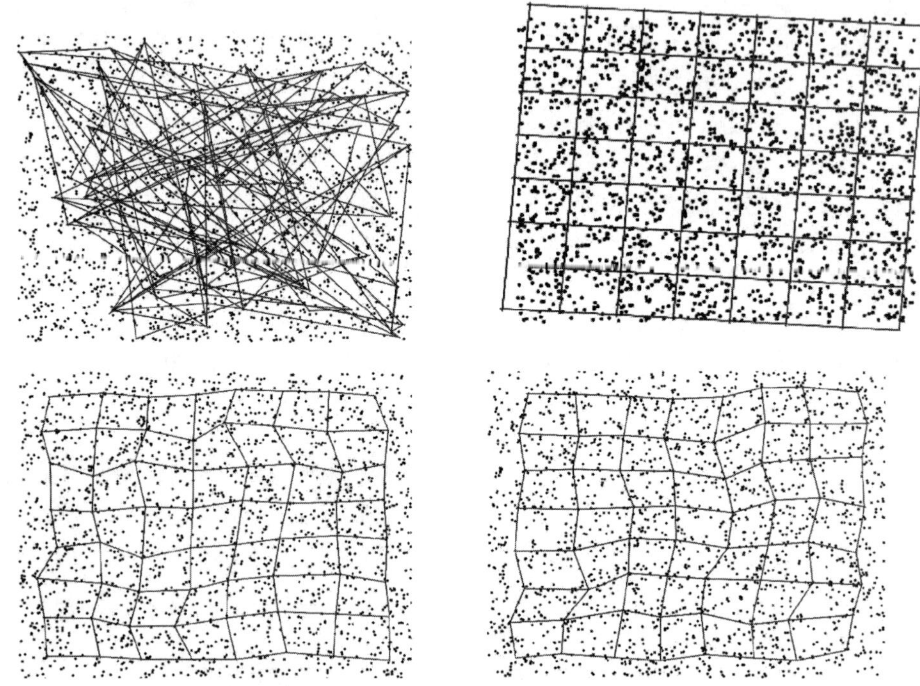

图 14-12　在一系列从两个方向的[−1，1]中均匀采样的二维数据集上训练 SOM。左上：随机权重，初始映射。右上：PCA(数据中的随机性意味着变化的方向不会沿着很明显的方向)，初始映射。左下：训练 10 次迭代后的输出。右下：训练 5 次迭代后的输出。都采用典型的参数值

对于在非随机数据上使用 SOM 的两个例子，我们可以看到一些实际的学习过程，首先来看本章前面使用 k-means 算法时使用的 iris 数据。图 14-13 展示了一个使用 5×5 节点的自组织网络，它在 100 次迭代后达到了对测试数据的最佳匹配。三个不同的类用三个不同的形状表示(正方形、上三角和下三角)，但是注意网络没有搜到关于这些目标类的任何信息。可以看出在三个类中的例子都来自于映射中不同的簇。你也许会好奇通过把不同的类在网络中分开来鉴定不同的类是否是可能的。已有研究表明——通常是通过使用与 6.1 节的线性判别分析相似的方法——有一些成功了，在本章的最后提供了一些参考资料。

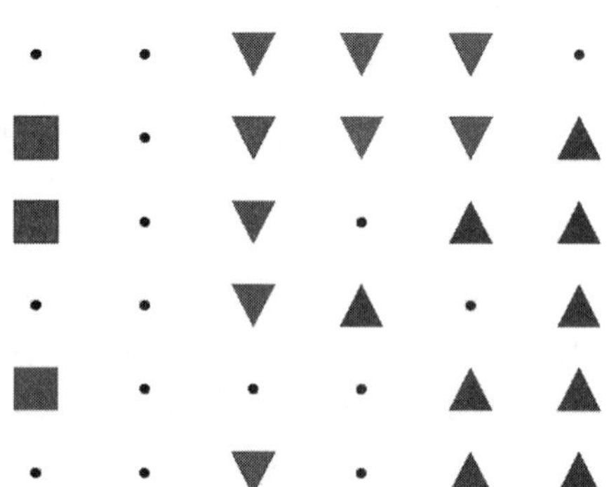

图 14-13　根据类显示哪一个节点是最匹配的，三个形状表示在 iris 数据中三个不同的类，小的点表示没有胜利的节点

图 14-14 展示了一个更加复杂的问题。数据来自于 UCI 机器学习库的 ecoli 数据，基

于一系列蛋白质测量，类别是蛋白质的定位位点。用这些数据训练的结果不是很令人印象深刻(但是注意到 MLP 对于这个数据集有 50%的准确率，但是它有目标数据，而 SOM 却没有)。然而，簇仍然可以被认为是一些范围，并且在训练数据中非常明确。注意，边界条件可以让问题更加复杂，因为簇没有必要注意映射的边缘。

图 14-14 根据类显示哪些节点是最佳匹配的图，其中三个形状对应于 E. coli 数据集中的三个不同的类别。左边：训练集。右边：单独的测试集。小点代表没有激活的节点

拓展阅读

SOM 发明者 Kohonen 的书提供了对这个领域的很好的概述：

- T. Kohonen. *Self-Organisation and Associative Memory*, 3rd edition, Springer, Berlin, Germany, 1989.

两个本章提到的在线自组织网络：

- B. Fritzke. A growing neural gas network learns topologies. In Gerald Tesauro, David S. Touretzky, and Todd K. Leen, editors, *Advances in Neural Information Processing Systems*, volume 7, MIT Press, Cambridge, MA, USA, 1995.
- S. Marsland, J. S. Shapiro, and U. Nehmzow. A self-organising network that grows when required. *Neural Networks*, 15(8-9):1041-1058, 2002.

在映射中处理数据以便确定簇的参考：

- S. Wu and T. W. S. Chow. Self-organizing-map based clustering using a local clustering validity index. *Neural Processing Letters*, 17(3):253-271, 2003.

关于这个领域的书有：

- Section 10. 14 of R. O. Duda, P. E. Hart, and D. G. Stork. *Pattern Classification*, 2nd edition, Wiley-Interscience, New York, USA, 2001.
- Chapter 9 of S. Haykin. Neural Networks: *A Comprehensive Foundation*, 2nd edition, Prentice-Hall, New Jersey, USA, 1999.
- Section 9. 3 of B. D. Ripley. *Pattern Recognition and Neural Networks*. Cambridge University Press, Cambridge, UK, 1996.

习题

14.1 在 SOM 中邻居函数的目的是什么？它如何改变学习？

14.2 一个简单的电脑网络入侵者检测系统需要对用户进行分类，它是根据：(i)登录时间，(ii)登录时

长；(iii)登录后运行的程序；(iv)登录后运行程序的数量。你如何训练SOM和朴素贝叶斯分类来进行分类？你将对数据进行怎样的预处理？你需要多少数据？你会让SOM有多大？你认为这样的系统对于入侵者检测有用吗？

14.3 音乐基因组工程(http://www.pandora.com)目前没有使用SOM，但是可以尝试用SOM。描述你将如何实现。

14.4 一家银行想要检测信用卡诈骗交易。他们有许多交易数据(每一笔交易都包括一定数量的钱、地点、时间和日期)以及一些关于信用卡何时丢失和用这张丢失的信用卡进行交易的信息。描述你如何使用竞争学习方法来把人们的交易集中在一起并鉴定类型，以便被偷的卡可以在类型转换中被检测出来。你认为这个方法效果怎样？与被盗交易相比，当卡没有被盗时，有更多的交易数据。这将如何影响学习，并且你能做些什么？

14.5 使用任何一个竞争学习方法来定位径向基函数网络的基函数是可能的。代码实例是使用k-means。修改它以使用SOM来替代k-means并且比较对于wine和yeast数据集的结果。

14.6 对于wine数据集，用映射的不同大小和边界条件来试验。这产生了多大的区别？你可以用主成分分析以自动设置大小吗？

第15章

Machine Learning: An Algorithmic Perspective, Second Edition

马尔可夫链蒙特卡罗方法

在这章，我们将要看到的方法是近20年来统计计算和统计物理中的革命性方法。算法主要产生于1953年，但是直到电脑变得足够快，以至于可以在几个小时而不是几星期内计算真实世界的问题，这个方法才流行起来。然而，这个算法现在被认为是史上最有影响力的方法之一。

用这种方法可以解决两个基本问题，并且这两个问题就是本书中花费大量精力要解决的问题：我们要计算一些目标函数的最优解，或计算一个统计学习问题的后验分布。这两种情况下的状态空间都有可能非常大，并且我们只对找可能最好的答案感兴趣——找到的步骤并不重要。在书中，我们已经看到了几种解决这类问题的方法，本章将要看到另外一种。我们将在15.1节看到马尔可夫链蒙特卡罗(MCMC)方法非常有用。

本章将要讲到的所有方法背后的想法都是，当我们探索状态空间时，也能构造样本，通过这种方式，样本可能来自于状态空间最有可能的部分。为了说明这是什么意思，我们要讨论什么是**蒙特卡罗采样**(Monte Carlo sampling)，还要讨论**马尔可夫链**(Markov chain)。

15.1 采样

在大多数算法中，我们要从概率分布中产生样本，比如初始化权重。在许多情况下，我们使用的概率分布是[0，1)的均匀分布，并且在NumPy中，我们利用`np.random.rand()`函数来实现，虽然我们也见过用`np.random.normal()`函数从高斯分布中采样。

15.1.1 随机数

所有这些采样方法的基础是随机数的产生，并且这是电脑不能真正做到的事。然而，有大量产生**伪随机数**(pseudo-random number)的方法，其中最简单的是**线性同余发生器**(linear congruential generator)。它是通过**循环关系**(recurrence relation)定义的一个非常简单的函数(即输入一个数，就产生第二个数，然后用第二个数输入，就产生第三个数，一直重复下去)：

$$x_{n+1}=(ax_n+c)\bmod m \tag{15.1}$$

这里a、c和m都是仔细选择的参数。这些参数以及初始输入x_0(就是所谓的**种子**(seed))都是整数，并且所有的输出都是整数。**模**(modulus)函数意味着能产生的最大的数是m，所以算法能产生至多m个数。一旦有某一个数出现两次，这个模式就会重复一遍，因为等式仅仅是用当前的输出作为输入。在出现重复之前数列的长度叫作**周期**(period)，并且显然周期应该尽可能长，因为它是算法中最明显的非随机部分。有许多关于选择参数以使得周期是m的研究，所以在出现循环之前，0到m间的每一个整数都产生了。有许多很好的参数选择方式，比如$m=2^{32}$，$a=1\,664\,525$，$c=1\,013\,904\,223$。显然，仅仅随机地选择不会那么有用。

人们为了不同的随机数生成器做出了很多努力，因为这不仅对统计计算有用，而且在密码和安全领域也很有用。产生随机样本的工业标准的算法是**马特赛特旋转**(Mersenne twister)演算法，它的根据是**梅森素数**(Mersenne prime numbers)。这也是 NumPy 中使用的随机数产生器。不管是用哪个算法产生随机数，我们需要记住的是，它们并不是真的随机，就像冯·诺依曼(他是现代计算的创始人之一)所说：

任何人考虑产生随机数的算术方法，都是一种错误。

关于随机数的另一件麻烦事是实际上不可能证明一个数列是真正随机的。有几种测试数列的方法可以考查一个数列是否看起来是随机的。比如计算一个数列的**熵**(entropy)(见12.2.1 节中的描述)，对数列使用压缩算法(因为压缩算法利用**冗余**(redundancy)，即可预测性，在输入中，如果压缩算法不能使得输入变小，那么有可能是因为它们是随机的)，或者仅仅检查一下有多少奇数，并与偶数比较。然而，你从来就不能保证一个数列是随机的，即使大多数测试对于它都成功(数列中仅仅有几个点不满足一两个测试并不意味着数列不是随机的。真正的随机数列可能看起来很长一段时间是确定的，这就是随机数乐趣的一部分!)。最后我还是要引用冯·诺依曼的话：

在我的经历中，测试随机序列比产生它们要更加麻烦。

15.1.2　高斯随机数

马特赛特旋转演算法产生均匀随机数。然而，我们通常要产生来自于其他分布的样本，比如高斯分布。实现它的常用方法是 **Box-Muller 方案**(Box-Muller scheme)，它用一对均匀随机分布数来产生两个独立的均值为 0 且方差为单位方差的高斯分布数。让我们看看它是如何工作的。

假设有两个独立的 0 均值且单位方差的正态分布，它们的联合分布乘积为：

$$f(x,y) = \frac{1}{\sqrt{2\pi}} e^{-x^2/2} \frac{1}{\sqrt{2\pi}} e^{-y^2/2} = \frac{1}{2\pi} e^{-(x^2+y^2)/2} \tag{15.2}$$

如果我们使用极坐标($x=r\sin(\theta)$和 $y=r\cos(\theta)$)，则有$r^2=x^2+y^2$和 $\theta=\tan^{-1}(y/x)$。它们都是均匀分布的随机变量($0\leqslant r\leqslant 1$ 和 $0\leqslant\theta<2\pi$)。换句话说，$\theta=2\pi U_1$，其中U_1是均匀分布随机变量。现在我们需要一个对 r 的相似表达。

可以写成：

$$P(r\leqslant R) = \int_{r'=0}^{R}\int_{\theta=0}^{2\pi} \frac{1}{2\pi} e^{-r'^2} r' d r' d\theta = \int_{r'=0}^{r} e^{-r'^2} r' d r' \tag{15.3}$$

如果用变量代换$\frac{1}{2}r'^2=s$(因此$r'dr'=ds$)，那么：

$$P(r\leqslant R) = \int_{s=0}^{\frac{r^2}{2}} e^{-s} ds = 1-e^{-r^2/2} \tag{15.4}$$

因此为了采样 r，我们需要解 $1-e^{-r^2/2}=1-U_2$，其中U_2是另一个均匀分布的随机变量，解得 $r=\sqrt{-2\ln(U_2)}$。因此下面的算法可以生成高斯变量。

Box-Muller 方案

- 选择两个均匀分布的随机数 $0\leqslant U_1, U_2\leqslant 1$。
- 设定 $\theta=2\pi U_1$和 $r=\sqrt{-2\ln(U_2)}$。

● 那么 $x=r\sin(\theta)$和 $y=r\cos(\theta)$就是 0 均值单位方差的独立高斯分布的变量。

计算这些随机变量的另一种方法是选择两个均匀的随机值，将它们缩放到 −1 到 1 之间，并将它们解释为描述平面中的点。如果这个点在单位圆外（如果变量是U_1和U_2，那么如果$\omega^2=U_1^2+U_2^2>1$），那么它将被丢弃；直到另一个点在圆内时被拾取。然后，变换 $x=U_1\left(\frac{-2\ln\omega^2}{\omega^2}\right)^{\frac{1}{2}}$，同样，$U_2$也以同样的方式产生变量 y。

两种方法之间的区别在于，一个需要计算 $\sin(\theta)$，而另一个则需要对一些点进行采样和丢弃。哪个更快，取决于编程语言和计算机体系结构。

图 15-1 画出了用 Box-Muller 方案产生的以 0 为期望且方差为单位方差的高斯分布的 1000 个样本。计算高斯分布随机数的另一个更有效的算法是 Ziggurat 算法，如果需要更小的计算代价，可以考虑该方法。

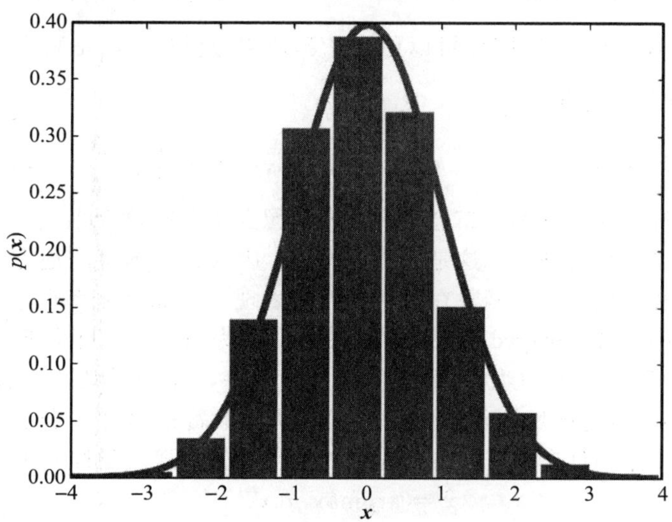

图 15-1 Box-Muller 方案产生的 1000 个高斯样本的直方图。图中的线为零均值、单位方差的高斯分布图像

还有许多其他的我们想要采样的分布。对于常用的统计分布，人们解出了类似于 Box-Muller 方案的方案，但是我们也许想要从不能按这些条件来描述的分布中采样。我们将在第 16 章看到这方面的例子。我们希望有一种从分布中采样的方法，而不需要针对具体分布。在 Box-Muller 方案中还有一个很重要的概念，就是**舍弃**（rejection）的想法。当原始的样本不在单位圆中时，就舍弃它，并且计算另外一个样本来代替。这有些像我们在 9.6 节看到的**模拟退火**（simulated annealing）法：创建一个可能的解决方案并且判断是否要用它。舍弃增加了程序的计算开销，因为如果运气不好，算法在找到一对满足标准的数之前可能要花费很长一段时间。然而，它也意味着我们能找到满足条件的样本而不需要设计任何有技巧的代码，并且通常很快，因为产生一些随机数的计算量要比一些复杂转换的计算量小。

在本章，我们将看到舍弃被用在很多地方，但是在这之前，我们应该把采样这个想法建立在合适的理论基础之上。

15.2 蒙特卡罗

蒙特卡罗是一个小公国，在法国和意大利之间的地中海岸，因为赌博和大奖赛而闻名。当富人和名人在这里输钱时，你很难想到这个公国也有一项令人怀疑的荣誉，就是一个很重要的统计原则是以它的名字来命名的。**蒙特卡罗原则**(Monte Carlo principle)陈述了如果你从未知高维分布 $p(\boldsymbol{x})$ 中采样独立同分布的样本 $\boldsymbol{x}^{(i)}$，那么当采样的数目变大时，**采样分布**(sample distribution)将收敛到真实的分布。换句话说，采样是有效的。用数学语言写下来就是：

$$p_N(\boldsymbol{x}) = \frac{1}{N}\sum_{i=1}^{N}\delta(\boldsymbol{x}^{(i)} = \boldsymbol{x}) \rightarrow \lim_{N\rightarrow\infty} p_N(\boldsymbol{x}) = p(\boldsymbol{x}) \tag{15.5}$$

这里 $\delta(\boldsymbol{x}_i - \boldsymbol{x})$ 是**狄拉克 δ 函数**(Dirac delta function)，也就是在 $\boldsymbol{x}_i$ 点的函数值为 1，其他情况为 0，并且 $\int\delta(x)\mathrm{d}x = 1$。这同样可以用来计算期望(这里 $f(\boldsymbol{x})$ 是某个函数且 $\boldsymbol{x}$ 是离散的值，标记 $\cdot^{(i)}$ 代表样本的索引)：

$$E_N(f) = \frac{1}{N}\sum_{i=1}^{N} f(\boldsymbol{x}^{(i)}) \rightarrow \lim_{N\rightarrow\infty} E_N(f) = \sum_{\boldsymbol{x}} f(\boldsymbol{x})p(\boldsymbol{x}) \tag{15.6}$$

取越来越多的样本时，样本分布会变得越来越像真实分布这个事实告诉我们，样本更容易被抽取自分布中概率高的部分。这是非常有用的，因为在样本多的地方，我们会对函数有更好的估计，并且我们仅仅关心函数在这些地方的表现——如果概率很小，那么样本数目小(区域是**稀疏覆盖**(sparsely covered)的)就没有关系，因为概率在那里很低。如果我们使用方法时不知道概率的任何信息(比如根据一个平均的网格，使用样条或其他类似的东西来采样)，那么要对空间中所有区域同等对待，这意味着要浪费很多计算资源。还有另外一个好处，就是在利用样本来估计期望时，我们也能找到最大值，那就是样本中最有可能的输出：

$$\hat{\boldsymbol{x}} = \underset{\boldsymbol{x}^{(i)}}{\operatorname{argmax}}\, p(\boldsymbol{x}^{(i)}) \tag{15.7}$$

据称，蒙特卡罗采样的想法(也就是得名的原因)最初源于 Stan Ulam 考虑不同牌的概率。实际上，整个概率理论最原始的发展得益于一些伟大的法国数学家，比如费马，他们的目的是说明游戏中的机会，所以蒙特卡罗采样是非常好的方式。假设你要做一些相对简单的事，比如预测你和电脑玩游戏时你预期赢的次数。所有你要做的就是根据游戏的初始格局来解出你赢时的规则，然后看看有多少这样的格局。在一个标准的桌牌中有 52 张牌，所以有 52！($\approx 8\times10^{67}$)种不同的牌的排列方式。所以在考虑具体的游戏规则之前，我们知道不同的排列数非常多，以至于基本上不可能全部考虑。但是为了解决问题，你可以先与电脑玩几次来看看能赢几次。实际上，蒙特卡罗原则表明这其实就是你应该做的。假设你玩了十次并且赢了六次，你就会认为大约有 60% 的概率自己会表现得很好。为了确信这一点，你会玩更多次的游戏，当然得到了相同的成功率，这里假设你是一个好玩家，不会作弊。

15.3 建议分布

如果要采样的分布 $p(\boldsymbol{x})$ 很简单(也就是计算量不大)，那么我们就有了一切需要的东西来进行采样。不幸的是，这是很少见的情况，但幸运的是，有一个解决它的方法，也就是引进一个较简单的分布 $q(\boldsymbol{x})$，我们可以利用它来简单地采样，然后根据它来得到样本。

显然，我们不能任意选取分布 $q(\boldsymbol{x})$，它们之间应该有一些关系。所以我们假设不知道 $p(\boldsymbol{x})$，对于一个给定的 $\boldsymbol{x}$，可以估计$\widetilde{p}(\boldsymbol{x})$如下：

$$p(\boldsymbol{x})=\frac{1}{Z_p}\widetilde{p}(\boldsymbol{x}) \tag{15.8}$$

这里Z_p是一个未知的标准化常数。这通常是一个合理的假设。并不是说我们不知道 $p(\boldsymbol{x})$，仅仅是很难利用它来采样。现在我们可以选取一个数 M 使得$\widetilde{p}(\boldsymbol{x})\leqslant Mq(\boldsymbol{x})$对所有 $\boldsymbol{x}$ 成立。我们从 $q(\boldsymbol{x})$产生一个随机数$\boldsymbol{x}^*$，并且希望它看起来像从 $p(\boldsymbol{x})$产生的样本。因此，我们再次利用舍弃法，看看它有多像从 $p(\boldsymbol{x})$产生的样本，如果不像就舍弃它。

我们通过从 0 到 $Mq(\boldsymbol{x}^*)$中选取一个均匀分布随机数 u 来决定是否要接受样本。如果这个随机数小于$\widetilde{p}(\boldsymbol{x}^*)$，那么保留$\boldsymbol{x}^*$，否则舍弃它。这个方法起作用的原因是**包络原理**(envelope principle)：点对($\boldsymbol{x}^*$，u)是在 $Mq(\boldsymbol{x}^*)$下的均匀分布，并且舍弃的部分扔掉的样本是与在 $p(\boldsymbol{x}^*)$上的均匀分布不匹配的。所以 $Mq(\boldsymbol{x})$形成了 $p(\boldsymbol{x})$的一个包络。图 15-2 展示了这个想法：我们从 $Mq(\boldsymbol{x})$中采样，

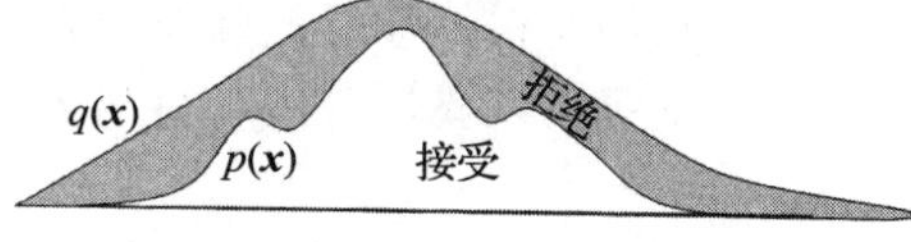

图 15-2　建议分布方法

并且舍弃任何位于灰色区域的样本，M 越小，保留的样本越多，但是我们要确保$\widetilde{p}(\boldsymbol{x})\leqslant Mq(\boldsymbol{x})$。这个方法就是我们熟知的**舍弃采样法**(rejection sampling)，算法可以写成下面的形式。

舍弃采样算法

- 从 $q(\boldsymbol{x})$中采样$\boldsymbol{x}^*$(例如，如果 $q(\boldsymbol{x})$是高斯分布就用 Box-Muller 方案)。
- 从(0，$\boldsymbol{x}^*$)均匀分布中抽取样本 u。
- 如果 $u<p(\boldsymbol{x}^*)/Mq(\boldsymbol{x}^*)$：
  - 把$\boldsymbol{x}^*$加入样本集。
- 否则：
  - 舍弃$\boldsymbol{x}^*$并且另外再取一个样本。

作为舍弃采样法的一个例子，图 15-3 展示了用它从两个高斯分布的混合中采样的结果，

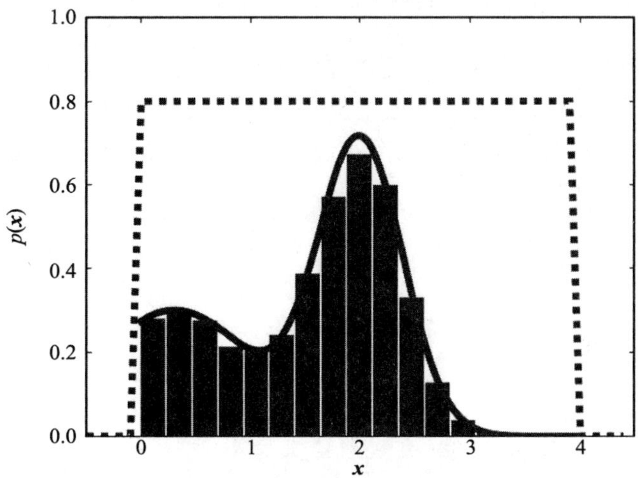

图 15-3　直方图展示了两个高斯分布的混合(实线画出)样本，它是利用舍弃采样法从虚线所示的均匀分布中采样来的

方法是通过图中虚线所示的均匀分布。令 $M=0.8$，如图中所示，算法舍弃了大概一半的样本。令 $M=2$，算法舍弃了大概 85%的样本。所以使用舍弃采样法时，总是要舍弃样本，并且如果选择的 M 不合适，就会舍弃更多的样本。而维度灾难又使得问题变得更加严重。我们可以做两件事情来克服这个问题。一件是发展一些更加复杂的方法来了解我们要采样的空间，另一件是尝试保证样本来自于空间中概率高的部分。

来用这些方法的原因是我们不能从想要的实际分布中采样，因为那样要么太困难要么花费太大，但我们可以从另一个角度来了解它。在 15.4.1 节，我们将看到一种方法，通过简单的局部位移来更好地探索空间。在这之前，我们先介绍一种方法，它确保样本来自于概率高的区域。这种方法叫作**重要性采样**(importance sampling)，因为它添加了一个权重，表明了每个样本的重要性。

假设我们要根据连续型随机变量 $\boldsymbol{x}$ 的未知的分布 $p(\boldsymbol{x})$来计算函数 $f(\boldsymbol{x})$的期望。利用前面的期望等式，我们可以引进另外一个分布 $q(\boldsymbol{x})$，

$$E(f)=\int p(\boldsymbol{x})f(x)\mathrm{d}\boldsymbol{x}=\int p(\boldsymbol{x})f(\boldsymbol{x})\frac{q(\boldsymbol{x})}{q(\boldsymbol{x})}\mathrm{d}\boldsymbol{x}\approx\frac{1}{N}\sum_{i=1}^{N}\frac{p(\boldsymbol{x}^{(i)})}{q(\boldsymbol{x}^{(i)})}f(x^{(i)}) \tag{15.9}$$

这里我们用到了 $q(\boldsymbol{x})$是一个随机变量的密度函数这一事实，也就是如果 $\int q(\boldsymbol{x})\mathrm{d}\boldsymbol{x}$ 对所有 $\boldsymbol{x}$ 值积分，那么一定等于 1。比率 $\omega(\boldsymbol{x}^{(i)})=p(\boldsymbol{x}^{(i)})/q(\boldsymbol{x}^{(i)})$叫作**重要性权重**(importance weight)，它可以正确地从图 15-2 的灰色区域中采样而不需要舍弃样本。而这可以直接用于估计期望，计算重要性权重的好处是它们可用于重采样数据。这就产生了**采样-重要性-重采样**(sampling-importance-resampling)算法，其计算过程就像它的名字一样。

采样-重要性-重采样算法

- 从 $q(\boldsymbol{x})$产生 N 个样本$\boldsymbol{x}^{(i)}$，$i=1$，…，N。
- 计算标准化重要性权重：

$$\omega^{(i)}=\frac{p(\boldsymbol{x}^{(i)})/q(\boldsymbol{x}^{(i)})}{\sum_j p(\boldsymbol{x}^{(j)})/q(\boldsymbol{x}^{(j)})} \tag{15.10}$$

- 从分布$\{\boldsymbol{x}^{(i)}\}$中根据权重$\omega^{(i)}$给出的概率重采样。

下面给出了在 Python 中的具体实现过程，图 15-4 给出了用采样-重要性-重采样算法计算图 15-3 中的例子的结果。注意，这个算法不舍弃任何样本，但是它用到了两个独立的采样步骤和一个相对耗时的循环。就像我们看过的其他算法，它对建议分布 $q(\boldsymbol{x})$和真实分布 $p(\boldsymbol{x})$之间的匹配程度很敏感。

```
# Sample from q
sample1 = np.random.rand(n)*4

# Compute weights
w = p(sample1)/q(sample1)
w /= np.sum(w)

# Sample from sample1 according to w
cumw = np.zeros(n)
cumw[0] = w[0]
for i in range(1,n):
    cumw[i] = cumw[i-1]+w[i]
```

```
u = np.random.rand(n)

index = 0
for i in range(n):
    indices = np.where(u<cumw[i])
    sample2[index:index+size(indices)] = sample1[i]
    index += np.size(indices)
    u[indices]=2
```

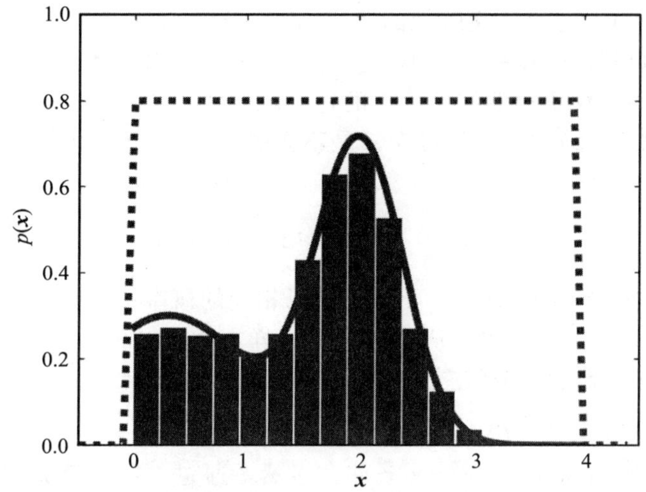

图 15-4　直方图展示了用采样-重要性-重采样算法从两个高斯分布的混合(实线画出)中采样的样本，样本来自于图中虚线画出的均匀分布

在 15.4.2 节我们将看到一种把采样-重要性-重采样算法用于线上应用的方法，叫作**粒子过滤器**(particle filter)或**顺序蒙特卡罗方法**(sequential Monte Carlo method)。然而，我们首先要把注意力转到如何发现样本空间的更多信息。基本的想法就是保持对样本顺序的记录并且修改建议分布来利用这些信息，为此，我们要利用一些更复杂的机制。

15.4 马尔可夫链蒙特卡罗

15.4.1 马尔可夫链

在概率中，**链**(chain)就是一些可能状态的序列，这里 t 时刻处于状态 s 的概率是上一状态的函数。**马尔可夫链**(Markov chain)是一个具有马尔可夫性的链，即 t 时刻的概率仅与 $t-1$ 时刻的状态有关，就像 11.3 节讨论的一样。可能的状态集合通过**转移概率**(transition probability)联系在一起，转移概率是从当前状态移动到其他每一个状态的概率，通常写成矩阵 $\boldsymbol{T}$。它们可能是常数，也可能是一些其他变量的函数，但是在这我们假设是常数。注意，不像我们在 11.3 节看到的马尔可夫决策过程，这里没有影响移动到下一状态的概率的**动作**(action)。

给定一个链，我们可以通过选择一个起始状态，然后根据转移概率随机选择随后的状态来对链进行**随机漫步**(random walk)。与我们需要的采样相关联的是，如果转移概率反映了想要采样的分布，那么随机漫步就会探索这个分布。这里的一个问题是随机漫步对于探索空间的效率很低，因为朝着初始点往回走的时间与往前走的时间差不多，这就意味着从起始点往前走的距离大概是$\sqrt{t}$，这里 t 是样本的数目。因此，我们想要一个比随机漫步更加有效的探索。

我们通过建立马尔可夫链来实现，以便它能反映我们想要采样的分布，并且希望分布 $p(\boldsymbol{x}^{(i)})$收敛于实际的分布 $p(\boldsymbol{x})$，而无论从哪里开始。我们可以从任何状态开始，这说明每个状态都可以由其他任何状态达到（所以转移矩阵不能被分成小的矩阵）。这意味着链是**不可约的**(irreducible)，也就是**遍历性的**(ergodic)，这意味着我们将重访每一个状态，以便将来访问任何特定状态的概率永远不会变为零；但不是周期性的，这意味着我们可以在任何时间访问，而不仅仅是对某些常数 k 的每 k 次迭代。

我们也要求分布 $p(\boldsymbol{x})$对于马尔可夫链是**不变的**(invariant)，也就是说转移概率不改变分布：

$$p(\boldsymbol{x}) = \sum_{\boldsymbol{y}} T(\boldsymbol{y},\boldsymbol{x})p(\boldsymbol{y}) \tag{15.11}$$

找到转移概率来使得上式成立，要求我们以相同的概率沿着链向前向后移动，也就是链是**可逆的**(reversible)。这说明了从当前状态 s(样本数据点 $\boldsymbol{x}$)到下一个状态s'(数据点$\boldsymbol{x}'$)的概率应该与从状态s'到下一个状态 s 的概率相同，即

$$p(\boldsymbol{x})T(\boldsymbol{x},\boldsymbol{x}') = p(\boldsymbol{x}')T(\boldsymbol{x}',\boldsymbol{x}) \tag{15.12}$$

这就是**细致平衡**(detailed balance)条件，显然，通过一些计算就能得到分布是 $p(\boldsymbol{x})$。如果一个链满足细致平衡条件，那么它一定是遍历的，因为$\sum_{\boldsymbol{y}} T(\boldsymbol{x},\ \boldsymbol{y})=1$。因为必须要来自于某一个状态，所以：

$$\sum_{\boldsymbol{y}} p(\boldsymbol{y})T(\boldsymbol{y},\boldsymbol{x}) = p(\boldsymbol{x}) \tag{15.13}$$

这意味着 $p(\boldsymbol{x})$一定是 T 的不变分布。所以，如果我们知道如何创建一个满足细致平衡的马尔可夫链，就能从其中采样以便从我们的分布中采样。这就是**马尔可夫链蒙特卡罗**(MCMC)采样，使用 MCMC 的最流行的算法是 **Metropolis-Hastings 算法**，它是由算法名字中的两个人共同创建的。

15.4.2 Metropolis-Hastings 算法

假设已经有了一个建议分布形式 $q(\boldsymbol{x}^{(i)} \mid \boldsymbol{x}^{(i-1)})$，我们可以通过它来采样。Metropolis-Hastings 算法的想法与舍弃采样法相似：选一个样本$\boldsymbol{x}^*$，并且选择是否要保留它。不同的是，不像舍弃采样法，如果我们舍弃当前的样本，就会加入一个以前接受的样本的拷贝，而不是再抽取另外一个。这里，保留样本的概率是 $u(\boldsymbol{x}^* \mid \boldsymbol{x}^{(i-1)})$：

$$u(\boldsymbol{x}^* \mid \boldsymbol{x}^{(i)}) = \min\left(1, \frac{\widetilde{p}(\boldsymbol{x}^*)q(\boldsymbol{x}^{(i)} \mid \boldsymbol{x}^*)}{\widetilde{p}(\boldsymbol{x}^{(i)})q(\boldsymbol{x}^* \mid \boldsymbol{x}^{(i)})}\right) \tag{15.14}$$

Metropolis-Hastings 算法

- 给定一个初始值x_0。
- 重复：
  - 从 $q(\boldsymbol{x}_i \mid \boldsymbol{x}_{(i-1)})$中采样 $\boldsymbol{x}^*$。
  - 从均匀分布中采样 u。

- 如果 $u<$ 等式(15.14):
  - 设置 $\boldsymbol{x}[i+1]=\boldsymbol{x}^*$
- 否则:
  - 设置 $\boldsymbol{x}[i+1]=\boldsymbol{x}^*[i]$

- 直到有足够的样本。

那么，这个算法为什么有用？每一步使用当前值来从建议分布中采样。这些值被接受的条件是它们能使马尔可夫链朝着概率高的状态移动，并且因为马尔可夫链是可逆的(因为满足细致平衡条件)，算法按不同分布 $p(\boldsymbol{x})$ 的比例来探索状态。

Python 实现过程同样很简单。

```
u = np.random.rand(N)
y = np.zeros(N)
y[0] = np.random.normal(mu,sigma)
for i in range(N-1):
    ynew = np.random.normal(mu,sigma)
    alpha = min(1,p(ynew)*q(y[i])/(p(y[i])*q(ynew)))
    if u[i] < alpha:
        y[i+1] = ynew
    else:
        y[i+1] = y[i]
```

Metropolis-Hastings 算法(及其变种)是使用 MCMC 方法的最广泛的算法，并且也是最常用的。它要求你仔细选择建议分布 $q(\boldsymbol{x}^* \mid \boldsymbol{x})$，但是用起来是非常简单的。图 15-5 展示了用算法计算出的 5000 个样本，建议分布是一个高斯分布，真实分布是两个高斯分布的混合。

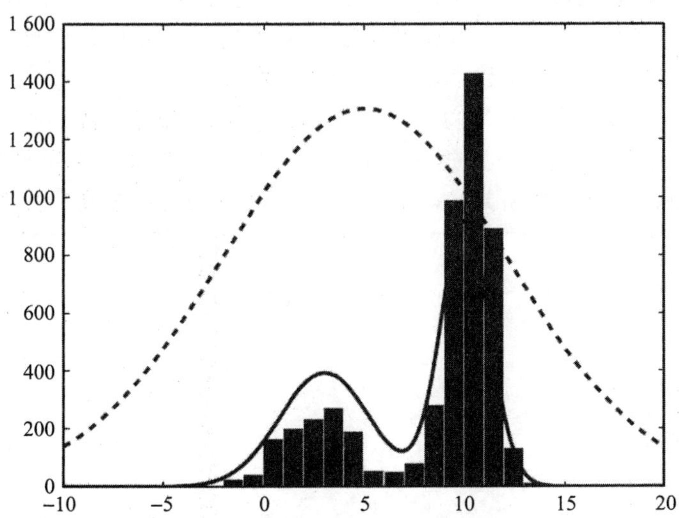

图 15-5 Metropolis-Hastings 算法的结果，真实分布是两个高斯分布的混合(实线画出)，建议分布是单个高斯分布(虚线画出)

注意到如果建议分布是对称的，那么它简化了等式(15.14)。这就是最初的 Metropolis 算法，并且非常接近纯随机漫步。这个算法在相同数据上的运行结果可以参见图 15-6。

建议分布有其他的选择，并且因此导致了 Metropolis-Hastings 算法的变种。下面我们考虑其中两个最常见的选择。

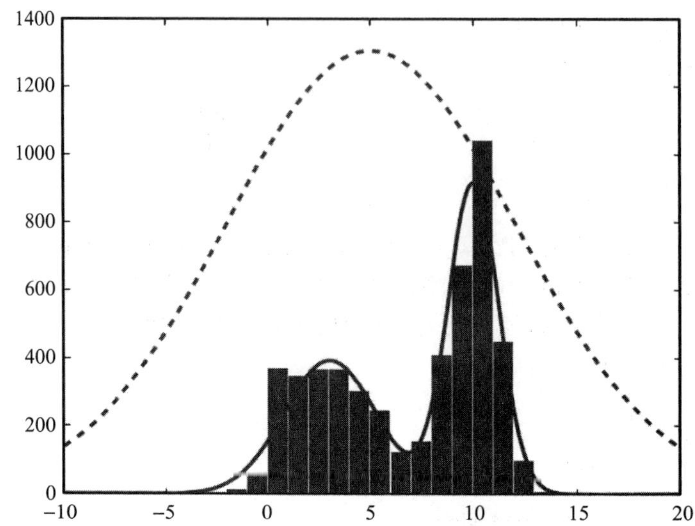

图 15-6　Metropolis 算法的结果，真实分布是两个高斯分布的混合（实线画出），建议分布是单个高斯分布（虚线画出）

15.4.3　模拟退火

许多时候我们只是要找到分布的最大值而不是估计分布本身。我们可以通过计算 $\text{argmax}_{x^{(i)}} p(\boldsymbol{x}^{(i)})$（有最大概率的$\boldsymbol{x}^{(i)}$）来实现，但是在计算这个值的时候，我们需要计算来自空间许多部分的样本，而不仅仅是在最大的区域附近。一个可能的解决方案是用模拟退火，就像 9.6 节所做的。这改变了马尔可夫链，使得它的不变分布不是 $p(\boldsymbol{x})$，而是$p^{1/T_i}(\boldsymbol{x})$，这里$T_i \to 0$，$i \to \infty$。我们需要一个退火表，使得系统随着时间推移温度不断降低，以便我们随着时间推移逐步减少接受不好的解决方案的可能性。

Metropolis-Hastings 算法只有两个需要修改的地方，都是琐碎的细节：要扩展接受标准以包含温度；在循环中加入一行退火时间表。图 15-7 展示了使用模拟退火法的结果，这个例子的真实分布是两个高斯分布的混合，建议分布仅是一个高斯分布。

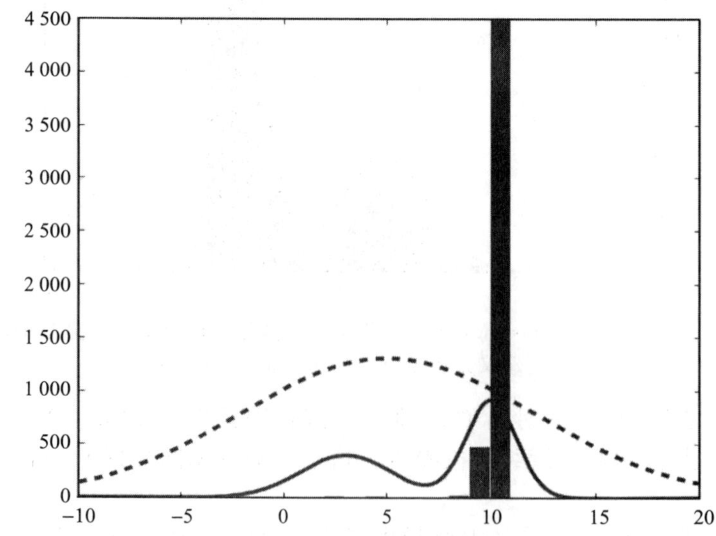

图 15-7　用模拟退火法给出了最大值而不是对分布的估计，就像这里展示的，用的例子与图 15-5 和 15-6 相同

15.4.4 Gibbs 采样

Metropolis-Hastings 算法的另外一个变种来自于当我们已经知道完整的条件概率 $p(x_j|x_1, \cdots, x_{j-1}, x_{j+1}, \cdots, x_n)$(为了方便经常写成 $p(x_j|x_{-j})$)的情况下。我们将在下一章看到它的一些例子：贝叶斯网络。在 16.1.2 节我们将要处理一系列来自于网络的概率，看起来像下面这样：

$$p(\boldsymbol{x}) = \prod_j p(x_j|x_{aj}) \tag{15.15}$$

其中x_{aj}是x_j的父母(这一节中将会介绍)。

鉴于我们知道 $p(x_j|x_{aj})\prod_{k\in\beta(j)} p(x_k|x_{a(k)})$ (也就是 $p(x_j|x_{-j})$)，也许我们应该试着用它作为建议函数，得到：

$$q(x^* \mid x^{(i)}) = \begin{cases} p(x_j^*, x_{-j}^{(i)}), & x_{-j}^* = x_{-j}^{(i)} \\ 0, & \text{其他} \end{cases} \tag{15.16}$$

如果采用 Metropolis-Hastings 算法，会发现接受概率p_a是：

$$P_a = \min\left\{1, \frac{p(x^*)p(x_j^{(i)}|x_{-j}^{(i)})}{p(x^{(i)})p(x_j^*|x_{-j}^*)}\right\} \tag{15.17}$$

观察这个等式并且把条件概率展开，得到：

$$P_a = \min\left\{1, \frac{p(x^*)p(x_j^{(i)}, x_{-j}^{(i)})p(x_{-j}^{(i)})}{p(x^{(i)})p(x_j^*, x_{-j}^*)p(x_{-j}^*)}\right\} \tag{15.18}$$

由于 $p(x_j^*, x_{-j}^*)=p(x^*)$，并且对$p^{(i)}$也是一样的，因此只需要关心$\frac{p(x^{(i)})}{p(x_{-j}^*)}$。根据建议函数的定义，我们知道$x_{-j}^*=x_{-j}^{(i)}$，所以它实际的最小值是 min(1, 1)=1。所以我们总是接受建议，这就使得事情变得很简单。

完整的算法就是选择不同的变量，并且从它们的条件分布中采样。就是这样！唯一要选择的就是要按照顺序选择变量，还是要随机更新它们。算法可以不用运行到最大值 N，而是一直运行到联合分布不再改变，这也并非罕见。这个算法就是所谓的 Gibbs 采样(Gibbs sampler)，它形成了软件包 BUGS(Bayesian Updating with Gibbs Sampling)的基础，广泛用于统计学中。对于贝叶斯网络，这也是一个有用的算法，我们将在下一章介绍。

Gibbs 采样算法

- 对每个变量x_j：
  - 初始化$x_j^{(0)}$。
- 重复：
  - 对每个变量x_j：
    - 从 $p(x_1|x_2^{(i)}, \cdots, x_n^{(i)})$中采样$x_1^{(i+1)}$。
    - 从 $p(x_2|x_1^{(i+1)}, x_3^{(i)}, \cdots, x_n^{(i)})$中采样$x_2^{(i+1)}$。
    - ……
    - 从 $p(x_n|x_1^{(i+1)}, \cdots, x_{n-1}^{(i+1)})$中采样$x_n^{(i+1)}$。
- 直到有足够的样本。

举一个例子，假设我们有一个由两个不同分布组成的分布，一个 x 的二项分布和一个 y 的贝塔分布。如果你不知道这些分布是什么，联合分布可以写成下面的形式：

$$p(x,y,n)=\left(\frac{n!}{x!(n-x)!}\right)y^{x+\alpha-1}+(1-y)^{n-x+\beta-1} \tag{15.19}$$

关键是整体的分布是两个可分离分布的组合，并且这两个分布可以分别采样。图 15-8 展示了用 Gibbs 采样的样本输出，实线和通常一样代表正确分布。还有一个 Gibbs 采样的例子见 16.1.2 节。

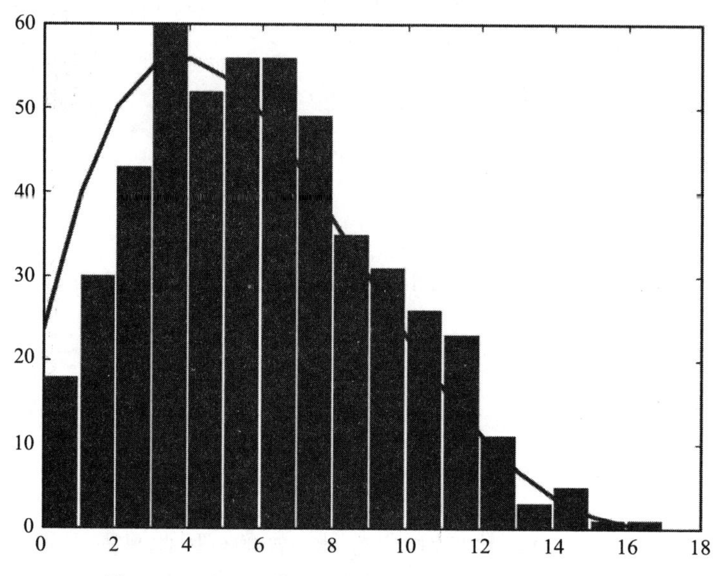

图 15-8　对于贝塔-二项分布的 Gibbs 采样的输出

拓展阅读

关于这个领域的历史性的代表作是：

- N. Metropolis and S. Ulam. The Monte Carlo method. *Journal of the American Statistical Association*, 44(247):335-341, 1949.

MCMC 是一个很有用但又很困难的领域，有许多不错的介绍性书籍和有用的文章。下面的这些也许会给你一些帮助：

- W. R. Gilks, S. Richardson, and D. J. Spiegelhalter, editors. *Markov Chain Monte Carlo in Practice*. Chapman & Hall, London, UK, 1996.
- C. Andrieu, C. de Freitas, A. Doucet, and M. Jordan. An introduction to MCMC for machine learning. *Machine Learning*, 50:5-43, 2003.
- G. Casella and E. I. George. Explaining the Gibbs sampler. *The American Statistician*, 46(3):167-174, 1992.
- Chib. S. and E. Greenberg. Understanding the Metropolis-Hastings algorithm. *The American Statistician*, 49(4):327-335, 1995.

也有一本相对复杂的介绍采样方法的书：

- Chapter 11 of C. M. Bishop. *Pattern Recognition and Machine Learning*. Springer, Berlin, Germany, 2006.

习题

15.1 实现 Box-Muller 方案的替代算法，并比较它们在计算机上的运行时间。

15.2 用舍弃采样法和重要性采样法从一个高斯分布中采样，用均匀分布作为建议分布。在舍弃采样中，有多少样本需要舍弃？

15.3 Gibbs 采样可用于 EM 算法的领域以处理高斯混合模型的混合(7.1 节)。想法就是利用采样来引进混合变量 π，并且用 Gibbs 采样从当前估计的高斯分布中采样。算法如下。

高斯混合的 Gibbs 采样

- 给定一些μ_1和μ_2的估计。
- 重复，直到分布停止改变：
  - 对于 $i=1$ 到 N：
    - ○ 计算到每个簇中心的距离。
    - ○ 更新：

$$\hat{\mu}_i = \frac{\sum_{i=1}^{N}(1-\pi_i^{(t)})x_i}{\sum_{i=1}^{N}(1-\pi_i^{(t)})} \tag{15.20}$$

    - ○ 利用这些估计值从高斯分布中采样，以便产生新的期望的估计值。

实现以上算法并与使用 EM 算法的结果进行比较。

15.4 证明 Gibbs 采样满足细致平衡条件。

15.5 修改 Metropolis-Hastings 算法以使它在舍弃当前样本时重采样。这对结果的影响怎样？从对马尔可夫链的影响方面解释结果。

图 模 型

纵览本书，我们发现机器学习把计算机科学和统计学结合在一起。这在当前机器学习研究最流行的领域之一——**图模型**(graphical model)(或者更完整的，**概率图模型**(probabilistic graphical model))中就更加明显，它使用**图论**(graph theory)及其所有的底层计算和数学理论来解释概率模型。

在图模型中使用的图就是我们所学的基本算法类中的图：一系列点以及它们之间的连线，这可以是**有向的**(directed)(即上面有一个箭头，只能沿着一个方向走)或无向的。图模型有两种基本类型，根据它们的边是否是有向的来确定。我们将主要讨论有向图，16.2节会描述无向图(叫作**马尔可夫随机场**(Markov Random Field))。虽然是一种简单的数据结构，但图实际上是非常有力的工具，应用于计算机科学的不同领域，从构建编译器到管理电脑网络。为此，有许多现成可用的算法用于找到**最短路径**(shortest path)(Floyd 和 Djikstra 算法，我们在 6.6 节已经简要讨论过了)或决定环，等等。每一本优秀的算法书都会给出这些算法的细节和许多其他的图形算法。

我们感兴趣的是用图来编码概率分布，所以要决定在环境中用什么样的点和边。点是相当明显的。我们为每一个**随机变量**(random variable)产生一个点，并且按顺序标记它们。在本书中，我们只考虑离散的变量，所以随机变量只能取到有限个可能的值。我们会把一个连续的变量离散成有限的集。虽然这会丢失信息，但是能使问题更加简单。另一种方法是用概率密度函数来指定变量，这虽然可以实现，但会使得整件事变得更加难于理解和描述。

问题是如何用连线来表示。也许思考这一问题最好的方法是想一想如果两个点没有连在一起意味着什么。在这种情况下，我们说在这两个变量之间没有联系，换句话说就是它们是独立的。除非事情没有那样简单，因为两个点可以通过第三个点联系起来。看一下图 16-1 的右边，这里 C 没有直接连向 B，但是通过 A 连在一起。为此，我们要小心并且说它们是**条件独立**的：给定 A，C 条件独立于 B。

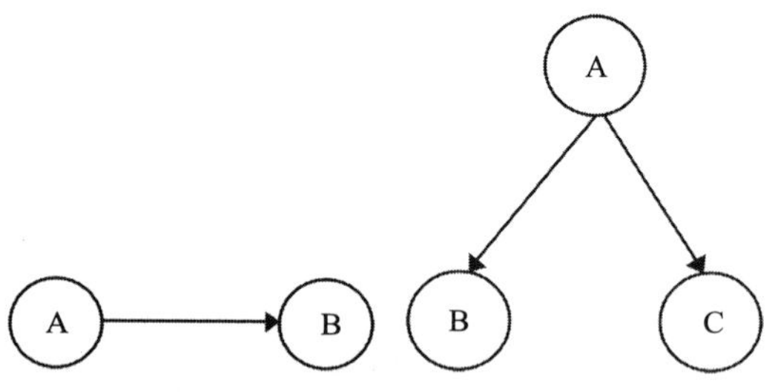

图 16-1　两个简单的图模型。箭头标记了点之间代表特征的因果关系

我们用方向箭头是因为这些关系不是对称的(除非变量是独立的，这种情况下没有连线)。我们能利用这个简单的图做什么？图 16-1 的左边意味着什么？有一种比较宽松的解释，就是说 A **引起**了 B(但是，注意这不是通常意义下“引起”的意思，因为可能有一些变量共同引起了 B)。这是一种有用的直觉，但是并不是真的对。更准确地，图告诉我们 A 和 B 的概率等于 A 的概率与条件 A 成立时 B 的概率相乘：$P(a, b)=P(b|a)P(a)$。如果两个节点之间没有直接连接，则它们在条件上彼此独立。

我们还需要第三个事实以便正确地指定问题，也就是每一个变量的**条件概率表**(conditional probability table)。这指定了在每一个点的任一个父母点的条件下，它的概率是什么。

如果想要算出 $P(a, b)$的值，那么需要 $P(a)$的分布表和 $P(b|a)$的分布表。点被分为两类，一类是可以直接看到值的点——**可观测**(observed)点；另一类是**隐藏**(hidden)的或**延迟**(latent)的点，我们希望能**推断**(infer)它们的值，并且这两种情形都有可能没有明显的意义。

图模型的基本概念非常简单，这使得它更加令人惊讶，因为它产生了一系列理解和创造机器学习算法的强大工具。我们将从最常用的模型开始——**贝叶斯置信网络**(Bayesian belief network)，或者更简单的**贝叶斯网络**(Bayesian network)，看看它们是如何表示的，以及用它们处理问题时遇到的困难。在此之后，我们将要鉴定一些可以克服的困难，结果就是一些非常重要的算法，可以用于解决许多不同的任务。特别是，我们将讨论**马尔可夫随机场**(Markov Random Field，MRF)、**隐马尔可夫模型**(Hidden Markov Model，HMM)、**卡尔曼滤波**(Kalman filter)和**粒子滤波**(particle filter)。

16.1　贝叶斯网络

首先，我们将考虑有向图，并且做一个小的限制，也就是必须不含有环(cycle)，即图中不能有任何回路。这些图有一个相当不可爱的名称——DAG(有向无环图)。但是对于图模型，当它们与条件概率表相搭配时，就称为贝叶斯网络。为了说明我们利用这个网络能做什么，请继续阅读以下示例。

16.1.1　示例：考试恐惧

图 16-2 展示了一个有完整的指定分布表的图。这是一个方便的指南，考试前你害怕与否取决于课程是否是令人厌烦的(B)，这也是你用来决定是否要上课(A)和复习(R)的关键因素。我们可以用它来推断以确定你害怕(S)的可能性。有两种推断的方式，根据所做的观测是来自于图的顶部还是底部。如果我们有一系列可用于预测未知输出的观测结果，那么就是**自顶向下**(top-down)的推断或**预测**(prediction)；而如果输出是已知的，但是起因是隐藏的，那么就是**自底向上**(bottom-up)的推断或**诊断**(diagnosis)。无论哪种方式，我们都是在给定观测点的信息的情况下计算**隐藏**(hidden)(未知)点的值。对于图 16-2 的例子，我们将首先预测你是否会在考试前害怕，所以这是结果隐藏的。

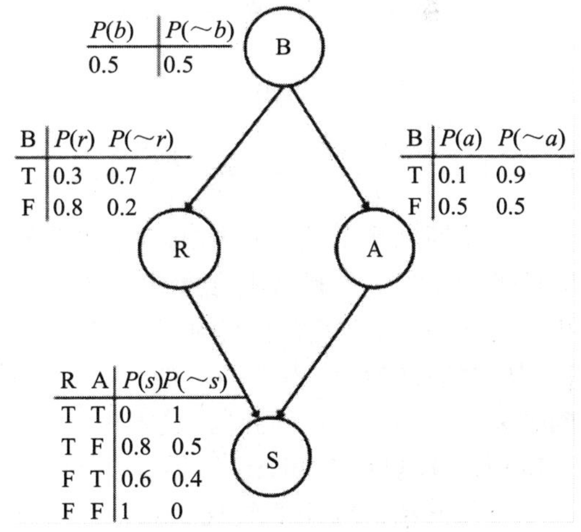

图 16-2　图模型的例子。B 标记的点说明课程是否是令人厌烦的，R 表示是否复习功课，A 表示是否上课，S 表示考试前是否会感到害怕

为了计算害怕的概率，我们需要计算 $P(b, r, a, s)$，这里小写字母表示的是大写字母变量能取到的值。关于图模型，有意思的是我们可以从图中读出条件概率——如果没有直接的联系，那么对于一个给定的已经包含的点，变量之间就是条件独立的，所以这些变量是不需要的。为此，对于图 16-2，我们需要的计算就是：

$$P(s)=\sum_{b,r,a}P(b,r,a,s)$$
$$=\sum_{b,r,a}P(b)\times P(r|b)\times P(a|b)\times P(s|r,a)$$
$$=\sum_{b}P(b)\times\sum_{r,a}P(r|b)\times P(a|b)\times P(s|r,a) \tag{16.1}$$

如果知道这三个观测点的值，就可以代入它们并计算出概率。实际上，条件独立给了我们更多信息：如果我知道你是否听了课和你有没有复习功课，那么我就不需要知道课程是否是令人厌烦的，因为在B和S之间没有直接的联系。假设你没有上课但是复习了，在这种情况下，你害怕的概率可以从最后的分布表中读出，为0.8。图模型的威力就在于当你没有完整的信息时，通过把值加起来使得所有这些变量**间隔化**(marginalise)是可能的。所以假设你知道课程是很厌烦的，并且想要算出你在考试前害怕的概率大小。在这种情况下，你需要把等式(16.1)中的概率加起来：

$$P(s)=0.3\times 0.1\times 0+0.3\times 0.9\times 0.8+0.7\times 0.1\times 0.6$$
$$+0.7\times 0.9\times 1=0.328 \tag{16.2}$$

向后推断或诊断也是有用的。假设我看见你在考场外面很害怕。你看起来很面熟，但是我不确定你是否上课了。我尝试知道你害怕的原因——是因为你没有上课，还是因为没有复习？为了计算出概率，我需要根据贝叶斯法则来使用条件概率，就像在第7章完成的贝叶斯分类一样。所以我需要计算的是(这里$P(s)$是一个常数，是通过把r、a和b的所有值加起来组成的，即等式(16.2)：

$$P(r|s)=\frac{P(s|r)P(r)}{P(s)}=\frac{\sum_{b,a}P(b,a,r,s)}{P(s)}$$
$$=\frac{0.5\cdot(0.3\cdot 0.1\cdot 0+0.3\cdot 0.9\cdot 0.8)+0.5\cdot(0.8\cdot 0.5\cdot 0+0.8\cdot 0.5\cdot 0.8)}{P(s)}$$
$$=\frac{0.268}{0.684}=0.3918 \tag{16.3}$$

$$P(a|s)=\frac{P(s|a)P(a)}{P(s)}=\frac{0.144}{0.684}=0.2105 \tag{16.4}$$

贝叶斯法则的这个应用就是这种类型的图模型叫作贝叶斯网络的原因。即使在这个很简单的例子中，推断不是很繁琐，但仍有很多都需要计算。然而，问题实际上要比这还糟糕。对于一个有N个节点的图，这里每个节点只有对和错，我们使用的简单算法的计算量(从初始点开始，沿着图上的每条边来计算)是$O(2^N)$。通常，在贝叶斯网络中准确推断问题是一个NP－hard问题(技术上，它实际是一个＃P-hard问题，更加糟糕)。然而，对于所谓的**多重树**(polytree)，也就是在任何两点间最多只有一条边，计算量就会小很多——与网络的大小成线性关系。

不幸的是，在实际例子中这样的多重树是很罕见的，所以我们只能尝试把网络转换成多重树或者仅仅考虑近似推断，这也是问题最常用的解决方法，并且是我们下面将要考虑的方法。我们可以通过使问题变成等式(16.1)的形式来加快计算，这里求和被小心地放在尽可能右边的位置，使得程序循环最小化。通过这种方法，算法会尽可能高效，但是仍然是一个NP-hard问题。这就是所谓的**变量消除算法**(variable elimination algorithm)，它是**桶消元算法**(bucket elimination algorithm)的一个变种。想法就是把条件概率表转化成所谓的**λ表**(table)，表中简单地列出了所有变量的所有可能的值，并且包含条件概率。例如，图 16-2 中变量 S 的 λ 表如下：

R	A	S	λ
T	T	T	0
T	T	F	1
T	F	T	0.8
T	F	F	0.2
F	T	T	0.6
F	T	F	0.4
F	F	T	1
F	F	F	0

如果我看见你在考场外面显得害怕(也就是 S 是真的)，那么我可以把表中包含 S 是错误的一行删掉，从而从表中消去它，并且删掉 P 这一列。这使得事情变得简单一些，但是我还要再进一步，以计算你上课的概率。我不知道你是否复习过功课，也不知道你是否觉得课程令人厌烦，所以我需要间隔化这些变量。间隔化变量的顺序不会改变准确性(虽然许多先进的算法可以通过利用条件概率的优势提升速度)，所以我们首先选择 R。为了从表中消除 R，我们要找到所有含有它的 λ 表(有两个表含有 R：一个是 R 自己，另一个是我们修改过的没有 P 的)。为了移除 R，我们要加入与其他变量相匹配的对应 λ 值的乘积。所以为了完成“B 是对的，A 是错的”这一条，我们要把两个表中 B、A、R 对应为 T、F、T 的值乘在一起，然后与 B、A、R 对应为 T、F、F 的值的乘积相加。换句话说：

$$\left[\begin{array}{cc|c} B & R & \lambda \\ T & T & 0.3 \\ T & F & 0.7 \\ F & T & 0.8 \\ F & F & 0.2 \end{array}\right] \times \left[\begin{array}{cc|c} R & A & \lambda \\ T & T & 0 \\ T & F & 0.8 \\ F & T & 0.6 \\ F & F & 1 \end{array}\right] \Rightarrow \left[\begin{array}{cc|c} B & A & \lambda \\ T & T & 0.3\cdot 0+0.7\cdot 0.6=0.42 \\ T & F & 0.3\cdot 0.8+0.7\cdot 1=0.94 \\ F & T & 0.8\cdot 0+0.2\cdot 0.6=0.12 \\ F & F & 0.8\cdot 0.8+0.2\cdot 1=0.84 \end{array}\right] \tag{16.5}$$

我们可以用同样的方法来消除 B，它包含了所有的三个表，已知我看见你在考试前害怕的条件下，这样便可以计算你来上课的条件概率。这样做的好处是整个问题可以写成一个通常的算法。

变量消除算法

- 创建 λ 表：
  - 对每一个变量 v：
    - ○ 产生一个新表。
    - ○ 对所有可能的父母变量的分配情况 x：
      - 把 $P(v|x)$ 和 $1-P(v|x)$ 加入表中。
    - ○ 将这个表添加到表集合中。
- 消除已知变量 v：
  - 对每一个表：
    - ○ 移除 v 是错误的每一行。
    - ○ 从表中移除 v 这一列。
- 消除其他变量(这里 x 是要保留的变量)：
  - 对每一个要消除的变量 v：
    - ○ 产生一个新表 t'。

- 对每一个包含 v 的表 t：
  - $v_{\text{true},t} = v_{\text{true},t} \times P(v|x)$
  - $v_{\text{false},t} = v_{\text{false},t} \times P(\neg v|x)$
- $v_{\text{true},t'} = \sum_t (v_{\text{true},t})$
- $v_{\text{false},t'} = \sum_t (v_{\text{false},t})$

– 用新表 t' 替换表 t。

- 计算条件概率：
  - 对每一个表：
    - $x_{\text{true}} = x_{\text{true}} \times P(x)$
    - $x_{\text{false}} = x_{\text{false}} \times P(\neg x)$
    - 概率是 $x_{\text{true}}/(x_{\text{true}} + x_{\text{false}})$

为了说明这个算法无法很好地扩展，考虑图 16-3，它展示了图 16-2 中例子的一个非常简单的扩展，通过向网络中加入仅仅一个额外的节点：这是否是你的最后一学年(F)。这使得网络变得更加复杂，因为我们需要另外的表和在其他表中的两个额外的条目，因此变量消除算法将要运行更长的时间。

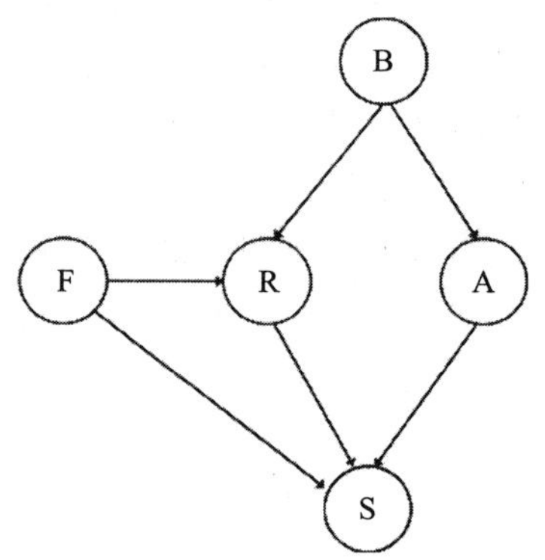

图 16-3　仅仅加入一个额外的节点(F 表示这是否是你在学校的最后一年)使得条件概率表变得更加复杂

16.1.2　近似推断

变量消除算法只能把我们带到这一步，对于合理大小的贝叶斯网络，我们只能用近似推断。幸运的是，我们已经看到了一系列算法非常适用于这个问题，如第 15 章介绍的马尔可夫链蒙特卡罗方法。还有做近似推断的另外两种方法(**循环置信传播**(loopy belief propagation)和**平均场近似**(mean field approximation))，但是我们不做进一步讨论。在本章最后的参考书中有描述这些方法的参考材料。

在贝叶斯网络中用 MCMC 方法的基本思想是从隐藏变量中采样，然后(根据 MCMC 算法)通过它们的可能性给样本加权重。产生样本很简单：对于预测，我们从图的顶部开始并且从每一个已知的概率分布中采样。再次利用图 16-2，我们从 $P(b)$ 中产生一个样本，然后对于 R 和 A，用这个值在条件概率表中计算 $P(r|b=\text{samplevalue})$ 和 $P(a|b=\text{samplevalue})$。然后这三个值被用于从 $P(p|b, a, r)$ 中采样。我们可以用这种方法取很多的样本，并且期望当样本数目变多时，特定样本的频率将会收敛到期望值。

在这种采样方法中，我们要从表的顶部开始一直计算到底部，并且从条件概率表中选择匹配前面情况的那一行。如果手工构造表，这不是我们要做的。假设你要知道有多少课你没参加，因为这些课程很无趣。你只要简单地回顾课程，并且从那些无趣的课程中挑出你没有上过的就行，而忽略所有有趣的课程。如果利用**舍弃采样法**(rejection sampling)(见 15.3 节)，我们就可以应用这个想法。该方法从无条件概率中采样并且简单地舍弃任意一个没有正确先验概率的样本。这意味着我们可以从每一个分布中独立采样，并且丢弃任意一个与其他变量不匹配的样本。这明显很容易计算，但是我们也许会舍弃很多样本。

解决这个问题的方法是算出我们已经有的凭据，并且用凭据来安排采样的其他变量的可能性。假设从 $P(b)$中采样并且得到值“真的”。如果已经知道复习过课程了，那么我们通过近似概率(也就是 0.3)来加权观测值 $P(r|b)$。我们继续处理其他变量，在没有凭据的地方采样；如果没有凭据，就用表来找到概率。然而，我们可以通过使用完整的 MCMC 框架来做得更好。我们首先对所有可能的概率设置初值，根据凭据或者是随机选择。这给出了马尔可夫链的初始状态。现在，在样本足够多的情况下，Gibbs 采样(15.4.4 节)将会为我们找到概率分布的最大值。

在网络中的概率是：

$$p(x)=\prod_j p(x_j|x_{\alpha j}) \tag{16.6}$$

其中$x_{\alpha j}$是x_j的父母节点。在贝叶斯网络中，给定父母节点的情况下，任一给定的变量都与任一个不是其孩子的节点独立。所以可以写为：

$$p(x_j|x_{-j})=p(x_j|x_{\alpha j})\prod_{k\in\beta(j)}p(x_k|x_{\alpha(k)}) \tag{16.7}$$

其中 $\beta(j)$是点x_j的孩子节点的集合，x_{-j}表示所有点x_i(除了x_j)。对于任一节点，我们只需要考虑他的父母、孩子以及它的孩子的其他父母节点，如图 16-4 所示。这个集合就是节点的**马尔可夫覆盖**(Markov blanket)。

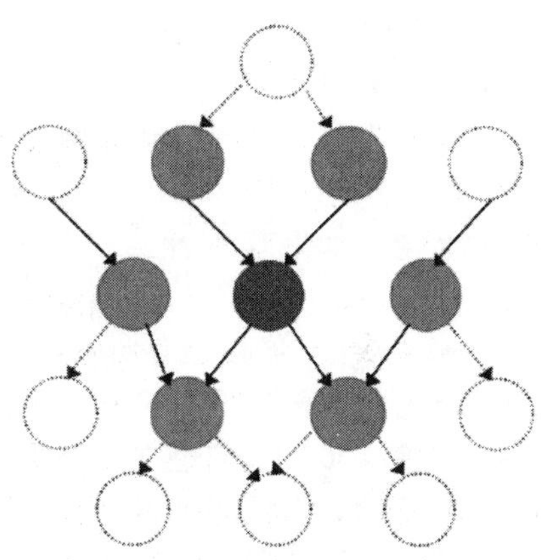

图 16-4 一个节点的马尔可夫覆盖是一些节点的集合(浅灰色)，它们要么是这个节点的父母或孩子，要么是它的孩子的其他父母(深灰色)

结合这些计算方法，尝试计算一个真实的贝叶斯网络的推断通常是通过采用 Gibbs 采样来近似推断。对于考试害怕例子，Gibbs 采样算法要计算概率分布(可能要用到变量消除算法的一部分)并且根据它来采样。

```
for i in range(nsamples):
    # values contain current samples of b, r, a, s
    values = np.where(np.random.rand(4)<0.5,0,1)
    for j in range(nsteps):
        values=pb_ras(values)
        values=pr_bas(values)
        values=pa_brp(values)
        values=ps_bra(values)
    distribution[values[0]+2*values[1]+4*values[2]+8*values[3]] += 1
distribution /= nsamples
```

例如，一个样本分布(基于 500 个样本，每个链迭代 10 次)如下。

```
b r a s:  dist
1 1 1 1   0.0
1 1 1 0   0.086
1 1 0 1   0.038
1 1 0 0   0.052
1 0 1 1   0.048
1 0 1 0   0.116
1 0 0 1   0.274
1 0 0 0   0.0
0 1 1 1   0.0
0 1 1 0   0.088
0 1 0 1   0.068
0 1 0 0   0.114
0 0 1 1   0.03
0 0 1 0   0.076
0 0 0 1   0.01
0 0 0 0   0.0
```

16.1.3 创建贝叶斯网络

已知贝叶斯网络的结构和条件概率表，我们可以用它来推断，方法是使用 Gibbs 采样；或者如果网络足够简单，就进行准确推断。然而，这引出了一个重要的问题，就是贝叶斯网络自身从何而来。不幸的是，在这方面的研究还不够好：搜索整个树的计算量是巨大的，正如我们下面将看到的。对于我们来说，手工创建一个完整的贝叶斯网络是不现实的，只能利用算法对网络进行推断。手工创建贝叶斯网络明显是令人厌烦的，除非是基于真实的数据，但这会变得很主观：如果你推断的数据与现实没有任何相似之处，那么全部努力就是浪费时间！

那么为什么创建贝叶斯网络如此困难呢？首先，我们已经看到，准确推断贝叶斯网络的问题是一个 NP－hard 问题，这也是我们要进行近似推断的原因。现在让我们来想一下图的结构。如果有 N 个点(即图中有 N 个随机变量)，那么会有多少个不同的图？对于仅仅三个点(A，B，C)，我们可以让它们不相连，连接 A 和 B 而把 C 孤立，连接 B 和 A 而把 C 孤立(注意连接是有向的)。会有许多不同的变化，所以在我们把三个点相互连起来之前就有七种可能的图。对于十个点，有大约 $O(10^{18})$种可能的图，所以我们不能逐一搜索一遍。进一步，我们也许希望算法能包含潜在的变量，即隐藏点，这在解释数据方面有可能是敏感的，但使得搜索问题变得更加糟糕。

我们以前谈论过搜索：第 9 章和 10 章都是搜索方法。所以我们能用这些方法来解决这个问题吗？答案是有一部分可以——当我们计算出要最大化的目标函数时。我们想要奖赏那些能很好地解释数据的图，但是我们也要呼吁奥卡姆剃刀原则(见 12.2.2 节)来确保图尽可能简单。典型的方法是用一个基于**最小码**(Minimum Description Length，MDL)原理的目标函数(也就是基于一个最小描述长度的参数，即能解释数据的最少的参数是最好的)或者相关的信息-理论测量。爬山法或相似的算法被用于进行局部搜索，从而解决一系列随机初始化图。作为通常的优化问题，得到正确的评分函数是很关键的。你也许会好奇为什么采用遗传算法是不可能的。这是因为在给定 GA 迭代次数的情况下，每一步都包含构造上百个可能的网络，通过推断测试它们，然后组合，计算的花费太大，使其不可能成为一个实用的方法。因为这是一个非常重要的问题，所以有许多非常先进的工作，但是超过了本书的范围。不过，在本章最后的参考书中，包含了许多你想了解的信息。

鉴于不能制作完整的图，我们将考虑折中的情形，尝试根据数据来计算一个已知图的条件概率表。这是一个非常明智的妥协：假设一些专家可以把展示变量之间如何相关的网络放到一起，很像数据产生过程的“蓝本”，然后你用数据来计算条件概率表。但是这仍然很困难。其中的想法就是选择概率分布来最大化训练数据的可能性。如果没有隐藏点，那么就可以直接计算可能性：

$$L=\frac{1}{M}\log\prod_{m=1}^{N}P(D_m|G)=\frac{1}{M}\sum_{n=1}^{N}\sum_{m=1}^{M}\log P(X_n\,|\,\text{parents}(X_n),D_m) \tag{16.8}$$

其中，M 是训练数据实例D_m的数目，X_n是图 G 中 N 个点中的一个。等式(16.8)把整体分解成每个单独节点的求和，这意味着我们可以计算每个分离的概率分布表。为了计算表的值，你只需要看一下在给定复习和上课的每个可能的值的情况下，你在考试前害怕的可能性，然后把它标准化为概率。这样做的一个风险就是有一小部分数据可以成为实例，但是在训练中却没有，因此它们的概率是 0，虽然这可以通过利用真实数据并包含先验概率和使用贝叶斯法则来更新估计的方法解决。

很明显，如果有隐藏节点的话，这个方法就无效了，因为在数据中我们不知道这些节点的值。令人惊奇的是，解决这个问题并没有想象中那么难。其中的关键就在于，我们是否已经有了这些节点的值，那样就可以利用等式(16.8)。我们可以通过推断来估计它们的值，然后分两步来迭代：在第一步最大化后，第二步是利用推断来估计，这使得它成为一个 EM 算法(见 7.1.1 节)。

关于贝叶斯网络已开展了许多研究工作，在本章最后的参考文献中包含了这方面的全部书籍，可以给想要在这个领域探索的人提供帮助。我们现在把注意力转向图模型的一些其他类型，首先从无向边的情况开始。

16.2 马尔可夫随机场

贝叶斯网络本身是非对称的，因为每条边都有一个箭头。如果我们去掉这个限制，那么就没有任何关于父母和孩子节点的概念。这也使得我们前面看到的贝叶斯网络条件独立的想法变得更加简单：在马尔可夫随机场(MRF)中，给定第三个节点时，另外两个节点是互相条件独立的，如果这两个点之间没有不穿过第三个节点的路径。这实际上是马尔可夫性的一个变种，这也是网络名字的由来：一个特定节点的状态只是它的邻近节点的状态的函数，因为给定邻近节点后，其他节点都与它条件独立。你也许会认为这个事实会使得在 MRF 上的推断变得简单，但不幸的是并没有。通常，它仍然是一个 # P-hard 问题。然而，在一些特定应用中，MRF 方法被证明很有用，通常是在图像方面。

最知名的例子是图像降噪，当我们在 4.4.5 节中谈论 MLP 中的自动关联学习时，已经见过这方面的例子。假设有一个二维图像 I，它有像素值$I_{x_i,x_j} \in \{-1, 1\}$。这个图像是没有噪点的“理想”图像$I'_{x_i,x_j}$的一个代表，也是我们想要恢复的。如果假设噪点的数量很小，那么在两个图中，每个像素点的值会有很好的相关性，也就是I_{x_i,x_j}和I'_{x_i,x_j}应该相关。我们也假设在图中的一个很小的“片”或区域中，像素点之间应该有很好的相关性(所以I_{x_i,x_j}应该与I_{x_i+1,x_j}很好地相关，其他的邻近点也是如此，如I_{x_i,x_j-1}等)。这个假设意味着图中许多地方的像素点的值是一样的，这对大部分图来说是对的(至少是大约)，并且意味着像素点是相关的(在图中给定这个像素点的邻近点，其他的像素点是与I_{x_i,x_j}条件独立的，这也就是 MRF)。

MRF 最初的理论是由物理学家发现的，最初是通过观察**伊辛模型**(Ising model)，它是对一系列连成一条链的原子的统计描述，其中每一个原子都可以自旋向上(+1)或向下(−1)，并且自旋只影响那些链中与之相连的原子。物理学家试图思考这样一个系统的能量，然后说明稳定状态就是有最低能量的状态，因为系统如果要改变当前状态就需要获得额外的能量。为此，MRF 的术语就是能量，因此我们想要图形中每一对匹配像素点的能量变低，而不匹配时则变高。所以我们可以记两个图中相同像素点的能量为$-\eta I_{x_i,x_j} I'_{x_i,x_j}$，这里 η 是一个正的常数。注意，如果这两个像素点有相同的标记，那么能量是负的；而当它们的标记相反时，其能量是正的，因此会更大。两个邻近像素点的能量是$-\zeta I_{x_i,x_j} I_{x_i+1,x_j}$，我们可以把这些项都放到一起得到总能量：

$$E(I,I') = -\zeta \sum_{i,j}^{N} I_{x_i,x_j} I_{x_i\pm1,x_j\pm1} - \eta \sum_{i,j=1}^{N} I_{x_i,x_j} I'_{x_i,x_j} \tag{16.9}$$

式中两个图中每个像素点的脚标在 x 方向和 y 方向都是从 1 到 N，并且我们只对改变的图形 I 的局部小平面感兴趣。

有一个简单的迭代更新算法，也就是从噪点图像 I 和理想图像I'开始，然后更新 I 使得每一步的能量值变小。所以你可以选取一个像素点x_i，x_j的值I_{x_i,x_j}，然后分别计算这个值为－1 和 1 时的能量，并选取低的那一个。从概率角度来说，我们正使得概率 $p(I, I')$变高。然后，算法转移到其他的点，每一步中，要么随机选择像素点，要么以某个预先决定的顺序来移动，对像素点集运行算法直到它们的值不再改变。图 16-5 展示了一幅原始的黑白图像及其有 10％噪点的干扰图，还有用参数为 $\eta=2.0$，$\zeta=1.5$ 的 MRF 算法重建的图。这把错误从 10％减小到小于 1％，虽然它从图中移走了我在新西兰的家乡！

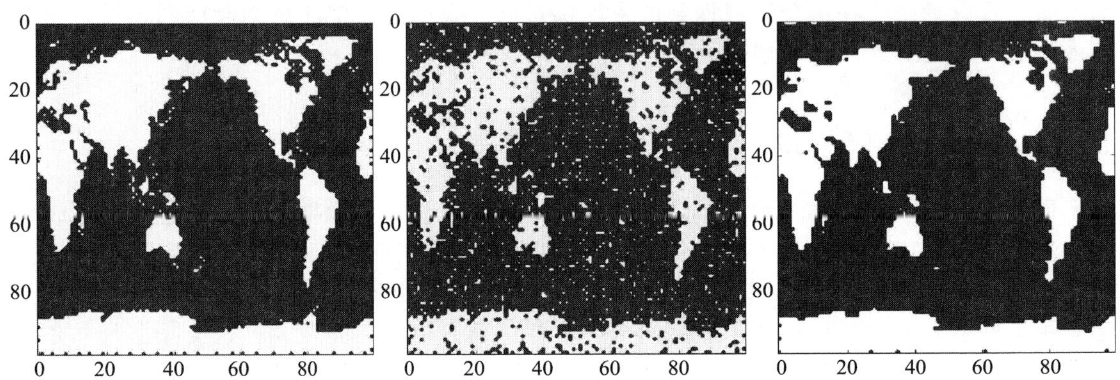

图 16-5　一幅世界地图(左)被平均分布的随机噪点损坏了 10％(中)，用参数为 $\eta=2.1$，$\zeta=1.5$ 的 MRF 图像降噪算法产生了右侧的图，它有 1％的错误，并且把所有大陆的边缘都磨光滑了

马尔可夫随机场图像降噪算法

- 给出一个噪点图像 I 及其原始图像I'，还有参数 η 和 ζ：
- 遍历图像 I 的像素点：
  - 计算当前像素点的值为－1 和 1 时的能量。
  - 选取能量低的那个并据此设置它在图像 I 中的值。

我们将要关注另一种类型的图模型，它是非常常用的，并且有利用它进行准确推断而且计算量适当的算法。

16.3　隐马尔可夫模型

隐马尔可夫模型(Hidden Markov Model，HMM)是最流行的图模型之一，用于语音处理和许多统计工作。HMM 通常作用于一系列临时的数据。在系统的每一个时钟时刻移动到下一个状态，这个状态也可以和前一个状态相同。它的威力在于你所处理的情形是马尔可夫模型这个事实，但是并不确切地知道你所在的状态是哪个马尔可夫模型——而是，你看到了没有唯一标识状态的**观测值**(observation)。这就是标题中隐这个字的由来。在 HMM 中的推断不需要很多计算，这是相对于一般贝叶斯网络的一个很大的进步。它经常被用于临时数据：在固定的时间间隔进行一系列测量，包括状态的观测值。实际上，HMM 是最简单的**动态贝叶斯网络**(dynamic Bayesian network)，是处理**顺序**(sequential)数据(通常是时间序列)的贝叶斯网络。图 16-6 展示了 HMM 图模型。

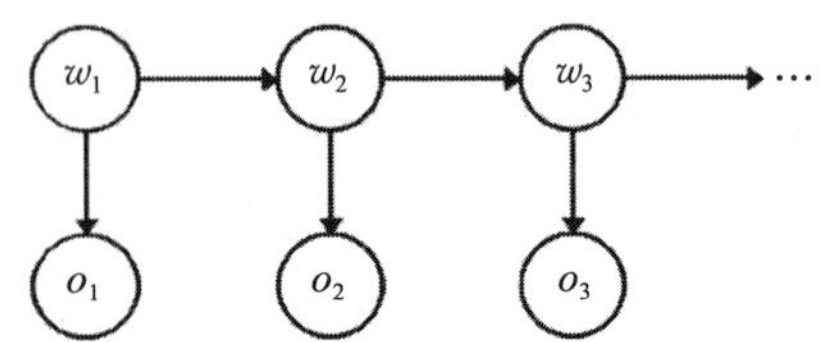

图 16-6　隐马尔可夫模型是动态贝叶斯网络的一个例子。该图显示了前三个状态以及随着时间的推移展开的相关观测结果

我们将要讨论的例子是：作为一个负责任的教师，我想要知道你在考试前是否认真学习了。根据第 12 章我们知道，你每天晚上有四件事会做(去酒吧，看电视，参加聚会，学习)，我想要知道你是否学习了。然而，我不能问你，因为你可能会对我撒谎。所以我能做的就是尝试观察你的行为和表现。尤其是，我能看出你是否看起来很累、很难受、很害怕或很好。我想要用这些观测值来尝试推断出你昨晚做了什么。问题是我不知道为什么你看起来会是这样，但是我可以通过为这些事安排概率来猜测。所以如果你看起来很难受，那么我会猜测你昨晚去酒吧的概率为 0.5，参加聚会的概率为 0.25，看电视的概率为 0.2，学习的概率为 0.05。实际上，我们将反过来使用这些概率，即给定你昨晚做了什么后才会看起来很难受的概率。这就是**观测值**(observation)或**发射**(emission)概率。

我没有第 12 章用到的其他信息，比如，是什么样的聚会或你还有什么其他安排(毕业后最糟糕的事之一就是你被邀请参加聚会的次数减少)，但是根据我个人曾作为学生的经验，我可以猜测聚会大概是什么样，并且知道学生的财政情况怎样，我可以猜测一些东西，比如你昨晚去了酒吧而今晚还去的概率。所以现在就剩下如何把这些东西变成我们可以处理的形式，并且我可以根据你的情况来准备我的课程。

我在课堂上看到你时，会对你的表现进行观测 $o(t)$，并且我想要用这个观测值来猜测你的状态 $\omega(t)$。这要求我建立某种概率 $P(o_k(t)|\omega_j(t))$，这是给定你昨晚的状态ω_j(比如你参加聚会)时，我看到观测值o_k(比如你很累)的概率。这通常被记为$b_j(o_k)$。我掌握的其他信息，或我能思考的信息是转移概率，它告诉我给定你昨晚的状态ω_i而今晚的状态是ω_j的可能性。所以如果我认为你昨晚在酒吧，那么我可能猜测你今晚再去的概率会很小，因为你的学生贷款不允许你这样做。这被写为 $P(\omega_j(t+1)|\omega_i(t))$并且通常记为$a_{i,j}$。

我可以为每个概率分布$a_{i,j}$和b_i加入更多的限制。我知道你昨晚做了某件事，所以 $\sum_j a_{i,j}=1$，并且我知道我会得到一些观测值(因为如果你没来上课，我会认为你非常累)，所以 $\sum_k b_j(o_k)=1$。这里，我们通常还要假设一件事，那就是马尔可夫链是**遍历的**(ergodic)，我们在 15.4.1 介绍过：就是无论初始状态是什么，最终到达任一个状态的概率都是非零的。

几个星期的课程过后，我得到了关于你的观测值，并且准备好整理我的 HMM。关于数据，有三件事是需要我做的：

- 观察我做的观测值序列与当前的 HMM 匹配得怎样(16.3.1 节)。
- 基于我的观察，算出你最可能的状态序列(16.3.2 节)。
- 给定几个观测值集合(比如，通过观察几个学生)，为数据产生一个好的 HMM (16.3.3 节)。

首先假设我们已经有了一个模型并且想要看看它有多好。所以我用自己学生时代时的经验算出概率分布，然后就可以用得到的观测值来测试模型。在这一点上，我可能会发现我的学生时代与你的不同，或者一切都与我的学生时代不同了，那么就需要产生一个新的模型来匹配当前数据。然后我可以用这些改善的模型算出你每天晚上都在做什么。这些问题会在下面的三个小节中处理。

HMM 本身是由转移概率$a_{i,j}$、观测概率$b_j(o_k)$和从每一个状态开始的概率π_i组成的。所以这些是我需要亲自来确定的事，从转移概率开始(在图 16-7 中也给出了)：

	前一晚			
	看电视	去酒吧	参加聚会	学习
看电视	0.4	0.6	0.7	0.3
去酒吧	0.3	0.05	0.05	0.4
参加聚会	0.1	0.1	0.05	0.25
学习	0.2	0.25	0.2	0.05

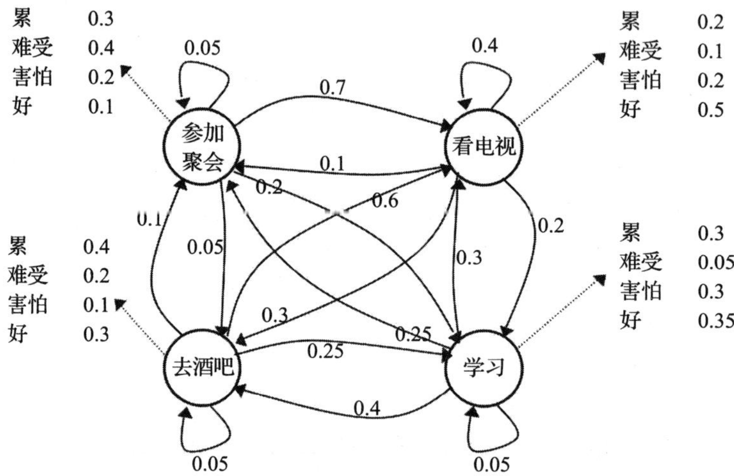

图 16-7　HMM 的例子，展示了转移和观测概率

然后是观测概率：

	看电视	去酒吧	参加聚会	学习
累	0.2	0.4	0.3	0.3
难受	0.1	0.2	0.4	0.05
害怕	0.2	0.1	0.2	0.3
好	0.5	0.3	0.1	0.35

16.3.1　前向算法

假设我看到了如下的观测值：O=(累，累，好，难受，难受，害怕，难受，好)，想要算出产生状态的概率。观测值 $O=\{o(1), \cdots, o(T)\}$ 的概率来自于可以用简单的条件概率计算的模型。我知道你昨晚做了某件事，所以对于观测值 $o(T)$ = 累(假设)，只需要计算出在给定你的特定状态的条件下(比如看电视)，我做出这个观测的概率，然后用它乘以在给定我认为你前晚所在的状态(比如聚会)的条件下，你在这个状态的概率。所以，作为例子，我计算给定你在看电视的条件下很累的概率，也就是 0.2，然后乘以给定你前晚聚会的条件下，你昨晚看电视的概率，也就是 0.1。所以对于这个特定的**状态改变**(state change)，产生的概率就是 0.02。还有一件事就是，我们需要决定实际应从哪个状态开始。我不知道，所以每个状态的概率都是 0.25。

现在，基于实际情况，我需要对每一个可能的状态序列重复上述过程来发现最可能的一个。注意我用 O 表示得到的整个观测值序列。同样，Ω 是全部可能的状态序列(下面将要看到的方法中，在记号上会有改变，但是与其他作者描述 HMM 的方法是一致的)。这可以写成：

$$P(O)=\sum_{r=1}^{R}P(O|\Omega_r)P(\Omega_r) \tag{16.10}$$

这里的下标 r 代表一个可能的状态序列，所以Ω_1是一个序列，Ω_2是另一个，等等。我们一会儿会考虑这一点，但是首先我们要利用马尔可夫性把它写成：

$$P(\Omega_r)=\prod_{t=1}^{T}P(\omega_j(t)\,|\,\omega_i(t-1))=\prod_{t=1}^{T}a_{i,j} \tag{16.11}$$

和

$$P(O|\Omega_r)=\prod_{t=1}^{T}P(o_k(t)\,|\,\omega_j(t))=\prod_{t=1}^{T}b_j(o_k) \tag{16.12}$$

所以等式(16.10)可以被写成：

$$\begin{aligned}P(O)&=\sum_{r=1}^{R}\prod_{t=1}^{T}P(o_k(t)\,|\,\omega_j(t))P(\omega_j(t)\,|\,\omega_i(t-1))\\&=\sum_{r=1}^{R}\prod_{t=1}^{T}b_j(o_k)\,a_{i,j}\end{aligned} \tag{16.13}$$

现在，这看起来就很简单了。唯一的问题就是对 r 求和，它要跑遍所有可能的隐藏状态序列。如果有 N 个隐藏的状态，那么就有N^T个可能的序列，并且对每一个，我们都需要计算一次 T 个概率的乘积。这些概率不仅非常小，而且得到它们的计算量将会是天文数字：$O(N^T T)$。

幸运的是，马尔可夫性再一次帮了我们。因为每一个状态的概率只依赖于当前数据和前一个时间步的数据($o(t)$，$\omega(t)$，$\omega(t-1)$)，我们可以建立某一时刻一步的 $P(O)$的计算。这就是一些人所说的**前向网格**(forward trellis)，因为它在图 16-8 中看起来像一个花园网格。为了组建网格，我们引入一个新的变量$\alpha_i(t)$，它描述了在某一时刻 t，状态是ω_i并且前$(t-1)$步都与观测值 $o(t)$相匹配的概率：

$$\alpha_j(t)=\begin{cases}0, & t=0,j\neq \text{初始状态}\\ 1, & t=0,j=\text{初始状态}\\ \sum_i \alpha_i(t-1)\,a_{i,j}\,b_j(o_t), & \text{其他}\end{cases} \tag{16.14}$$

其中$b_j(o_t)$表示对于输出o_t的具体的转移概率。这确保只有指标与观测值o_t匹配的观测概率会对求和有贡献。现在，计算 $P(O)$只需要 $O(N^2 T)$，这是质的改变，并且是一个很简单的算法。

我们将采用以下符号表示：$a_{i,j}$是从状态 i 到状态 j 的转移概率，所有如果有 N 个状态，则转移矩阵的大小为 $N\times N$；$bi(o)$是在状态 i 时发射观测值 o 的转移概率，所以矩阵大小为 $N\times O$，其中 O 是不同观测值的数量(在本章的例子中是四个)。引入更多的观测值会对我们的工作有所帮助，这些观测值都条件依赖于观测序列或模型：

- $\alpha_{i,t}$，表示将观测序列更新至时刻 t 且在时刻 t 处于状态 i 的概率(矩阵大小为 $N\times t$)。
- $\beta_{i,t}$，表示在时刻 t 处于状态 i 的情况下，序列从 $t+1$ 时刻到最后时刻的概率。
- $\delta_{i,t}$，表示在时刻 t 从任意路径到达状态 i 的最高概率。
- $\xi_{i,j,t}$，表示在时刻 t 处于状态 i 且在时刻 $t+1$ 处于状态 j 的概率，所以矩阵大小为 $N\times N\times T$。

由于 αi，t 条件依赖于模型和观测值，所以在给定模型的条件下，整个观测序列的概

率刚好为 $\sum_{i=1}^{N} \alpha_{i,T}$。

HMM 前向算法

- 初始化 $a_{i,0} = \pi_i b_i(o_0)$。
- 对每个观测值 o_t，$t=1, \cdots, T$：
  - 对每个可能的状态 s：
    - $\alpha_{s,t+1} = b_s(o_{t+1}) \left(\sum_{i=1}^{N} (\alpha_{i,t} a_{i,s}) \right)$

让我们先来看看 HMM 例子中的前两个状态。两种情况下，观测值都是你很累，所以我们需要计算 $\alpha_{i,t}$ 并且组成网格。图 16-8 展示了这个想法，初始的 $\alpha_{i,t=0}$ 来自于我对每个状态可能性（变量 π）的猜测，并且仅需要运用它们来计算 $\alpha_{i,t=2}$，等等。这样就得到了如图所示的数字。接下来重复这个方法直到到达最后状态。在这个阶段，我们可以总结所有可能的概率，这告诉我们在这样的情况下，你昨晚最有可能在看电视。我们也需要能够向后通过网格，算法很相似，通过后向工作来计算 β 的值，并且也是基于转移概率矩阵和观测概率矩阵：

$$\beta_{i,t} = \sum_{j=1}^{N} a_{i,j} b_j(o_{t+1}) \beta_{j,t+1} \tag{16.15}$$

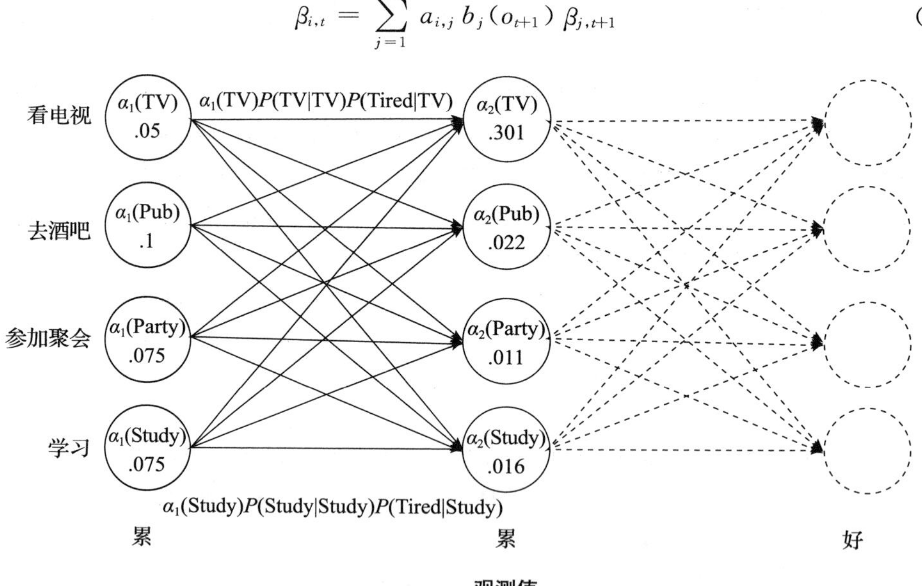

图 16-8　HMM 例子的前两个观测值的前向网格

16.3.2　Viterbi 算法

我们需要解决的下一个问题是找出隐藏状态的解码问题：我可以使用关于学生预期行为的模型并且将其与观测值匹配，进而猜测出你每天晚上都在做什么。算法以它的创造者的名字命名——Viterbi 算法，虽然他创造这个算法是为了纠错——一个完全不同的应用！我们想算出变量 $\delta_{i,t}$，这需要找到任何路径的最大概率，使我们在时间 t 上得到状态 i，且对于到 t 的序列具有正确的观测值。除了最大化而不是求和之外，这与正向算法非常相似。初始化是$\delta_{i,t=0}=\pi_i b_i(o_0)$，这给出了我们看到的第一个观测结果，然后从那里计算每个新的δ：

$$\delta_{j,t+1} = \max_i(\delta_{i,t}\, a_{i,j})\, b_j(o_{t+1}) \tag{16.16}$$

在每个阶段跟踪哪个状态看起来最好是有用的：$\phi_{j,t}=\text{argmax}_i(\delta_{j,t-1}a_{i,j})$，因为在序列的最后我们想要通过已经建立的矩阵后向移动并从中找出实际最可能的路径。

因此在到达终点时，我们可以把最有可能的状态计算为$q_T^*=\delta\cdot$，然后通过$q_t^*=\phi_{q_{t+1}^*,t+1}$直到序列的开始。算法如下。

HMM Viterbi 算法

- 对每一个状态 i 初始化$\delta_{i,0}=\pi_i b_i(o_0)$，$\phi_0=0$。
  - 在 t 时刻前向运行：
    - 对每一个可能的状态 s：
      - $\delta_{s,t}=\max_i(\delta_{i,t-1}a_{i,s})b_s(o_t)$
      - $\phi_{s,t}=\text{argmax}_i(\delta_{i,t-1}a_{i,s})$
  - 设定q_T^*，最有可能的最终隐藏状态为$q_T^*=\text{argmax}_i\delta_{i,T}$。
  - 反向计算：
    - $q_{t-1}^*=\phi_{q_t^*,t}$

图 16-9 显示了该示例的前三个状态的路径。使用示例中的数字，我可以使用 Viterbi 算法找到一组观测值的最可能的解释，例如(好，难受，难受，好，累，好，好，好，难受，难受，累，害怕，害怕)，这告诉我你似乎花了很多时间在酒吧里。然而，即使对于这种最可能的序列，其概率也仅为 7.65×10^{-9}，这似乎不太可能。这是 HMM 的问题之一：状态空间太大，概率很快就会趋于 0。这既是解释问题又是计算问题，我们很快就会遇到舍入错误的问题，因为概率非常小。本节末尾将对此进行简要讨论。

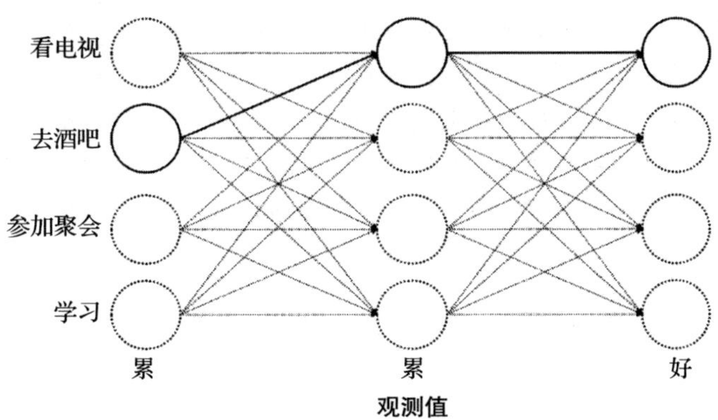

图 16-9 HMM 例子的前三个观测值的 Viterbi 网格

16.3.3 Baum-Welch 或前向-后向算法

在例子中，我要利用经验来编造转移和观测概率，得到最佳路径的可能性不大。很明显，通过观测值来产生 HMM 要比编造转移概率矩阵好很多。这是一个学习过程，并且是一个非监督学习问题，因为我们没有任何目标决策。实际上，发现最优概率是一个 NP 完全问题，因为我们要对所有可能的序列搜索所有可能的概率集。相反，本节我们要用一个叫作 Baum-Welch 算法的 EM 算法(以前用过的 EM 算法的例子见 7.1.1 节)。这个例子并不像前一个例子那么好，因为它甚至不能保证找到局部最优解，但是通常来说效果还不错。

算法的关键来自于它的第二个名字：前向-后向(forward-backward)。我们引进一个变量 α，使得方向为沿着 HMM 前向移动。现在，我们要引入另一个变量 β，使得我们能沿着 HMM 后向移动，即$\beta_i(t)$告诉我们在时刻 t 处于状态 ω_i 并且目标序列的结果(时间从 $t+1$ 到 T)能正确产生的概率。因此，我们现在可以选择序列中间的任何点，并从头开始后向运行以查看可能的路径。

为了看看需要什么计算，我们将弄清楚感兴趣的三个变量是什么——π_i、$a_{i,j}$和$b_i(o_k)$，它们分别是第一次观测中我们期望处于状态 i 的次数、从状态 i 到状态 j 的转移的期望次数除以我们离开状态 i 的次数，以及我们在状态 i 中观测到o_k的期望次数除以处于状态 i 的次数。

我们谈到了变量$\xi_{i,j,t}$，但尚未使用，这个变量表示在时间 t 处于状态 i 且在时间 $t+1$ 处于状态 j 的概率，我们可以看到(其中 ˆ 是要明确这些是基于我们看到的序列的估计值)：

$$\hat{\pi}_i = \sum_{j=1}^{N} \xi_{i,j,0} \tag{16.17}$$

$$\hat{a}_{i,j} = \sum_{t=1}^{T-1} \xi_{i,j,t} \Big/ \sum_{t=1}^{T-1} \sum_{j=1}^{N} \xi_{i,j,t} \tag{16.18}$$

$$\hat{b}_i(o_k) = \sum_{t=1,o_t=k}^{T} \sum_{j=1}^{N} \xi_{i,j,t} \Big/ \sum_{t=1}^{T} \sum_{j=1}^{N} \xi_{i,j,t} \tag{16.19}$$

最后一行中的符号表示在分子中我们只包括观测到 k 的那些时间，并注意到中间线上的时间总和仅上升到 $T-1$，因为它不可能从最后一个状态开始移动。

所以现在算法需要从计算$\xi_{i,j,t}$开始，然后估算 π、a、b，直到值停止变化。这具有 EM 算法的味道：计算出我们可以**期待**(expect)的状态之间的转换次数，这是期望，然后我们试图使其最大化。

我们还没有做的唯一一件事是弄清楚如何计算$\xi_{i,j,t}$，虽然回顾了变量 α 和变量 β 的定义，了解了我们正在做的是在时刻 t 之前就一直前向运行。当我们在时刻 $t+1$ 到达状态 i，然后转移到状态 j，从那里继续到结束(或者等效地，从结束后向退到状态 j)，我们看到$\xi_{i,j,t}$的形式是：

$$\xi_{i,j,t} = \frac{\alpha_{i,t}\, a_{i,j}\, b_j(o_{t+1})\, \beta_{j,t+1}}{\sum_{i=1}^{N} \sum_{j=1}^{N} \alpha_{i,t}\, a_{i,j}\, b_j(o_{t+1})\, \beta_{j,t+1}} \tag{16.20}$$

式中，分子只是一个标准化因子，而且在 T 时刻的值有一些不同，因为这里没有 b 或β。这将产生 Baum-Welch 算法。

HMM Baum-Welch(前向-后向)算法

- 初始化 π 为所有状态均等概率，a、b 为随机值(除非你有先验知识)。
- 当更新没有收敛时：
  - E-step：
  - 使用前向和后向算法计算 α 和 β。

- 对每个观测值o_t，$t=1$，…，T：
  - 对每一个状态 i：
    - 对每一个状态 j：
    - 使用等式(16.20)计算 ξ。
- M-step：
- 对每一个状态 i：
  - 使用等式(16.17)计算$\hat{\pi}_i$：
  - 对每一个状态 j：
- 使用等式(16.18)计算$\hat{a}_{i,j}$。
  - 对每个不同的可能观测值 o：
    - 使用等式(16.19)计算$\hat{b}_i(o)$。

这是一个非常重要的算法，Python 实现代码如下。

```
def BaumWelch(obs,nStates):

        T = np.shape(obs)[0]
        xi = np.zeros((nStates,nStates,T))

        # Initialise pi, a, b randomly
        pi = 1./nStates*np.ones((nStates))
        a = np.random.rand(nStates,nStates)
        b = np.random.rand(nStates,np.max(obs)+1)

        tol = 1e-5
        error = tol+1
        maxits = 100
        nits = 0
        while ((error > tol) & (nits < maxits)):
                nits += 1
                oldpi = pi.copy()
                olda = a.copy()
                oldb = b.copy()

                # E step
                alpha,c = HMMfwd(pi,a,b,obs)
                beta = HMMbwd(a,b,obs,c)

                for t in range(T-1):
                        for i in range(nStates):
                                for j in range(nStates):
                                        xi[i,j,t] = alpha[i,t]*a[i,j]*b[j,↩
                                        obs[t+1]]*beta[j,t+1]
                        xi[:,:,t] /= np.sum(xi[:,:,t])

                # The last step has no b, beta in
                for i in range(nStates):
                        for j in range(nStates):
                                xi[i,j,T-1] = alpha[i,T-1]*a[i,j]
                xi[:,:,T-1] /= np.sum(xi[:,:,T-1])

                # M step
                for i in range(nStates):
                        pi[i] = np.sum(xi[i,:,0])
                        for j in range(nStates):
                                a[i,j] = np.sum(xi[i,j,:T-1])/np.sum(xi[i,:,:↩
                                T-1])
```

```
            for k in range(max(obs)):
                found = (obs==k).nonzero()
                b[i,k] = np.sum(xi[i,:,found])/np.sum(xi[i,:,
                :])

        error = (np.abs(a-olda)).max() + (np.abs(b-oldb)).max()
        print nits, error, 1./np.sum(1./c), np.sum(alpha[:,T-1])

    return pi, a, b
```

我们不能在这个简单的例子中很好地使用算法，因为需要更多的数据才能正确地进行训练。但是，如果我们应用该算法然后计算 Viterbi 路径，那么它将给出与编造数据相同的答案。

关于 HMM 最后要提到的是，有一些方法可以处理概率变得如此之小的事实，这可能导致计算机内部出现舍入错误。一种方法是通过除以每个时间步长的 α 值之和重新归一化 α 值。如果在计算 β 时也使用相同的值，那么它们在最终计算中会很好地抵消，并且工作得非常好。以下代码给出了前向算法中的 c 变量。

```
def HMMfwd(pi,a,b,obs):

    nStates = np.shape(b)[0]
    T = np.shape(obs)[0]
alpha = np.zeros((nStates,T))
alpha[:,0] = pi*b[:,obs[0]]

for t in range(1,T):
    for s in range(nStates):
        alpha[s,t] = b[s,obs[t]] * np.sum(alpha[:,t-1] * a[:,s])

c = np.ones((T))
if scaling:
    for t in range(T):
        c[t] = np.sum(alpha[:,t])
        alpha[:,t] /= c[t]
return alpha,c
```

这几乎总结了 HMM 的计算过程。值得一提的是它的两个局限性，即概率分布不依赖于时间，以及概率可以变得非常小。第二个问题是需要仔细监控的实现细节，而第一个问题可以通过使用更通用的图形模型来处理，尽管随之而来的是额外的计算成本。

16.4 跟踪方法

本节将介绍两种**跟踪**(tracking)方法。进行跟踪是很简单的，只要保持标记一些东西的位置并关注它们是如何移动的。这有一个明显的进化上的优势，因为保持追踪捕食者的位置并了解它们是否跟踪你能保住你的命。对于机器，这样做也同样有用，对人和对动物有着相似的原因(观察某样东西的移动并且预测它的路线，比如雷达或其他可想到的方法)，并且保持追踪一个变化的概率分布。我们将介绍两种跟踪方法：卡尔曼滤波和粒子滤波。

16.4.1 卡尔曼滤波

卡尔曼滤波(以 E. Kalman 的名字命名。虽然他不是最初的提出者，但是他在这方面做了相当多的工作)是一个**递归估计**(recursive estimator)。它对下一步进行估计，然后基于在下一步实际得到的值计算误差，并且尝试修正它。然后它用这两个值来进行下一个预测，并且迭代这个过程。这可以被认为是一个简单的预测-纠正行为的循环，其中每一步的误差被用于改善下一次迭代的估计。卡尔曼滤波可以通过图 16-10 展示的图模型来表示。

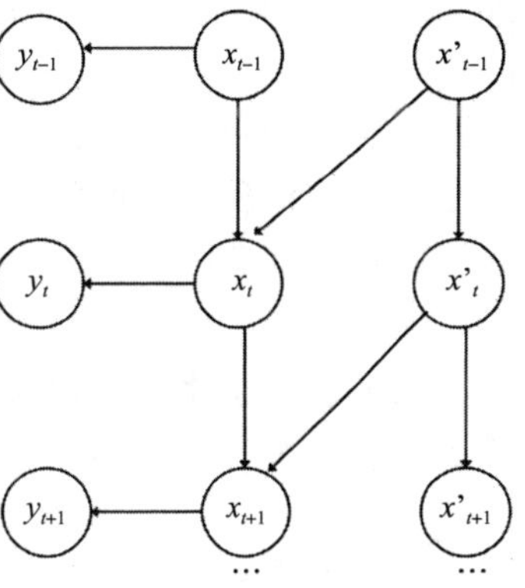

图 16-10　卡尔曼滤波的图模型表示

许多与卡尔曼滤波相关的术语我们都已经熟悉了：**状态**(state)，它是隐藏的，由我们想要知道的变量组成，需要我们随着时间透过**有干扰的观测值**(noisy observation)来发现。有一个告诉我们状态如何从一个变到另一个的转移模型(transition model)，以及一个告诉我们状态如何导致观测值的**观测模型**(observation model)(也叫作**传感器模型**(sensor model))。

卡尔曼滤波的根本想法是有一些时变过程产生一组噪声输出，其中有两个噪声源：**过程噪声**(process noise)，代表了过程随时间变化的事实，但我们不知道如何变化；**观测(或测量)噪声**(observation noise)，这是读数中产生的误差。假设两者彼此独立，零均值高斯分布。我们将该过程写为 $\boldsymbol{x}$ 中的**随机差分方程**(stochastic difference equation)，其具有 n 维：

$$\boldsymbol{x}_{t+1}=\boldsymbol{A}\boldsymbol{x}_t+\boldsymbol{B}\boldsymbol{u}_t+\boldsymbol{w}_t \tag{16.21}$$

其中 $\boldsymbol{A}$ 是一个表示基础过程的非驱动部分的 $n\times n$ 的矩阵，$\boldsymbol{B}$ 是一个表示驱动力的 $n\times l$ 的矩阵，$\boldsymbol{u}$ 是 l 维的驱动力。$\boldsymbol{w}$ 是 0 均值标准方差 $\boldsymbol{Q}$ 的过程噪声。

我们所做的观测是 m 维的：

$$\boldsymbol{y}_t=\boldsymbol{H}\boldsymbol{x}_t+\boldsymbol{v}_t \tag{16.22}$$

这里 $m\times n$ 的矩阵 $\boldsymbol{H}$ 表示状态是怎样测量的，$\boldsymbol{v}$ 表示测量噪声，是 0 均值标准方差 $\boldsymbol{R}$ 的分布。

作为一个例子，考虑一个粒子在一个维度上以恒定的速度移动。状态是二维的，由粒子的位置和速度组成(因此 $\boldsymbol{x}=[x,\ \dot{x}]^{\mathrm{T}}$)。由于没有驱动力，因此第二项 $\boldsymbol{B}\boldsymbol{u}_t=0$。通过牛顿运动定律可以推导出过程方程(因此 $x_{t+1}=x_t+\Delta_t\dot{x}_t$，而且我们是在单位时间上进行索引，所以 $\Delta_t=1$，速度是常数)：

$$\begin{bmatrix}x_{t+1}\\ \dot{x}_{t+1}\end{bmatrix}=\begin{bmatrix}1 & 1\\ 0 & 1\end{bmatrix}\begin{bmatrix}x_t\\ \dot{x}_t\end{bmatrix}+\boldsymbol{w}_t \tag{16.23}$$

我们可以观测到粒子的位置，直到测量噪声，而不是速度，因此测量方程是：

$$y_t=10\begin{bmatrix}x_t\\ \dot{x}_t\end{bmatrix}+\boldsymbol{v}_t \tag{16.24}$$

卡尔曼滤波的主要简化假设是过程是线性的，并且所有的分布都是常系数方差的高斯分布。高斯分布的卷积还是高斯分布，这意味着把它们放到一起就形成了一个新的高斯分布，所以模型保持良好。这与以前的跟踪模型相比有很明显的优势，导致算法停止得很快，因为概率分布不再是定义良好的时候，估计就会停止。我们假设转移模型和观测模型中，期望都是基于前面的观测值的高斯分布，且有固定的方差 $\boldsymbol{Q}$ 和 $\boldsymbol{R}$：

$$P(\boldsymbol{x}_{t+1}\mid\boldsymbol{x}_t)=\mathcal{N}(\boldsymbol{x}_{t+1}\mid\boldsymbol{A}\boldsymbol{x}_t,\boldsymbol{Q}) \tag{16.25}$$

$$P(\boldsymbol{z}_t\mid\boldsymbol{x}_t)=\mathcal{N}(\boldsymbol{z}_t\mid\boldsymbol{H}\boldsymbol{x}_t,\boldsymbol{R}) \tag{16.26}$$

已经完成了初始设定，那么我们下面做什么呢？卡尔曼滤波的想法是做一个预测，并且在得到下一个观测值时修正它，即在下一个时间步时进行修正。我们使用$\hat{x}$和$\hat{y}$表示估计值，因此$\hat{\boldsymbol{y}}_{t+1}=\boldsymbol{HA}\hat{\boldsymbol{x}}_{t+1}$，所以误差是$\boldsymbol{y}_{t+1}-\hat{\boldsymbol{y}}_{t+1}$。这就是观测值和预测值(没有测量噪声)之间的差距。由于这是一个具有高斯分布的概率过程，我们还可以保持与之一致的预测协方差矩阵为$\hat{\boldsymbol{\Sigma}}_{t+1}=\boldsymbol{A}\boldsymbol{\Sigma}_t\boldsymbol{A}^{\mathrm{T}}+\boldsymbol{Q}$(也就是$E[(\boldsymbol{x}_k-\hat{\boldsymbol{x}}_k)(\boldsymbol{x}_k-\hat{\boldsymbol{x}}_k)^{\mathrm{T}}]$)。卡尔曼滤波通过在预测中对当前滤波的信任程度来给误差加权。这些权重叫作**卡尔曼增益**(Kalman gain)，并且按下式计算：

$$K_{t+1}=\hat{\boldsymbol{\Sigma}}_{t+1}\boldsymbol{H}^{\mathrm{T}}(\boldsymbol{H}\hat{\boldsymbol{\Sigma}}_{t+1}\boldsymbol{H}^{\mathrm{T}}+\boldsymbol{R})^{-1} \tag{16.27}$$

该等式来自最小化均方误差。我们不会推导它，但如果你感兴趣，拓展阅读部分会为你提供进一步的参考。使用该式，估计的更新是：

$$\boldsymbol{x}_{t+1}=\hat{\boldsymbol{x}}_{t+1}+\boldsymbol{K}_{t+1}(\boldsymbol{z}_{t+1}-\boldsymbol{H}\hat{\boldsymbol{x}}_{t+1}) \tag{16.28}$$

剩下来需要的就是更新协方差估计：

$$\boldsymbol{\Sigma}_{t+1}=(\boldsymbol{I}-\boldsymbol{K}_{t+1}\boldsymbol{H})\hat{\boldsymbol{\Sigma}}_{t+1} \tag{16.29}$$

这里$\boldsymbol{I}$是对应大小的单位矩阵。把这些等式放到一起就得到了下面的简单算法。

卡尔曼滤波算法

- 给定初始估计$\boldsymbol{x}(0)$。
- 对每一个时间步：
  - **预测下一步**
    - 预测状态为$\hat{\boldsymbol{x}}_{t+1}=\boldsymbol{A}\boldsymbol{x}_t+\boldsymbol{B}\boldsymbol{u}_t$。
    - 预测协方差为$\hat{\boldsymbol{\Sigma}}_{t+1}=\boldsymbol{A}\boldsymbol{\Sigma}_t\boldsymbol{A}^{\mathrm{T}}+\boldsymbol{Q}$。
  - **更新估计**
    - 计算估计的误差，$\boldsymbol{\varepsilon}=\boldsymbol{y}_{t+1}-\boldsymbol{HA}\boldsymbol{x}_{t+1}$。
    - 用等式(16.27)计算卡尔曼增益。
    - 用等式(16.28)更新状态。
    - 用等式(16.29)更新协方差。

实现这个算法需要重复使用 np. dot 计算矩阵之间的乘法。

图 16-11 展示了使用卡尔曼滤波的简单的一维例子，这里没有时间变化(因此$x_{t+1}=x_t+w_k$)。图中的点是该过程中的噪点估计，曲线是卡尔曼滤波的估计，而虚线是可能的误差。可以看出初始的估计并不是很好，但是算法很快收敛到对数据均值的一个很好的估计，并且误差也相应地变小了。

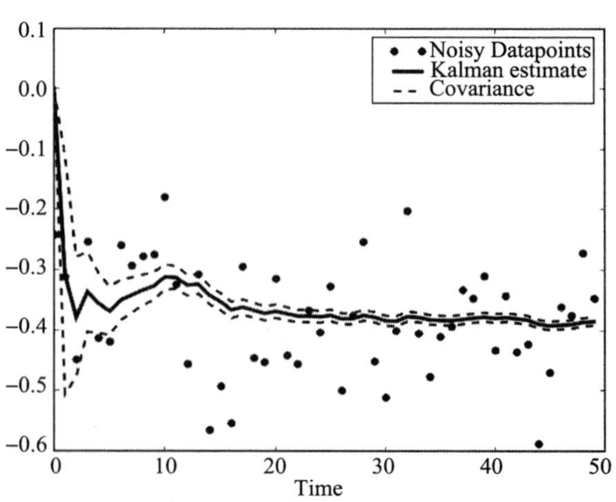

图 16-11　使用卡尔曼滤波器估计一维恒定噪声的过程。滤波器稳定地表示这一快速变化过程的不变的平均值，估计的误差(如虚线所示)相应地下降

现在我们已经了解了卡尔曼滤波器，接下来需要弄清楚如何使用它进行跟踪。我们在式(16.23)和式(16.24)中用一维计算了这个过程，图 16-12 显示了一维跟踪的例子，但是我们将用二维编写它们，以确

保一切都很清晰。我们仍然假设没有对粒子的控制，因此它以恒定的速度移动(达到噪声)。

粒子的状态是：

$$\boldsymbol{x}_t=(x_1,x_2,\dot{x}_1,\dot{x}_2)^{\mathrm{T}},\quad \boldsymbol{y}_t=(y_1,y_2)^{\mathrm{T}} \tag{16.30}$$

$$\boldsymbol{A}=\begin{bmatrix}1&0&1&0\\0&1&0&1\\0&0&1&0\\0&0&0&1\end{bmatrix},\quad \boldsymbol{H}=\begin{bmatrix}1&0&0&0\\0&1&0&0\end{bmatrix} \tag{16.31}$$

在没有任何其他知识的情况下，我们可以假设 $\boldsymbol{Q}$ 和 $\boldsymbol{R}$ 分别与 4×4 和 2×2 的单位矩阵成比例。

图 16-13 显示了一个在两个空间维度上移动的点的示例，从(10，10)开始并以速度 1 向右移动 15 步，x_1和x_2的噪声标准偏差均为 0.1，灰色圆圈表示协方差矩阵(在标准偏差处)。可以看出，滤波器最初跟踪观测结果，但随后学习了更多的基础过程。然而，由于高级噪声会影响估计，所以显示的轨迹相当“跳跃”。解决此问题的一种方法是使用**卡尔曼平滑器**(Kalman smoother)，其在使用滤波器估计位置之后执行轨迹的后向平滑。因此运行滤波器以预测点，然后将预测更新为沿粒子轨迹的更平滑的路径。

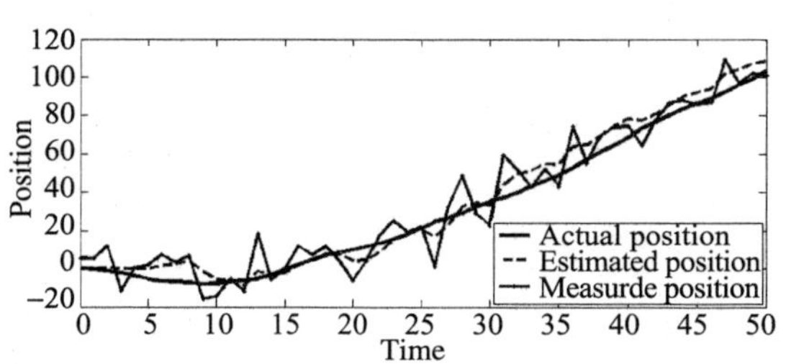

图 16-12　卡尔曼滤波器跟踪一个在一维空间中移动的目标

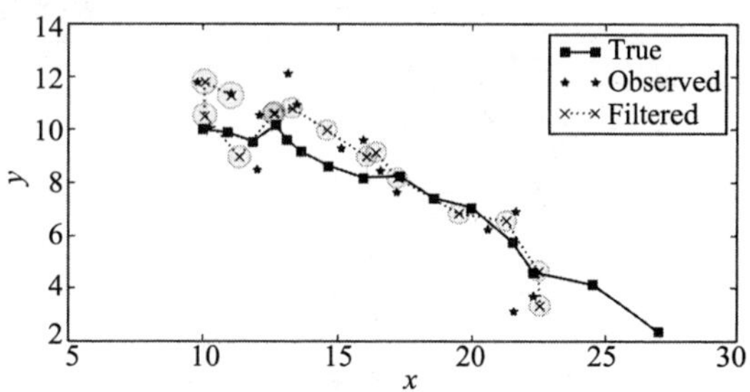

图 16-13　卡尔曼滤波器跟踪在两个空间维度上移动的物体。灰色圆圈表示每个估计点周围的协方差

有多种方法可以实现这种平滑，其中之一称为 Rauch-Tung-Striebel 平滑器，使用从结束点到开头的以下更新方程式(其中($\hat{\cdot}$)变量是过滤后的版本)：

$$\begin{aligned}\boldsymbol{x}'&=\boldsymbol{A}\,\hat{\boldsymbol{x}}\\ \boldsymbol{\Sigma}'&=\boldsymbol{A}\,\hat{\boldsymbol{\Sigma}}\boldsymbol{A}^{\mathrm{T}}+\boldsymbol{Q}\\ \boldsymbol{J}&=\hat{\boldsymbol{\Sigma}}\boldsymbol{A}\boldsymbol{\Sigma}'\\ \boldsymbol{x}_s&=\hat{\boldsymbol{x}}+\boldsymbol{J}(\hat{\boldsymbol{x}}-\boldsymbol{x}')\\ \boldsymbol{\Sigma}_s&=\hat{\boldsymbol{\Sigma}}+\boldsymbol{J}\,(\hat{\boldsymbol{\Sigma}}-\boldsymbol{\Sigma}')\boldsymbol{J}^{\mathrm{T}}\end{aligned} \tag{16.32}$$

图 16-14 展示了图 16-13 的平滑轨迹。

卡尔曼滤波的主要假设之一是该过程是线性的。在许多情况下，这是不正确的。处理非线性的一种方法是线性化当前估计($\boldsymbol{x}_t$，$\boldsymbol{\Sigma}_t$)，这样就产生了**扩展卡尔曼滤波**(extended Kalman filter)。扩展卡尔曼滤波与原始版本有很多相似之处，所以让我们试着找出差异。

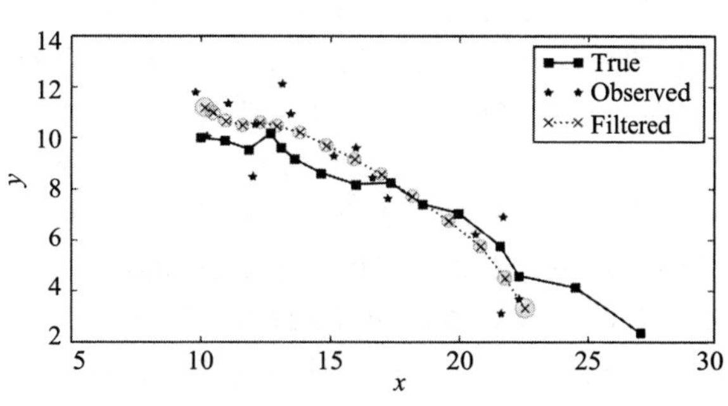

图 16-14　图 16-13 中轨迹的平滑版本

我们从一些非线性随机差分方程开始：

$$\boldsymbol{x}_{t+1} = f(\boldsymbol{x}_t, \boldsymbol{u}_t, \boldsymbol{w}_t) \tag{16.33}$$

其中变量与卡尔曼滤波器相同，除了用一个非线性函数 $f(\cdot)$代替了漂亮的线性矩阵。还有一个测量函数：

$$\boldsymbol{y}_t = h(\boldsymbol{x}_t, \boldsymbol{v}_t) \tag{16.34}$$

如果我们现在有估计$\hat{x}_t$，那么可以通过计算$\widetilde{\boldsymbol{x}}=f(\hat{\boldsymbol{x}}, \boldsymbol{u}_t, 0)$来估计该点的函数，其中假设噪声的均值是 0。现在我们线性化该点为：

$$x_{t+1} \approx \widetilde{\boldsymbol{x}}_{t+1} + \boldsymbol{J}_{f,x}(\hat{\boldsymbol{x}}_t, \boldsymbol{u}_t, 0)(\boldsymbol{x}_t - \hat{\boldsymbol{x}}_t) + \boldsymbol{J}_{f,w}(\hat{\boldsymbol{x}}_t, \boldsymbol{u}_t, 0)\, \boldsymbol{w}_t \tag{16.35}$$

相似地，对于 $h(\cdot)$得到：

$$y_t \approx \widetilde{\boldsymbol{y}}_{t+1} + \boldsymbol{J}_{h,x}(\hat{\boldsymbol{x}}_t, 0)(\boldsymbol{x}_t - \hat{\boldsymbol{x}}_t) + \boldsymbol{J}_{h,v}(\hat{\boldsymbol{x}}_t, \boldsymbol{v}_t) \tag{16.36}$$

在这两个等式中，$\boldsymbol{J}$ 指的是下标函数的雅可比(关于第二个下标中的变量)，因此：

$$\boldsymbol{J}_{f,x}\Big|_{i,j} = \frac{\partial f_i}{\partial \boldsymbol{x}_j}(\hat{\boldsymbol{x}}_t, \boldsymbol{u}_t, 0) \tag{16.37}$$

因此，假设可以计算这两个函数及其导数，我们就可以使用它们来估计误差。这是一个线性函数，因此可以使用普通卡尔曼滤波器进行估计。这产生了以下算法。

扩展卡尔曼滤波算法

- 给定初始的估计 $\boldsymbol{x}(0)$。
- 对每一个时间步：
  - **预测下一步**
    - 预测状态为$\hat{\boldsymbol{x}}_{t+1}=f(\hat{\boldsymbol{x}}_t, \boldsymbol{u}_t, 0)$。
    - 计算雅可比$\boldsymbol{J}_{f,x}$和$\boldsymbol{J}_{f,w}$。
    - 预测协方差$\hat{\boldsymbol{\Sigma}}_{t+1}=J_{f,x}\boldsymbol{\Sigma}_t\boldsymbol{J}_{f,x}^{\mathrm{T}}+\boldsymbol{J}_{f,w}\boldsymbol{Q}\,\boldsymbol{J}_{f,w}^{\mathrm{T}}$
  - **更新估计**
    - 计算估计的误差，$\boldsymbol{\varepsilon}=\boldsymbol{y}_t-h(\hat{\boldsymbol{x}}_t, 0)$。
    - 计算雅可比$\boldsymbol{J}_{h,x}$和$\boldsymbol{J}_{h,w}$。
    - 计算卡尔曼增益 $\boldsymbol{K}=\boldsymbol{J}_{f,x}\boldsymbol{J}_{h,x}^{\mathrm{T}}(\boldsymbol{J}_{h,x}\boldsymbol{J}_{f,x}\boldsymbol{J}_{h,x}^{\mathrm{T}}+\boldsymbol{J}_{h,w}\boldsymbol{R}\,\boldsymbol{J}_{h,w}^{\mathrm{T}})^{-1}$。
    - 更新状态$\hat{\boldsymbol{x}}=\hat{\boldsymbol{x}}+\boldsymbol{K}\boldsymbol{\varepsilon}$。
    - 更新协方差$(\boldsymbol{I}-\boldsymbol{K}\boldsymbol{J}_{h,x})\boldsymbol{J}_{f,x}$。

图 16-15 表示的是扩展卡尔曼滤波，使用 $f(x, y, z)=(y, z, -0.5x(y+z))$跟踪函数 $h(x, y, z)=x+y$。

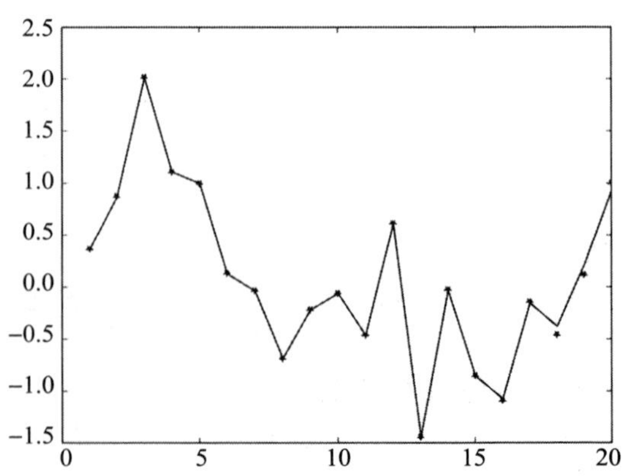

图 16-15　扩展卡尔曼滤波，使用 $f(x, y, z)=(y, z, -0.5x(y+z))$跟踪函数 $h(x, y, z)=x+y$

扩展卡尔曼滤波器不是最佳估计器。此外，如果作为线性化基础的局部线性的假设不正确，则估计会非常差，并且即使在好的情况下，也需要计算雅可比行列式，这可能很困难。已经有各种尝试改进它的方案。一种我们可能感兴趣的方法是选择一组表示数据统计的点，并通过将其传递给非线性函数($f(\cdot)$和$h(\cdot)$)来变换它们，然后计算这些点的统计数据，目的是估计转换数据的统计数据。它具有

无味变换(unscented transform)的优良名称，可用于生成**无味卡尔曼滤波**(unscented Kalman filter)。有关这方面的更多信息，请参阅拓展阅读部分。下一节我们将介绍一个用于执行跟踪的常见 MCMC 算法，即粒子滤波。

16.4.2 粒子滤波

除了函数的线性性质，卡尔曼滤波还假设分布是高斯分布，因此它们可以进行卷积并保持为高斯分布。为了解决这个问题，我们回到了本章中许多算法中基础的方法：采样。我们将使用的特定采样技术是 15.3 节中的采样-重要性-重采样算法，它构成了**粒子滤波**(particle filter)或**凝聚方法**(condensation)的基础。这是一个相对较新的发展领域，并且已经在跟踪中找到了许多成功的应用，包括图像和信号分析。我们的想法是使用采样来跟踪概率分布的状态。这被称为**顺序采样**(sequential sampling)，因为我们将一组样本用于时间 t 来估计时间 $t+1$ 处的过程，然后从那里重新采样。

采样方法的一个好处是不用坚持马尔可夫假设。在跟踪中，先前的历史是有用的，这意味着马尔可夫假设并不好。建议分布通常写为 $q(\boldsymbol{x}_{t+1} \mid \boldsymbol{x}_{0:t}, \boldsymbol{y}_{0:t})$，目的是使得它的独立性更明显，而且，建议分布通常用于估计转移概率 $p(\hat{\boldsymbol{x}}_{t+1} \mid \boldsymbol{x}_{0:t}, \boldsymbol{y}_{0:t})$，因为它是一个与过程有关的简单的分布。由此可见，基本粒子滤波几乎没有什么不同：粒子滤波器一次迭代的示意图如图 16-16 所示。接下来给出基本算法，然后是关于实现的一些要点和示例。

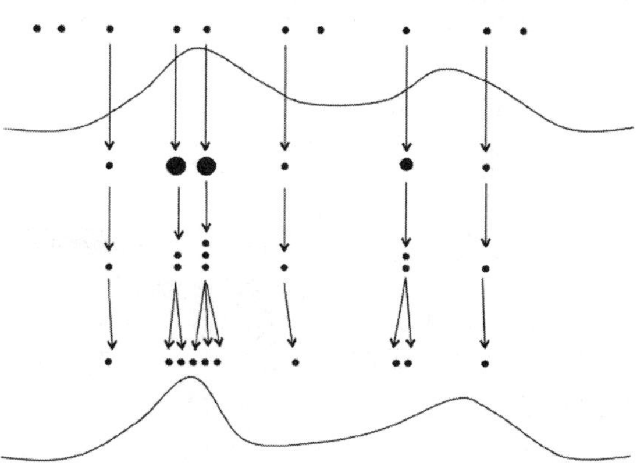

图 16-16 粒子滤波器一次迭代的示意图。定位的一组随机粒子具有根据分布计算的重要性权重，然后基于这些权重创建和修改新粒子，并且更新估计分布

粒子滤波器算法

- 从 $p(\boldsymbol{x}_0)$ 中采样 $\boldsymbol{x}_0^{(i)}(i=1, \cdots, N)$。
- 对每一个时间步：
  - **重要性采样**
  - 对每一个数据点：
    - 从 $q(\boldsymbol{x}_t^{(i)} \mid \boldsymbol{x}_{0:t}^{(i)}, \boldsymbol{y}_{1:t})$ 中采样 $\hat{\boldsymbol{x}}_t^{(i)}$。
    - 将 $\hat{\boldsymbol{x}}_t^{(i)}$ 添加到样本列表并且从 $\boldsymbol{x}_{0:t-1}^{(i)}$ 中得到 $\boldsymbol{x}_{0:t}^{(i)}$。
    - 计算重要性权重：

$$w_t^{(i)} = w_{t-1}^{(i)} \frac{p(\boldsymbol{y}_t \mid \hat{\boldsymbol{x}}_t^{(i)}) p(\boldsymbol{x}_t^{(i)} \mid \hat{\boldsymbol{x}}_{t-1}^{(i)})}{q(\boldsymbol{x}_t^{(i)} \mid \boldsymbol{x}_{0:t}^{(i)}, \boldsymbol{y}_{1:t})} \tag{16.38}$$

  - 通过除以它们的和来归一化重要性权重。
  - **粒子重采样**
    - 根据它们的重要性权重保留粒子，这样就可能有一些粒子的副本，而其他粒子都没有得到从 $p(\boldsymbol{x}_{0:t}^{(i)} \mid \boldsymbol{y}_{1:t})$ 采样的大约相同数量的粒子。

该算法的重采样部分值得进一步考虑，因为有几种方法可以完成，并且它们的计算时间和估计的方差不同。网站上的代码提供了两种实现：系统重采样和残差重采样。系统重采样的基本思想是使用权重的累积和(根据定义最终为 1)和一组均匀随机数$\widetilde{u}_k$，将它们组合在一起，使得它们按顺序使用$u_k=(k=1+\widetilde{u}_k)/N$ 并将n_i的粒子 i 复制到下一组中，其中n_i是 $\sum_{s=1}^{i-1} w_s \leqslant u_k \leqslant \sum_{s=1}^{i} w_s$ 的u_k的数量。实现此目的的一种方法是使用以下代码。

```
def systematic(w,N):
    # Systematic resampling
    N2 = np.shape(w)[0]
    # One too many to make sure it is >1
    samples = np.random.rand(N+1)
    indices = np.arange(N+1)
    u = (samples+indices)/(N+1)
    cumw = np.cumsum(w)
    keep = np.zeros((N))
    # ni copies of particle xi where ni = number of u between ws[i-1] and ws[
    i]
    j = 0
    for i in range(N2):
        while((u[j]<cumw[i]) & (j<N)):
            keep[j] = i
            j+=1

    return keep
```

残差采样试图加快算法执行的速度(虽然这是一个复杂度为 $O(n)$的算法，但它经常被调用，所以使它能够快速计算是一个非常好的主意)。首先使用Nw_i的整数部分，以便知道我要保留每个粒子的多少份副本，然后使用分层采样。

图 16-17 显示了粒子滤波器跟踪在 $t=30$ 时变化的分布。粒子的位置显示为点，基础状态过程显示为虚线，观测结果显示为加号。实线是基于粒子平均值的假设观测。可以看出，这很好地跟踪了观测结果。

作为使用粒子滤波器进行跟踪的示例，图 16-18 显示了在二维中跟踪以恒定速度移动的对象。基于每个粒子与对象之间的欧几里得距离来计算权重，如果粒子之间的平均距离变得太大，则对粒子进行重新采样。

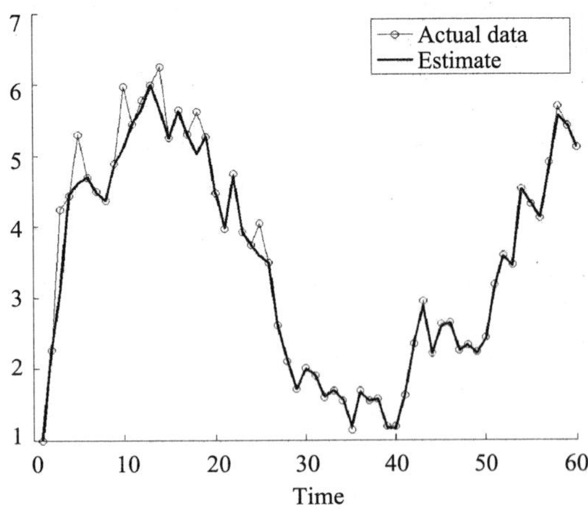

图 16-17　跟踪在 $t=30$ 处变化的一维分布的粒子滤波器。观测被标记为脉冲，基线状态由虚线示出，每次迭代的粒子显示为点，基于粒子平均值的假设观测显示为实线

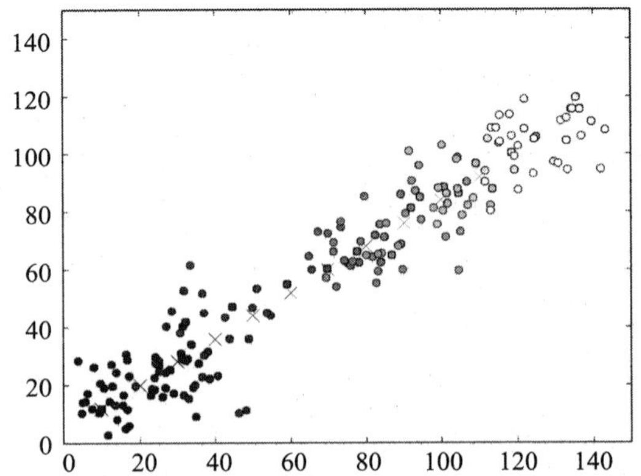

图 16-18　粒子滤波器跟踪在二维中以恒定速度向上和向右移动的对象。十字形显示物体的位置，圆圈在每次迭代时显示 15 个粒子，从黑色($t=0$)开始，逐渐变为白色($t=10$)。可以看出，粒子成功地跟踪了物体

拓展阅读

图模型是一个新兴领域，在这个领域中有许多有趣的研究。这个领域中最早的书如下，它启发了该领域的研究工作。

- J. Pearl. *Probabilistic Reasoning in Intelligent Systems: Networks of Plausible Inference*. Morgan Kaufmann, San Mateo, CA, USA, 1988.

贝叶斯网络的其他概述可以在下面的书和论文中找到，最后一个是一本不错的论文集：

- W. L. Buntine. Operations for learning with graphical models. *Journal of Artificial Intelligence Research*, 2:159-225, 1994.
- D. Husmeier. Introduction to learning Bayesian networks from data. In D. Husmeier, R. Dybowski, and S. Roberts, editors, *Probabilistic Modelling in Bioinformatics and Medical Informatics*, Springer, Berlin, Germany, 2005.
- Chapters 8 and 13 of C. M. Bishop. *Pattern Recognition and Machine Learning*. Springer, Berlin, Germany, 2006.
- M. I. Jordan, editor. *Learning in Graphical Models*. MIT Press, Cambridge, MA, USA, 1999.

在马尔可夫随机场中，图像降噪的例子来自于如下文献：

- S. Geman and D. Geman. Stochastic relaxation, Gibbs distributions and the Bayesian restoration of images. *IEEE Transactions on Pattern Analysis and Machine Intelligence*, 6:721-741, 1984.

马尔可夫随机场在图像中非常常用。下面是很好的概述：

- P. Pèrez. Markov random fields and images. *CWI Quarterly*, 11(4): 413-437, 1998.
- R. Kindermann and J. L. Snell. *Markov Random Fields and Their Applications*. American Mathematical Society, Providence, RI, USA, 1980.

对于隐马尔可夫模型，卡尔曼滤波和粒子滤波的更多细节可参考以下文献：

- L. R. Rabiner. A tutorial on hidden Markov models and selected applications in speech recognition. *Proceedings of the IEEE*, 77(2):257-268, 1989.
- Z. Ghahramani. An introduction to Hidden Markov Models and Bayesian networks. *International Journal of Pattern Recognition and Artificial Intelligence*, 15:9-42, 2001.
- G. Welch and G. Bishop. An introduction to the Kalman filter, 1995. URL `http://www.cs.unc.edu/~welch/kalman/`. Technical Report TR 95-041, Department of Computer Science, University of North Carolina at Chapel Hill, USA.
- M. S. Arulampalam, S. Maskell, N. Gordon, and T. Clapp. A tutorial on particle filters for online nonlinear/non-Gaussian Bayesian tracking. *IEEE Transactions on Signal Processing*, 50(2): 174-188, 2002.
- S. J. Julier and J. K. Uhlmann. A new method for the nonlinear transformation of means and covariances in nonlinear filters. *IEEE Transactions on Automatic*

Control, 45(3): 477-482, 2000.

- R. van der Merwe, A. Doucet, N. de Freitas, and E. Wan. The unscented particlefilter. In *Advances in Neural Information Processing Systems*, 2000. (the technical report version of this paper is particularly helpful).

以下文献包含更多细节信息:

- Chapters 8 and 13 of C. M. Bishop. *Pattern Recognition and Machine Learning*. Springer, Berlin, Germany, 2006.

习题

16.1 计算图 16-19 所示的贝叶斯网络中的节点(N)的概率。问题描述的是你在课堂上记笔记或睡觉(S)的概率,根据课程是否是无聊的(B),这又是基于教授是否无聊(L)和内容是否平淡(C)。计算给定教授和课程都是无聊的条件下,在课堂上睡觉的概率。

16.2 用 MCMC 来计算只给定课程是有趣的条件下,你在课堂上记笔记的概率。

16.3 用 Viterbi 算法计算图 16-20 展示的 HMM 中最有可能的路径。

16.4 假设你注意到游乐场的节目中,演员证明硬币是普普通通的,但随后他会连续多次掷出头像朝上的。你注意到他实际上有两枚硬币,并用娴熟的手法交换它们。你发现他以概率 0.4 拿出普通硬币,以概率 0.1 拿出有问题的硬币,并且有问题的硬币似乎在 85%的时间内出现。为此问题制作隐马尔可夫模型,构建观测序列,并使用 Viterbi 算法估计状态。

16.5 网上有一系列机器传感器阅读系统。目的是通过感应器根据当前的阅读内容来预测下一项阅读内容,然后使用卡尔曼滤波来监视感应器的输出,以便鉴定预测不对的地方出了什么问题。

16.6 图 16-18 使用每个粒子和对象之间的欧几里得距离来设置权重,从而跟踪二维中的对象。修改代码,采用基于与对象的接近度的二进制权重,你需要设置阈值以定义邻近度。比较这两种方法。

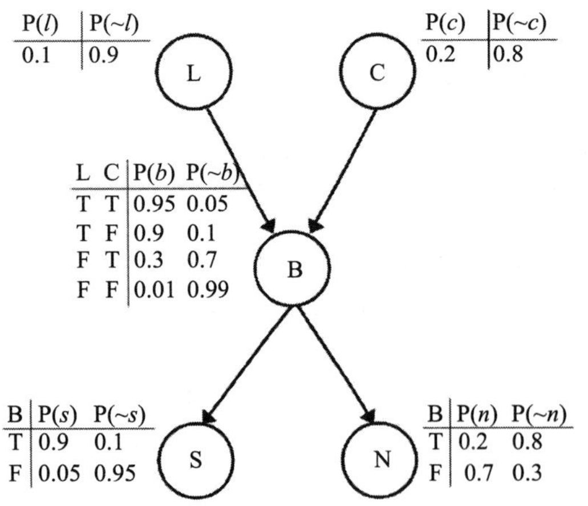

图 16-19 习题 16.1 中的贝叶斯网络示例

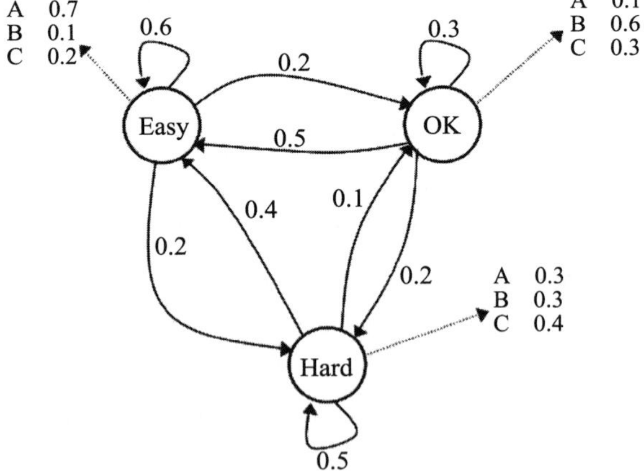

图 16-20 习题 16.3 中的隐式贝叶斯模型示例

第 17 章

Machine Learning: An Algorithmic Perspective, Second Edition

对称权重与深度置信网络

本章将回过头来继续讨论神经元模型，它是神经网络算法的基础，例如在之前的内容中介绍的感知机(第 3 章)与多层感知机(第 4 章)。这些神行网络算法都是建立在如何有效建立神经元集成与激活模型的基础上，将输入与权重的乘积与阈值进行比较，而神经元则产生一个连续近似值，来确定对于每个给定的输出，神经元是否被激活，这里的近似值通常采用 logistic 函数计算。从这个角度来说，这些神经网络算法都是非对称的——输入与权重的值能确定神经元是否激活，但神经元的值却不会影响输入，事实上，这些输入节点没有被我们当作神经元。

如果我们从图的角度来看神经网络，从输入节点到神经元为有向边。如图 17-1 所示：左图中，通过颜色深浅标出了两种不同的节点，由于边的有向性，深色节点的值会影响到浅色节点是否被激活，其本身是否被激活与浅色节点无关；但在右图中，由于边是无向的，且节点颜色一致，所以上层节点的值与边的权重能够决定下层节点是否被激活，反之亦然。

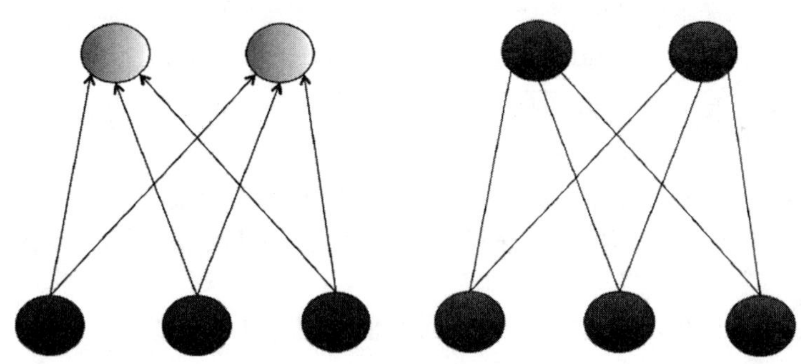

图 17-1　两个包含两层节点的神经网络。左侧网络中的权重连接是有向的，所以权重的影响只是单方面的；而右侧网络中的连接是无向的，所以上层节点的激活状态会影响到下层节点，反之亦然

但是，我们在第 3 章介绍的 **Hebb 法则**(Hebb's Rule)是完全对称的，即如果两个神经元同时激活，那么它们之间的突触连接会变强，否则其连接会变弱。所以根据神经元之间的连接情况，我们可以对其激活状态进行推断——如果两个神经元是正连接，则当其中一个神经元被激活时，另一个神经元也会被激活；如果两个神经元是负连接，则当其中一个神经元被激活时，另一个神经元不会被激活。因此如果我们用 w_{mn} 表示神经元 m 与神经元 n 之间的权重，那么可以得到 $w_{mn}=w_{nm}$，同样，在权重矩阵中也存在这样的对称权重。

在本章中，我们将基于上述对称权重介绍一系列算法。虽然一般来说这样的网络可能非常复杂且难以训练，但在某些情况下还是能够掌控并证明其有效性。下面我们首先介绍 John Hopfield 在 1982 年所做的工作。

17.1　积极学习：Hopfield 网络

17.1.1　联想记忆

人脑的记忆能力很强。对于学习过程来说，记忆能力的重要性毋庸置疑——必须具备识别出曾经出现过的那些事物的能力在所有记忆能力中，最强大的是**联想记忆**(associative memory)，或者叫**综合记忆**，即人在看到一个新的图案时通常会在脑海中浮现出与之相似的图案。比如看到不同字体的文字、从不同角度观察同一个人、区分两个人的长相是否相似，等等。这些都能被看作是对缺失的输入进行补全，或是对错误输入进行校正(根据输入中是否有缺失值或错误值)。

正是因为记忆能力在大脑中如此重要，我们有必要认真学习一下什么是综合记忆。在实际应用中，联想记忆能发挥的作用更大，比如重构整张图片或者去除图片中的噪声。我们用完整的图片进行训练，那么当收到有噪声(输入信息有误)或者部分(信息缺失)图片时，就能够重新生成原始图片。

下面我们再举个例子，考虑学习一张单词对照表：

Humphrey-Bogart	Claude-Rains
Ingrid-Bergman	Omar-Sharif
Paul-Henreid	Julie-Christie

有了联想记忆，我们可以做两件事情：第一，模式匹配，当我们看到 Ingrid 时脑海中就能产生 Bergman；第二，模式去噪，当我们看到 Hungry-Braggart 时能够将其改正为 Humphrey-Bogart。当然，我们还能通过添加重复记忆来提高复杂度，比如加入一个新的单词对 Paul-Newman，那么当我们看到 Paul 时就会随机反馈 Henreid 或者 Newman 中的一个。

理解了大脑联想记忆的工作原理，下面我们来看看怎么实现。

17.1.2　实现联想记忆

如图 17-2 所示，**Hopfield 网络**包含通过对称权重全连接的 McCulloch-Pitts 神经元，每个神经元都与除自己以外(即$w_{ii}=0$)的所有神经元相连。在大脑中，神经元可能通过突触与自己相连，我们目前不考虑这种情况。

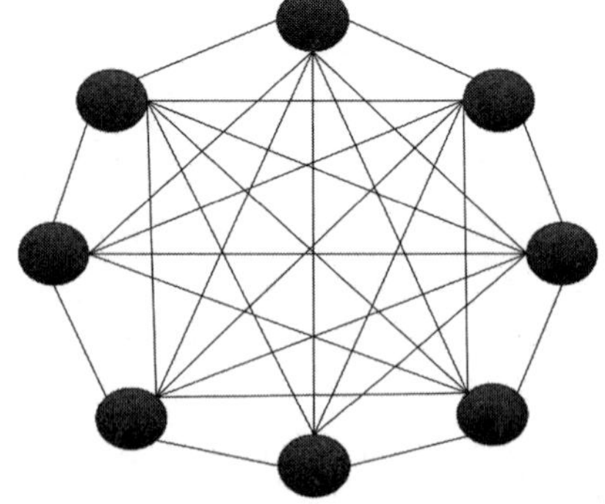

图 17-2　具有对称权重的全连接 Hopfield 网络

McCulloch-Pitts 神经元有激活和未激活两种状态，与用 1 和 0 来表示输出不同，它用 1 和 −1 来表示这两种状态。理由很简单，我们令神经元 i 在时间 t 时的激活状态为$s_i^{(t)}$，那么由 Hebb 法则：

$$\frac{\mathrm{d}\, w_{ij}^{t}}{\mathrm{d}t} = s_i^{(t)}\, s_j^{(t)} \tag{17.1}$$

所以如果两个神经元激活状态相同(同时激活或同时未激活)，那么它们之间的权重会增加，反之则权重减少。

注意到公式(17.1)中的时间上标，这意味着权重更新是基于神经元在当前时间的激活状态。但是还有一个问题：没有预定义神经元的更新顺序。这是因为权重是对称的，所以在考虑每个神经元的更新以决定其是否激活时，我们还要解决一些潜在的问题，对于有向网络，从输入开始，根据当前层的值与权重确定下层神经元的激活状态，直至得到输出。但现在，对称权重没有确定的方向，这意味着我们有两种不同的更新方式，而这两种方式往往会产生不同的输出结果。其中一种如下：

$$s_i^{(t)} = \operatorname{sign}\Big(\sum_j w_{ij}\, s_j^{(t-1)}\Big) \tag{17.2}$$

我们将其称为**同步更新**，每个神经元都同时进行更新，可以将其想象为所有神经元同步做出下一时间步是否激活的决定。而第二种则是**异步更新**，每个神经元根据其他所有神经元的当前状态(有可能是$s_j^{(t-1)}$，也有可能是$s_j^{(t)}$)决定自己何时激活。神经元的更新顺序可以是随机的，也可以是预定义的。不管哪种更新，我们都有必要进行多次更新以确保网络稳定，足以让网络“回忆”起之前的输入。

无论使用哪种更新方式，每个神经元的阈值一般都设置为 0，那么每个神经元的激活状态为：

$$s_i = \operatorname{sign}\Big(\sum_j w_{ij}\, s_j\Big) \tag{17.3}$$

其中 sign(·)是一个函数，当输入大于 0 时其输出为 1，当输入小于 0 时其输出为−1。当然还有可能有一个值通常为常数(如±1)的偏置节点，以便在需要时对节点值进行调整。

我们通过设定神经元的激活状态来给 Hopfield 网络给定输入(s_i)，然后不断更新，直到神经元的值不发生改变。所以一旦权重设定了，那么“回忆”就很简单了。Hopfield 网络通过 Hebb 法则来调整权重：

$$w_{ij} = \frac{1}{N}\sum_{n=1}^{N} s_i(n)\, s_j(n) \tag{17.4}$$

其中 N 为我们需要网络学习的图案数量，$s_i(n)$为神经元 i 在图案 n 下的激活状态。我们发现公式中没有时间上标 t，这是因为我们正在对神经元的值进行赋值，而非等着它们到某个时间自己更新。

公式中的 $1/N$ 取代了之前学习算法中学习速率 η 的位置，但这对 Hopfield 网络不会产生太大的影响，因为学习过程本质上是**一次性**的，但由于这个 $1/N$ 的存在，权重的最大数量就与 N 无关了。

想象一下我们在 4.4.5 节提到的学习如何恢复二值图像的问题。对图像的每一个像素都有一个神经元，对黑色像素$s_i=1$，而白色像素$s_i=-1$。考虑只有一张输入图像的情形，我们发现 Hopfield 网络能够对图像进行校正。如果我们用一张图像来训练网络，然后再输入一张有噪声的图片，那么每个神经元的激活状态都会被更新，在网络调整并稳定到最终状态之前，很多神经元的状态会从 1 变成−1，又从−1 变回 1。那么问题来了：网络稳定后会是什么样的呢？我们知道由于照片中超过半数的像素是正确的，那么输入每个神经元的数据也有超过半数是正确的，所以“正确性”会掩盖掉“错误性”，也就是说，正确图案的作用相当于是一个**引子**：网络最终稳定的状态会和网络学习图案后的状态相吻合！

那如果超过一半的输入都是错的该怎么办呢？那意味着黑色像素应该是白色，而白色像素应该是黑色，所以在这个场景下网络会稳定到原来的“反面”，如图 17-3 所示，黑白两色被完全颠倒了。所以如果第一张正确图案为 x，那么第二张图就是 $-x$，它起到的“引子”作用也是一样的。

当然，实际上网络会学习很多输入图案，所以会有很多的“引子”，不能保证每次都能找到正确答案，因为有噪声的输入可能和训练的多个图案相似。这里就引出了一个值得思考的问题：Hopfield 能一次性记住多少图案？

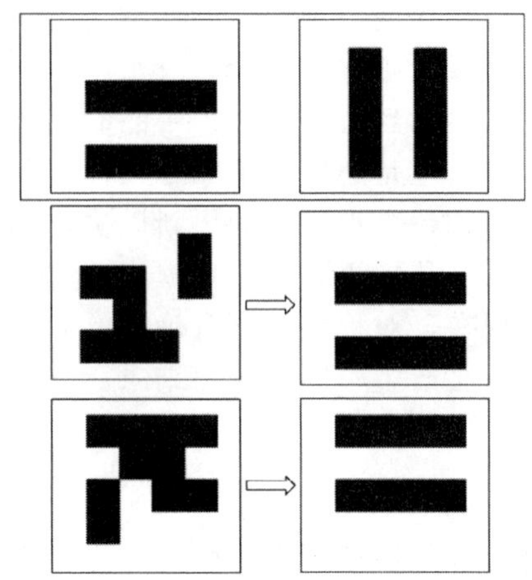

图 17-3　用第一行的两张图片训练 Hopfield 网络，将第二行第一张图作为输入，网络将输出第一张图，但将第三行第一张图作为输入时，网络得到的结果是第一张图的“反面”

在回答这个问题以及进一步分析网络之前，我们先给出 Hopfield 神经网络的完整算法。

Hopfield 算法

- **学习**
  - 采用 N 个包含元素±1 的 d 维输入 $\boldsymbol{x}(1)$，$\boldsymbol{x}(2)$，…，$\boldsymbol{x}(N)$。
  - 生成 d 个神经元(或者设置 $d+1$ 个，再加入一个值为常数 1 的偏置节点)并设置如下权重：

$$w_{ij}=\begin{cases}\dfrac{1}{N}\sum_{n=1}^{N}x_i(n)\,x_j(n), & \forall i\neq j\\[2ex] 0, & \forall i\neq j\end{cases}\tag{17.5}$$

- **回忆**
  - 通过将神经元的状态s_i设置为x_i来呈现新的输入 $\boldsymbol{x}$。
  - **重复**执行以下步骤：
    - ○ 使用如下公式更新神经元：

$$s_i^{(t)}=\operatorname{sign}\Big(\sum_j w_{ij}\,s_j^*\Big)\tag{17.6}$$

    其中，若神经元已经被更新，则$s_j^*=s_i^{(t)}$，否则$s_j^*=s_i^{(t-1)}$。这意味着，在同步更新中$s_j^*=s_i^{(t-1)}$恒成立，但是在异步更新中则可能为$s_i^{(t)}$或$s_i^{(t-1)}$。
  - **直到**网络稳定。
  - 输出状态s_i。

下面我们给出实现同步更新与异步更新的代码，从代码中能够看出两者之间非常明显的差异。

```
def update_neurons(self):
    if self.synchronous:
        act = np.sum(self.weights*self.activations,axis=1)
        self.activations = np.where(act>0,1,-1)
    else:
        order = np.arange(self.nneurons)
        if self.random:
            np.random.shuffle(order)
            for i in order:
                if np.sum(self.weights[i,:]*self.activations)>0:
                    self.activations[i] = 1
                else:
                    self.activations[i] = -1
    return self.activations
```

如图 17-4 的 Hopfield 网络示例所示，我们用“Binary Alphadigits”数据集(本书网站中有相关链接)中数字 0～9 的图片进行训练，采用 20×16 的二值图像。

在调整权重之后，我们提供给网络一张毁坏的“2”的图像，从图中能够明显看到采用异步随机更新之后能够得到原始的即我们用来训练的图像。

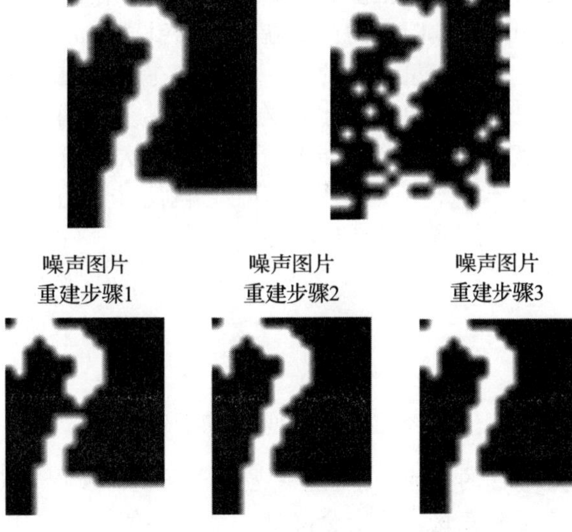

图 17-4 Hopfield 网络用于噪声图片修复的实例。用最上面的图片训练网络，并将第二行左侧图片中的 50 个像素点黑白颠倒以损坏图片，最终得到右侧图片，将其作为网络输入，经过三次迭代之后得到第三行的三张图片

17.1.3 能量函数

我们简单讨论一下网络容量问题，但首先要清楚，Hopfield 网络的主要贡献在于，引入了一个**能量函数**(energy function)。在物理学中，能量函数通常被用来计算一个系统所具有的能量，比如我们知道当系统相对稳定时能量比较低，这在化学中能够用于稳定化合物的合成。一个包含 d 个神经元(d 可以包含也可以不包含偏置节点)的 Hopfield 网络的能量函数为(其中第二行为矩阵表示)：

$$\begin{aligned} H &= -\frac{1}{2}\sum_{i=1}^{d}\sum_{j=1}^{d} w_{ij}\, s_i\, s_j \\ &= -\frac{1}{2}\boldsymbol{sWs}^{\mathrm{T}} \end{aligned} \tag{17.7}$$

由于每个权重都来回算了两遍，所以公式中有一个$\frac{1}{2}$，即$w_{ij}s_is_j$就相等于$w_{ji}s_js_i$；又由于能量越低，系统越稳定(越好)，所以前面加上了一个负号；注意到在 Hopfield 网络中每个节点与其本身是无连接的，所以$w_{ii}=0$。

为了解释能量函数是如何发挥作用的，我们考虑当网络已经学习了一张训练样本，然后又见到这张图片，这时$w_{ij}=s_i s_j$，且$s_i^2=1$(无论 $s_i=-1$ 或 $s_i=1$)，则：

$$H=-\frac{1}{2}\sum_{i=1}^{d}\sum_{j=1}^{d} w_{ij}\ s_i\ s_j=-\frac{1}{2}\sum_{i=1}^{d}\sum_{j=1,j\neq i}^{d} s_i\ s_j\ s_i\ s_j$$
$$=-\frac{1}{2}\sum_{i=1}^{d}\sum_{j=1,j\neq i}^{d} s_i^2\ s_j^2=-\frac{1}{2}\sum_{i=1}^{d}\sum_{j=1,j\neq i}^{d} 1=-\frac{d(d-1)}{2} \tag{17.8}$$

这里需要强调的是由于$w_{ii}=0$，所以从第二行起我们有 $j\neq i$。

很明显，当权重与神经元意见不同时，+1 的力量大了一分，所以总的和会更高，也就意味着能量更低。因此能量函数实际上描述了神经元的值与神经元所连接的权重希望神经元被赋予的值之间的不匹配程度。

实际上物理学家也许对这个公式非常熟悉，它表示的是一种广泛研究的磁性材料——伊辛自旋玻璃的能量变式。有了它，我们就能够观察网络在稳定过程中的变化情况。

现在我们已经知道，网络在稳定时能量最低，而在未稳定时能量更高，其实这也意味着这些“引子”其实是误差函数的**局部极小值**(local minima)。我们可以把网络在学习过程中的能量变化当成**能量地貌**，想象一个小球在重力作用下在地貌上滚动，那么它会向下运动到某个凹陷的底部，并最终在那里停下来，如果整个地形中有很多凹陷处，那么小球的初始位置就很重要了。这和网络中存储了多张图片时的情形是一样的，每个凹陷对应一张图片，其附近的区域就称为**吸引域**(basin of attraction)。

使用能量函数的另一个优势在于能够观察到网络最终在一个局部最小值处稳定(实际上只有异步更新时才是这样，如果采用同步更新会在某些情况下无法收敛)。为了验证这一事实，我们考虑如下情况：在一次更新过程后，网络状态由 $\boldsymbol{s}=(s_1, \cdots, s_i, \cdots, s_d)$变为 $\boldsymbol{s}'=(s_1, \cdots, s_i', \cdots, s_d)$，网络能量由 $H(\boldsymbol{s})$变为 $H(\boldsymbol{s}')$，则：

$$H(\boldsymbol{s})-H(\boldsymbol{s}')=-\frac{1}{2}\sum_{j=1}^{d} w_{ij}\ s_i\ s_j+\frac{1}{2}\sum_{j=1}^{d} w_{ij}\ s'_i s_j \tag{17.9}$$

$$=-\frac{1}{2}(s_i-s_i')\sum_{j=1}^{d} w_{ij}\ s_j \tag{17.10}$$

由于其他神经元节点的值与权重作用导致该神经元的值发生改变，所以s_i与 $\sum_{j=1}^{d} w_{ij}\ s_j$ 一定是异号的，而s_i与s_i'也一定是异号的，所以 $H(\boldsymbol{s})-H(\boldsymbol{s}')$的结果一定为正。即随着网络能量不断变化，一定会降到一个极小值，但是不一定是全局最小值。

17.1.4 Hopfield 网络的容量

在前面我们提到了一个重要的问题：Hopfield 网络一次能记住多少张图片？这个问题并不难回答，我们需要考虑网络中单个节点的稳定性。可以这么考虑，对于第 i 个神经元，假设其已经学习完了输入 $\boldsymbol{x}(n)$。这时如果再将 $\boldsymbol{x}(n)$输入网络，那第 i 个神经元的输出为$\left(\text{这里我们用到了公式(17.4)，但是忽略了前面的比例系数}\frac{1}{N}\right)$：

$$s_i=\sum_{j=1}^{d} w_{ij}\ x_j(n)$$
$$=\sum_{j=1,j\neq i}^{d}\Big((x_i(n)\ x_j(n))\ x_j(n)+\Big(\sum_{m=1,m\neq n}^{N} x_i(m)\ x_j(m)\Big)\ x_j(n)\Big)$$

$$= x_i(n)(d-1) + \sum_{j=1, j\neq i}^{d} \sum_{m=1, m\neq n}^{N} x_i(m)\, x_j(m)\, x_j(n) \tag{17.11}$$

我们希望得到的结果是$s_i = x_i(n)$，正好公式第一项中是$(d-1)$倍的$x_i(n)$，所以自然希望第二项可以为零，要注意这里一共有$(d-1)\times(N-1)$项求和。

每个x_i可能的取值为± 1，我们假定每个神经元的值是均值为0、方差为单位方差的随机二元变量，即随机等可能地取$+1$或者-1。那么，总的求和的均值为$(d-1)x_i(n)$(即$-(d-1)$或$d-1$)，方差为$(d-1)\times(N-1)$(因此标准差为$\sqrt{(d-1)(N-1)}$)，近似于高斯分布。那么，i的值发生改变的概率分布在高斯分布的尾部，我们可以用**高斯累计分布函数**(Gaussian cumulative distribution function)计算：

$$P(\text{bit } i \text{ flips}) = \frac{1}{\sqrt{2\pi}} \int_{-\infty}^{t} \mathrm{e}^{-\frac{t^2}{2}} \mathrm{d}t \tag{17.12}$$

其中$t = \dfrac{-(d-1)}{\sqrt{(d-1)(N-1)}}$。

这意味着真正起作用的是$(d-1)$和$(N-1)$之间的比例，神经元越多，所拥有的记忆也就越多。但是总会有某个位置的值被改变了，假设我们能够接受1%这种情况的发生，则根据公式(17.12)可以计算得到$N\approx 0.18d$，但这仅仅是在第一次迭代中值发生改变的情况。进一步实验表明，对于1%的错误容忍量，网络能够存储$N\approx 0.138d$个图案。所以对于20×16的图像，一共有320个神经元，那么能够记忆大约44张图像。

17.1.5 连续Hopfield网络

Hopfield网络有一个连续的版本，能够用来处理更多有意思的数据，比如灰度图像。连续Hopfield网络的主要不同点在于每个神经元需要一个取值在-1到1之间的激活函数。通常可以通过对logistic(sigmoid)函数进行缩放得到，但其实有个更方便的做法是采用**双曲正切函数**(hyperbolic tangent function)，在NumPy中专门有一个函数`np.tanh()`，在本章的习题中包含了将Hopfield网络调整为使用这样的神经元的问题。

在连续Hopfield网络中我们采取和在MLP问题中一样的转换方法，用一个连续的激活函数代替阈值，从而使神经网络不是去最小化公式(17.7)中的能量函数，而是近似一个符合能量函数的概率分布：

$$P(\boldsymbol{x}\,|\,\boldsymbol{W}) = \frac{1}{Z(\boldsymbol{W})} \exp\left[\frac{1}{2}\boldsymbol{x}^{\mathrm{T}}\boldsymbol{W}\boldsymbol{x}\right] \tag{17.13}$$

其中$Z(\boldsymbol{W}) = \sum_{\boldsymbol{x}} \exp\left(\frac{1}{2}\boldsymbol{x}^{\mathrm{T}}\boldsymbol{W}\boldsymbol{x}\right)$为归一化函数。

如果把神经元激活状态从-1和1改为0和1，将其值看成神经元被激活的概率(0表示不会被激活，1表示一定被激活)，那么这个分布就很好计算了。或者说我们的神经元是随机神经元，其激活概率为$1/1+\mathrm{e}^{-x}$。我们称这种基于上述随机神经元的神经网络为**玻尔兹曼机**(Boltzmann machine)，它产生的**Gibbs样本**(详见15.4.4节)服从概率分布的，下面我们就介绍有关玻尔兹曼机的概念。

17.2 随机神经元：玻尔兹曼机

与Hopfield网络一样，原始玻尔兹曼机是全连接的，但是我们知道在神经网络中，除了**可见层神经元**之外还有**隐层神经元**，后者在模型中起到的作用是无法具体描述的。图 17-5展示了一个全连接的玻尔兹曼机，可以看到其中包含可见层神经元和隐层神经元。

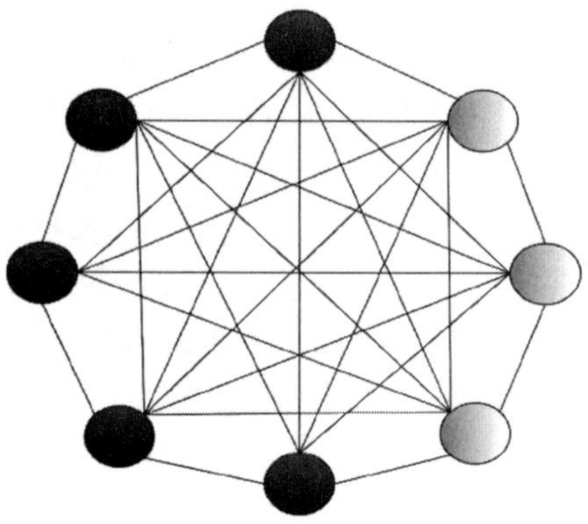

我们就从 Hopfield 网络开始，看看如何训练玻尔兹曼机。我们将可见层节点的状态标记为 $\boldsymbol{v}$，那么网络进行如下采样：

$$P(\boldsymbol{v} \mid \boldsymbol{W}) = \frac{1}{Z(\boldsymbol{W})} \exp\left(\frac{1}{2} \boldsymbol{v}^{\mathrm{T}} \boldsymbol{W} \boldsymbol{v}\right) \quad (17.14)$$

因此，学习过程就是不断调整权重矩阵 $\boldsymbol{W}$，使生成的模型与训练数据($\boldsymbol{x}^n$)匹配。为了最大化上述似然值，我们可以计算其对数相对于每个权重的导数 $w_{i,j}$：

图 17-5　玻尔兹曼机网络图示。所有节点是全连接的，但分为显层节点(黑色)和隐层节点(灰色)

$$\frac{\partial}{\partial w_{i,j}} \log \Pi n = 1^N P(\boldsymbol{x}^n \mid W)$$

$$= \frac{\partial}{\partial w_{i,j}} \sum_{n=1}^{N} \frac{1}{2} (\boldsymbol{x}^n)^{\mathrm{T}} \boldsymbol{W} \boldsymbol{x}^n - \log Z(\boldsymbol{W}) \quad (17.15)$$

$$= \sum_{n=1}^{N} (x_i^n x_j^n - x_i^n x_j^n P(\boldsymbol{x} \mid \boldsymbol{W})) \quad (17.16)$$

$$= N \langle x_i x_j \rangle_{\text{data}} - \langle x_i x_j \rangle_{P(\boldsymbol{x} \mid \boldsymbol{W})} \quad (17.17)$$

其中最后一行的⟨,⟩为平均数，所以第一项代表数据的平均数，第二项代表从概率分布中采样得到的平均数。

这其实说明了每个权重的梯度与下面两个相关性之间的差异成正比：一是数据中两个量之间的相关性(**经验相关性**)，二是在当前模型中两个量之间的相关性。很显然相对于前者，后者是不好直接估计的，但是我们可以像在玻尔兹曼机迭代过程中那样从模型中采样来进行估计。

玻尔兹曼机的发明者 Geoffrey Hinton 提出了计算上述两个部分的**清醒-睡眠**(wake-sleep)算法。一开始算法处于“清醒”状态，计算数据相似性，接着让神经网络“睡眠”并“做梦”回忆这些数据，从而估计这些数据在模型中的关联性。

我们可以将上述四项推广到有隐层神经元的神经网络中。将隐层神经元的状态标记为 $\boldsymbol{h}$，那么整个网络的状态可以表示为 $\boldsymbol{y}=(\boldsymbol{v}, \boldsymbol{h})$，其中隐层的状态未知，那么对于给定数据$\boldsymbol{x}^n$，权重矩阵 W 的似然估计为：

$$P(\boldsymbol{x}^n \mid \boldsymbol{W}) = \sum_{\boldsymbol{h}} P(\boldsymbol{x}^n, \boldsymbol{h} \mid \boldsymbol{W}) = \sum_{h} \frac{1}{Z(\boldsymbol{W})} \exp\left(\frac{1}{2} (\boldsymbol{y}^n)^{\mathrm{T}} \boldsymbol{W} \boldsymbol{y}^n\right) \quad (17.18)$$

要注意现在 Z 还要加上隐层节点的状态 $\boldsymbol{h}$。

像之前一样计算对数似然的导数，关于权重$w_{i,j}$的梯度与网络处于睡眠和清醒状态时的以下两项有相似形式的差异：

$$\frac{\partial}{\partial w_{i,j}} \log P(\{\boldsymbol{x}^n\} \mid \boldsymbol{W}) = \sum_{n} (\langle y_i y_j \rangle_{P(\boldsymbol{h} \mid \boldsymbol{x}^n, \boldsymbol{W})} - \langle y_i y_j \rangle_{P(\boldsymbol{v}, \boldsymbol{h} \mid \boldsymbol{W})}) \quad (17.19)$$

但不幸的是，这些相似性必须通过对网络进行多次迭代才能采样，而每次迭代分为两步：首先，清醒状态下，可见层神经元**固定**其值为输入，隐层神经元在模型中可取任何值；接着，在睡眠状态下，从模型中进行采样。

这里我们似乎可以通过第 15 章介绍的马尔可夫链来绕过这个问题：建立一个收敛到

正确概率分布的马尔可夫链，让马尔可夫链运行到平稳，那么就可以从结果的分布中采样，从而用样本平均值来近似分布平均值。但这么做的计算代价太昂贵了，需要在每个阶段花很多时间在马尔可夫链上。

将可见层节点固定为输入，然后用 Gibbs 采样(详见 15.4.4 节)直到网络稳定，计算公式(17.19)中的第一项。接着，允许可见层节点自由，那么整个分布可以从上而下先从可见层节点后从隐层节点中采样，直到再次收敛，计算公式(17.19)中的第二项。这样所有权重都可以通过公式(17.19)训练得到。

玻尔兹曼机是一个很有趣的神经网络模型，因为它从权重更新中采样出了一个生成概率模型。但是，当每一次学习中都包含从两个分布中进行蒙特卡罗采样时，计算代价也会非常昂贵。事实上，因为基于连接的对称性，玻尔兹曼机本质上是一个马尔可夫随机场(MRF，详见 16.2 节)。由于其计算代价的问题，一般的玻尔兹曼机无法运用到实践中，所以我们没有进行实现。但是下面我们将介绍一个简化版本的玻尔兹曼机。

17.2.1　受限玻尔兹曼机

上述算法的主要计算代价是必须通过采样找到两者的相关关系，这意味着算法必须运行大量迭代，以便在学习的每个步骤收敛。随着节点数量的增加，这种代价逐渐增大，所以算法的拓展性非常差。但是，对于没有隐藏节点的机器，这种采样中的一些是不必要的，仅能从数据中计算第一项。理想情况下，我们希望找到允许这种情况发生的机器的简化版本，并且使得第二相关所需的采样步骤在合理范围内尽可能小。

事实证明，每层中的互连都会产生一些问题。假定其他层节点保持不变的情况下，如果没有这些互连，则在同层的节点是相互独立的。换句话说，将每个隐藏的神经元视为一个个“专家”，对于每个可见神经元将它们的分布相乘(取对数以及求和)，就有可能得到每个可见神经元的分布。类似地，可以在给定可见节点的情况下计算出隐藏节点的分布。

因此，**受限玻尔兹曼机**(RBM)由两层节点组成，即可见节点(在“清醒”训练期间固定为输入端)和隐藏节点。两层中的任何一层都没有互连，但它们之间使用对称权重的全连接。这被称为**二分图**，三个输入节点和两个隐藏节点的示例如图 17-6 所示。它最初有个令人愉悦的名字——Harmonium，但因其易处理的训练算法在概念上非常类似于完整的玻尔兹曼机，所以将其固定称为 RBM。

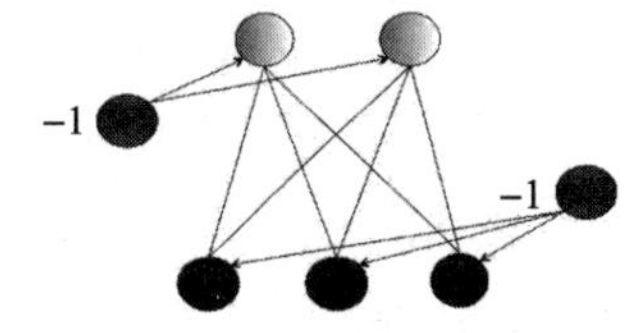

图 17-6　RBM 网络的示意图。有两层节点(可见节点和隐藏节点)与对称权重相连

用于训练 RBM 的算法是**对比分歧**(Contrastive Divergence，CD)，由首先提出了玻尔兹曼机的 Hinton 及其同事创建。这种算法是一种清醒-睡眠算法，在我们讲解数值例子之前，会先给出这种算法，导出更新方程，并考虑一些实现问题。

受限玻尔兹曼机

- **初始化**
  - 将所有的权重随机初始化为小的数值(正和负)，通常均值为 0，标准差约 0.01。
- **对比分歧学习**
  - 输入一个 d 维训练集 $\boldsymbol{x}(1)$，$\boldsymbol{x}(2)$，…，$\boldsymbol{x}(N)$，元素值为±1。
  - 对于一些训练周期或直到误差变小：

○ **清醒阶段**

○ 将可见节点设置为其中一个输入向量。

○ 计算每个隐藏节点 j 的触发概率(其中b_j是隐藏节点h_j的输入偏差)：

$$p(h_j = 1 | \boldsymbol{v}, \boldsymbol{W}) = 1 \Big/ \Big(1 + \exp\Big(-b_j - \sum_{i=1}^{d} v_i w_{ij}\Big)\Big) \tag{17.20}$$

○ 创建一个随机样本来决定每个隐藏节点 j 是否会触发。

○ 计算 $\text{CDpos} = \frac{1}{N}\sum_i \sum_j v_i h_j$。

○ **睡眠阶段**

○ 对于 CD 中的某些步骤：

- 重新估计v_i(其中a_i是隐藏节点h_j的有偏输入)：

$$p(v_i' = 1 | h, W) = 1 \Big/ \Big(1 + \exp\Big(-a_i - \sum_{j=1}^{n} w_{ij} h_j\Big)\Big) \tag{17.21}$$

- 创建一个随机样本来决定每个隐藏节点v_i是否会触发。
- 重新估计h_j：

$$p(h_j' = 1 | \boldsymbol{v}, \boldsymbol{W}) = 1 \Big/ \Big(1 + \exp\Big(-\sum_{i=1}^{d} v_i' w_{ij}\Big)\Big) \tag{17.22}$$

- 创建一个随机样本来决定每个隐藏节点h_j是否会触发。

○ 使用现在的v_i和h_j值来计算 $\text{CDneg} = \frac{1}{N}\sum_i \sum_j v_i h_j$。

– **权重更新**

– 更新权重(其中 η 是学习速率，m 是动量大小，τ 是当前步，$\tau-1$ 是上一步)：

$$\Delta w_{ij}^{\tau} = \eta(\text{CDpos} - \text{CDneg}) + m\Delta w_{ij}^{\tau-1} \tag{17.23}$$

$$w_{ij} \leftarrow \Delta w_{ij}^{\tau} \tag{17.24}$$

– 使用相同的学习速率更新偏差权重，但是基于(其中$\boldsymbol{v}^n$是第 n 个可见值的向量，对于$\boldsymbol{h}^n$也是相似的)：

$$\text{CDpos}_{\text{visible bias}} = \sum_{n=1}^{N} \boldsymbol{x}(n) \tag{17.25}$$

$$\text{CDneg}_{\text{visible bias}} = \sum_{n=1}^{N} \boldsymbol{v}^n \tag{17.26}$$

$$\text{CDpos}_{\text{hidden bias}} = \sum_{n=1}^{N} \boldsymbol{x}(n) \tag{17.27}$$

$$\text{CDneg}_{\text{hidden bias}} = \sum_{n=1}^{N} \boldsymbol{h}^n \tag{17.28}$$

– 计算误差项(比如**重建误差** $\sum_i (v_i - v_i')^2$)。 (17.29)

- **回忆**

– 通过将节点v_i的状态设置为x_i来固定输入 $\boldsymbol{x}$。

○ 计算每个隐藏节点 j 的激活值：

$$p(h_j = 1 \mid \boldsymbol{v}, \boldsymbol{W}) = 1 \Big/ \Big(1 + \exp\Big(-\sum_{i=1}^{d} v_i w_{ij}\Big)\Big) \tag{17.30}$$

○ 创建一个随机样本来决定每个隐藏节点h_j是否会触发。

○ 重新估计v_i：

$$p(v_i' = 1 \mid \boldsymbol{h}, \boldsymbol{W}) = 1 \Big/ \Big(1 + \exp\Big(-\sum_{i=1}^{n} w_{ij} h_j\Big)\Big) \tag{17.31}$$

○ 创建一个随机样本来决定每个可见节点 v_i 是否会触发。

这是一个非常复杂的算法，所以我们用一个简单的 RBM 例子来解释它。假设学生需要为完成学位的特定部分而选择五门课程中的三门。课程包括软件工程(SE)、机器学习(ML)、人机交互(HCI)、离散数学(DM)和数据库(DB)。如果导师希望向学生推荐他们适合的课程来帮助他们选择，那么根据学生是喜欢编程还是信息技术来分类可能是有用的。看一下前几年的情况，导师可能会看到如下例子：(ML，DM，DB)和(SE，ML，DB)适合喜欢编程的学生，而(SE，HCI，DB)适合喜欢 IT 的学生。当然，会有喜欢这两种课程的学生，他们的选择会更加复杂。

仅给出学生选择的课程列表，RBM 可用于识别数据中的聚类，然后根据他们所处的学生类型的信息，建议他们选择哪些课程。

课程				
SE	ML	HCI	DM	DB
0	1	0	1	1
1	1	0	1	0
1	1	0	0	1
1	1	0	0	1
1	0	1	0	1
1	1	1	0	0

在这个非常简单的小例子中，我们可以简单地看下算法的效果。在算法的清醒阶段使用这些输入来计算概率，并对基于随机权重的隐藏层进行采样激活。然后计算出可见节点和隐藏节点同时触发的次数，这是对数据期望的近似。因此，对于我们的特定输入，计算出隐藏节点的激活值如下。

隐藏节点 1	隐藏节点 2
1	0
0	1
1	1
0	1
0	1
0	0

对于五门课程中的每一门，CDpos 的值如下。

课程	隐藏节点 1	隐藏节点 2
SE	1	4
ML	2	3
HCI	0	1
DB	1	1
DB	2	3

这里对于偏差节点有相似的计算过程。

接着，该算法采用少量的更新步骤对可见节点进行采样，然后对隐藏节点进行采样，并进行相同的估计来获得 CDneg 值。对其进行比较来获得权重更新，其中包括减去这两个矩阵和保持权重在同一方向移动的任何动量项。

经过几次迭代学习后，当算法识别出合适的结构时，概率开始明显与 0.5 有差异。例如，在使用数据集迭代 10 次后，概率可能如下(到 2 位小数)。

课程				
SE	ML	HCI	DM	DB
0.78	0.63	0.23	0.29	0.49
0.90	0.76	0.19	0.22	0.60
0.90	0.76	0.19	0.22	0.60
0.90	0.76	0.19	0.22	0.60
0.89	0.75	0.34	0.30	0.63
0.89	0.75	0.34	0.30	0.63

此时，在可见节点为输入或者新测试的数据时，我们可以查看隐藏节点的概率或者激活值，或者在将隐藏节点固定为特定值时查看可见节点的概率或激活值。

如果我们查看输入训练样本时隐藏节点的激活值，可能的结果如下。

隐藏节点 1	隐藏节点 2
0	1
0	1
1	1
1	1
1	0
1	0

这表明该算法已经识别出用于生成数据的类别，并且可看到中间的两个学生选择了混合的课程。

我们还可以向选择(SE，ML，DB)课程的新学生提供可见节点，算法会打开两个隐藏层的节点。此外，如果我们只打开两层隐藏层之间的一层的节点，并从可见节点采样几次，则可以看到像(1，1，1，0，1)和(1，1，1，0，0)这样的输出，因为算法并不知道只选择三门课程。

17.2.2　CD 算法的推导

前面已经展示了这个算法以及应用它的一个简单的小例子，下面我们来看看它的推导公式。为了理解算法背后的思想，我们先试图计算概率分布 $p(\boldsymbol{y}, \boldsymbol{W})$，它可以写成：

$$p(\boldsymbol{y},\boldsymbol{W}) = \frac{1}{Z(\boldsymbol{W})}\exp(\boldsymbol{y}^{\mathrm{T}}\boldsymbol{W}\boldsymbol{y}) \tag{17.32}$$

为了求出这个等式的最大似然解，像之前一样，我们使用一个训练集，在训练集上计算对数似然的导数，并使用梯度上升。可以看到这个导数与公式(17.15)很像，但这里使用一个稍微不同的形式。

N 个输入训练样本的对数似然是：

$$\begin{aligned}\mathcal{L} &= \frac{1}{N}\sum_{n=1}^{N}\log p(\boldsymbol{x}^n,\boldsymbol{W})\\ &= \langle \log p(\boldsymbol{x},\boldsymbol{W})\rangle_{\text{data}}\\ &= -\frac{1}{2}\langle (\boldsymbol{x}^n)^{\mathrm{T}}\boldsymbol{W}\boldsymbol{x}^n\rangle_{\text{data}} - \log \boldsymbol{Z}(\boldsymbol{W})\end{aligned} \tag{17.33}$$

当我们根据权重计算出它的导数时，第二项消失了，得到：

$$\frac{\partial \mathcal{L}}{\partial \boldsymbol{W}} = -\left\langle \frac{\partial \mathcal{L}}{\partial \boldsymbol{W}}\right\rangle_{\text{data}} + \left\langle \frac{\partial \mathcal{L}}{\partial \boldsymbol{W}}\right\rangle_{p(\boldsymbol{x},\boldsymbol{W})} \tag{17.34}$$

在这种形式下，很容易看出问题所在：第二项是在所有概率分布上的平均，其中也包括归一化项 $Z(\boldsymbol{W})$，这个归一化项是 $\boldsymbol{x}$ 的所有可能取值的和，所以计算代价非常大。

最后我们要看一下最大似然计算的另一种描述。这是通过最小化所谓的 **Kullback-Leibler(KL)散度**，它是对两种概率分布之间的差异的度量，事实上就是我们在第 12 章讲的**信息增益**(information gain)。在两个概率分布 p、q 之间的 KL 散度定义为：

$$\mathrm{KL}(p\|q) = \int p(x)\log\frac{p(x)}{q(x)}\mathrm{d}x \tag{17.35}$$

注意，上式是非对称的，一般情况下 $\mathrm{KL}(p\|q)\neq \mathrm{KL}(q\|p)$。

最小化 KL 散度与最大化对数似然是等价的，我们可以写出：

$$\begin{aligned}\mathrm{KL}(p(\boldsymbol{x},\boldsymbol{W})_{\text{data}}\|p(\boldsymbol{x},\boldsymbol{W})_{\text{model}}) &= \sum_{n=1}^{N} p_{\text{data}}\log\frac{p_{\text{data}}}{p_{\text{model}}}\mathrm{d}x\\ &= \sum_{n=1}^{N} p_{\text{data}}\log p_{\text{data}} - \sum_{n=1}^{N} p_{\text{data}}\log p_{\text{model}}\\ &= \sum_{n=1}^{N} p_{\text{data}}\log p_{\text{data}} - \frac{1}{N}\sum_{n=1}^{N}\log p(\boldsymbol{x}^n|\boldsymbol{W})\end{aligned} \tag{17.36}$$

第一项与权重无关，所以在优化过程中可以忽略，第二项是对数似然的定义。Hinton 的观点是，如果不是最小化 KL 散度，而是将两个不同的 KL 散度之间的差异($\mathrm{KL}(p_{\text{data}}\|p_{\text{model}})-\mathrm{KL}(p_{\mathrm{MCMC}(n)}\|p_{\text{model}})$)最小化，这样式(17.34)中计算代价太大的项就可以被去除。$p_{\mathrm{MCMC}(n)}$ 表示马尔可夫的 n 个样本之后的概率分布，通常 $n=1$。

这就是对比分歧算法的概念：我们先计算数据的期望，然后从数据分布开始 Gibbs 采样，进行少量步骤以获得下一项。在清醒睡眠算法方面，我们不允许网络在清醒之前做太久的梦，并要求知道它的梦是什么。

为了看到它们之间的不同，可以考虑仅有可见节点的(非受限)玻尔兹曼机。在这种情况下，整个计算过程使用极大似然，得到的权重更新公式为：

$$w_{ij} \leftarrow w_{ij} + \eta(\langle v_i v_j\rangle_{\text{data}} - \langle v_i v_j\rangle_{p(\boldsymbol{x},\boldsymbol{W})}) \tag{17.37}$$

相反，使用 CD 算法不会改变很多东西：

$$w_{ij} \leftarrow w_{ij} + \eta(\langle v_i v_j\rangle_{\text{data}} - \langle v_i v_j\rangle_{\mathrm{MCMC}(n)}) \tag{17.38}$$

对于受限玻尔兹曼机，CD 权重的更新是：

$$w_{ij} \leftarrow w_{ij} + \eta(\langle v_i h_j\rangle_{p(\boldsymbol{h}|\boldsymbol{v},\boldsymbol{W})} - \langle v_i h_j\rangle_{\mathrm{MCMC}(n)}) \tag{17.39}$$

第一项基于训练数据估计隐藏节点的分布，而第二项运行马尔可夫链的几个步骤来估计分布。马尔可夫链的这种运行采用交替 Gibbs 采样的形式，其中可见节点和权重取值用于估计隐藏节点，然后再用这些来估计可见节点，并且迭代该过程。如图 17-7 所示，与基于梯度上升(或下降)的其他算法(如 MLP)一样，在权重更新中包含动量项非常有用，这包含在下面给出的 RBM 算法的描述中。以下是关于 RBM 实现的一些注意事项。

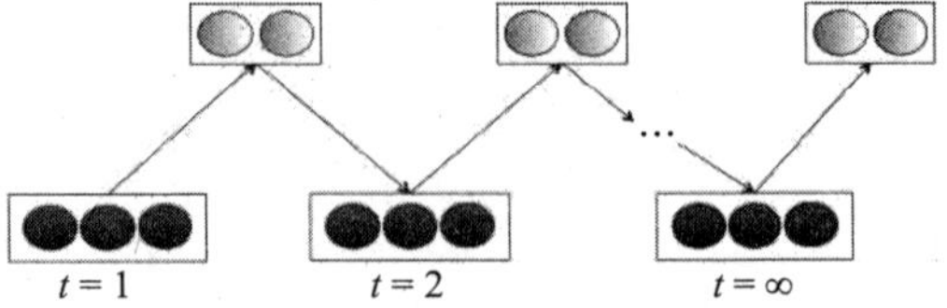

图 17-7　交替 Gibbs 采样的形式。可见节点的初始值(以及权重)被用来计算隐藏节点的概率分布，然后使用这些值重新估算可见节点的值，这个过程迭代进行

看此算法时你可能会注意到偏差权重与其他权重是分开的，并且具备自己的更新规则。这是因为有两组偏差权重，可见节点和隐藏节点的是分开的。这些不是对称权重的原因很简单，它们不是其他连接那样的真正的权重，而只是为每个神经元编码不同激活阈值的一种便捷的方式。

大多数计算步骤在 NumPy 中很容易进行，然而，一个特殊的步骤证明了其中的一点点思考，那就是根据随机样本决定神经元是否被激活。神经元的概率计算如下。

```
sumin = self.visiblebias + np.dot(hidden,self.weights.T)
self.visibleprob = 1./(1. + np.exp(-sumin))
```

问题是决定神经元是否真正被激活。最简单的解决这个问题的方式是在 0 和 1 之间均匀采样，然后检查结果是否会变大。下面的代码片段中显示了两种可能的方法。

```
self.visibleact1 = (self.visibleprob>np.random.rand(np.shape(self.
visibleprob)[0],self.nvisible)).astype('float')
self.visibleact2 =np.where(self.visibleprob>np.random.rand(self.visibleprob.
shape[0],self.visibleprob.shape[1]),1.,0.)
```

这两条线的输出没有区别，所以乍看之下没什么选择余地，但是它们还是存在差异的。为了看到这份差异，我们使用 Python 提供的时间工具：TimeIt 模块。此模块可以以不同的方式使用，但为了演示方便，我们建议在 Python 命令行中使用它。Timeit 模块运行指定次数的命令(或命令集)，并返回所需时间的有关信息。

```
>>> import timeit
>>> timeit.timeit("h = (probs > np.random.rand(probs.shape[0],probs.shape[1])
).astype('float')",setup="import numpy as np; probs =
np.random.rand(1000,
100)",number=1000)
2.2446439266204834
>>> timeit.timeit("h= np.where(probs>np.random.rand(probs.shape[0],probs.
shape[1]),1.,0.)",setup="import numpy as np; probs =
np.random.rand(1000,100)
",number=1000)
5.140886068344116
```

可以看出，尽管这两种方法都不是那么快，但第二种方法所花费的时间是第一种方法的两倍多。由于这个计算过程会在 RBM 运行过程中被执行很多次，因此使用第一种方法就绝对比使用第二种方法值得。

你可能想知道为什么真值被转换为浮点而不是整数。我们已经看到了做这种类型转换的原因，在此之前 NumPy 倾向于将事物转换为最低复杂性类型，因此如果激活被转换为整数，那么基于此输入的整个计算在下一层的概率也会被转换为整数，这显然会导致很大的错误。

使用这段代码来计算两层的激活值，在 Python 中简单对比分歧的步骤与算法描述匹配得很清晰。

```
def contrastive_divergence(self,inputs,labels=None,dw=None,dwl=None,
dwvb=None,dwhb=None,dwlb=None,silent=False):
    # Clamp input into visible nodes
    visible = inputs
    self.labelact = labels

    for epoch in range(self.nepochs):
  # Awake Phase
  # Sample the hidden variables
  self.compute_hidden(visible,labels)

 # Compute <vh>_0
  positive = np.dot(inputs.T,self.hiddenact)
  positivevb = inputs.sum(axis=0)
  positivehb = self.hiddenprob.sum(axis=0)

 # Asleep Phase
  # Do limited Gibbs sampling to sample from the hidden distribution
  for j in range(self.nCDsteps):
      self.compute_visible(self.hiddenact)
      self.compute_hidden(self.visibleact,self.labelact)

 # Compute <vh>_n
  negative = np.dot(self.visibleact.T,self.hiddenact)
  negativevb = self.visibleact.sum(axis=0)
  negativehb = self.hiddenprob.sum(axis=0)

 # Learning rule (with momentum)
  dw = self.eta * ((positive - negative) / np.shape(inputs)[0] - self.
  decay*self.weights) + self.momentum*dw
 self.weights += dw
 dwvb = self.eta * (positivevb - negativevb) / np.shape(inputs)[0] + self.
  momentum*dwvb
 self.visiblebias += dwvb
 dwhb = self.eta * (positivehb - negativehb) / np.shape(inputs)[0] + self.
  momentum*dwhb
 self.hiddenbias += dwhb
 error = np.sum((inputs - self.visibleact)**2)

 visible = inputs
 self.labelact = labels
```

17.2.3 监督学习

RBM 的整个执行模式就像 Hopfield 网络一样，因此在训练之后，当向网络显示损坏或部分输入时(通过将它们放入可见单元中)，网络放松到较低能量训练状态。但是，可以扩展 RBM 以便执行分类。这是通过添加另一层 soft-max 单元(关于 soft-max 的介绍参见 4.2.3 节)来实现的，这些单元也具有对称权重(见图 17-8)。

这些节点的激活函数是 soft-max 而不是 logistic，因此每个输入只激活一个神经元(一个类)。这一额外权重集(以及相应的偏差权重)的训练规则也是基于对比分歧。

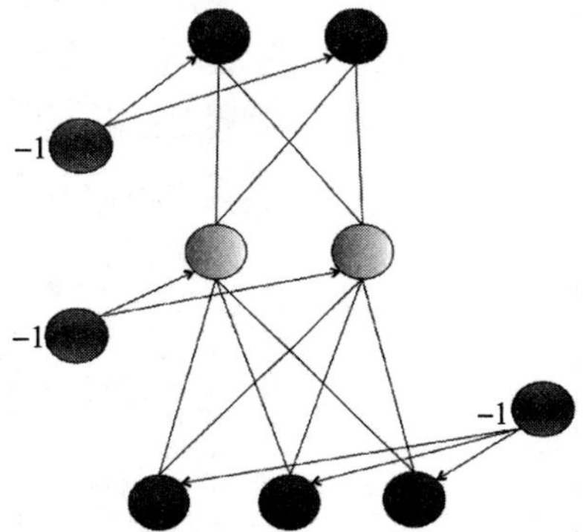

图 17-8 用于监督学习的 RBM，具有额外的“标记”节点层，也与对称权重相连接。但是，这些节点使用 soft-max 激活而不是 logistic 激活

这里简要地补充 RBM 的实现过程，在可见节点的采样中存在最明显的区别，因为现在有两组：输入节点和标记节点($\boldsymbol{l}$)。所以我们计算 $p(\boldsymbol{v}, |\boldsymbol{h}, \boldsymbol{W})$和 $p(\boldsymbol{l}|\boldsymbol{h}, \boldsymbol{W}')$，这里 $\boldsymbol{W}'$是将隐藏节点连接到标记节点的额外权重。这些节点都不包含在彼此的条件中，而是在给定隐藏节点的情况下彼此独立。然而，隐藏节点的概率同时取决于两者(上面的两个集合)：$p(\boldsymbol{h}|\boldsymbol{v}, \boldsymbol{l}, \boldsymbol{W}, \boldsymbol{W}')$。

由于标记节点使用 soft-max 单元，它们的激活是不同的，如 4.2.3 节所述。然而，这在实现上可能有些尴尬，因为如果我们使用 soft-max 方程，那么数字会变得非常大(计算相当大 x 值的e^x)。一种简单的解决方案是减去最大值，这样数字就全部为 0 或者小于 0。不幸的是，这确实将代码变得复杂：

```
# Compute label activations (softmax)
if self.nlabels is not None:
  sumin = self.labelbias + np.dot(hidden,self.labelweights.T)
  summax = sumin.max(axis=1)
  summax = np.reshape(summax,summax.shape+(1,)).repeat(np.shape(sumin)[1],
  axis=-1)
  sumin -= summax
normalisers = np.exp(sumin).sum(axis=1)
  normalisers = np.reshape(normalisers,normalisers.shape+(1,)).repeat(np.
  shape(sumin)[1],axis=-1)
  self.labelact = np.exp(sumin)/normalisers
```

图 17-9 展示了有 50 个隐藏节点的 RBM 在 Binary Alphadigits 数据集上学习 3 个字母(A，B，S)在不知道标记情况下的输出；图 17-10 展示了相同的样本，使用有标记的 RBM 的结果。算法进行了 1000 次迭代学习。第一行显示训练集(每个字母有 20 个样本)和训练集中每个成员的重建结果，而第二行显示其余 57 个样本(每个有 19 个)的测试集及重建结果。可以看出，重建的结果大多非常好。有标记的算法得到 0 个错误的训练样本，5 个错误的测试样本，而无标记版本得到 0 个错误的训练样本，但有 7 个错误的测试样本。

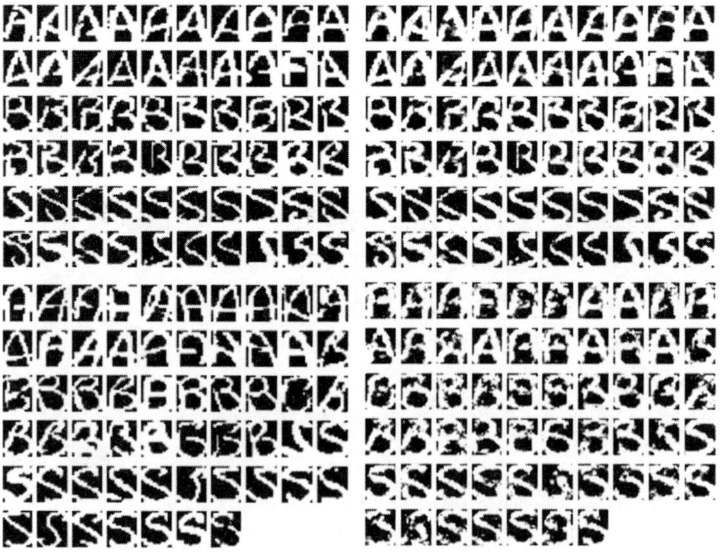

图 17-9　无标记 RBM 的训练。左上：训练集；右上：训练集的重建结果；左下：测试集；右下：测试集的重建结果。在最后的集合中可以看到几个错误，比如第五行最后的图片，S 被重建为 B

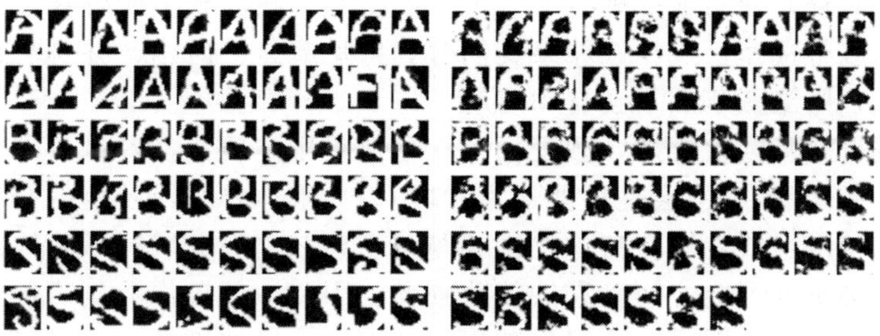

图 17-10　有标记 RBM 的训练。左边：训练集的重建结果；右边：测试集的重建结果

17.2.4　RBM 作为定向置信网络

从刚刚的内容可以看出，RBM 在学习相当复杂的数据集方面做得非常好，而且可以将网络用作生成模型的事实有助于我们了解它的学习内容。理解 RBM 功能的一种方法是将它看成一个有无穷层数的定向网络，所有层都由与 RBM 相同的随机神经元组成，并且具有相同的权重矩阵连接到每对序列图层，如图 17-11 所示。

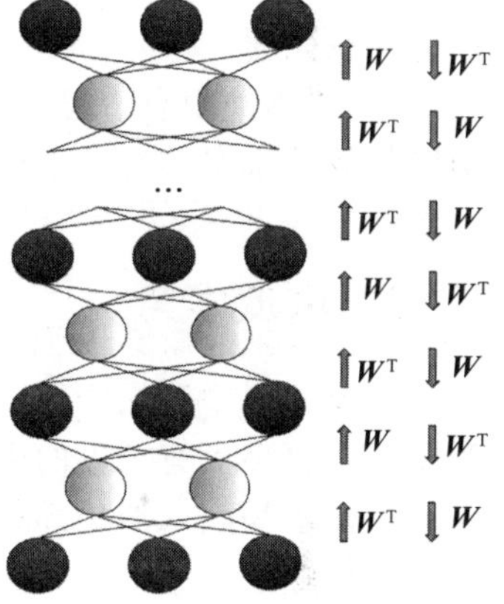

图 17-11　无限层的有向置信网络

对于给定的权重集，我们可以使用该网络通过将随机配置放入无限深层的节点中来生成训练中使用的可能输入。然后使用权重推断先前层的激活，并且基于父母从概率分布中选择每个神经元的二元状态。迭代此过程，直到到达可见节点，这使我们可以重建可能的输入。

通过使用上层到下层的权重矩阵的转置，可以从可见节点到更上层的网络。这使得我们能够通过设置隐藏层下面的可见节点的值来推断隐藏层上的**因子分布**(即独立分布的乘积)。这是一个因子分布，因为隐藏层中的节点彼此独立。我们可以在层上追踪这个过程，进而能够从隐藏层上的后验分布中进行采样。

由于我们可以从后验分布中采样，因此也能计算数据概率的导数(更有针对性的是数据的对数概率)：

$$\frac{\partial \log p(\boldsymbol{v}^0)}{\partial w_{ij}} = \langle h_j^0 (v_i^0 - \hat{v}_i^0) \rangle \tag{17.40}$$

这里 $\boldsymbol{v}^0$ 表示在可见层 0 的向量值，$\hat{v}_i$ 是如果可见向量从采样的隐藏节点重建那么神经元 i 被激活的概率。由于权重矩阵在每对层间是一样的，因此有 $\hat{v}_i^0 = v_i^1$。

因为每一层权重矩阵都相同，所以权重的全导数需要包含其中所有层的贡献：

$$\begin{aligned}\frac{\partial \log p(\boldsymbol{v}^0)}{\partial w_{ij}} =& \langle h_j^0 (v_i^0 - v_i^1) \rangle + \langle v_i^1 (h_j^0 - h_j^1) \rangle \\ &+ \langle h_j^1 (v_i^1 - v_i^2) \rangle + \langle v_i^2 (h_j^1 - h_j^2) \rangle + \cdots\end{aligned} \tag{17.41}$$

仔细观察，你会注意到多数的项会被抵消掉，最后的结果是：

$$\frac{\partial \log p(\boldsymbol{v}^0)}{\partial w_{ij}} = \langle v_i^0 h_j^0 \rangle - \langle v_i^\infty h_j^\infty \rangle \tag{17.42}$$

这就和完整的玻尔兹曼机相同。由于这两个网络最小化相同的梯度并且基于相同的采样步骤，所以它们是相等的。

这实际上意味着一些重要的东西——RBM 似乎取消了在进行推理时**解释**的必要性。

在置信网络中，解释是在实施推理时的一个主要挑战。我们希望能够在发生某些事情的可能竞争原因之间进行选择，这样，如果我们看到可见节点已启用，并且有两个可能导致它的竞争隐藏节点，则隐藏节点不会自动启动。

为了说明进行解释的重要性，假设你正在参加一场多项选择考试，但你对考试题目所涉及的领域一无所知(希望不会是机器学习领域)。如果你要获得及格的分数，那么可能的原因是你猜得比较准，或者考官将你的试卷与某个熟知这一领域的考生的试卷弄混了。

这两个原因都不太可能，而且它们彼此独立。因此，如果你看到班里的天才在收到考试结果时看起来很震惊，那么你可以推断出你的试卷已经被换掉，并且不再考虑在回家的路上买彩票。换句话说，虽然这两种解释相互独立，但它们在条件上取决于对你的考试成功的解释。

解释在我们刚刚看到的无限置信网络中不是问题，但它将成为有限的。考虑一个隐藏层，数据向量为可见输入，隐藏层中的节点将具有基于数据向量的包括彼此之间的条件依赖性的分布。在无限版本中，这不会发生，因为其他隐藏层将其取消了。术语取消有时被称为**补充先验**。

RBM本身很有意思，但你可以将它构建成更有趣的东西，而且这一与无限定向置信网络等效的事实将有助于构建所需的算法，我们将在下一节中看到。

17.3 深度学习

在第4章中我们介绍了多层感知机(MLP)，它能够学习和表示很多东西。但是有时候为了学习更多更有意思的内容，我们需要更多的节点、权重和训练数据，甚至更多训练时间、更多容易陷入的局部最小值。

我们之前介绍的所有学习算法其实都是相对较浅的：通过给定一组输入，生成(线性或非线性)对这些输入的某种组合。基于树的算法也只是每次考虑一个输入，所做的改进不过是在组合输入时引入了权重。

这与我们人脑的工作原理实际上还是不同的，因为人脑是由多层神经构成的。这与我们处理事情的方式也不相同，比如分析图片，图17-12展示了一张图片，以及从图片中提取的特征信息。如果我们想对图片中的物体进行识别，只把像素值输入给学习算法是行不通的，因为学习算法做的事情只是对像素值进行组合，并试图对其进行分类。但如果我们把提取的特征信息提供给学习算法，就可以根据问题选择有用的特征。比如要观察物体外观，那么边界会比纹理更重要，更进一步来说，如果图片中光的强度发生变化，有些地方是暗的，有些地方是亮的，那么像素强度可能就没用了，而边界和其他基于图像强度的特征可能会比较有用。

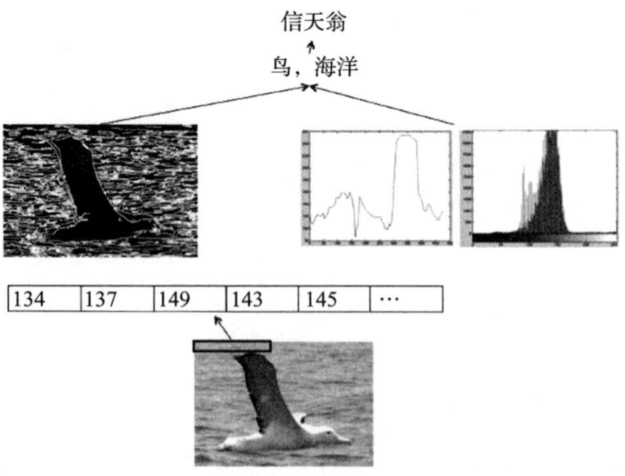

图17-12　深度学习的思想是原始图片(如一只鸟)只提供像素值信息，不同层的学习器学习对该数据的不同高阶相关性，所以整个系统能够学习到更多更复杂的特征信息

上述这些知识都可以归结为对输入特征的选择，然后将提取的特征输入给机器学习算法，希望对这些特征的组合能够用于图像识别。

但是在实际中我们识别物体时，会结合外形、纹理、颜色等多方面判断，相当于把一个大问题分解成了若干个子问题，再将每个子问题所得的结果进行整合，最后得到最终决策。我们从图片中各个部分的颜色(类似于像素开始)开始，通过越来越抽象的表示，直到将这些信息组合起来以识别出整个图片。

因此我们可以使用**深度**(deep)网络，在 MLP 中加入更多的神经元层，并用后向算法更新权重，它可以从 MLP 的输入中提取更多特征。但与此同时搜索空间会变得更大，在这个空间中进行梯度估计也会更难，所以创建深度网络不难，但是问题在于如何训练深度网络。事实上，相对于同等能力的普通网络，深度网络的训练应该更少，在此不讨论原因，但这并没有使训练变得简单。

人们在深度网络中最先进行的尝试是在**自动编码**问题(详见 4.4.5 节)，在 MLP 中输入和输出被绑定在一起，所以(数量较少的)隐层节点提供了对输入的低维表示。同样，深度网络也被用于执行模式竞争。

如图 17-13 所示，算法很简单，我们先训练单个自动编码器，然后将其中的隐层作为另一个网络的输入。第二个网络能够基于上一个网络的隐层节点激活状态，学习到关于原始输入的高阶表示。用同样的方法训练更多自动编码器，与之前的方式一样进行组合，如果我们想要做分类或者识别，那么在最顶端加上一个感知器，接受最后一组隐层节点的激活状态，并在此基础上进行监督学习。

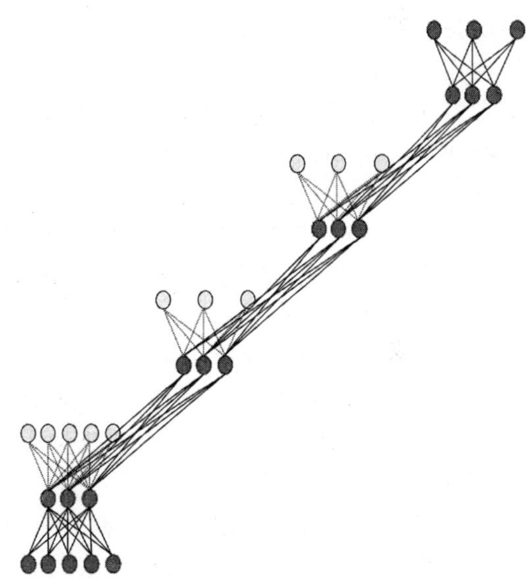

图 17-13 由一系列自动编码器构成的深度网络。其中，每个编码器的隐层都作为下一个编码器的输入，而剩下的部分(浅灰色节点)对输入进行重构

这种算法虽然简单，但同时也带来了问题。每个自动编码器都是在非监督的方式下学习的，就像一般的后向传播学习算法，但是由于输入和我们想要的输出是一致的，所以并没有真正的信息能告诉我们隐层节点该如何学习。在网络最后一层加上的感知器属于监督学习，但网络要处理的是其输入的信息，并没有错误信号来指导所有低层自动编码器中的权重的调整，因而也就无法进行更深入的训练来产生对输入的更有用的表示。

自动编码器和受限玻尔兹曼机都能够胜任相同的工作，但是区别在于自动编码器从输入到隐层节点再到输出都是有向的，而受限玻尔兹曼机是无向的，所以我们其实可以反向执行 RBM：对隐层节点进行采样，推测与之相连的可见层节点的值，这就是网络所见的输入类型的**生成模型**(generative model)。这意味着我们可以从 RBM 顶层获取信息，并反向将其一路向后推，直至输入端的可见节点。这样，我们就能改变 RBM 的权重，进而改变网络的连接。

深度学习是目前非常火的研究领域，包括谷歌在内的许多公司都在深度学习领域有所建树，他们雇用了大量研究人员，并且收购了一些已推出成功产品的业界公司。

将一系列受限玻尔兹曼机像栈一样堆叠起来将得到**深度置信网络**(Deep Belief Network，DBN)，我们下面来介绍它。

17.3.1 深度置信网络

从概念上来说，DBN 与刚才介绍的自动编码器类似，它由一系列未标记的 RBM 堆叠，并在顶部加上一个标记的 RBM。同样，构造网络虽然简单，但我们需要知道如何训练它。

我们首先会想到，先构造网络，然后使用 CD 学习同时训练整个网络的权重。但这花费的训练时间过长，并且包括了很多采样步骤。

我们也可以像在自动编码器中那样采用贪婪策略，将一个输入附给可见层节点，训练该 RBM，它会学习到输入的生成模型的对称权重。接着我们对其隐层节点进行采样，继续如此训练无标记的 RBM，将第 $i-1$ 层隐层节点的采样附给第 i 层的可见层节点，再在最顶层训练一个带标记的 RBM。这是 DBN 的完整贪婪学习算法，对于自动编码器，学习过程完全相同。但是，到此还没有结束。

在这里我们有两个目标：一是基于可见层神经元识别输入(即一般的分类)，二是基于隐层神经元生成类似输入的样本。由于 RBM 是完全对称的，所以对于这两个目标，我们将使用相同的权重矩阵。但是，当我们给 RBM 加入额外的层并成功训练每个 RBM 时，就会发现：从位于底部的可见层节点自下而上进行输入识别和向下从输出节点中生成样本之间并不同步。这是因为在生成模型中，我们假定隐层节点概率是来自识别模型，然后再设置权重，但由于这些概率值是从之前的层得到的，因此与被训练的值是不同的。

因此，训练过程分为两个部分。第一部分仍然是与自动编码器一样的贪婪策略。而在第二部分中，我们将**认知权重**和**生成权重**解耦合(除了顶层的带标记 RBM 由于是最顶层，所以权重不会受任何影响，也不会产生变化)，然后使用之前提到的清醒-睡眠算法。首先从可见层节点开始，使用认知权重产生隐层变量的状态，然后使用公式(17.39)生成模型，直到到达顶层的关联记忆 RBM，训练该 RBM，然后对隐层单元进行 Gibbs 采样，生成对最顶层无标记 RBM 的可见层节点样本，再用一个类似的更新过程(隐层节点和可见层节点的“角色”对调)训练认知权重。

所以，最初只有一组权重，将其复制到学习算法中合适的点上，并从这一点开始修改。下面是在 NumPy 下的代码实现。

```
def updown(self,inputs,labels):

    N = np.shape(inputs)[0]

    # Need to untie the weights
    for i in range(self.nRBMs):
  self.layers[i].rec = self.layers[i].weights.copy()
  self.layers[i].gen = self.layers[i].weights.copy()

    old_error = np.iinfo('i').max
    error = old_error
    self.eta = 0
    for epoch in range(11):
 # Wake phase

v = inputs
for i in range(self.nRBMs):
     vold = v
     h,ph = self.compute_hidden(v,i)
     v,pv = self.compute_visible(h,i)
```

```
        # Train generative weights
        self.layers[i].gen += self.eta * np.dot((vold-pv).T,h)/N
        self.layers[i].visiblebias += self.eta * np.mean((vold-pv),axis=0)

        v=h

# Train the labelled RBM as normal
self.layers[self.nRBMs].contrastive_divergence(v,labels,silent=True)

# Sample the labelled RBM
for i in range(self.nCDsteps):
    h,ph = self.layers[self.nRBMs].compute_hidden(v,labels)
    v,pv,pl = self.layers[self.nRBMs].compute_visible(h)
# Compute the class error
#print (pl.argmax(axis=1) != labels.argmax(axis=1)).sum()

# Sleep phase

# Initialise with the last sample from the labelled RBM
h = v
for i in range(self.nRBMs-1,-1,-1):
    hold = h
    v, pv = self.compute_visible(h,i)
    h, ph = self.compute_hidden(v,i)

    # Train recognition weights
    self.layers[i].rec += self.eta * np.dot(v.T,(hold-ph))/N
    self.layers[i].hiddenbias += self.eta * np.mean((hold-ph),axis=0)

    h=v

old_error2 = old_error
old_error = error
error = np.sum((inputs - v)**2)/N
if (epoch%2==0):
        print epoch, error
if (old_error2 - old_error)<0.01 and (old_error-error)<0.01:
    break
```

我们用这种贪婪策略与清醒-睡眠相结合的算法来训练 RBN。如果用最大似然训练取代 CD 学习的话，有可能无法降低在生成模型中数据的对数概率，而在实际中 CD 学习都能给出不错的结果。

不管是分类模型还是生成模型都由确定节点值和在网络中向上(下)采样组成，整个算法的伪代码如下所示。

深度置信网络

- **初始化**
  - 构造一系列无标记 RBM，预定义隐层节点的数量和对应的上层可见层节点的数量，最后构造单个带标记的 RBM。
  - 将所有权重随机初始化，这里通常使用的均值为 0，标准差为 0.01。
- **贪婪学习**
  - 将输入向量附在第一个 RBM 的可见层单元，并使用 17.2.1 节介绍的 CD 学习算法训练。
  - 对该 RBM 的隐层节点采样，并将结果作为输入附给下一个 RBM 的可见层单元。
  - 重复上述步骤直到到达带标记的 RBM，用最上层 RBM 的隐层作为输入，标记作为输出，采用监督学习的方法训练该 RBM。

- **清醒-睡眠算法**
  - ○ 在规定的时序内，或在学习停止更新前：
  - ○ 对于每一个未标记的 RBM：
    - 创建一个权重矩阵的拷贝，并分离其中用于认知和用于生成的两种权重。
    - 将可见层节点的值设置为下层网络的隐层节点或输入值。
    - 对隐层节点采样，并用采样结果重构可见层节点。
    - 更新生成权重：

$$w_{ij}^{g,(k)} \leftarrow w_{ij}^{g,(k)} + \eta h_j (v_i - \hat{v}_i) \tag{17.43}$$

其中v_i是可见层节点 i 的输入，$\hat{v}_i$是重构后的值，k 为 RBM 数量。

    - 更新偏置值：

$$w_{\text{visible},ij} \leftarrow w_{\text{visible},ij} + \eta \,\text{mean}(v_i - \hat{v}_i) \tag{17.44}$$

  - ○ 用 CD 学习算法训练带标记的 RBM。
  - ○ 用交替 Gibbs 采样在少量迭代过程中从带标记 RBM 中抽取可见层和隐层节点。
  - ○ 对每个无标记 RBM，从顶层开始：
    - 用上方可见层节点的采样值初始化隐层节点。
    - 对可见层节点采样，并用采样结果重构隐层节点。
    - 更新认知权重：

$$w_{ij}^{r,(k)} \leftarrow w_{ij}^{r,(k)} + \eta v_i (h_j - \hat{h}_j) \tag{17.45}$$

    - 更新偏置值：

$$w_{\text{hidden},ij} \leftarrow w_{\text{hidden},ij} + \eta \,\text{mean}(h_j - \hat{h}_j) \tag{17.46}$$

算法的实现中没有什么新的知识。

为了验证效果，我们继续在二进制 AlphaDigits 数据集上进行验证。图 17-14 展示了由三个 RBN 组成的 DBN 的实验结果，其中每个 RBN 包含 100 个隐层节点。

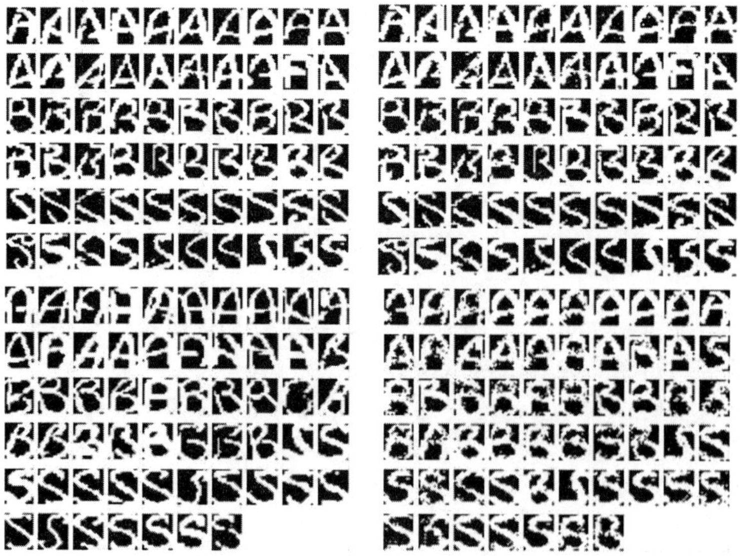

图 17-14　用 DBN 进行训练。左上为训练集，右上为重构后的训练集，左下为测试集，右下为重构后的测试集。可以发现重构后的版本比用单个 RBN 更清晰，但有个别错误也很明显，比如最后一张图

拓展阅读

Hopfield 网络和早期的玻尔兹曼机相关文献：

- D. J. C. MacKay. *Information Thoery, Inference and Learning Algorithms*. Cambridge University Press, Cambridge, UK, 2003.

更新的资料可以参考 Hinton 的相关文章。有关 RBM 的实现请参考：

- G. E. Hinton. A practical guide to training restricted Boltzmann machines. Technical Report UTML TR 2010-003, Department of Computer Science, University of Toronto, 2010.

关于深度置信网络的文献参考：

- G. E. Hinton and R. R. Salakhutdinov. Reducing the dimensionality of data with neural networks. *Science*, 313(5786):504-507, 2006.
- Yoshua Bengio. Learning deep architectures for AI. Technical Report 1312, Dept. IRO, Universit'e de Montrèal.
- Juergen Schmidhuber. Deep Learning in Neural Networks: An Overview `http://arxiv.org/abs/1404.7828`

习题

17.1 在 Hopfield 网络中，学习速率似乎不是一个重要的参数，请分析其中原因，并尝试使用学习速率 $1/N$ 之后的结果。

17.2 将 Hopfield 网络代码修改为连续值的版本，并用 tanh()（可使用 `np.tanh()`）作为激活函数。尝试提出一个灰度版本的数字问题并进行识别。

17.3 在 9.4 节中我们介绍过旅行商问题（TSP），对于 N 个城市，我们可以通过使用 $N\times N$ 的网络，每一列代表一个城市，每一行代表其顺序，那么每行每列都会有一个激活的神经元。相邻行之间的权重为两个城市间距离的 -1 倍，而同一行或列中的节点之间的权重设置为一个大的负数，使得每行每列只有一个节点被激活。尝试实现上述问题并与 9.4 节中的方法进行比较。

17.4 创建一个包含大小为 4×4、有水平条纹与竖直条纹的二维数组构成的数据集，测试 RBM 能否将水平条纹和竖直条纹区别开来，并思考这个结果与预想的是否一致。

17.5 在 RBM 中，节点的概率和基于随机数的随机激活状态是能被利用的。在之前的参考文献中 Hinton 建议对隐层节点使用隐层节点的激活状态（除了最后一步的 CD 学习），对可见层节点使用概率值。分别尝试这两个版本并比较其在 AlphaDigits 数据集上的结果。

17.6 Hinton 还建议当样例规模在 10 到 100 时使用小批量（详见 4.2.7 节）来估计梯度。尝试实现该问题，分析在不同数据集以及不同规模下的性能，注意确保在每次迭代时随机化数据顺序。

17.7 在 MNIST 数据集上测试 DBN，并与单个 RBM 的结果进行比较。

第 18 章

Machine Learning: An Algorithmic Perspective, Second Edition

高斯过程

我们已经看到的监督机器学习算法通常试图将参数化函数拟合到一组训练数据，以便最小化误差函数。这个函数用于归纳以前看不见的数据。这些方法之间的差异在于算法可用于表示数据的模型函数集，例如第 3 章的线性模型和第 5 章的阶跃常样条。但是，如果我们对生成数据的基础过程一无所知，那么选择合适的模型通常是一个反复试验的过程。

作为一个非常简单的例子，图 18-1 显示了一些数据点。如果假设这些点是从单个高斯分布中得出的，那么我们将用两个参数(平均值和标准差)来拟合，以便获得最佳匹配，如图中所示。但是，选择不同的分布(这里是 Weibull 分布，也有两个参数)

$$f(x;k;\lambda)=\begin{cases}\frac{k}{\lambda}\left(\frac{x}{\lambda}^{k-1}\mathrm{e}^{-(\frac{x}{\lambda})^k}\right), & x\geqslant 0\\ 0, & x<0\end{cases} \tag{18.1}$$

给出了更好的拟合，如右图所示(其中虚线是 Weibull 分布，实线是高斯分布)。对于高斯分布，$\mu=0.7$ 且$\sigma^2=0.25$，而对于 Weibull 分布，$k=2$ 且 $\lambda=1$。

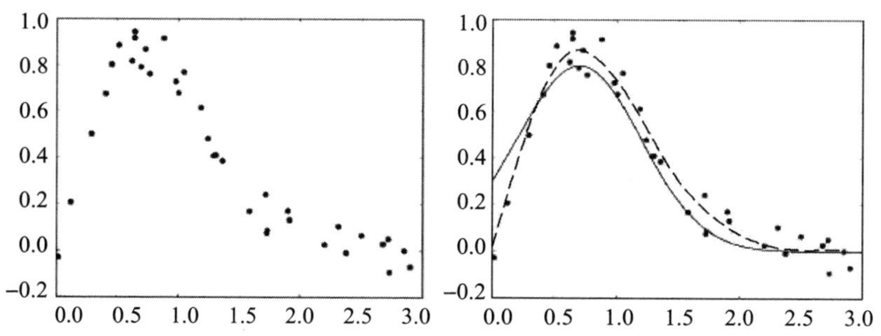

图 18-1　左：一组数据点。右：两种可能的数据拟合，使用高斯分布(实线)和 Weibull 分布(虚线)。可以看出，Weibull 分布能更好地拟合数据，尽管两者都非常适合

这个问题的一个可能的解决方案是让优化过程搜索不同的模型以及模型的参数。要做到这一点，我们需要将概率分布的概念泛化为我们可以优化的东西。这被称为**随机过程**，它只是将一组随机变量放在一起：而不是有一组指定概率分布的参数(例如多元高斯分布的均值和协方差矩阵)，我们有一组函数和这组函数的分布。图 18-2 显示了来自随机过程 $f(x)=\exp(ax)\cos(bx)$的一组样本的示例，其中 a 从平均值为 0、方差为 0.25 的高斯分布中抽取，b 从平均值为 1、方差为 1 的高斯分布中抽取，还有 $f(1)$的概率分布(从一组 10 000 个 $f(x)$的样本计算得出)。

处理一般随机过程非常困难，因为组合随机变量通常很难。但是，如果我们以一种所有随机变量都具有高斯分布的方式限制过程，并且变量的任何(有限)子集上的联合分布也是高斯分布，则这种**高斯过程**(GP)更容易处理。为了看到它仍然非常强大，图 18-3 显示了一组来自 $f(x)=\exp(-a x^2)$的样本，其中 a 从平均值为 1、标准差为 0.25 的高斯分布中抽取。可以看出 $f(1)$的概率分布不是高斯分布。

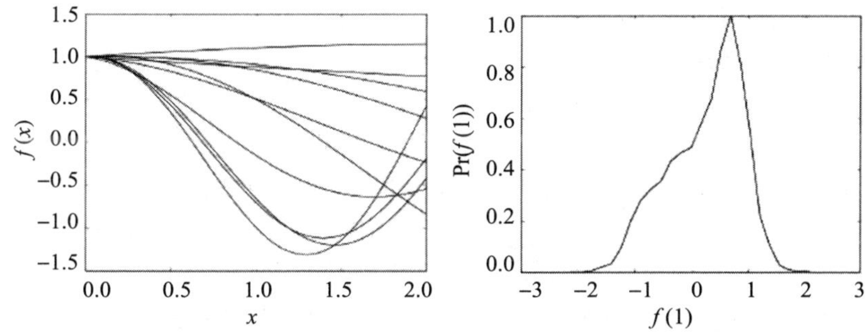

图 18-2 左：来自随机过程 $f(x)=\exp(ax)\cos(bx)$的 10 个样本，其中 a 和 b 是从高斯分布中得出的。右：基于 10 000 个 $f(x)$样本的 $f(1)$的概率分布

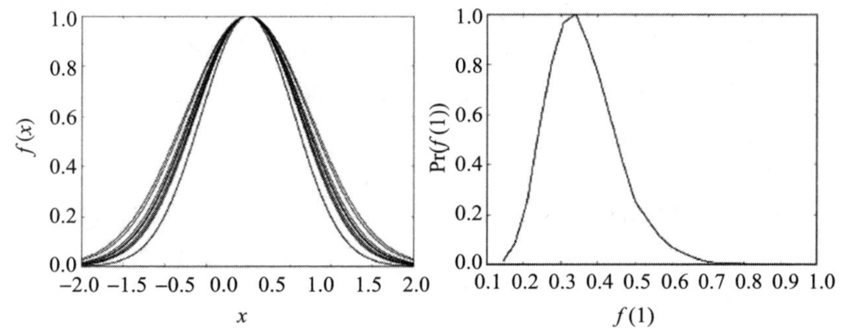

图 18-3 左：来自随机过程 $f(x)=\exp(-a x^2)$的 10 个样本，其中 $a>0$ 且从高斯分布中抽取。右：基于 10 000 个 $f(x)$样本的 $f(x)$的概率分布

考虑使用高斯过程进行建模的方法是我们将概率分布放在函数空间上并从中进行采样。函数是从某些输入 $\boldsymbol{x}$(可能是多维的)到 $f(\boldsymbol{x})$的映射，因此为了指定函数，我们可以为 x 的每个值列出 $f(\boldsymbol{x})$的值，这将是无限长的向量。一个样本将包含该向量的规范。然而，因为一切都是高斯分布的，正如我们用均值和协方差矩阵指定高斯分布一样，我们可以通过均值函数和协方差函数指定高斯过程。

正如已经说过的那样，特定函数的完整规范将需要无限长的向量。然而，事实证明高斯过程的表现非常好，因此仅考虑有限的点集给出与竞争积分完全相同的推理结果(有关此内容的更多信息，请参阅拓展阅读部分中的参考文献)。

很长一段时间内出现了各种版本的高斯过程，包括用一个发明者命名的**克里金法**，以及用两个发明者命名的**克尔莫戈罗夫-维纳预测**。在不止一个维度上，它是技术上的高斯随机场，这是 16.2 节的重点。

实际上，高斯过程只是平滑过程，通过一组数据点拟合平滑曲线。令人惊讶的是，这样一个简单的过程可以如此强大，但回归问题几乎可以归结为找到一个通过数据的平滑函数。更令人惊讶的是，我们将在本章后面看到高斯过程也可以解决很难以这种方式看待的分类问题。无论如何看待，现在是时候开始研究如何使用它了。

18.1 高斯过程回归

如前所述，GP 由均值函数和协方差函数确定。事实上，通常首先减去平均值，以便使平均函数为零。在这种情况下，GP 被完全描述为模拟一些基础函数 $f(\boldsymbol{x})$的函数 $G(k(\boldsymbol{x}, \boldsymbol{x}'))$，其中协方差函数 $k(\boldsymbol{x}, \boldsymbol{x}')$给出了 f 在 $\boldsymbol{x}$ 和$\boldsymbol{x}'$处之间的期望协方差矩阵。定义 GP 的随机变量用于为每个输入 $\boldsymbol{x}$ 提供 $f(\boldsymbol{x})$的估计值。

这就是我们必须先做一些工作的地方：需要指定协方差函数，这就是 GP 提供表达能力的原因。这个协方差函数与我们在第 8 章中探讨的**核**是一样的，并且 SVM 和 GP 之间存在很强的联系。有关详细信息，请参阅拓展阅读部分中的参考文献。

从 SVM 中获取提示，然后，我们将从具有 RBF 内核形式的协方差矩阵开始：

$$k(\boldsymbol{x},\boldsymbol{x}') = \sigma_f^2 \exp\left(-\frac{1}{2\,l^2}|\boldsymbol{x}-\boldsymbol{x}'|\right) \tag{18.2}$$

在 GP 中，由于某种原因，这通常被称为**平方指数**协方差矩阵而不是 RBF。对于一组输入向量，它使我们能够指定协方差矩阵 $\boldsymbol{K}$，其中矩阵中的位置$(i,\ j)$处的元素是$K_{ij}=k(\boldsymbol{x}^{(i)},\ \boldsymbol{x}^{(j)})$。

这个协方差函数有两个参数：σ_f和 l。我们将很快考虑这两个参数。首先，我们将研究如何使用 GP 根据值 $f(\boldsymbol{x})$的训练集来预测某些值$\boldsymbol{x}^*$ 对应的$f^*=f(\boldsymbol{x}^*)$的值。

与监督学习一样，训练集由一组 N 个标记的例子$(\boldsymbol{x}_i,\ t_i)$组成，$i=1,\ \cdots,\ N$。由于这是 GP，所以联合密度 $P(t^*,\ \boldsymbol{t}_N)$是高斯分布(其中符号$t^*$ 意味着是单个测试点，而$\boldsymbol{t}_N$是整个训练目标标记集)。因此它是如下的条件分布：

$$P(t^* \mid \boldsymbol{t}_N) = P(t^*,\boldsymbol{t}_N)/P(\boldsymbol{t}_N) \tag{18.3}$$

联合分布的协方差矩阵为$\boldsymbol{K}_{N+1}$，其大小为$(N+1)\times(N+1)$，可以按以下方式划分：

$$\boldsymbol{K}_{N+1} = \begin{bmatrix} [\boldsymbol{K}_N] & [\boldsymbol{k}^*] \\ [\boldsymbol{k}^{*\mathrm{T}}] & [k^{**}] \end{bmatrix} \tag{18.4}$$

其中，$\boldsymbol{K}_N$是训练数据的协方差矩阵，$\boldsymbol{k}^*$ 是测试点$\boldsymbol{x}^*$ 和训练数据之间的协方差矩阵(也以转置形式出现)，k^{**} 是测试集中各点之间的协方差(当从$\boldsymbol{K}_N$ 构建$\boldsymbol{K}_{N+1}$时，它将是单个标量值)。如果存在 N 个训练数据和 n 个测试点，则这些部分的大小分别为 $\boldsymbol{N}\times\boldsymbol{N}$、$\boldsymbol{N}\times\boldsymbol{n}$ 和 $\boldsymbol{n}\times\boldsymbol{n}$。我们将从现在开始删除 $\boldsymbol{K}$ 中的下标，并用它来表示训练数据($\boldsymbol{K}_N$)的协方差矩阵，并使用公式(18.4)中引入的符号。

训练和测试数据的联合分布 $p(\boldsymbol{t},\ t^*)$是零均值且由方程(18.4)中所示的扩展协方差矩阵确定的高斯分布。我们知道测试数据的观测值，所以我们只想要在这些点上产生与观测匹配的样本。我们可以通过选择随机样本并在不匹配时丢弃它们来做到这一点，但这将是非常缓慢的，因为只有很少的样本会匹配。

幸运的是，我们可以调整训练数据的联合分布，这给了我们如下的后验分布：

$$P(t^* \mid \boldsymbol{t},x,x^*) \propto \mathcal{N}(\boldsymbol{k}^{*\mathrm{T}}\boldsymbol{K}^{-1}\mathrm{t}, k^{**} - k^{*\mathrm{T}}\boldsymbol{K}^{-1}\boldsymbol{k}^*) \tag{18.5}$$

其中 $\mathcal{N}(m,\ \Sigma)$表示具有均值 m 和协方差 Σ 的高斯分布。

有一点需要注意，即需要求 $N\times N$ 的矩阵 $\boldsymbol{K}$ 的逆矩阵，这是一种昂贵的操作，且不一定是数值稳定的。好消息是只需要求训练数据的协方差矩阵的逆，因此只需要进行一次。然而，如果存在大量训练数据，那么这仍然是昂贵的 $O(N^3)$操作，并且要求矩阵(数值上)可逆。

18.1.1　添加噪声

图 18-4 中的左上图显示了平方指数核的后验分布的平均值和正/负两个标准差，其中五个数据点被标记为训练数据。在该图中，可以看到训练数据的方差为零，如果你不相信训练数据有任何噪声，那就没问题了。但是，这当然不太可能。将噪声添加到任何 GP 的常用方法是假设它是独立的、同分布的高斯噪声，所以在协方差矩阵中包含一个额外的参数，因此我们使用 $\boldsymbol{K}+\sigma_n^2\boldsymbol{I}$ 代替$\boldsymbol{K}$，其中 $\boldsymbol{I}$ 是 $N\times N$ 的单位矩阵。噪声仅添加到训练数据的协方差中。内核的参数和σ_n一起被称为**超参数**。

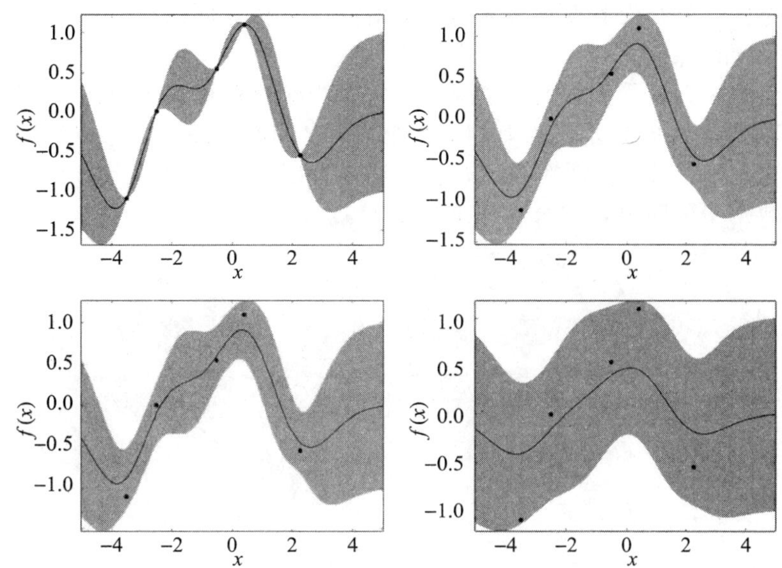

图 18-4 使用平方指数核为训练数据中的协方差估计加入噪声的效果。每个图显示了适用于以点状标记的五个数据点的高斯过程的平均值和两个标准偏差误差条。左上：$\sigma_n=0.0$。右上：$\sigma_n=0.2$。左下：$\sigma_n=0.4$。右下：$\sigma_n=0.6$

现在，后验分布如下：

$$P(t^* \mid \boldsymbol{t},\boldsymbol{x},\boldsymbol{x}^*) \propto \mathcal{N}(\boldsymbol{k}^{*\mathrm{T}}(\boldsymbol{K}+\sigma_n^2\boldsymbol{I})^{-1}\boldsymbol{t}, k^{**}-\boldsymbol{k}^{*\mathrm{T}}(\boldsymbol{K}+\sigma_n^2\boldsymbol{I})^{-1}\boldsymbol{k}^*) \tag{18.6}$$

图 18-4 中的其他三个图显示了增加观测噪声量的影响。

由于我们已经考虑了其中一个超参数的作用，因此这也是考虑σ_f和 l 作用的好地方。图 18-5 显示了对图 18-4 中相同数据更改这些参数的效果。可以看出，修改**信号方差**σ_f^2简单

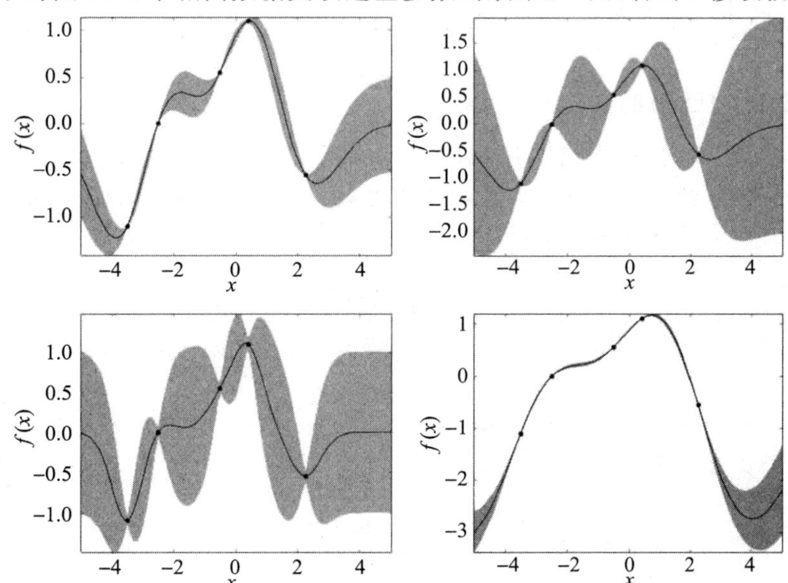

图 18-5 其他两个参数在平方指数内核中的影响(与图 18-4 的左上图相比)。每个图显示了适用于以点状标记的五个数据点的高斯过程的平均值和两个标准偏差误差条。内核的参数是：左上，$\sigma_f=0.25$，$l=1.0$，$\sigma_n=0.0$；右上，$\sigma_f=1.0$，$l=1.0$，$\sigma_n=0.0$；左下，$\sigma_f=0.5$，$l=0.5$，$\sigma_n=0.0$；右下：$\sigma_f=0.5$，$l=2.0$，$\sigma_n=0.0$

地控制函数的整体方差，而**长度范围** l 改变平滑程度，将其同曲线与训练数据匹配的程度进行交换。

在这两个参数中，最受关注的是 l 因子。它充当**长度范围**，表示函数随输入变化的速度而变化的速度。图 18-6 显示了具有相似数据的 GP 回归，除了在第二行的图中，点的 x 值更接近。在左边，$l=1.0$，而在右边，$l=0.5$。可以看出，在左上图和右下图中，长度比例“匹配”数据中的距离，拟合看起来更平滑。

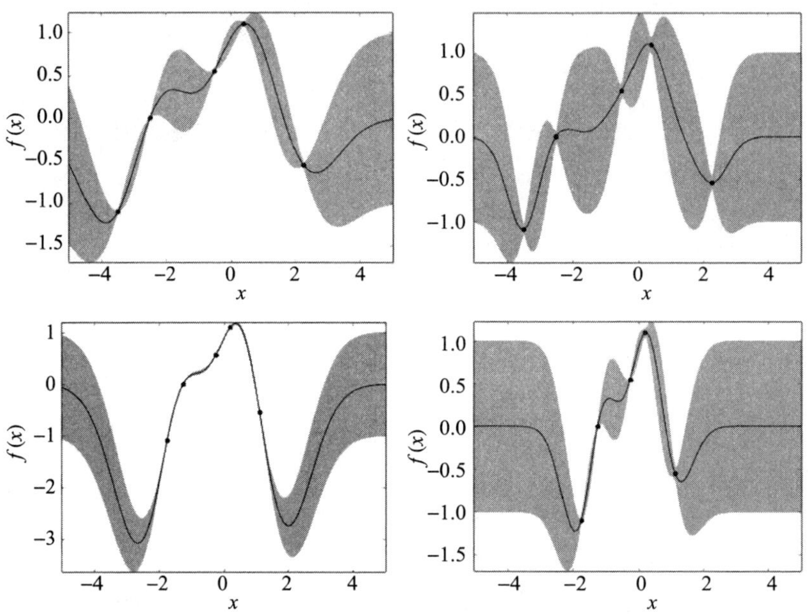

图 18-6　在 GP 回归中改变长度范围的效果。第一行显示一个数据集，而第二行显示相同的数据集，但点数更接近。图中的长度范围是相同的，左边是 $l=1.0$，右边是 $l=0.5$

18.1.2　高斯过程回归的实现(一)

我们已经看到了计算基本高斯过程回归程序所需的一切：计算训练数据的协方差矩阵，计算训练和测试数据之间的协方差，以及计算单独的测试数据的协方差。然后计算后验分布的均值、协方差和样本。这导出了以下算法。

高斯过程回归

- 对于给定的训练数据($\boldsymbol{X}$，$\boldsymbol{t}$)、测试数据 $\boldsymbol{x}^*$、协方差函数 $k()$ 和超参数 $\boldsymbol{\theta}=(\sigma_f^2，l\sigma_n^2)$：
  - 计算超参数 $\boldsymbol{\theta}$ 的协方差矩阵 $\boldsymbol{K}=k(\boldsymbol{X}，\boldsymbol{X})+\sigma_n\boldsymbol{I}$。
  - 计算协方差矩阵 $\boldsymbol{k}^*=k(\boldsymbol{X}，\boldsymbol{x}^*)$。
  - 计算协方差矩阵 $\boldsymbol{k}^{**}=k(\boldsymbol{x}^*，\boldsymbol{x}^*)$。
  - 该过程的平均值是 $\boldsymbol{k}^{*\mathrm{T}}\boldsymbol{K}^{-1}t$。
  - 协方差是 $k^{**}-\boldsymbol{k}^{*\mathrm{T}}\boldsymbol{K}^{-1}\boldsymbol{k}^*$。

然而，在实现它之前，有一些数值问题需要处理，因为矩阵 $\boldsymbol{K}+\sigma_n\boldsymbol{I}$ 可能具有非常接近 0 的特征值，所以它的求逆运算并不总是稳定的。

因为我们知道 $\boldsymbol{K}$ 是对称和正定的，因此有更稳定的方法来执行求逆。关键在于 Cholesky

分解，它将实值矩阵 $\boldsymbol{K}$ 分解为乘积 $\boldsymbol{L}\boldsymbol{L}^{\mathrm{T}}$，其中 $\boldsymbol{L}$ 是下三角矩阵，在前导对角线上和下方只有非零项。这有两个好处，首先是计算下三角矩阵的逆是相对容易的(并且原始矩阵的逆是$\boldsymbol{K}^{-1}=\boldsymbol{L}^{-\mathrm{T}}\boldsymbol{L}^{-1}$，这里$\boldsymbol{L}^{-\mathrm{T}}=(\boldsymbol{L}^{-1})^{\mathrm{T}}$)，其次它提供了一种非常快速简便的方法来求解线性系统 $\boldsymbol{A}\boldsymbol{x}=\boldsymbol{b}$。

实际上，这两个好处都基于同一个原因，因为矩阵 $\boldsymbol{A}$ 的倒数是$\boldsymbol{A}\boldsymbol{B}=\boldsymbol{I}$ 的矩阵$\boldsymbol{B}$，我们可以逐列求解 $\boldsymbol{A}\boldsymbol{B}_i=\boldsymbol{I}_i$(其中下标是矩阵的第 i 列的索引)。

求解 $\boldsymbol{L}\boldsymbol{L}^{\mathrm{T}}\boldsymbol{x}=\boldsymbol{t}$ 仅仅是前向替换的问题，先找到 $\boldsymbol{L}\boldsymbol{z}=\boldsymbol{t}$ 的解 $\boldsymbol{z}$，然后进行反向替换以找到$\boldsymbol{L}^{\mathrm{T}}\boldsymbol{x}=\boldsymbol{z}$ 的解 $\boldsymbol{x}$。

这些操作的成本是 Cholesky 分解的 $O(N^3)$和求解的 $O(N^2)$，整个过程在数值上非常稳定。NumPy 在 `np.linalg` 模块中提供了这两种计算的实现，因此均值(`f`)和协方差(`V`)的整个计算可以写成：

```
L = np.linalg.cholesky(k)
beta = np.linalg.solve(L.transpose(), np.linalg.solve(L,t))
kstar = kernel(data,xstar,theta,wantderiv=False,measnoise=0)
f = np.dot(kstar.transpose(), beta)
v = np.linalg.solve(L,kstar)
V =                          kernel(xstar,xstar,theta,wantderiv=False,measnoise=0)-
np.dot(v.transpose(
),v)
```

`V` 的计算使用$\boldsymbol{v}^{\mathrm{T}}\boldsymbol{v}$，其中 $\boldsymbol{L}\boldsymbol{v}=\boldsymbol{k}^*$。为了看到它确实匹配等式(18.6)中的协方差，需要一点代数运算：

$$\begin{aligned}\boldsymbol{k}^{*\mathrm{T}}\boldsymbol{K}^{-1}\boldsymbol{k}^* &= (\boldsymbol{L}\boldsymbol{v})^{\mathrm{T}}\boldsymbol{K}^{-1}\boldsymbol{L}\boldsymbol{v} = \boldsymbol{v}^{\mathrm{T}}\boldsymbol{L}^{\mathrm{T}}(\boldsymbol{L}\boldsymbol{L}^{\mathrm{T}})^{-1}\boldsymbol{L}\boldsymbol{v} \\ &= \boldsymbol{v}^{\mathrm{T}}\boldsymbol{L}^{\mathrm{T}}\boldsymbol{L}^{-\mathrm{T}}\boldsymbol{L}^{-1}\boldsymbol{L}\boldsymbol{v} = \boldsymbol{v}^{\mathrm{T}}\boldsymbol{v}\end{aligned}$$

将代码与公式(18.6)进行比较，你可能还会注意到均值可以用稍微不同的方式写作：

$$m(\boldsymbol{x},\boldsymbol{x}^*) = \sum_i \beta_i k(\boldsymbol{x}_i,\boldsymbol{x}^*) \tag{18.7}$$

其中β_i是$\beta=(\boldsymbol{K}+\sigma_n^2\boldsymbol{I})^{-1}\boldsymbol{t}$ 的第 i 部分。这表明我们可以将 GP 回归视为位于训练数据上的一组基函数的总和。实际上对于平方指数协方差矩阵，我们精确地生成了一种 RBF 方法。在第 5 章中，我们可以修改指定 RBF 位置的权重，但在这里不能，不过我们可以修改将它们连接到输出的权重。从这个角度来看，这个 GP 基本上是一个线性神经网络。

因此，假设选择超参数来匹配数据，使用 GP 进行回归非常简单。现在我们已经准备好学习根据数据修改参数，以提高 GP 的适应性了。

18.1.3 学习参数

平方指数协方差矩阵(公式(18.2))有三个需要选择的**超参数**(σ_f，σ_n，l)，我们已经看到它们会对结果输出曲线的形状产生显著影响，因此找到正确的值非常重要。在下一节中，我们还将看到，对于更复杂的协方差矩阵，可以选择更多的超参数，因此如果 GP 有用，找到自动选择超参数的方法显然很重要。

如果超参数集被标记为 $\boldsymbol{\theta}$，那么这个问题的理想解决方案是在超参数上设置某种先验分布，然后将它们集成出来以最大化输出目标的概率：

$$P(t^*\mid\boldsymbol{x},\boldsymbol{t},\boldsymbol{x}^*) = \int P(t^*\mid\boldsymbol{x},\boldsymbol{t},\boldsymbol{x}^*,\boldsymbol{\theta})P(\boldsymbol{\theta}\mid\boldsymbol{x},\boldsymbol{t})\mathrm{d}\boldsymbol{\theta} \tag{18.8}$$

这个积分通常很难处理，但我们可以计算 $\boldsymbol{\theta}$ 的后验概率(即边际似然乘以 $P(\boldsymbol{\theta})$)。边际可能性的对数(也称为超参数的**证据**，对函数值进行边际化)是：

$$\log P(\boldsymbol{t}|\boldsymbol{x},\boldsymbol{\theta})=-\frac{1}{2}\boldsymbol{t}^{\mathrm{T}}(\boldsymbol{K}+\sigma_n^2\boldsymbol{I})^{-1}\boldsymbol{t}-\frac{1}{2}\log|\boldsymbol{K}+\sigma_n^2\boldsymbol{I}|-\frac{N}{2}\log 2\pi \tag{18.9}$$

为了得到这个等式，你需要记住两个高斯分布的乘积也是高斯分布(直到归一化)，然后写出多元高斯的方程并取对数。

我们现在想要最小化这个对数似然，可以通过使用第 9 章中我们最喜欢的梯度下降求解器(例如，9.3 节中的**共轭梯度**)来做到这一点，前提是首先根据每个超参数计算它的梯度。我们写为 $\boldsymbol{Q}=(\boldsymbol{K}+\sigma_n^2\boldsymbol{I})$，$\boldsymbol{Q}$ 是所有超参数$\boldsymbol{\theta}_i$的函数。令人惊讶的是，这些衍生物具有非常好的形式，可以看出使用了两个矩阵标识$\left(\text{其中}\frac{\partial \boldsymbol{Q}}{\partial \boldsymbol{\theta}}\text{只是矩阵的逐元素导数}\right)$：

$$\frac{\partial \boldsymbol{Q}^{-1}}{\partial \boldsymbol{\theta}}=-\boldsymbol{Q}^{-1}\frac{\partial \boldsymbol{Q}}{\partial \boldsymbol{\theta}}\boldsymbol{Q}^{-1} \tag{18.10}$$

$$\frac{\partial \log|\boldsymbol{Q}|}{\partial \boldsymbol{\theta}}=\operatorname{trace}\left(\boldsymbol{Q}^{-1}\frac{\partial \boldsymbol{Q}}{\partial \boldsymbol{\theta}}\right) \tag{18.11}$$

于是：

$$\frac{\partial}{\partial \boldsymbol{\theta}}\log P(\boldsymbol{t}|\boldsymbol{x},\boldsymbol{\theta})=\frac{1}{2}\boldsymbol{t}^{\mathrm{T}}\boldsymbol{Q}^{-1}\frac{\partial \boldsymbol{Q}}{\partial \boldsymbol{\theta}}\boldsymbol{Q}^{-1}\boldsymbol{t}-\frac{1}{2}\operatorname{trace}\left(\boldsymbol{Q}^{-1}\frac{\partial \boldsymbol{Q}}{\partial \boldsymbol{\theta}}\right) \tag{18.12}$$

现在，所需要的只是实际执行关于每个超参数的协方差导数的计算，然后使用共轭梯度求解器优化对数似然。

如果我们改变超参数的呈现方式，则会使求解稍微容易一些。请注意，所有超参数都是正数(因为它们都是方程式(18.2)中的平方)。我们也可以通过取每个参数的指数使它们为正，并且由于指数的导数还是指数，所以看起来更清晰。此外，我们将有效地使用 $1/\sigma_l$，因为它也使计算更容易。

对于平方指数内核(在上一个术语中使用单位矩阵 $\boldsymbol{I}$ 时存在轻微的符号滥用)：

$$k(\boldsymbol{x},\boldsymbol{x}')=\exp(\sigma_f)\exp\left(-\frac{1}{2}\exp(\sigma_l)\,|\boldsymbol{x}-\boldsymbol{x}'|^2\right)+\exp(\sigma_n)\boldsymbol{I} \tag{18.13}$$

$$=k'+\exp(\sigma_n)\boldsymbol{I} \tag{18.14}$$

这些很好且易于计算：

$$\frac{\partial k}{\partial \sigma_f}=k' \tag{18.15}$$

$$\frac{\partial k}{\partial \sigma l}=k'\times\left(-\frac{1}{2}\exp(\sigma_l)\,|\boldsymbol{x}-\boldsymbol{x}'|^2\right) \tag{18.16}$$

$$\frac{\partial k}{\partial \sigma_n}=\exp(\sigma_n)\boldsymbol{I} \tag{18.17}$$

请注意，$\frac{\partial k}{\partial \sigma l}$中括号内的项恰好是已经为指数计算的项。

18.1.4　高斯过程回归的实现(二)

基本算法依然非常简单，即调用共轭梯度优化器以最小化对数似然，为其提供相对于参数的梯度计算。9.3 节使用了 SciPy 优化器，在这里语法没有区别。

```
result =    so.fmin_cg(logPosterior,    theta,    fprime=gradLogPosterior,
args=[(X,y)↩
], gtol=1e-4,maxiter=5,disp=1)
```

可能的对数似然和梯度函数的实现如下。

```
def logPosterior(theta,args):
        data,t = args
        k = kernel2(data,data,theta,wantderiv=False)
        L = np.linalg.cholesky(k)
        beta = np.linalg.solve(L.transpose(), np.linalg.solve(L,t))
        logp = -0.5*np.dot(t.transpose(),beta) - np.sum(np.log(np.diag(L))) - np.shape(data)[0] /2. * np.log(2*np.pi)
        return -logp

def gradLogPosterior(theta,args):
        data,t = args
        theta = np.squeeze(theta)
        d = len(theta)
        K = kernel2(data,data,theta,wantderiv=True)

        L = np.linalg.cholesky(np.squeeze(K[:,:,0]))
        invk = np.linalg.solve(L.transpose(),np.linalg.solve(L,np.eye(np.shape(data)[0])))

        dlogpdtheta = np.zeros(d)
        for d in range(1,len(theta)+1):
                dlogpdtheta[d-1] = 0.5*np.dot(t.transpose(), np.dot(invk, np.dot(np.squeeze(K[:,:,d]), np.dot(invk,t)))) - 0.5*np.trace(np.dot(invk,np.squeeze(K[:,:,d])))

        return -dlogpdtheta
```

在实现方面，我们尚未涉及的唯一一件事是如何计算协方差矩阵，但没有什么复杂的：函数接受两组数据点并返回协方差矩阵，也可能返回梯度（这是 wantd 开关）。为平方指数内核执行此操作的一种可能方法是如下。

```
def kernel(data1,data2,theta,wantderiv=True,measnoise=1.):
    # Squared exponential
    theta = np.squeeze(theta)
    theta = np.exp(theta)
    if np.ndim(data1) == 1:
        d1 = np.shape(data1)[0]
        n = 1
    else:
        (d1,n) = np.shape(data1)

    d2 = np.shape(data2)[0]
    sumxy = np.zeros((d1,d2))
    for d in range(n):
        D1 = np.transpose([data1[:,d]]) * np.ones((d1,d2))
        D2 = [data2[:,d]] * np.ones((d1,d2))
        sumxy += (D1-D2)**2*theta[d+1]

    k = theta[0] * np.exp(-0.5*sumxy)

    if wantderiv:
        K = np.zeros((d1,d2,len(theta)+1))
        K[:,:,0] = k + measnoise*theta[2]*np.eye(d1,d2)
        K[:,:,1] = k
        K[:,:,2] = -0.5*k*sumxy
        K[:,:,3] = theta[2]*np.eye(d1,d2)
        return K
    else:
        return k + measnoise*theta[2]*np.eye(d1,d2)
```

图 18-7 显示了优化之前和之后的高斯过程的示例，其中最初是随机超参数。在优化过程之前，基于超参数的随机初始化，模型下的数据的对数似然性大约为 60，而之后大约

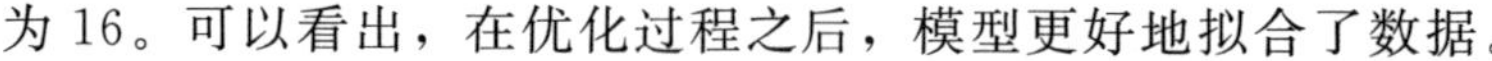

为 16。可以看出，在优化过程之后，模型更好地拟合了数据。

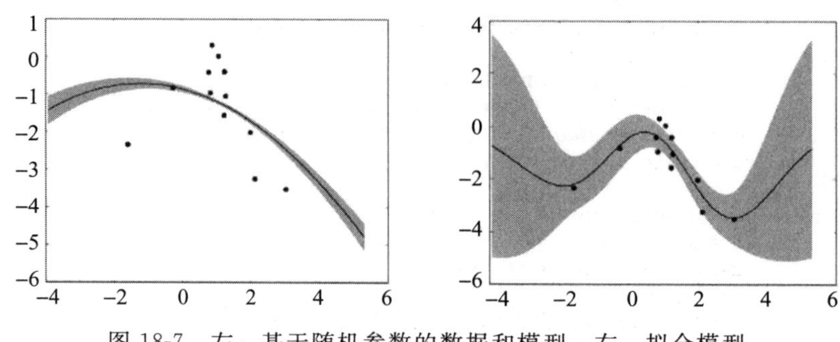

图 18-7　左：基于随机参数的数据和模型。右：拟合模型

18.1.5　选择(一组)协方差函数

与任何其他内核一样，协方差函数的选择对于成功预测至关重要。这是 GP 学习的建模部分，它完全依赖于设计者：你选择适当的协方差函数，然后算法学习它们的参数。需要注意的只是函数必须生成正定(或实际上，非负定)协方差矩阵。GP 的典型内核有相当多的选择，但鉴于我们唯一的限制是它们必须是正定的，所以可以添加和相乘内核，如我们在 8.2 节中使用 **Mercer 定理**所看到的那样。这样做的结果是，你可以将一整套协方差函数串联起来，这些函数表示你认为数据正在执行的操作的不同部分。例如，如果你认为存在两个不同的平方指数过程，但具有不同的长度标度，则可以包括两个版本的内核，并优化两个不同的长度范围。

一些常用的协方差函数是：

- 常数：$k(\boldsymbol{x}, \boldsymbol{x}')=\mathrm{e}^{\sigma}$。
- 线性：$k(\boldsymbol{x},\boldsymbol{x}') = \sum_{d=1}^{D} \mathrm{e}^{\sigma d}\, \boldsymbol{x}_d \boldsymbol{x}'_d$。
- 平方指数：$k(\boldsymbol{x}, \boldsymbol{x}')=\mathrm{e}^{\sigma_f}\exp\left(-\frac{1}{2}\exp(\sigma_l)(\boldsymbol{x}-\boldsymbol{x}')^2\right)$。
- Ornstein-Uhlenbeck：$k(\boldsymbol{x}, \boldsymbol{x}')=\exp(-\exp(\sigma_l)||\boldsymbol{x}-\boldsymbol{x}'||)$。
- Matérn：$k(\boldsymbol{x}, \boldsymbol{x}')=\frac{1}{2^{\sigma_v-1}\Gamma(\sigma_v)}\left(\frac{\sqrt{2\sigma_v}}{l}(\boldsymbol{x}-\boldsymbol{x}')\right)^{v} K_v\left(\frac{\sqrt{2\sigma_v}}{l}(\boldsymbol{x}-\boldsymbol{x}')\right)$，其中 K_{σ_v} 是改进的 Bessel 函数，Γ 是伽马函数。
- 周期：$k(\boldsymbol{x}, \boldsymbol{x}')=\exp(-2\exp(\sigma_l)\sin^2(\sigma_v\pi(\boldsymbol{x}-\boldsymbol{x}')))$。
- 有理二次：$k(\boldsymbol{x}, \boldsymbol{x}')=\left(1+\frac{1}{2\,\sigma_\alpha}\exp(\sigma_l)(\boldsymbol{x}-\boldsymbol{x}')^2\right)^{-\sigma_\alpha}$。

18.2　高斯过程分类

虽然可以用高斯过程执行多类分类，但我们只考虑两个类，标记为+1 和−1。然后，该过程的任务是对输入 $\boldsymbol{x}$ 属于类 1 的概率进行建模，这意味着输出应该是 0 到 1(包括)之间的值，就像所有概率一样。我们将以与神经元相同的方式安排它：通过使用逻辑函数 $P(t*=1|a)=\sigma(a)=1/(1+\exp(-a))$ 进行压缩，其中 a 是回归 GP 的输出，需要稍加注意，因为我们现在使用 $\sigma(\cdot)$ 来表示逻辑函数，σ_n 表示超参数，而 σ^2 作为方差。由于有两

个类 $P(t^*=-1|a)=1-P(t^*=1|a)$，因此可以写作 $p(t^*|a)=\sigma(t^* f(x^*))$。因此，GP 分类包括在 $f(\boldsymbol{x})$之前找到 GP(称为**潜在函数**)，然后通过逻辑函数将其置于预测类的先验，即：

$$p(t^*=1|\boldsymbol{x},\boldsymbol{t},\boldsymbol{x}^*)=\int\sigma(f(\boldsymbol{x}^*))p(f(\boldsymbol{x}^*)|\boldsymbol{x},\boldsymbol{t},\boldsymbol{x}^*)\mathrm{d}f(\boldsymbol{x}^*) \tag{18.18}$$

这是一维积分，因此可以用数值计算，但不幸的是，似然函数 $p(f(\boldsymbol{x}^*)|\boldsymbol{x},\ \boldsymbol{t},\ \boldsymbol{x}^*)$ 不是高斯函数，因此计算该项是很难的。这意味着需要某种形式的近似。有几种方法可以进行这些近似，包括使用 MCMC，但我们只考虑最简单的版本，即**拉普拉斯近似**。本章末尾的参考资料提供了一个列表，其中包含有关更高级近似方法的更多信息。

18.2.1 拉普拉斯近似

拉普拉斯近似是一种逼近 $\int\exp(f(\boldsymbol{x}))\mathrm{d}\boldsymbol{x}$ 形式的任何积分的方法，当然，包括高斯。基本思想是找到函数 $f(\boldsymbol{x})$的全局最大值，该函数出现在某个$\boldsymbol{x}_0$处。此时 $f(\boldsymbol{x})$的梯度(即 $\nabla f(\boldsymbol{x})$)为 0，因此围绕$\boldsymbol{x}_0$的二阶泰勒展开为(其中$\nabla\nabla f(\cdot)$是 Hessian 矩阵)：

$$f(\boldsymbol{x})\approx f(\boldsymbol{x}_0)+\frac{1}{2}(\boldsymbol{x}-\boldsymbol{x}_0)^{\mathrm{T}}\nabla\nabla f(\boldsymbol{x})(\boldsymbol{x}-\boldsymbol{x}_0) \tag{18.19}$$

由于高斯的对数是二次函数，因此它具有唯一的最大值。我们将 $f(\boldsymbol{x})$替换为 $\log f(\boldsymbol{x})$，然后计算其指数，这告诉我们：

$$f(\boldsymbol{x})\approx f(\boldsymbol{x}_0)\exp\left(\frac{1}{2}(\boldsymbol{x}-\boldsymbol{x}_0)\right)^{\mathrm{T}}\nabla\nabla f(\boldsymbol{x})(\boldsymbol{x}-\boldsymbol{x}_0)) \tag{18.20}$$

将其归一化以使其成为高斯分布告诉我们：

$$\begin{aligned}q(f(\boldsymbol{x})|\boldsymbol{x},\boldsymbol{t}) &\propto\exp\left(-\frac{1}{2}(f(\boldsymbol{x})-\hat{f}(\boldsymbol{x}))^{\mathrm{T}}\boldsymbol{W}(f(\boldsymbol{x})-\hat{f}(\boldsymbol{x}))\right)\\ &=\mathcal{N}(f(\boldsymbol{x})|f(\boldsymbol{x}_0,\boldsymbol{W}^{-1}))\end{aligned} \tag{18.21}$$

其中 $\boldsymbol{W}=-\nabla\nabla\log f(\boldsymbol{x})$。

为了计算拉普拉斯近似，我们需要找到$\boldsymbol{x}_0$的值，然后在那个点计算 Hessian 矩阵。寻找$\boldsymbol{x}_0$可以使用**牛顿-拉夫森迭代**完成，它找到 $f(x)=0$ 的解的近似值(事实上，这里我们想要找到$f'(x)=0$，但这并没有改变很多东西)。通过迭代计算：

$$x_{n+1}=x_n-\frac{f(x_n)}{f'(x_n)} \tag{18.22}$$

直到变化足够小以达到所需的精度。

18.2.2 计算后验

回到 GP 所需的实际计算，我们已经达到了近似 $p(f(\boldsymbol{x}^*)|\boldsymbol{x},\ \boldsymbol{t},\ \boldsymbol{x}^*)$的阶段。使用贝叶斯规则，我们得到：

$$p(f(\boldsymbol{x})|\boldsymbol{x},\boldsymbol{t})=\frac{p(\boldsymbol{t}|f(\boldsymbol{x}))p(f(\boldsymbol{x})|\boldsymbol{x})}{p(\boldsymbol{t}|\boldsymbol{x})} \tag{18.23}$$

我们处于幸运的情况，分母独立于 $f()$，因此可以忽略优化。分子中的第一项是：

$$p(\boldsymbol{t}|f(\boldsymbol{x}))=\prod_{i=1}^{N}\sigma(f(\boldsymbol{x}_i))^{t_n}(1-\sigma(f(\boldsymbol{x}_i)))^{1-t_n} \tag{18.24}$$

我们需要将此表达式的对数微分两次才能使用公式(18.21)：

$$\nabla \log p(\boldsymbol{t} | f(\boldsymbol{x})) = \boldsymbol{t} - \sigma(f(\boldsymbol{x})) - \boldsymbol{K}^{-1} f(\boldsymbol{x}) \tag{18.25}$$

$$\nabla\nabla \log p(\boldsymbol{t} | f(\boldsymbol{x})) = -\operatorname{diag}(\sigma(f(\boldsymbol{x}))(1 - \sigma(f(\boldsymbol{x})))) - \boldsymbol{K}^{-1} \tag{18.26}$$

其中 diag()将值放在零矩阵的对角线上，该项是公式(18.21)中的 $\boldsymbol{W}$ 矩阵。

我们现在需要找到 $\log p(\boldsymbol{t}|f(\boldsymbol{x}))$的最大值，我们为此构造了牛顿-拉夫森迭代：

$$\begin{aligned} f(\boldsymbol{x})^{\text{new}} &= f(\boldsymbol{x}) - \nabla\nabla \log p(\boldsymbol{t} | f(\boldsymbol{x})) \\ &= f(\boldsymbol{x}) + (\boldsymbol{K}^{-1} + \boldsymbol{W})^{-1} (\nabla \log p(\boldsymbol{t} | f(\boldsymbol{x})) - \boldsymbol{K}^{-1} f(\boldsymbol{x})) \\ &= (\boldsymbol{K}^{-1} + \boldsymbol{W})^{-1} (\boldsymbol{W} f((x)) + \nabla \log p(\boldsymbol{t} | f(\boldsymbol{x}))) \end{aligned} \tag{18.27}$$

因此，后验概率的拉普拉斯近似是：

$$q(f(\boldsymbol{x}) | \boldsymbol{x}, \boldsymbol{t}) = \mathcal{N}(\hat{f}, (\boldsymbol{K}^{-1} + \boldsymbol{W})^{-1}) \tag{18.28}$$

基于此，我们可以估计后验均值和方差。对于平均值，我们需要使用 $\log p(\boldsymbol{t}|f(\boldsymbol{x}))$的最大值：

$$\hat{f}(x) = \boldsymbol{K}(\nabla \log p(\boldsymbol{t} | \hat{f}(\boldsymbol{x}))) \tag{18.29}$$

然后 GP 回归的均值和方差的表达式给出了后验分布：

$$P(t^* | \boldsymbol{x}, \boldsymbol{t}, \boldsymbol{x}^*) \propto \mathcal{N}(\boldsymbol{k}^{*\mathrm{T}}(\boldsymbol{t} - \sigma(f(\boldsymbol{x}))), k^{**} - \boldsymbol{k}^{*\mathrm{T}} (\boldsymbol{K}^{-1} + \boldsymbol{W})^{-1} \boldsymbol{k}^*) \tag{18.30}$$

对于优化，我们还需要针对每个超参数计算对数似然和它的梯度，就像我们对 GP 回归所做的那样。

对数似然是：

$$\log p(\boldsymbol{t} | \boldsymbol{x}, \boldsymbol{\theta}) = \int p(\boldsymbol{t} | f(\boldsymbol{x}) p(f(\boldsymbol{x}) | \boldsymbol{\theta}) \mathrm{d} f(\boldsymbol{x}) \tag{18.31}$$

所以我们再次使用拉普拉斯近似得到：

$$\begin{aligned} \log p(\boldsymbol{t} | \boldsymbol{x}, \boldsymbol{\theta}) &\approx \log q(\boldsymbol{t} | \boldsymbol{x}, \boldsymbol{\theta}) \\ &= \log p(\hat{f}(\boldsymbol{x}) | \boldsymbol{\theta}) + \log p(\boldsymbol{t} | \hat{f}(\boldsymbol{x})) - \frac{1}{2} \log |\boldsymbol{K}^{-1} + \boldsymbol{W}| + \frac{N}{2} \log(2\pi) \end{aligned} \tag{18.32}$$

针对每个超参数求微分将产生两个项，因为 $\hat{f}()$和 $\boldsymbol{K}$ 都依赖于 $\boldsymbol{\theta}$。与回归情况相同的矩阵部分是有用的。第一部分，即对 $\boldsymbol{\theta}$ 的任何元素的显式依赖与回归情况非常相似：

$$\begin{aligned} &\frac{\partial}{\partial \boldsymbol{\theta}_j} \log p(\boldsymbol{t} | \boldsymbol{\theta}) \Big|_{\text{explicit}} \\ &= \frac{1}{2} \hat{f}(\boldsymbol{x})^{\mathrm{T}} \boldsymbol{K}^{-1} \frac{\partial \boldsymbol{K}}{\partial \boldsymbol{\theta}_j} \boldsymbol{K}^{-1} \hat{f}(\boldsymbol{x}) - \frac{1}{2} \operatorname{trace}\left((\boldsymbol{I} + \boldsymbol{K}\boldsymbol{W})^{-1} \boldsymbol{W} \frac{\partial \boldsymbol{K}}{\partial \boldsymbol{\theta}_i}\right) \end{aligned} \tag{18.33}$$

然后我们可以使用链规则来获取其他部分：$\frac{\partial}{\partial \boldsymbol{\theta}_j} = \frac{\partial}{\partial \hat{f}} \frac{\partial \hat{f}}{\partial \boldsymbol{\theta}_j}$，其中，

$$\frac{\partial \hat{f}}{\partial \boldsymbol{\theta}_i} = (\boldsymbol{I} + \boldsymbol{W}\boldsymbol{K})^{-1} \frac{\partial \boldsymbol{K}}{\partial \boldsymbol{\theta}_i} (\boldsymbol{t} - \sigma(\hat{f}(\boldsymbol{x}))) \tag{18.34}$$

所以我们只需要计算：

$$\begin{aligned} &\frac{\partial}{\partial \hat{f}(\boldsymbol{x}_i)} \log |\boldsymbol{W} + \boldsymbol{K}^{-1}| \\ &= ((\boldsymbol{I} + \boldsymbol{W}\boldsymbol{K})^{-1} \boldsymbol{K})_{ii} \sigma(\hat{f}(\boldsymbol{x}_i))(1 - \sigma(\hat{f}(\boldsymbol{x}_i)))(1 - 2\sigma(\hat{f}(\boldsymbol{x}_i)) \frac{\partial \hat{f}(\boldsymbol{x}_i)}{\partial \boldsymbol{\theta}_i} \end{aligned} \tag{18.35}$$

请注意，这包括 $\sigma(\cdot)$项的三阶导数！

将这三个项放在一起可以得到整个梯度，为共轭梯度求解器做好准备。

18.2.3 高斯过程分类的实现

该算法可以根据前面的讨论写出，但与回归情况一样，有一些技巧可用于改善计算时间和稳定性。主要是矩阵$(\boldsymbol{K}+\boldsymbol{W}^{-1})$可以使用另一个矩阵标识反转：

$$(\boldsymbol{K}+\boldsymbol{W}^{-1})^{-1}=\boldsymbol{K}-\boldsymbol{K}\boldsymbol{W}^{\frac{1}{2}}\boldsymbol{B}^{-1}\boldsymbol{W}^{\frac{1}{2}}\boldsymbol{K} \tag{18.36}$$

其中$\cdot^{\frac{1}{2}}$表示元素方形根，$\boldsymbol{B}$是对称正定矩阵：

$$\boldsymbol{B}=\boldsymbol{I}+\boldsymbol{W}^{\frac{1}{2}}\boldsymbol{K}\boldsymbol{W}^{\frac{1}{2}} \tag{18.37}$$

为了简化实现，算法以这些计算效率高的项写出。

高斯过程分类

- **通过牛顿-拉夫森迭代找到最大值：**
  - 计算超参数$\boldsymbol{\theta}$的协方差矩阵$\boldsymbol{K}=k(\boldsymbol{X},\boldsymbol{X})+\sigma_n\boldsymbol{I}$。
  - 重复直到变化<容忍度：
    - ○ $\boldsymbol{W}=-\nabla\nabla\log p(f(\boldsymbol{x}))$
    - ○ $L=\text{cholesky}\left(\boldsymbol{I}+\boldsymbol{W}^{\frac{1}{2}}\boldsymbol{K}\boldsymbol{W}^{\frac{1}{2}}\right)$
    - ○ 使用等式(18.27)更新f，其中等式(18.36)给出逆矩阵的形式。
    - ○ $\text{change}=\text{oldf}-f$
- **做出预测：**
  - 计算协方差矩阵$\boldsymbol{k}^*=k(\boldsymbol{x}^*,\boldsymbol{X})$。
  - 计算协方差矩阵$k^{**}=k(\boldsymbol{x}^*,\boldsymbol{x}^*)$。
  - 使用牛顿-拉夫森迭代算法计算最大f^*。
  - 这个过程的均值是$\boldsymbol{k}^*\nabla\log p(f(\boldsymbol{x}))$。
  - 解$\boldsymbol{L}\boldsymbol{v}=\boldsymbol{W}^{\frac{1}{2}}\boldsymbol{k}^*$中的$\boldsymbol{v}$。
  - 方差是$k^{**}-\boldsymbol{v}^{\mathrm{T}}\boldsymbol{v}$。
- **计算对数似然和梯度：**
  - 使用公式(18.31)计算对数似然。
  - 计算$\boldsymbol{R}=\boldsymbol{W}^{\frac{1}{2}}\boldsymbol{B}^{-1}\boldsymbol{W}^{\frac{1}{2}}$，其中$\boldsymbol{B}$在公式(18.37)中定义。
  - 使用公式(18.35)计算$\boldsymbol{s}_2=\frac{\partial}{\partial\hat{f}(\boldsymbol{x})}\log q$。
  - 对每个超参数$\boldsymbol{\theta}_j$：
    - ○ 计算协方差矩阵相对于$\boldsymbol{\theta}_j$的梯度。
    - ○ 使用公式(18.33)计算显式梯度$s_1=\frac{\partial}{\partial\boldsymbol{\theta}_j}\log p(\boldsymbol{t}|\boldsymbol{\theta})$。
    - ○ 使用公式(18.34)计算$\boldsymbol{s}_2=\frac{\partial\hat{f}}{\partial\boldsymbol{\theta}_j}$。
    - ○ $\boldsymbol{\theta}_j$的对数似然的完整梯度是$s_1+\boldsymbol{s}_2^{\mathrm{T}}\boldsymbol{s}_3$。

图 18-8 显示了一个非常简单的高斯过程分类示例。数据由$x=-2$和$x=+2$附近的几个点组成，这些点属于一个类，而在$x=0$左右的几个点属于另一个类。

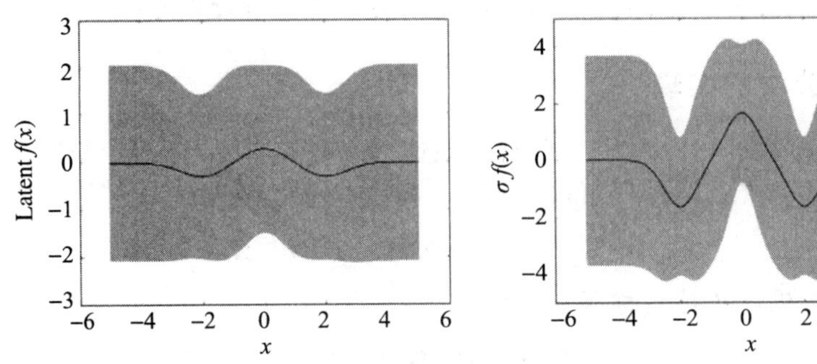

图 18-8　高斯过程分类用于非常简单的数据集(如左图所示)。可以在左侧看到潜在函数，在右侧看到逻辑函数的输出

可以使用 GP 进行多级分类。基本思想是为每个类使用一个单独的潜在函数(这样函数 $f(\boldsymbol{x})$对于 c 类来说要长 c 倍)，看起来像：

$$(f_1^{C_1}, f_2^{C_1}, \cdots, f_n^{C_1}, f_1^{C_2}, f_2^{C_2}, \cdots, f_n^{C_2}, \cdots, f_1^{C_c}, f_2^{C_c}, \cdots, f_n^{C_c}) \tag{18.38}$$

目标向量必须是相同的维度，因此它将包含一行 n 个 1，其中正确目标类的f_i为 1，其他地方为 0。然后，协方差函数将由各个协方差矩阵的一组块表示。还需要使用 soft-max 而不是逻辑函数来进行回归输出的“挤压”，这会改变对数似然及其梯度计算中的导数。有关详细信息请参阅拓展阅读部分中的参考资料。

在过去的十年中，高斯过程已经有了很多进展，包括：更复杂的优化方法，用更好的方法来执行多类分类，以及更好地理解高斯过程、神经网络和样条等的联系。这些超出了我们的范围，更多信息请参阅拓展阅读部分中的参考资料。

对于一个相当简单的想法，高斯过程确实倾向于在广泛的主题上很好地工作，并且协方差函数明确地编码可以在数据中看到的相关性的方式意味着用户具有很多控制权。即使在这里的简单处理中，我们也付出了相当大的努力来使计算在数值上稳定且相对快速。然而，还有更多的事情可以做，包括显著加快速度近似的方法。同样，拓展阅读部分提供了更多细节。

拓展阅读

有一本专注于高斯过程的非常易读的书，它是：

- Carl Edward Rasmussen and Christopher K. I. Williams. *Gaussian Processes for Machine Learning*. MIT Press, Cambridge, MA, USA, 2006.

其他一些有用的总结：

- D. MacKay. Neural networks and machine learning. *NATO ASI Series, Series F, Computer and Systems Sciences*, 168:133-166, 1998.
- D. J. C. MacKay. (Chapter 45) *Information Theory, Inference and Learning Algorithms*. Cambridge University Press, Cambridge, UK, 2003.
- C. M. Bishop. (Section 6.4) *Pattern Recognition and Machine Learning*. Springer, Berlin, Germany, 2006.

习题

18.1 当前实现只有平方指数内核。实现更多 18.1.5 节中列出的内容并进行实验，特别是我们在 4.4.4 节中看到的 Palmerston North 臭氧层数据集。你可能会发现 5.4.3 节中 Rasmussen 和 Williams 的示例很有帮助。

18.2 将优化结果与使用其他优化器(如 BFGS)的结果进行比较。

18.3 多类分类的简单版本使用一对一分类器，就像我们对 SVM 所做的一样。实现它并查看它在 iris 数据集上的工作情况。

Python 入门

本书所有的例子都采用 Python 语言编写，并通过 Python 语言生成了各种图形和输出结果。在本书的网站上可以下载相关的代码。本章的目的是给出关于 Python 语言的简单介绍，特别是 Python 语言的数学库 Numpy。

A.1 安装 Python 和其他包

Python 语言本身是非常短小精悍的，但有大量可用的扩展和库，这使得 Python 语言能够很好地适用于解决各种各样的任务。本书中几乎所有的例子都使用了数学库 Numpy，图形则采用 Matplotlib 库来绘制。这些库都与 MATLAB 语言有相似的语法。本书中部分章节的例子还使用了科学编程库 SciPy。

通过 Internet 搜索，很容易找到适用于大多数操作系统的 Python 自解压 zip 文件。这个 Python 发布版本包含了 Python 解释器和本书中所使用的所有的包。如果你单独下载了某个包，通常也可以采用一个安装脚本(`setup.py`)使这个包通过 shell 运行。包的页面中一般都给出了相关使用指导。

A.2 起步

通常有两种使用 Python 的方式。第一种是交互式命令行环境，如 iPython 或 IDLE。在这种命令行环境中，通常都绑定了 Python 解释器。在以上方式中运行 Python(在 Windows 系统中运行 Start/IPython，或者在其他操作系统命令提示符下键入 Python)通常会导致生成一个带命令提示符的脚本窗口(提示符显示为>>>)。不像 C 和 Java，你在提示符下可以键入命令，然后解释器运行这些命令，并在屏幕上显示结果。在 Python 中，你在文本编辑器中写函数，然后在提示符下通过函数名调用和运行。我们将在 A.3 节对函数做进一步讨论。

与 iPython 一样，在不同的操作系统上，还有一些其他的 Python 集成开发环境以及代码编辑器。我所使用的是基于 Java 的集成开发环境 Eclipse，其可以从 Internet 上免费获得。Eclipse 针对 Python 的扩展叫作 PyDev。PyDev 是一个很出色的集成开发环境，具有常用的语法加亮、帮助等。你既可以直接运行程序，也可以建立一个交互式 Python 环境，这样可以测试代码的一些片段以观察它们是如何运行的。

对任何语言而言，使用它的最佳方式是采用它进行编程。本书中大量的代码和实际的编程作业都沿用了这种方法。但如果你之前没有使用过 Python，那么本书的例子和作业将首先帮助你熟悉 Python 语言，然后再熟悉具体的例子。A.3 节描述了如何开始写 Python 程序，但在这里我们将通过命令行的方式观察它们是如何运行的。方法是在 iPython 或 IDLE 中，在命令行中键入 Python；或者在 Eclipse 扩展的 PyDev 控制台中运行。

在 Python 中创建一个变量是非常容易的：你只需要给定一个名字并且给它赋值。不像 C 等其他低级语言，Python 是一个**强标记**语言(只要变量包含整数，那么如果不告诉变量如何做，这个整型变量就不会立即改变以使之可以处理字符串或者浮点数)，Python 语言本身为用户执行了所有的变量声明和构造。所以，若在命令行键入>>>a=3(注意>>>是命令提示符，你只需要键入 a=3)，Python 语言就定义 a 为整型变量，并且给它赋值为 3。为了理解整型变量的效果，键入>>>a/2，那么你会看到答案为 1。事实上，Python 在演算的过程中，以最精确的方式进行了类型计算。但既然 a 是整型量，而且被 2 除，所以返回的结果也是整型。你可以使用 type 函数看到这一切：type(3/2)返回<type'int'>。所以，>>>a/2.0 会工作得更精确，因为 2.0 是一个浮点数，type(3/2.0)=<type'float'>。如果需要把 2 写成一个浮点数，你可以简单地将它缩写为'2.'，如果你想少敲一个字符的话，就不用写小数点后面的 0。为了了解一个变量的值，你只需要在命令提示符后键入变量的名字，或者使用>>>printa，或在 print 后键入任何其他变量的名字。

你可以在 Python 中执行所有常用的算术操作，如求和等。将一个数字 2 放到幂上，只需要执行 a**2 或者 pow(a,2)。事实上，你甚至可以将 Python 作为一个命令行方式的完美计算器。

就像许多其他的语言，比较是用双等号(==)执行的。比较操作返回布尔值 True(1)或 False(0)。例如>>>3<4 返回前者，>>>3==4 返回后者。其他的比较操作也是可用的，如<、<=、>、>=。并且这些操作是可以链接起来的(3<x<6 执行两次比较测试，并且只在两次比较测试都为真的时候返回 True)。不等测试操作符为!=或<>。Python 中还有一些其他有用的比较操作符，如 is 比较两个变量是否指向同一个对象。这看上去似乎并不重要。但事实上 Python 是通过引用进行工作的。例如，命令>>>a=b 并不是将 b 的值拷贝给 a，而是将 a 的引用指向变量 b。这对粗心者可能会是一个陷阱，这一点在下面会讨论得更多。在 Python 中，逻辑操作符相对不常用。常规的逻辑操作符有与操作(and)、或操作(or)和非操作(not)，符号 & 和 | 执行逐位的与/或操作。在后面我们可以看到，逐位的操作非常有用。

Python 除了可以处理整型和浮点数值外，还可以处理字符串。字符串通常以单引号'和双引号"包围，如>>>b='hello'。对于字符串，+ 操作符被重载(被赋予新的含义)为级联，也就是将字符串合并。所有，>>>'a'+'d'返回一个新的字符串'ad'。

在定义基本的数据类型后，Python 允许用户将它们组合成三种不同的基本的数据结构。

表(List)。表通过方括号组合基本的数据类型。所以>>>mylist=[0,3,2,'hi']是一个既包含整型又包含字符串的表。Python 中的表具有存储不同数据类型数据的能力，这也暗示了 Python 处理表的方式不同于其他语言中处理数组的方式。原因其实在于 Python潜在是面向对象的，每个变量都可以简单地作为对象，所以表只是一组对象的集合。这就是为什么对象的类型并不重要。同样，这意味着在 Python 中表再包含表没有任何问题。如>>>newlist=[3,2,[5,4,3],[2,3,2]]。

访问表中一个指定的元素只需简单地给出其序号。Python 类似于 C，但不同于 MATLAB，其表中序号是从 0 开始索引的。所以，>>>newlist[0]返回的是第一个元素(3)。用户也可以采用负号从尾端开始索引，如>>>newlist[-1]返回表的最后一个元素，>>>newlist]-2]返回表的中倒数第二个元素，通过 len 命令可以得到表的长度，如>>>len(newlist)返回 4。注意，>>>newlist[3]返回另一个表，这是因为 newlist 的第 4 个元素是表[2,3,2]。为了访问这个表中的元素，需要一个另外的索引，如>>>newlist[3][1]返回 3。

Python 中一个有用的特征是 slice 操作。这是通过冒号(:)实现的，允许你很容易地访问表中的一个片段，如>>>newlist[2:4]返回 newlist 在 2 和 3 处的元素(在 slice 操作中，包含片段的起点，而不包含终点。所以，slice 中第二个参数是表中第一个不被包含的元素索引)。事实上，slice 操作也可以有三个参数，即[起点：终点：步长]，第三个参数表明采用的步长是多少，如>>>newlist[0:4:2]返回索引为 0 和 2 的两个元素。特别是，你可以使用>>>newlist[::-1]来反转表中所有元素的次序。下面的最后一个例子给出了 slice 操作的两处精华：如果在第一个参数处不赋值(就如[:3]一样)，那么值默认为 0；如果在第二个参数处不赋值(就如[1:0]一样)，那么操作将运行到表的结尾。这一点非常有用，特别是对第二个参数不赋值，将避免在遍历表的时候不得不每次都计算表的长度。>>>newlist[:]返回整个字符串。

slice 操作返回整个字符串，这看上去好像非常没用。然而，由于 Python 是面向对象的，所有变量的名称是对对象的简单引用。这意味着复制一个类型为 list 的变量并不像可能的那么明显。考虑下面的命令>>>alist=mylist。通过这个命令你可能想复制 mylist，但事实上不是。为了理解这一点，我们使用下面的命令>>>alist[3]=100，并且这个时候我们看一下 mylist 的内容。你可以看到 mylist 第三个元素的值为 100。所以，在需要复制的时候务必小心。而 slice 操作通过使用>>>alist=mylist[:]实现真正的复制。不幸的是，当表中的元素也为表时，这是就存在一个意外情况。回忆一下，表是采用对象引用方式工作的。我们刚才采用的 slice 操作返回了对象的值，但是这个操作只对一层发挥作用。newlist 表中的第二个元素也是一个表，那么 slice 操作对这个内嵌的表就仅仅只复制了引用。为了清晰地理解这一点，执行>>>blist=newlist[:]，然后执行>>>blist[2][2]=100，这时再看一下 newlist 的值。前面我们所做的都被称为**浅复制**(shallow copy)，而复制所有内容(称为**深复制**，deep copy)就需要一点点努力。Python 中有 deepcopy 命令，但如果要用它，我们需要通过>>>importcopy 导入 copy 模块(在 A.3.1 节中我们可以了解关于 import 命令更多的细节)。这个时候我们可以调用>>>clist=copy.deepcopy(newlist)，这样就可以得到一个表的完全复制。

Python 中有很多函数可以应用到表，但另一个很有意思的事情是它们也都是对象。函数(方法)被作为对象类使用，所以它们修改表本身而不会返回一个新的表(这就是所谓的**现场工作**)。为理解这一点，产生一个新表>>>list=[3,2,4,1]，并且假设需要打印一个数字按序排列的表。Python 中有一个 sort()函数可以做到这点，但是显然>>>printlist.sort()的输出是空(None)，这意味着该函数什么也没有返回。然后，通过连续应用两个命令>>>list.sort()和>>>printlist 就可以精确地实现所需要的目的。所以，表的函数修改表自身，然后未来的操作应作用在这个被修改后的表上。

其他可以应用到表上的函数有：

- append(x)：将 x 加到表的结尾。
- count(x)：计算 x 在表中出现的次数。
- extend(L)：将表 L 中的元素加到原来表的后面。
- index(x)：返回表中匹配 x 的第一个元素的索引位置。
- insert(i,x)：将元素 x 插入到表的第 i 个位置上，其他元素依次向后移动。
- pop(i)：返回在第 i 个索引位置上的元素。
- remove(x)：删除表中匹配 x 的第一个元素。

- `reverse()`：将表中元素的次序反转。
- `sort()`：将表中元素按次序排列(上面已经讨论过)。

你可以使用`>>>a==b`比较两个表。比较的方式是逐个元素两两比较。如果每对都相等就返回 `True`(要求两个表具有相同的长度)，否则返回 `False`。

元组(Tuple)。元组是一种只读且不能改变的表。元组是采用圆括号进行定义的，如`>>>mytuple=(0,3,2,'h')`。看上去在语言中定义元组似乎很奇怪。但事实上如果你想创建一个不能被修改，特别是不能被错误修改的表，元组就会非常有用。

字典(Dictionary)。在以上我们所看见的表中，表中的元素都是通过位置索引的。在字典中，你可以给每个元素分配一个键(key)作为访问的入口。假设你要产生一个每月有多少天的表，可以使用字典(注意用花括号)：`>>>months={'Jan'31,'Feb'28,'Mar'31}`。这样，在访问字典中的元素时就可以使用它们所属的键。如`>>>month['Jan']`返回 31。当然，如果给出不正确的键就会返回一个异常错误。

函数 `months.keys()`返回一个表，其元素为字典中所有的键。这个函数对遍历字典中所有的元素非常有用。函数 `months.values()`返回一个表，其中元素为字典中的值。而函数 `months.items()`返回一个表，其中元素为字典中的所有内容。可以使用字典做很多事情，第 12 章已经使用字典进行了一些实践。

在 Python 中还可以构建另一种数据类型——**文件**(file)。在 Python 中，文件的读写非常简单：文件打开使用`>>>input=open('filename')`，文件关闭使用`>>>input.close`，文件读写使用 `readlines()`(`read()`、`writelines()`以及 `wirte()`)。`readlines()`和 `writelines()`函数每次只读取文件的一行。

A. 2. 1 MATLAB 和 R 用户的 Python 指南

对于 MATLAB、R 和 Python，在我们正在使用的 NumPy 包中它们有非常大的相似性。有一些非常有用的网站可比较 Python 和 MATLAB、R，但我们需要关注的最主要的事情是——Python 中索引是从 0 开始的，而不像 MATLAB 等是从 1 开始的；同时，数组中元素的访问是用方括号，而不是圆括号。除了这些不同点外，三种语言的相似性是非常大的。

A. 3 编码基础

Python 有一个非常小的命令集，同时 Python 本身也被设计得非常简练、非常容易使用。在本节中，我们将介绍基本的命令和其他编程的细节。有非常多的、很好的学习 Python 的入门资源，本章后面列举了一些书，同时通过 Internet 搜索也可以得到大量其他的资源。

A. 3. 1 编写和导入代码

Python 是一种**脚本**语言，意味着一切都可以通过命令行交互运行。然而，在编写任何合理大小的代码时，最好将它写入文本编辑器或 IDE 中，然后运行它。编程 GUI 提供自己的代码编辑器，但你也可以使用任何可用的文本编辑器。这是一个好主意，这样能够保持制表位一致，因为空白空间缩进是 Python 代码块的组织方式。

文件中包含脚本，而脚本可以是简单的命令序列，或者是函数和类的集合。无论什么情况下，脚本文件都会被保存为.py扩展名的文件，然后当你首次载入这个文件时，它将被Python编译为.pyc文件。任何命令或函数的集合在Python中都被称为**模块**(module)。装载模块必须使用import命令。import命令最基本的使用形式是import name。如果装载的是命令脚本所组成的模块，那么Python将立即执行它；而如果装载的是由函数集合所组成的模块，那么Python将什么都不做。

为了执行函数，必须使用>>>name.functionname()命令，这里name是模块的名字，而functionname则是需要被执行的相关函数名。在圆括号中传递所需要的参数。即使不需要传递任何参数，圆括号也是不可或缺的。一些名字是非常长的，因此使用importxasy是非常有效的，这意味着我们能够使用>>>y.functionname()来替代。

在命令行开发代码时，Python有一个令人恼火的特性，即导入仅对模块有效。一旦模块被加载，如果此时又进行了代码的修改，那么在Python中运行新代码时必须使用>>>reload(name)命令。即使再一次使用import命令并不会给出任何错误信息，但是Python并不能正确运行新代码。

许多模块都包含几个子集，所以在加载时可能需要更明确的指定。使用fromximporty命令可以加载一个模块中的指定部分。如果加载一个模块中的所有部分，则使用fromximport*命令，尽管这不是一个好主意，因为有些模块非常大。最后，还可以为模块中加载的指定部分赋予一个名字，如fromximportyasz。

程序代码若使用了外部模块，也需要对这些模块进行加载。通常，会在程序文件的顶部对所需要加载的模块进行声明(事实上并非必须如此，也可以在程序的任何地方进行声明)。这里有一件事情可能会引起混淆。在Python中，使用pythonpath变量告诉系统到哪里去寻找需要的代码。Eclipse在当前项目所在的路径上，并不会自动包含其他的包。因此，如果你希望它找到这些包，必须使用“Properties”菜单项将它们添加到路径中，而Spyder在“Spyder”菜单中将其添加到路径中。如果你没有使用其中任何一个或一些，那么就需要在路径中添加模块。这可以通过以下方式完成。

```
import sys
sys.path.append('mypath')
```

A.3.2 控制流

对习惯使用其他编程语言的人而言，在Python中最奇怪的事情是“缩进”是具有某种含义的。具体说来，空格是使代码按它们显示的形式组织成代码块的一种方式。所以，等同于begin…end或者其他语言的花括号，如果你需要循环或者其他的结构时，那么在关键词后面输入冒号并在后继的命令中保持相等的缩进。在Python语言中，另一个不同点是在循环中可以使用else子句(这是可选的)。这个子句通常在循环终止时运行。如果需要中断循环，需要使用break子句，那么else子句就不会运行。

Python语言中可用的控制结构是if、for和while。if的语法如下。

```
if statement:
    commands
elif:
    commands
else:
    commands
```

最常用的循环是for循环。与其他语言中的for循环有轻微的不同，Python语言中for循环可以在一个表(list)的值上进行迭代。

```
for var in set:
    commands
else:
    commands
```

与 for 循环一起使用的最常用的命令是 range。range 可以产生一个表的输出。最基本的 range 的形式是>>>range(4)，会产生表[0,1,2,3]。然而，range 也可以有两个或者三个的参数，参数的含义与 slice 命令中是一致的，不同的是参数间用逗号隔开，而不是冒号，如>>>range(state,stop,step)。range 命令还可以产生降序的表，而不是升序的表。如>>>range(5,-3,-2)输出为表[5,3,1,-1]。

最后，下面是 while 循环的语法。

```
while condition:
    commands
else:
    commands
```

A. 3. 3　函数

函数按以下语法定义。

```
def name(args):
    commands
    return value
```

其中，return value 一行是可选的。但该条命令允许从函数中返回一个值(否则，函数将返回空值 None)。也可以在返回行返回多个值，它们之间用逗号隔开。一旦函数被定义后，就可以在命令行或其他函数中调用它。注意，Python 语言是大小写敏感的，因此不论是函数名还是变量名，Name 和 name 是不同的。

下面给出一个函数的例子。给定直角三角形的两个边(x 和 y)，计算直角三角形的斜边。注意，使用# 号表示注释。

```
def pythagoras(x,y):
    """ Computes the hypotenuse of two arguments"""
    h = pow(x**2+y**2,0.5)
    # pow(x,0.5) is the square root
    return h
```

现在，如果调用 pythagorus(3,4)，那么将返回答案 5.0。你也可以按照需要的参数次序调用函数，如 pythagorus(y=4,x=3)也是语法良好的。也可以定义一个有默认值的函数，这样当不提供参数输入时，就以默认值替代。为定义默认值，将函数定义的那一行改为 defpythagorus(x=3,y=4)。

A. 3. 4　doc 字符串

在 Python 中，帮助文档通过 help()命令访问。为得到特定模块的帮助，使用 help('modulename')命令。(在先前的例子中，如果使用 help(pythagorus)将返回这个函数的描述。在函数定义中给出了描述文字。)对大多数代码最有用的资源是 doc 字符串，这是在函数定义中需要做的首要事情。doc 字符串是函数定义中以三个双引号"""所包含的文字。这些文字作为函数或者类的文档，可以通过>>>printfunctionname._doc_访问。类似于 Java 中的 jacadoc，Python 文档生产器 pydoc 将自动产生函数的文档。

A. 3. 5　map 和 lambda

Python 有一种特殊的方式可以反复调用函数。假设你想对表中的每一个元素都执行同样的函数，那么并不需要在这个表上进行循环操作。取代循环操作的是，可以使用 map 命令，形式如 map(function,list)。这就可以实现在表中每个元素上进行相同的函数操作。在实际使用中，允许有一个微小的调整。map 命令中函数可以是匿名的(也就是对表中元素的操作可以没有函数名)。这通过 lambda 命令实现，其语法如 lambdaargs: command。一个 lambda 函数只能执行一个命令，但允许在这个命令中写一个短的代码以实现相对复杂的事情。举例来说，以下的操作将对表中任何一个元素计算立方值并加上 7。

```
map(lambda x:pow(x,3)+7,list)
```

lambda 还可以与 filter 命令共用。filter 命令返回表中被评估为 True 的元素。

```
filter(lambda x:x>=2,list)
```

以上命令返回 list 表中所有大于等于 2 的元素。正如我们所看到的，对数组进行各种操作时，Numpy 提供了非常简单的方式。

A. 3. 6　异常

和其他现代高级语言一样，Python 也允许对**异常**(exception)的跟踪。Prthon 通过 try…except…else和 try…finally 等代码结构实现异常跟踪。下面的例子给出最常用的版本。对于异常类型的定义等更具体的细节，可以参考讨论 Python 编程的书。

```
try:
    x/y
except ZeroDivisonError:
    print "Divisor must not be 0"
except TypeError:
    print "They must be numbers"
except:
    print "Something unspecified went wrong"
else:
    print "Everything worked"
```

A. 3. 7　类

对于希望使用类方式编程的人来讲，Python 是一种完全面向对象的语言。其中，类(及其中的构造)按以下方式定义。

```
class myclass(superclass):

    def ___init___(self,args):

    def functionname(self,args):
```

如果在类定义中并不指定超类，那么被定义的类将不继承任何东西。_init_(self,args) 函数是这个类的**构造**。同样，也可以有**析构**函数 destructor_del_(self)，尽管事实上析构函数很少被使用。对类中方法的访问采用 classname.functionname()的语法形式。在调用方法的时候，所有的 self 参数都可以被忽略掉。Python 可以自动填充 self 参数，而并不需要在函数定义的时候做特别的说明。本书中的许多例子是基于本书网站所提供的类。需要注意的是，在使用这些类之前必须创建这些类的实例并且运行它。有一件事可以抓住那些粗心的人。如果已在程序中导入模块，然后更改已导入的模块的代码，则重新加载程序将不会重新加载模块。因此，要导入并运行你需要使用的已更改模块。

```
import myclass
var = myclass.myclass()
var.function()
```

如果在那里有一个你期望改变的模块，例如，在测试或进一步开发期间，你可以稍微修改它以包括：

```
import myclass
reload(myclass)
var = myclass.myclass()
var.function()
```

A.4 使用 NumPy 和 Matplotlib

本书中使用的大多数命令实际上来自 NumPy 和 Matplotlib 包，而不是基本的 Python 语言。在涉及更多专业命令的地方，本书进行了具体描述。在网站上有很多使用 NumPy 中的各种功能执行任务的例子。在 NumPy 中获取有关函数的信息通常使用 `help(np.functionname)`来完成，例如 `help(np.dot)`。

NumPy 有一个基本的函数集合，在使用之前也需要导入这个包。为了导入 NumPy 包并开始使用时，采用下面的命令。

```
>>> import numpy as np
```

A.4.1 数组

在数值处理工作中最基本的数据结构，也是本书至此最重要的编程结构是**数组**(array)。数组结构与其他语言中的多维数组(或矩阵)非常类似，包含一维和多维的数值或字符。不像 Python 中的表结构，数组中的元素只能有相同的数据类型，要么是布尔型的，要么是整型，要么是实数或复数。

使用函数调用产生数组，以表或者高维表(表的集合)方式传送数组的值。这里给出一个一维数组和二维数组(数组的数组)构造的例子。Python 允许最高 40 维的数组，这对于本书中的例子足够用了。

```
>>> myarray = np.array([4,3,2])
>>> mybigarray = np.array([[3, 2, 4], [3, 3, 2], [4, 5, 2]])
>>> print myarray
[4 3 2]
>>> print mybigarray
[[3 2 4]
 [3 3 2]
 [4 5 2]]
```

当数组中的值没有规律时，按以上方式生成数组是可以的。但是若数组值存在规律，有很好的方法可生成更有意义的数组，如下面所示。

数组生成函数

- np.arange() 产生一个包含指定数值的数组，像是 `np.range()`函数的数组版。举例来说，

np.arange(5)=np.range([0,1,2,3,4,5])和 np.arange(3,7,2)=array([3,5])。

- np. ones( )产生一个全为 1 的数组。对于 np.ones()和 np.zeros()函数，在产生二维以上数组时需要使用两组圆括号。如 np.ones(3)=array([1.,1.,1.])，而

```
np.ones((3,4)) =
array([[ 1.,  1.,  1., 1,]
[ 1.,  1.,  1., 1.]
[ 1.,  1.,  1., 1.]])
```

你可以使用 a=np.ones((3,4),dtype=float)指定数组类型。这是一种有效的方法，保障你不会陷入整数四舍五入问题。尽管 NumPy 在处理浮点数四舍五入上是相当好的。

- np. zeros( )与 np.ones()类似，将产生一个全为 0 的矩阵。
- np. eye( )产生一个对角阵，也就是对角线上的元素为 1，而其余元素为 0。在函数中，如果只有一个参数，将产生一个方阵。如

```
np.eye(3) =
[[ 1.  0.  0.]
 [ 0.  1.  0.]
 [ 0.  0.  1.]]
```

当函数有两个参数时，函数将以 0 填充多余的列或行。如

```
np.eye(3,4) =
[[ 1.  0.  0.  0.]
 [ 0.  1.  0.  0.]
 [ 0.  0.  1.  0.]]
```

- np. linspace(start, stop, spacing)产生一个等差数列。通过间隔而不是元素的数目来指定，这是一种很好的方式。如 np.linspace(3,7,3)=array([3.,5.,7.])。
- np. r_[ ]和 np. c_[ ]执行行和列的级联，在函数中可以使用 slice 操作。如 np.r_[1:4,0,4]=array([1,2,3,0,4])。同样在函数中可以使用 np.linspace 的变体，但要在最后一个参数后面加上 j。如 np.r_[2,1:7:3j]=array([2.,1.,4.,7.])。这是 NumPy 中一个非常好的特点，也可以应用在 np.arange()和 np.mgrid()函数中。最后一个 j 指明产生 3 个等间隔的元素——从 1 开始，到 7 结束——函数将在对应点的位置产生相应的元素。列函数 np.c_[]也是类似的。

在下面使用的数组的例子是通过命令>>>a=np.arange(6).reshape(3,2)产生的，这将产生

```
array([[0, 1],
       [2, 3],
       [4, 5]])
```

数组中的索引元素是用方括号标识的，索引是从 0 开始计数的。所以 a[2,1]返回值 5 且 a[:,1]返回数组 array([1,3,5])。我们可以通过各种不同的方式获得数组的信息，也可以采用以下方式改变数组中的值。

获得数组信息，改变数组尺寸，复制数组

- np. ndim(a)返回数组的维度(这里为 2)。
- np. size(a)返回数组元素的数目(这里为 6)。
- np. shape(a)返回数组中每个维度的尺寸(这里为(3,2))。通过命令 np.shape(a)

[0]可以访问结果的第一个元素。

- np.reshape(a, (2, 3))按指定的方式改变数组的尺寸。注意，新的维度的值以圆括号括住。对于 reshape()函数，最有用的是你可以在一维中设置“-1”，这意味着“按元素数目尽可能多地定义尺寸”。这将节省用户自己做乘法的时间。举例来说，可以使用 np.reshape(a,(2,-1))或 np.reshape(a,(-1,2))。
- np.ravel(a)使多维数组成为一维(这里等价于 array([0,1,2,3,4,5]))。
- np.transpose(a)计算矩阵的转置。举例来说：

```
[[0 2 4]
 [1 3 5]]
```

- np.a[::-1]定义在每一个维度反转元素的次序。
- np.min(a)、np.max(a)和 np.sum(a)分别返回矩阵元素中的最小值、最大值和元素和。如果计算行或列的和，则需要使用 axis 选项：对于列使用 np.sum(axis=0)，对于行使用 np.sum(axis=1)。
- np.copy()对一个矩阵进行深度复制。

其中的许多函数都有替代形式，就像 a.min()一样，返回数组 a 的最小值。在处理单个矩阵时，这非常有用。特别是，转置运算符的较短版本 a.T 可以节省大量的输入。

就像 Python 中其余的部分，NumPy 通常处理的是对象的引用，而不是对象本身。所以，拷贝一个数组需要使用 c=a.copy()。

一旦定义了矩阵，就需要能够以不同的方式添加和乘以它们。除了上面使用的数组 a 之外，对于以下一组示例，还需要两个其他数组 b 和 c。它们必须具有与数组 a 相关的尺寸。数组 b 的大小与 a 相同，由>>>b=np.arange(3,9).reshape(3,2)组成。而 c 需要具有相同的内部维度，也就是说，如果 a 的大小是(x,2)，那么 c 的大小需要是(2,y)，其中 x 和 y 的值无关紧要。例如，>>>c=np.transpose(b)。以下是你可以对数组和矩阵执行的一些操作。

数组操作

- a+b。矩阵相加。对于上面的例子来讲，输出为：

```
array([[ 3,  5],
       [ 7,  9],
       [11, 13]])
```

- a*b。矩阵点乘。输出为：

```
array([[ 0,  4],
       [10, 18],
       [28, 40]])
```

- np.dot(a, c)。矩阵相乘。输出为：

```
array([[ 4,  6,  8],
       [18, 28, 38],
       [32, 50, 68]])
```

- pow(a, 2)。计算矩阵中每个元素的幂。输出为：

```
array([[ 0,  1],
       [ 4,  9],
       [16, 25]])
```

- pow(2, a)。以矩阵中元素的值为指数，计算幂。输出为：

```
array([[ 1,  2],
       [ 4,  8],
       [16, 32]])
```

相类似的，也定义了矩阵相减和点除。但和我们以前曾经看到过的类似，在应用除法时也有相同的陷阱。换句话说，当矩阵中元素为整型时，a/3 返回的是整型值，而不是浮点数。

关于数组还有一个更有用的命令是 np.where。有两种形式：第一种形式为 x=np.where(a>2)，在变量 x 中返回 a 中元素大于 2 的索引；第二种形式为 x=np.where(a>2,0,1)，则返回一个与 a 相同尺寸的矩阵，将 a 矩阵满足条件的位置置为 0，否则为 1。为了将这些条件组合起来，则需要用位逻辑操作符。所以，indices=np.where((a[:,0]>3 | (a[:,1]<3))返回所有条件为真的索引的列表。

A.4.2 随机数

NumPy 中有一些很好的随机数功能，你可以在导入 NumPy 后在 np.random 中访问它们。要进一步了解函数，可使用 help(np.random)，但还有一些更有用的函数。

- np.random.rand(matsize)。在一个尺寸为 matsize 的数组中，产生 0 到 1 之间的平均分布的随机数。
- np.random.randn(matsize)。在一个尺寸为 matsize 的数组中，产生以 0 为均值的单位方差的高斯随机数。
- np.random.normal(mean, stdev, matsize)。在一个尺寸为 matsize 的数组中，产生指定均值和方差的高斯随机数。
- np.random.uniform(low, high, matsize)。在一个尺寸为 matsize 的数组中，产生 low 到 high 之间的平均分布的随机数。
- np.random.randint(low, high, matsize)。在一个尺寸为 matsize 的数组中，产生 low 到 high 之间的随机整数。

A.4.3 线性代数

NumPy 有一个很好的线性代数包，可以执行标准的线性函数。函数的形式如 np.linalg.inv(a)，这里 a 是数组，inv 为相应的函数(如果你并不知道有哪些函数，请不要担心。书中用到线性函数的地方都做了相应的定义)。

- np.linalg.inv(a)。计算(方型)数组 a 的逆。
- np.linalg.pinv(a)。计算数组 a 的逆，即使 a 不是方型的数组。
- np.linalg.det(a)。计算数组 a 的行列式的值。
- np.linalg.eig(a)。计算数组 a 的特征值和特征向量。

A.4.4 画图

我们将使用的绘图函数在 Matplotlib 包中(也称为 pylab，导入方式为 import pylab as pl)。这些设计看起来与 MATLAB 绘图功能完全相同。有关示例的整个函数集在 Matplotlib 网页上给出，但我们需要的两个最重要的函数是 pl.plot 和 pl.hist。在进行绘制时，它们有时不会出现。这通常是因为你需要指定命令>>>pl.ion()来打开交互式绘图。如果在 Eclipse 中使用 Matplotlib，它有一个讨厌的习惯，即在程序完成时关闭所有显示窗口。要解决此问题，请在函数的末尾使用 show()命令。

这里给出了 Matplotlib 中最常用的画图命令。对于更复杂的画图命令，请参考相关网页。

下面的代码计算了范围从 −2 到 2.5，每隔 0.01 就计算其高斯函数值，并且绘出其图形(代码最好是写到一个文件中，然后以脚本的方式执行)。图形绘制了轴，并给出了图形的标题。在图 A-1 中给出了运行结果。

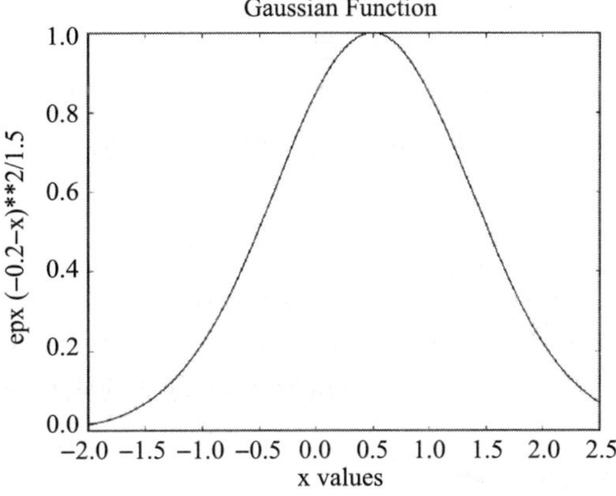

图 A-1 Matplotlib 包可产生有用的图形输出，例如高斯函数的这个图

```
import pylab as pl
import numpy as np

gaussian = lambda x: exp(-(0.5-x)**2/1.5)
x = np.arange(-2,2.5,0.01)
y = gaussian(x)
pl.ion()
pl.figure()
pl.plot(x,y)
pl.xlabel('x values')
pl.ylabel('exp(-(0.5-x)**2/1.5')
pl.title('Gaussian Function')
pl.show()
```

在 NumPy 中创建数组的另一种非常有用的方法是 np.meshgrid()。它可用于为网格创建一组索引，以便你可以快速轻松地访问网格中的所有点。这有很多用途，其中最重要的是找到一个分类器行，可以使用 np.meshgrid()完成，然后使用 pl.contour()绘制。

```
pl.figure()
step=0.1
f0,f1  = np.meshgrid(np.arange(-2,2,step), np.arange(-2,2,step))

# Run a classifier algorithm
out = classifier(np.c_[np.ravel(f0), np.ravel(f1)],soft=True).T
out = out.reshape(f0.shape)

pl.contourf(f0, f1, out)
```

A. 4. 5 注意事项

NumPy 非常好用，而且非常强大。然而，有一件事我仍然觉得很烦人，那就是两种不同类型的向量。在命令行键入以下命令集，生成的输出会显示出问题。

```
>>> a = np.ones((3,3))
>>> a
array([[ 1.,  1.,  1.],
       [ 1.,  1.,  1.],
       [ 1.,  1.,  1.]])
>>> np.shape(a)
(3, 3)
>>> b = a[:,1]
>>> b
array([ 1.,  1.,  1.])
>>> np.shape(b)
(3,)
>>> c = a[1,:]
>>> np.shape(c)
(3,)
>>> print c.T
>>> c
array([ 1.,  1.,  1.])
>>> c.T
array([ 1.,  1.,  1.])
```

当我们使用 slice 运算符并且仅索引单个行或列时，NumPy 似乎将其转换为列表，因此它不再是行或列。这意味着转置运算符不对它做任何事情，也意味着其他一些行为可能有点奇怪。对于粗心大意的人来说，这是真正的陷阱，但也可以提示我们解决一些在程序中很难找到的有趣错误。有几种方法可以解决这个问题，其中最简单的两种方法如下所示，即使对于单个行或列，也要列出 slice 的开始和结束，或者之后显式地重新整形。

```
>>> c = a[0:1,:]
>>> np.shape(c)
(1, 3)
>>> c = a[0,:].reshape(1,len(a))
>>> np.shape(c)
(1, 3)
```

拓展阅读

Python 无论是在普通的计算领域还是在科学计算中，都达到了难以置信的流行程度。由于在 Python 中写扩展包是非常简单的(不需要指定任何特定的编程命令：任何 Python 模块都可以作为一个包导入，甚至这些包还可以是用 C 语言写的)，因此人们写了很多扩展包，他们的代码可以在 Internet 上获得。任何搜索引擎都可以搜到这些资源，但学习 Python 最好的开始是 Python Cookbook 网站。

如果你想找到关于 Python 的全面介绍，以下书籍是非常有用的。

- M. L. Hetland. *Beginning Python: From Novice to Professional*, 2nd edition, Apress Inc., Berkeley, CA, USA, 2008.
- G. van Rossum and F. L. Drake Jr., editors. *An Introduction to Python*. Network Theory Ltd, Bristol, UK, 2006.
- W. J. Chun. *Core Python Programming*. Prentice-Hall, New Jersey, USA, 2006.
- B. Eckel. *Thinking in Python*. Mindview, La Mesa, CA, USA, 2001.
- T. Oliphant. Guide to NumPy, e-book, 2006. The official guide to NumPy by its creator.

习题

A. 1 生成一个 6×4 的数组 a，其中每个元素的值都为 2。

A. 2 生成一个 6×4 的数组 b，其中主对角线上元素的值为 3，其余值为 1(此题不允许用循环)。

A. 3 你能将以上两个矩阵相乘吗？为什么采用 a*b，而不是 dot(a,b)？

A. 4 请计算 dot(a.transpose(),b)和 dot(a,b.transpose())。为什么结果有不同的尺寸？

A. 5 编写一个在屏幕上打印一些输出的函数，并确保可以在你正在使用的编程环境中运行它。

A. 6 写一个函数，能够产生一些随机的数组，并且输出它们的和、均值等。

A. 7 编写一个函数，该函数由一组循环组成，这些循环遍历数组并计算其中的数量。使用 where()函数做同样的事情(使用 info(where)了解如何使用它)。

推荐阅读

分布式机器学习：算法、理论与实践

作者：刘铁岩 陈薇 王太峰 高飞 ISBN：978-7-111-60918-6 定价：89.00元

深入理解机器学习：从原理到算法

作者：[以]沙伊·沙莱夫-施瓦茨 等 ISBN：978-7-111-54302-2 定价：79.00元

神经网络与机器学习（原书第3版）

作者：（加）Simon Haykin ISBN：978-7-111-32413-3 定价：79.00元

统计学习导论——基于R应用

作者：[美]加雷斯·詹姆斯 等 ISBN：978-7-111-49771-4 定价：79.00元

统计机器学习导论

作者：[日]杉山将 ISBN：978-7-111-59679-0 定价：89.00元

机器学习：贝叶斯和优化方法（英文版）

作者：[希]西格尔斯·西奥多里蒂斯 ISBN：978-7-111-56526-0 定价：269.00元

推荐阅读

强化学习

作者：[荷] 马可·威宁 等 ISBN：978-7-111-60022-0 定价：119.00元

机器学习算法

作者：[意]朱塞佩·博纳科尔索 ISBN：978-7-111-59513-7 定价：69.00元

基于深度学习的自然语言处理

作者：[以色列] 约阿夫·戈尔德贝格 ISBN：978-7-111-59373-7 定价：69.00元

数据挖掘：实用机器学习工具与技术（原书第4版）

作者：[新西兰] 伊恩 H. 威腾 等 ISBN：978-7-111-58916-7 定价：99.00元

神经网络设计（原书第2版）

作者：[美] 马丁 T. 哈根 ISBN：978-7-111-58674-6 定价：99.00元

情感分析：挖掘观点、情感和情绪

作者：[美] 刘兵 ISBN：978-7-111-57498-9 定价：99.00元